苏里格南
国际合作区气田开发技术

单吉全　王　东　戴立斌　等编著

石 油 工 业 出 版 社

内容提要

本书就苏里格南国际合作区三维地震泊松比技术、大井丛大位移丛式井组布井技术、“工厂化”钻完井模式、场站及井丛建设模式创新、泡排稳产工艺、“一井一法一工艺”钻完井技术、数字化生产与管理、对标国际水准的 HSE 管理体系进行了系统的介绍，对结合实际开发过程中的数据图表进行了详实的介绍分析，为其他相关企业的技术开发具有参考价值。

本书可供从事油气田开发的科技人员、技术人员学习阅读，也可供石油院校相关专业师生参考。

图书在版编目（CIP）数据

苏里格南国际合作区气田开发技术 / 单吉全，王东，戴立斌等编著. —北京：石油工业出版社，2020.11

ISBN 978-7-5183-4431-4

Ⅰ. ①苏… Ⅱ. ①单… ②王… ③戴… Ⅲ. ①鄂尔多斯盆地-气田开发-技术 Ⅳ. ① TE37

中国版本图书馆 CIP 数据核字（2020）第 247181 号

出版发行：石油工业出版社
（北京安定门外安华里 2 区 1 号　100011）
网　址：www.petropub.com
编辑部：（010）64523541
图书营销中心：（010）64523633
经　销：全国新华书店
印　刷：北京中石油彩色印刷有限责任公司

2020 年 11 月第 1 版　2020 年 11 月第 1 次印刷
787×1092 毫米　开本：1/16　印张：19.25
字数：460 千字

定价：110.00 元
（如出现印装质量问题，我社图书营销中心负责调换）

《苏里格南国际合作区气田开发技术》
编委会

主　编：单吉全　王　东　戴立斌

副主编：韩相义　王　栋　冯宁军　梁常宝

成　员：李　岩　杜　超　贾增强　张文强　王　博
董易凡　赵鹏敏　张　川　张华涛　何　涛
康　乐　马　骞　王海峰　刘炳森　彭清明
杨恒远　史　诚　张雅宁　唐瑞志　李泽亮
王小勇

PREFACE 前言

石油天然气勘探开发对外合作是体现我国改革开放基本国策的重要窗口，是落实国家“走出去”“引进来”发展战略的重要步骤，是保障国家能源安全和实现国民经济平稳可持续发展的重大抉择。中国石油天然气集团有限公司按照“特色发展、互利双赢、发挥优势、服务整体”的方针，在全球化进程中，一直致力于使自身生产管理方法与国际一流能源公司接轨，这是实现中国石油开拓海外市场，进入国际一流综合能源公司行列的前提和基础。通过收购、并购、合资等形式与世界顶尖跨国能源企业合作，是中国石油海外战略的主要内容。

苏里格南国际合作区作为中国石油天然气集团有限公司与道达尔石油公司联合开发的天然气开发项目，是第一个由中方担任作业者的陆上天然气对外合作项目。区块的高效开发不仅关系到苏里格气田可持续发展，也直接关系到中方担任合作项目作业者的一种新的尝试和探索。实现苏里格气田经济有效开发，对于长庆气区发挥枢纽作用，确保京津及华东地区长期安全稳定供气，促进中国石油国际化战略的不断深入，形成中方作业权的新模式，实现持续、协调发展具有重要的战略意义。

苏里格南国际合作项目是在全面体现中国石油技术特色的基础上，借鉴吸收道达尔石油公司的经验和技术，立足气田实际，以自主研发技术为支撑，形成了融合两大技术体系，符合低渗透、特低渗透地质特征，以安全生产、清洁化生产、高效生产和数字化管理为标识，生产全过程有创新技术覆盖的技术体系。苏里格南国际合作项目结合生产实践和建设特点，在大井丛规模化开发、标准化建设、工序标准化施工设计的基础上，形成了以工厂化钻完井，$3\frac{1}{2}$ in 油管固井等为代表的五项钻完井特色技术和中压集气、大井组串接、智能安全保护等为代表的 12 项地面工艺关键技术，其中 5 项获实用新型专利、1 项获发明专利。苏里格南国际合作项目技术体系不仅对苏里格南气田的勘探开发发挥了重要作用，同时也对其他相近企业的技术开发具有重要的参考价值。苏里格南气田已成为中国石油陆上天然气对外合作开发的典范，同时也被道达尔石油公司评为“世界最优质项目”之一。

本书将对苏里格南国际合作项目的主要创新性技术进行系统介绍，以期对项目已有的工作进行总结，并为未来的进一步发展提供资料。本书希望对其他相类似企业的技术发展提供一定的参考，为推动油气田开发的技术交流和技术进步做出贡献。

苏里格南国际合作项目的技术创新成就是在国家技术创新的框架下，在中国石油天然气集团有限公司的战略指导下，由一代苏里格南人共同努力拼搏获得的，在此谨向长期以来领导、支持苏里格南作业分公司发展的各级各位领导，向奋战在苏里格南国际合作项目一线的所有员工表示最真挚的感谢!

由于笔者水平有限，文中疏漏与不足之处在所难免，敬请广大读者谅解。

CONTENTS 目录

第 1 章　绪论 …… 1

1.1　苏里格南国际合作区对外合作项目的背景与使命 …… 1

1.2　苏里格南国际合作区对外合作项目的基本情况 …… 1

1.3　苏里格南国际合作区对外合作项目的发展历程 …… 2

第 2 章　苏里格南国际合作区地质技术 …… 5

2.1　苏里格南国际合作区地质特征 …… 5

2.2　苏里格南国际合作区三维地震精细解释技术 …… 16

2.3　气藏地质精细描述技术 …… 35

2.4　布井技术 …… 41

第 3 章　苏里格南国际合作区钻完井技术与工艺 …… 53

3.1　苏里格南国际合作区工厂化作业 …… 53

3.2　苏里格南国际合作区小井眼钻完井技术 …… 61

3.3　苏里格南国际合作区钻井施工中清洁生产工艺 …… 84

第 4 章　苏里格南国际合作区试气技术与工艺 …… 103

4.1　试气概述 …… 103

4.2　苏里格南国际合作区试气压裂技术 …… 104

4.3　苏里格南国际合作区气井完井工艺 …… 127

4.4　苏里格南国际合作区气井快速求产工艺 …… 135

第 5 章　苏里格南国际合作区采气工艺和技术 ………………………………… 138
5.1　苏里格南国际合作区排水采气主要工艺和技术 ………………………… 138
5.2　苏里格南国际合作区速度管柱排水采气工艺和技术 …………………… 156
5.3　苏里格南国际合作区采气工艺选型及相关配套技术 …………………… 177
第 6 章　苏里格南国际合作区天然气集输技术与工艺 ……………………… 192
6.1　苏里格南国际合作区天然气集输 ………………………………………… 192
6.2　苏里格南国际合作区天然气集输方案 …………………………………… 194
6.3　苏里格南国际合作区天然气集气工艺 …………………………………… 199
6.4　苏里格南国际合作区天然气集输管道 …………………………………… 207
6.5　苏里格南国际合作区天然气集气站场 …………………………………… 219
6.6　苏里格南国际合作区天然气集输工艺的关键技术 ……………………… 224
第 7 章　苏里格南国际合作区数字化管理技术 ……………………………… 230
7.1　数字化气田管理技术 ……………………………………………………… 230
7.2　苏里格南国际合作区数字化管理基础设施 ……………………………… 237
7.3　苏里格南国际合作区数字化生产管理指挥平台 ………………………… 254
7.4　苏里格南国际合作区数字化管理建设的未来发展方向 ………………… 263
第 8 章　HSE 管理体系的实施及成果 ………………………………………… 268
8.1　HSE 管理体系介绍 ………………………………………………………… 268
8.2　HSE 管理体系的发展及国内外企业实践经验 …………………………… 273
8.3　苏里格南国际合作区 HSE 管理体系的实施 …………………………… 280
8.4　苏里格南国际合作区 HSE 管理体系建设成果和运行效果 …………… 286
8.5　苏里格南国际合作区 HSE 管理体系的经验和启示 …………………… 296
参考文献……………………………………………………………………………… 300

第 1 章　绪　论

1.1　苏里格南国际合作区对外合作项目的背景与使命

国际化合作发展战略是中国石油天然气集团有限公司（以下简称中国石油）产业发展的核心，是中国石油完善战略布局、拓展发展空间、做大做强企业和实现多元发展的重要举措，是保障国家能源安全和实现国民经济平稳可持续发展的重大抉择。中国石油国际化合作发展按照“特色发展、互利双赢、发挥优势、服务整体”的方针，坚持发展第一，在中国石油建设综合性国际能源公司的进程中显示出了独特价值。

中国石油自 1985 年开始国际合作，从零基础发展至油气当量 500×10^4t 用了 20 余年。油气当量从 2007 年的 500×10^4t 上升至 2017 年底接近千万吨目标，10 年时间规模增长 1 倍。开展国际合作以来，累计引入外资约 1100 亿元，中方累计获得利润超过 200 亿元。中国石油在国内 6 大含油气盆地与多家国际知名油气公司开展国际合作项目 36 个，在国际合作过程中，长庆长北、大港赵东和西南川中 3 个项目成为国际合作的“明星”项目。仅 3 个项目已累计探明油气地质储量 1.03×10^8t 和 $1344 \times 10^8 m^3$，到 2017 年底累计产油 1364×10^4t、产气 $411 \times 10^8 m^3$，累计实现销售收入 125 亿美元。大港赵东项目于 2017 年 11 月 18 日成功完钻的 ZDB-C-92（HP）井获得高产，日产油 371t，创中国石油近 3 年来单井产量最高水平。截至 2018 年 12 月 28 日，中国石油国际合作项目完成油气产量当量首次突破 1000×10^4t，达 1000.7×10^4t。中国石油国际合作业务已经初步形成“稳油增气、油气并重、非常并进”新格局。

1.2　苏里格南国际合作区对外合作项目的基本情况

苏里格南国际合作区对外合作项目（简称苏南项目）是中国石油与道达尔石油公司（Total）联合开发的天然气开发项目。

中国石油是 1998 年 7 月在原中国石油天然气总公司基础上组建的特大型石油石化企业集团，是国有独资公司，是产、炼、运、销、储、贸一体化的综合性国际能源公司，主要业务包括油气勘探开发、炼油化工、销售贸易、管道储运、工程技术、工程建设、装备制造和金融服务等。2019 年，在世界 50 家大石油公司综合排名中位居第三，在《财富》杂志全球 500 家大公司排名中位居第四。

道达尔石油公司（Total）是法国道达尔公司在 1998 年 11 月与比利时菲纳石油公司

（FINA）合并、2000 年 3 月与法国埃尔夫公司（ELF）购并成立的世界第四大石油及天然气一体化上市公司，业务遍及全球 130 余国家，涵盖整个石油天然气产业链，包括上游业务（石油和天然气勘探、开发与生产，以及液化天然气）和下游业务（炼油与销售，原油及成品油的贸易与运输），业务遍及全球 130 个国家和地区，员工总数 10 万人。2018 年 7 月 19 日，2018 年《财富》世界 500 强排行榜发布，道达尔石油公司排名第 28 位。

苏里格南国际合作区（简称苏南合作区）位于鄂尔多斯盆地中部，行政区划属内蒙古自治区鄂托克前旗、乌审旗和陕西省定边县境内。苏里格南区块南北向长约 57km，东西向宽约 44km，总面积约为 $2392.4km^2$。该地域地形平坦，地表主要为草地、沙丘、盐碱滩，海拔 1200~1500m。

苏里格气田勘探面积 $4\times10^4km^2$，天然气地质资源量 $3.8\times10^{12}m^3$。主要含气层为上古生界二叠系下石盒子组的盒$_8$段及山西组的山$_1$段，气藏主要受控于近南北向分布的大型河流、三角洲砂体带，是典型的岩性圈闭气藏，气层由多个单砂体横向复合叠置而成，基本属于低孔隙度、低渗透率、低丰度的大型气藏。

苏里格气田的南区块，计划建井 2093 口、井丛 156 座、集气站 4 座以及相应的集气干线；由于气田采用井间 + 区块相结合的接替方式，集气总规模为 $1350\times10^4m^3/d$。集气站后期设压缩机，气田最大增压气量为 $466\times10^4m^3/d$（2036 年），设计增压规模为 $500\times10^4m^3/d$；配置 1300kW 级压缩机 10 台，单台增压能力为 $50\times10^4m^3/d$。

苏南项目作业分公司设机关职能部门 8 个，采气生产单位 1 个，中外双方员工总数 217 人，其中，中方人员 170 人、道达尔公司员工 47 人，一般管理人员 60 人、技术人员 72 人、操作人员 85 人。

苏南项目区块年产商品量 $30\times10^8m^3$ 开发方案，钻井总投资 203.4361 亿元，地面集输工程投资 42.657 亿元，生产运营成本共计 150.05 亿元。销售总收入 678.93 亿元。经济评价税后内部收益率为 11.4%，财务净现值为 19.84 亿元，中国石油收益率为 14.24%，道达尔公司收益率 8.45%。在目前技术经济条件下，中国石油收益率大于基准值（12%）。

苏里格南国际合作区是第一个由中方担任作业者的对外合作项目。区块的高效开发不仅关系到苏里格气田可持续发展，也直接关系到中方担任作业者合作项目的一种新的尝试和探索。实现苏里格气田经济有效开发，对于长庆气区发挥枢纽作用，确保京津及华东地区长期安全稳定供气，促进中国石油国际化战略的不断深入，形成中方作业权的新模式，实现持续、有效、协调发展具有重要的战略意义。

1.3 苏里格南国际合作区对外合作项目的发展历程

2006 年，中国石油与道达尔石油公司签订了《中华人民共和国鄂尔多斯盆地苏里格南区块天然气开发和生产合同》（以下简称 PSC），对位于内蒙古自治区的苏里格南区块的天然气进行开发和生产。

PSC 规定道达尔石油公司担当作业者，负责区块内天然气的勘探与开发，商业开采期 30 年，中国石油负责净化天然气的管输及销售，执行合同从 2006 年 5 月 1 日算起，限期 3 年的评价，计划 2012 年开始天然气生产。

2009 年评价期结束时，由于多种原因，外方负责编制的总体开发方案未通过评审，

2010 年 3 月，道达尔石油公司与中国石油双方高层进行了会晤，决定修改原合作协议。2010 年 11 月中国石油和道达尔石油公司在北京签订苏里格南区块天然气开发和生产合同修改协议，规定由中国石油开始担任项目作业者，进行苏里格南区块天然气开发和生产。中国石油控股 51%，道达尔石油公司控股 49%。

2010 年 11 月，根据合同规定，并经中国石油天然气股份有限公司油人事〔2011〕97 号文件批复，苏里格南作业分公司（简称苏南公司）成立。苏南公司作为中国石油陆上首个国际石油合作作业者，主要负责苏里格南国际合作区对外合作项目的生产、经营及管理工作。

2011 年 7 月，苏南项目地面工程设计通过审查，苏南 -C1 站及苏 5-2 干线正式破土动工，标志着苏南项目地面工程正式进入施工阶段。

2012 年 8 月 2 日，苏南项目正式开始试井生产。

2014 年苏南公司全方位纳入中国石油长庆油田公司管理序列，重新审视“苏南项目开发总体方案”，组织对总体开发方案（ODP）进行修订完善。综合上产与稳产、投入与产出、工作量与管控能力、近期与长远的关系对 ODP 方案现行条件下的适用性，进行了分析论证和修改完善。按期完成了中方关于 ODP 方案的修改工作，为苏南项目后期整体开发奠定了基础。ODP 正式获批，实现了由评价建设、试井生产向规模化生产的转变。

2014 年苏南公司油气当量跨越百万吨，全年累计生产天然气商品量 $15.1\times10^8m^3$，完成年度任务的 106%，实现了苏南公司天然气产量的历史性跨越，成为长庆油田公司又一个百万吨级生产单位。

2015 年，生产建设规模初步完成。2011 年，项目作业权交接之初，苏南公司仅有 4 口评价井、12 口探井，没有油气管道和站点。通过 5 年的时间，苏南公司中外员工队伍发展至 219 人，5 年中累计建产 $17.28\times10^8m^3$，生产天然气井口产量 $43.65\times10^8m^3$，商品量 $41.62\times10^8m^3$，累计钻井 426 口，投产 308 口。建成 $400\times10^4m^3/d$ 处理能力的集气站 2 座、井丛 40 个，铺设各类集输管线 230km，电力线路 140km，油区沥青道路 80km，用不到 3 年时间实现了油气当量百万吨的历史性跨越，成为长庆油田公司百万吨级生产骨干单位。

2016 年，苏南公司天然气商品量计划 $12.06\times10^8m^3$，截至当年 12 月 15 日完成 $12.15\times10^8m^3$，完成计划的 101.25%，全年完成商品量 $12.9\times10^8m^3$，完成计划的 107%；凝析油计划 1.55×10^4t，截至当年 12 月 15 日完成 1.49×10^4t，完成计划的 96%，全年完成 1.6×10^4t，完成计划的 103%；产能建设计划钻井 56 口，压裂试气 102 口，新建井丛 12 座，实施速度管柱 200 口，实际完钻 60 口，压裂试气 100 口，速度管柱 192 口，全年建成井丛 11 座，投产气井 107 口，实现工作量节约、投资结余、生产建设任务超额完成目标；安全环保方面 HSE 表现良好，损工率为 0，未发生统计上报的各类生产安全、环境保护事故；产能建设方面努力减少地方政府“十个全覆盖”造成的影响，坚持产建工作统筹布局，整体推进，各工序无缝链接，确保了钻试井绩效持续提升，地面建设高质高效推进，特别是钻井在预算结余的情况下还超额完成工作任务，并且展现出了良好的开发效果，完试的 100 口井中，Ⅰ类+Ⅱ类井比例为 94%，平均试气无阻流量 $22.85\times10^4t/d$，优质、高效、圆满地完成了全年产建任务。

苏南公司通过 5 年前期评价和 7 年全面开发，在众多领域形成了重要的技术突破。苏南公司采用了三维地震泊松比技术，探明储量持续增加；推进了大井丛大位移丛式井组布

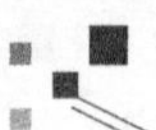

井，奠定单井产量基础；开创了“工厂化”钻完井模式，建设速度效益得到保障；开展了“小井眼”钻井试验，成本控制取得突破性进展；实现了地面建设高效运行，场站、井丛建设效率极大提升；推进了泡排等稳产工艺，老井稳产成效显著；实行了“一井一法一工艺”，钻完井技术的攻关取得了重大突破；提高了数字化生产与管理起点，管理效能得到保证；管理体系对标国际水准，钻井液不落地体现企业担当。

本书将对苏南项目的主要创新性技术进行系统介绍，以推动油气田开发的技术交流和技术进步。

第 2 章　苏里格南国际合作区地质技术

苏南项目地下油气资源丰富，地表绝大部分为巨厚黄土所覆盖，激发和接受效果不好，油气储层反射波能量弱，导致该区成为地震勘探的难点地区。通过对该区的地震勘探技术的研究，将会对发现更多的油气资源有重要的理论意义和巨大的现实价值。苏南项目重点采用三维地震泊松比技术和多参数融合地震解释、储层反演技术进行井位优化，并采用了主河道带预测技术、沉积微相地质精细解剖技术、微电阻率成像解释技术、动态与静态结合气藏富集区筛选技术以及东—西向水平井开发技术等气藏地质精细描述技术，在气田开发实践中取得了卓越的成效。

2.1　苏里格南国际合作区地质特征

苏里格南天然气合作区块北抵哈汗兔庙，西至召皇庙，南临城川地区，东接河南区，地形平缓，地表主要由沙地、盐碱地和草地构成，如图 2.1 所示。

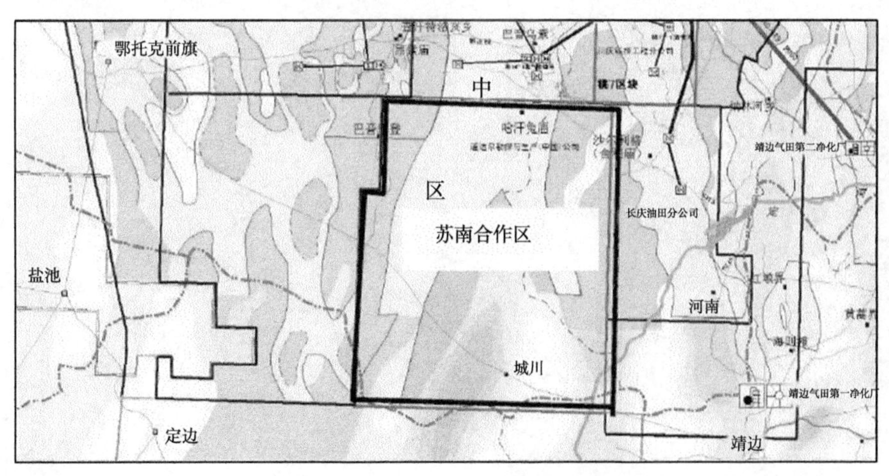

图 2.1　苏南项目区块地理位置示意图

2.1.1　构造特征

鄂尔多斯盆地在大地构造属性上属地台型构造沉积盆地，原属华北地台的一部分，位于中国东部稳定区和西部活动带的结合部位，具有太古宇及古元古界变质结晶基底，其上覆以中—新元古界、古生界和中新生界沉积盖层。鄂尔多斯盆地总体构造面貌为南北走向，呈东缓西陡的矩形向斜。根据现今的构造形态和盆地演化史，盆地内可划分为6个一级构造单元：伊盟隆起、渭北隆起、晋西绕褶带、伊陕斜坡、天环坳陷和西缘逆冲带。

伊陕斜坡为鄂尔多斯盆地的主体，是一个由东北向西南方向倾斜的单斜构造，倾角不足1°；构造不发育，仅发育多个北东向开口的鼻状褶曲，宽度5~8km，长度10~35km，起伏幅度10~25m。

苏南项目区块位于伊陕斜坡西北部，该区构造特征与苏里格地区构造特征一致，在单斜背景上发育多排北东—南西走向的低缓鼻隆。利用地震数据绘制的苏南项目区块马家沟组顶部（图2.2）和石盒子组顶部（图2.3）构造图显示该区构造具有一定的继承性。

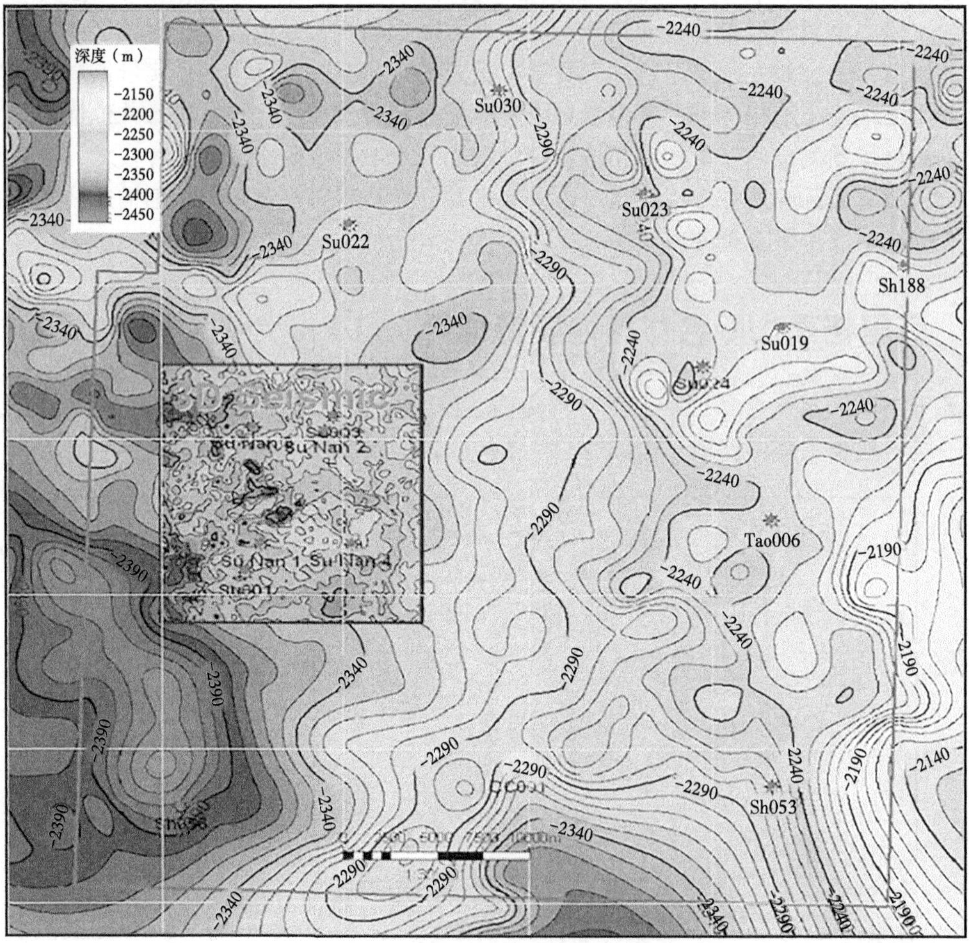

图2.2　马家沟组顶部（奥陶系）构造图

苏里格气田断层不发育，仅存在少量的小断层，断层走向以北东—南西为主。该区域基底走向为N120°和东北—西南向两个方向。这在苏南项目区块基底顶部断层类型图（图2.4）上清晰可见。而马家沟组顶部构造图上的这种断层类型则不明显，但已证实在三维地震勘探区的中心有一个N120°向构造（东部坳陷）和一个N60°向构造（西部坳陷）。在局部也发现一些分散的北东—南西向线性构造。

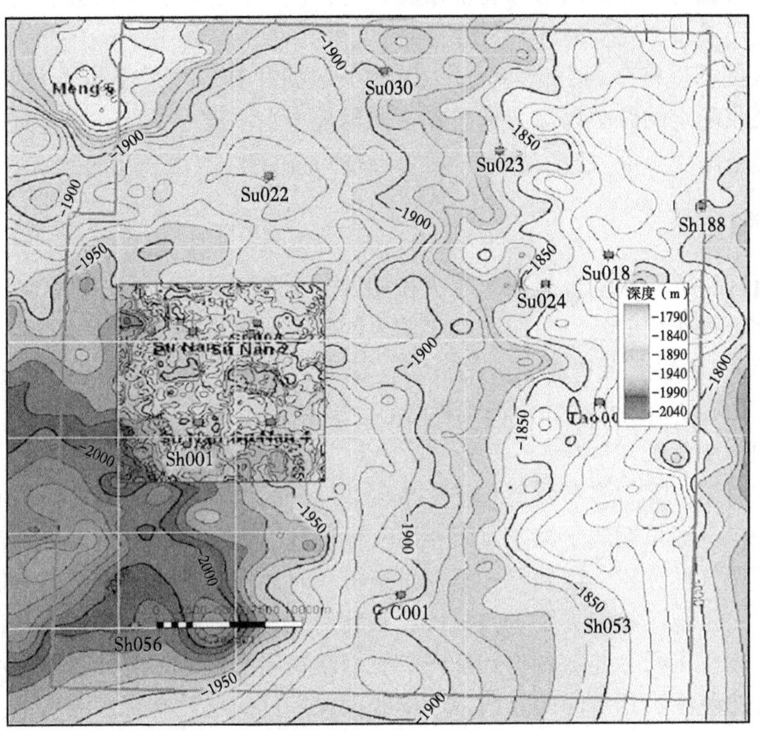

图 2.3　石盒子组顶部（中二叠统顶）构造图

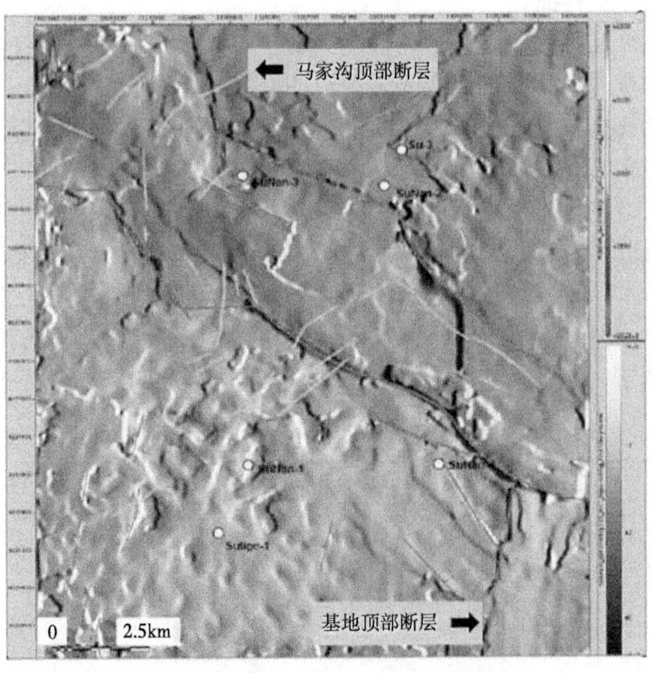

图 2.4　鄂尔多斯盆地主基底走向比例图与苏南项目区块三维地震勘探区域比较图（据戴氏等，2008）

结合构造形态与有效储层分布特征研究认为，低缓的鼻隆构造对天然气聚集不起控制作用，有效储层展布主要受砂体和物性控制。

同时，根据苏里格南新井成像测井（FMI）数据计算现今最小与最大水平应力方向，结合四臂井径仪测定的井眼垮塌方向，其方向与最小水平应力平行。通过对这些应力的定向分析，苏里格南现今最大应力为东—西（±15°）方向，与南—北向主砂带相互垂直。

2.1.2 沉积相特征

苏南项目区块沉积相划分是在区域沉积相划分研究的基础上，根据区域沉积格局、层序地层特征和沉积作用的特点，结合众多前人的研究成果，特别是参考邻区（苏 14 区块、桃 2 区块、苏 47 区块）沉积相研究的成果，认为合作区主要目的层盒 $_8$ 段砂体为典型的辫状河沉积，山 $_1$ 段砂体具有曲流河沉积特点。

（1）沉积构造背景。

晚古生代时期，鄂尔多斯盆地位于整个华北地台的西部，属于华北地台的次级构造单元，石炭纪—二叠纪早期属于海陆过渡相，气候湿润，为砂、泥岩含煤沉积，二叠纪晚期转变为陆相干旱气候沉积。山西组—石盒子组沉积时期，盆地整体为北高南低，物源主要来自北部，苏里格地区物源主要来自杭锦旗以北的元古宇，从北向南依次发育冲积扇—河流—三角洲—湖相沉积，并随湖泊的扩张和收缩在垂向上形成多旋回沉积。但对各个时期内各相带的分布范围、相带间的界线、湖岸线位置等目前还没有统一的认识；对河流类型的认识也有不同的观点。由于区内完钻井少，水下沉积标志不明显，初步认为该区沉积相与苏 14 区块大致相同，盒 $_8$ 段—山 $_1$ 段沉积整体处于水上环境，属于河流相沉积。

（2）沉积相类型及特征。

苏里格气田是以沉积相控制为主的岩性气藏，因此，详细刻画苏南合作区沉积微相对于该区储层评价、有利区预测、建产区块筛选是至关重要的。沉积相是沉积环境及在该环境下形成的沉积物（岩）特征的总和，根据其岩石类型、沉积结构、沉积构造、古生物、沉积旋回、沉积韵律以及测井曲线等资料进行综合分析。

针对苏里格气田的实际，依据赵澄林略修改过的吴崇筠（1992）的划分方案，辫状河沉积相可划分出河道和溢岸两个亚相，河道亚相又可进一步划分为河床滞留、心滩和废弃河道等微相，而溢岸亚相可进一步划分为泛滥平原和河间湾两个微相；曲流河沉积相可划分出河道和溢岸两个亚相，河道亚相又可进一步划分为河床滞留、边滩和废弃河道等微相，而溢岸亚相可进一步划分为天然堤、决口扇、泛滥平原和河间湾 4 个微相（表 2.1）。

表 2.1 苏南项目区块山西组—下石盒子组沉积相划分简表和主要产出层位

沉积体系	主要沉积相、亚相、微相			主要产出层位
河流	辫状河	河道	河床滞留、心滩、废弃河道	石盒子组盒 $_8$ 段
		溢岸	泛滥平原、河间湾	
	曲流河	河道	河床滞留、边滩、废弃河道	山西组山 $_1$ 段
		溢岸	天然堤、决口扇、泛滥平原、河间湾	

盒$_8$段辫状河是一种典型的富砂的低弯度河，以发育心滩为特征（图 2.5）。辫状河以砾石和砂质沉积为主，局部夹粉砂和黏土，通常分布在地形梯度较大的地区，河道宽而浅，宽厚比大。辨状河沉积一个显著的特色是，河道不停地往返迁移，造成河道砂体位置不固定，砂体在平面上呈不规则的或串珠状的条带，成连片分布，在垂向剖面上常形成“砂包泥”的宏观沉积特征，砂体垂向上叠置，主要呈透镜状和板状。河岸易于侵蚀，故溢岸沉积不发育。其沉积微相主要有河道滞留沉积、心滩、废弃河道、泛滥平原和河间湾等。

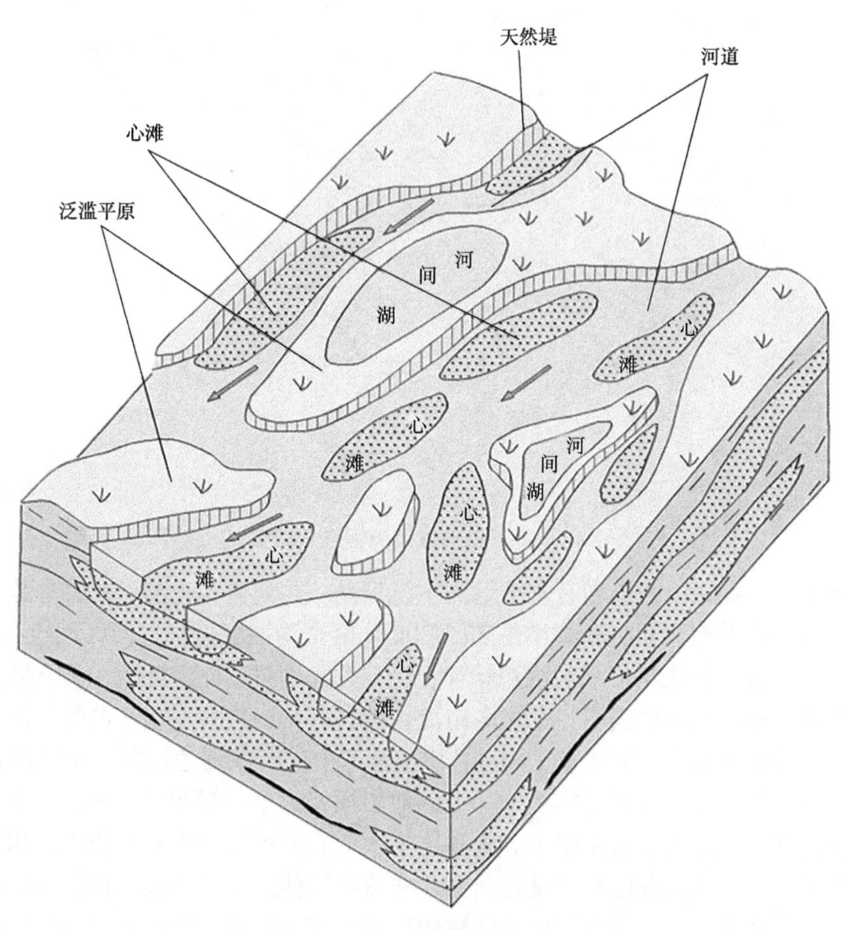

图 2.5 盒$_8$段缓坡型辫状河三角洲模式

山$_1$段曲流河主要见于地形平坦的冲积平原，以弯曲的河道为特征（图 2.6），比辫状河坡降小，河深大，宽厚比小，携带的碎屑物中推移质 / 悬移质比小，流量变化也不大，河岸由于天然堤的存在，其抗蚀性强，整个沉积过程是凹岸不断消蚀，凸岸不断加积，边滩沉积是曲流河中最突出的地貌特征。剖面上形成“泥包砂”的沉积特征，砂体多为上平下凸的透镜体，形成的一系列完整旋回反复叠置，砂体多呈半连通体。四周为细粒河漫滩沉积。河道与间湾沼泽相间分布，河道砂体延伸范围达数百千米，单期河道宽度为 0.1~1.0km，平面上叠合连片展布。其沉积微相主要有河道滞留沉积、边滩、天然堤、决口扇、废弃河道、河间湾和泛滥平原。

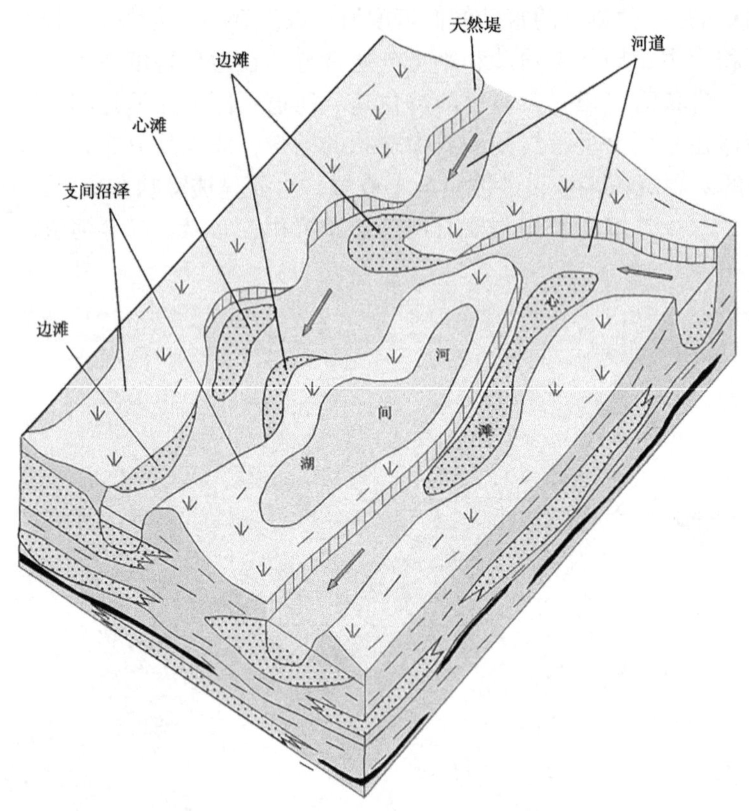

图 2.6　山 $_1$ 段低弯度曲流河三角洲模式

如前所述，二叠系山西组和石盒子组沉积模型是一个河流相模型。从野外地质露头和岩心可以看出，这种河流相沉积模型是随时间变化的全局演变过程。而太原组和山 $_2$ 下段储层看起来具有海相分流河口坝的沉积特征；山 $_2$ 上段是曲流河道沉积，具有潮汐作用形成的泥岩盖层。侧向点沙坝表明主水流向南流，但具有从西向东变化的趋势。此外，尽管山 $_1$ 段为曲流河道沉积而上部的盒 $_8$ 段储层却是低弯度的辫状河道沉积。从区域沙坝上看向南延伸的河道总体方向为 N20°~N14°。上部地层演变为单一辫状河沉积，其砂岩颗粒粗并富含砾石。苏南 1 井上石盒子组第 2 次和第 3 次取心中可以观察到冲积堆沉积。浸水含煤泛滥平塬沉积逐渐从灰色向黑色垂直演变、曲流河道体系向具有较高梯度的杂色和红色土壤层转变，这些证实了河流沉积体系的整体梯度演变。泛滥平塬的演变部分是由于气候原因导致的：山西组储层上部区域存在季节性河流，表明储层逐渐向半干旱环境转变。这种区域性变化逐渐发生于盒 $_8$ 段以上地层。

在地质露头中可以观察到山西组曲流河的沉积特征。由于砂岩颗粒粗，所以它们的特征并不明显，但是观察到大范围的砂体倾斜侧向增长面能说明是曲流河沉积。这些斜向非均质性砂体可能会构成隔挡，但并没有见到大范围斜向页岩隔挡物的存在。利用地质露头现场测量的砂体几何参数来标定高精度卫星照片所显示的砂体，推导出河流的方向和几何参数函数，估算出砂体尺寸。单个辫状河道沉积砂体宽度范围为 350~1000m。它们的厚度通常小于 10m。有的宽阔复合砂体宽度达 1.5km，而有的大型复合砂体宽度达到数千米。通常砂体宽度要比从苏里格气田动态数据所推导得出的非匀质性宽度范围大。因此，基本非匀质性很可能与河道砂体内特定成岩作用和单个砂体的分布有关。在曲流河和辫状河这两种河道类型中，颗粒最粗的沉积物沉积于河道底部，而辫状河的河道底部沉积可能演变成为更厚、更纯的砾岩。而曲流河道沉积常见泥质含量很高的碎屑岩。曲流河道由于侧向加积沉积会逐渐向上变细，而辫状河道沉积更具均质性（块状测井特征）和更好的储层特征。

（3）沉积微相特征。

河流相是研究区盒 $_8$ 段和山 $_1$ 段的主要沉积类型，包括辫状河沉积和曲流河沉积。山 $_1$ 段曲流河沉积涉及的沉积微相主要有河道滞留沉积、边滩、天然堤、决口扇、废弃河道和泛滥平原；盒 $_8$ 段辫状河沉积涉及的沉积微相主要有河道滞留沉积、心滩、泛滥平原和废弃河道。

区域沉积背景研究表明，盒 $_8$ 段和山 $_1$ 段沉积时期，物源为盆地北缘—西北缘的阿拉善—阴山古陆。成像测井解释成果表明，苏南项目区块山西组和下石盒子组古水流方向的总体方向为南北向，但在古河道从北往南流的总体趋势下，由于局部古地貌的差异及水流能量变化的随机性，使河流流向从北往南变化大，可出现南北向、南西向和南东向等流向。

根据实钻资料，结合沉积背景与地震反演的砂体分布趋势和上述的古水流分析，编制了苏里格气田苏南项目区块盒 $_8$ 段和山 $_1$ 段的沉积微相平面图，清楚揭示了研究区山 $_1$ 段—盒 $_8$ 段沉积期间沉积微相的演化过程。

通过对研究区目的层平面微相图的综合分析，得到如下认识：

① 山 $_1$ 段沉积期间，苏南项目区块为曲流河沉积，6~7 支河道在平面上频繁交汇、分叉，形成具有网状特征的河道分布，单支河道宽度为 2.0~3.0km，河道交汇处可达 4.0~5.0km。砂体分布主要受河道控制，其中，边滩微相砂体最为发育，其底部往往分布有优质储层，为研究区主要有利沉积微相之一（图 2.7）。

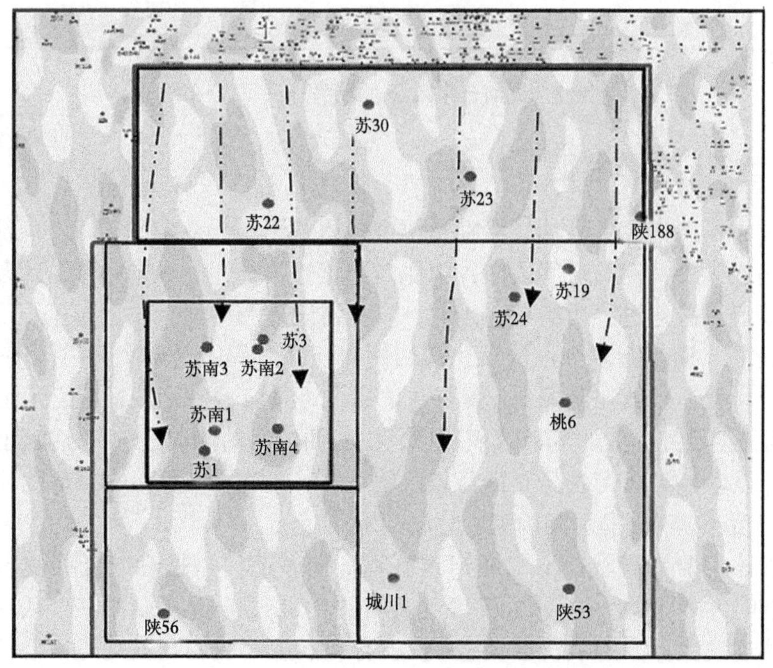

图 2.7　苏南合作区山 $_1$ 段沉积相平面分布图

② 盒 $_8$ 段沉积期间，苏南项目区块为辫状河沉积体系，辫状河心滩在区内占据绝对优势，基本呈连片分布，河间湾呈孤立的朵状分布于河道间。极其发育的心滩使得区内形成大面积连片分布的砂体，砂层厚度往往超过 10m；多期心滩相互叠置在区内形成大型复合心滩，叠合砂体厚度甚至可以达到 20m 以上，为天然气储存提供了很好的空间，这些区域往往成为区块内最有利储集区（图 2.8）。

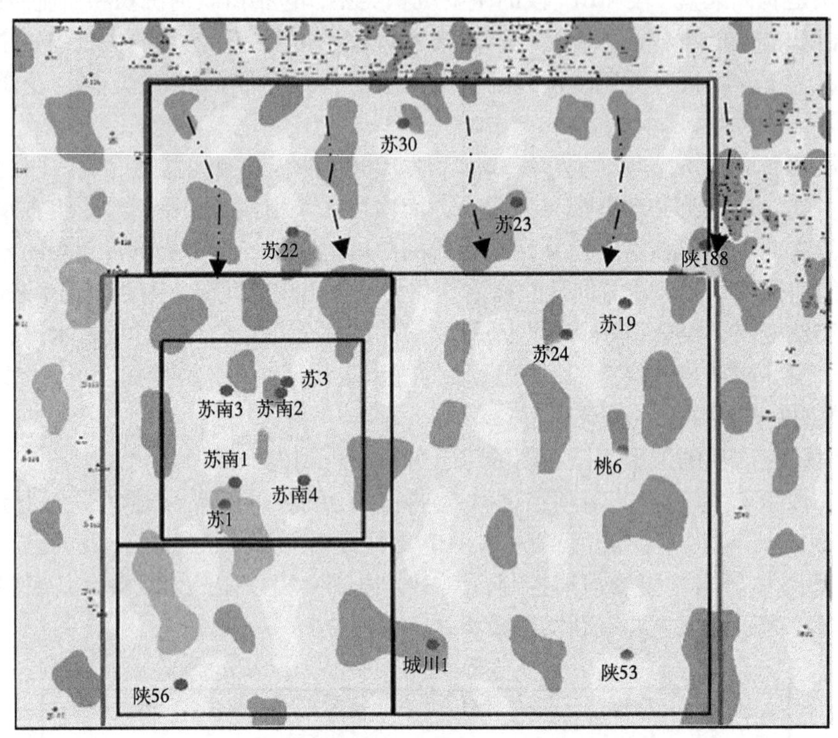

图 2.8 苏南合作区盒 $_8$ 段沉积相平面分布图

2.1.3 主力含气层砂体特征

沉积相图中所能描述的砂体，特别是河道砂体并不是某一瞬间或单一河流旋回地层过程产物，而是在某个特定的时间段内，由侧向连续迁移叠置、纵向频繁分流复合或废弃的多个河流沉积旋回演化过程所组成，因此，岩相古地理图中所标出的某个河道并非是单个河道的发育位置，而是指多个河流沉积旋回侧向迁移过程中的多个河道活动范围，因此，它往往由多个单河道砂体在侧向上、纵向上和垂向上连续叠置组成的复合河道砂体。

山 $_1$ 段沉积期研究区为曲流河沉积环境，由于曲流河的侧向迁移，多期河道砂体叠置，使研究区山 $_1$ 段砂体具有带状分布的特点（图 2.9），砂体厚度以 10~15m 为主，最厚可达 25m；砂体厚度小于 5m 的河间湾泥岩分布范围广泛。

盒 $_8$ 段砂体主要为辫状河心滩和河道沉积，受多期河道摆动、迁移及多韵律沉积控制，砂体纵向上叠置厚度大，平面上复合连片，南北延伸长度贯穿整个区块，整体上要比山 $_1$ 段砂体规模大。苏南项目区块盒 $_8$ 段发育 4 条主要的南北向河道，砂体宽度一般为 4~8km，厚度以 20m 以上为主（图 2.10），苏南项目区块未见叠合面积小于 10m^2 砂体分布；

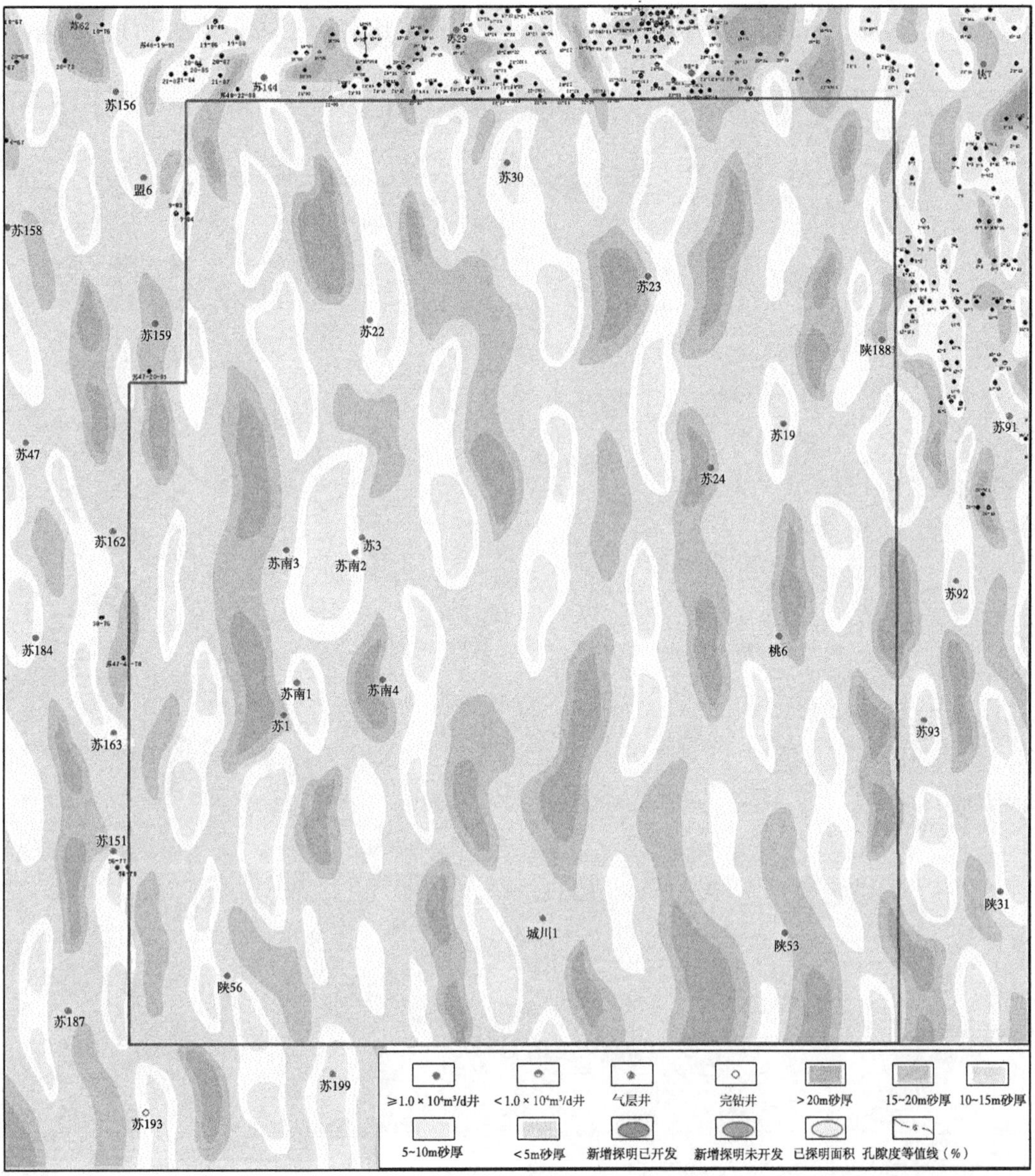

图 2.9　苏南项目区块山$_1$段砂体展布图

在河道交汇处发育厚的心滩沉积砂体，为该区较好的储层。盒$_8$段又细分为盒$_{8下}$亚段及盒$_{8上}$亚段做砂体平面展布，其中盒$_{8下}$亚段与山西组山$_1$段沉积期相比，二叠纪下石盒子组盒$_{8下}$亚段沉积期由于盆地北部物源区快速隆升，陆源碎屑物质供给更为充足，水动力条件增强，从而形成辫状河沉积。盒$_{8下}$亚段沉积期由于水动力条件加强，流水能量波动变化迅速和底负载沉积物比例增大，河道冲刷加剧，河道频繁改道或发生冲裂作用，呈现出多条水浅流急的网状或交织状分流河道沉积特征，河道沉积占绝对优势，多期河道的垂向叠置，使得河道带宽度增大。盒$_{8下}$亚段总体上砂体厚度大，一般在10~20m，最厚超过30m，而砂层小于10m的分布范围较小。盒$_{8上}$亚段与下石盒子组盒$_{8下}$亚段相比，盒$_{8上}$亚段沉积期由于陆源碎屑物质供给减少，水动力条件较弱，从而使研究区盒$_{8上}$亚段再次表现为由辫状河沉积向曲流河转变的特征，河流规模明显比盒$_{8下}$亚段小并且连片性也差。

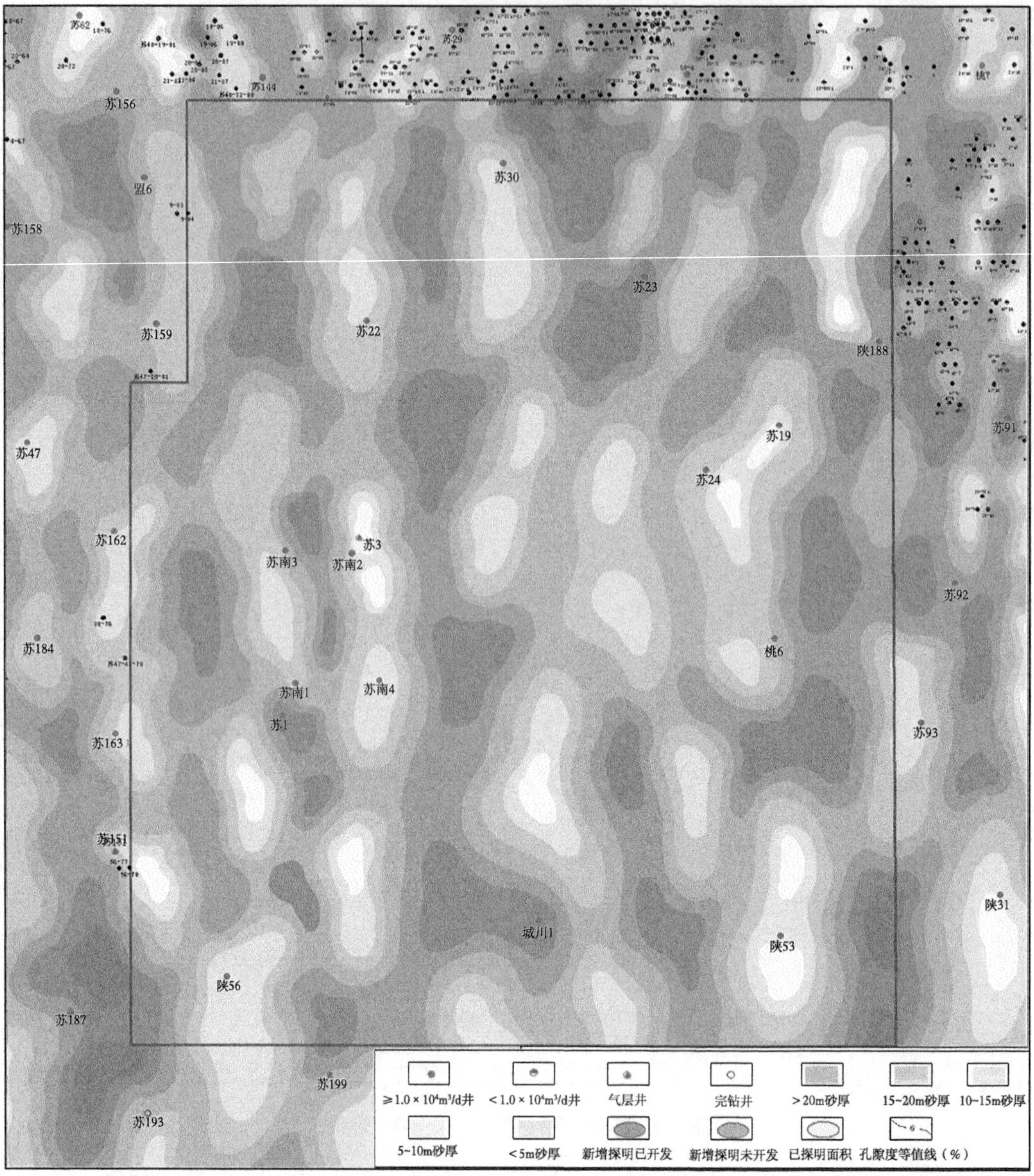

图 2.10　苏南项目区块盒$_8$段砂体展布图

2.1.4　储层特征

（1）储层岩石学特征。

根据苏南项目区块内的薄片资料统计，该区上古生界砂岩碎屑矿物类型主要有石英、长石和岩屑等。其中石英碎屑是所研究样品的主要碎屑成分（平均体积分数为 45%），包括单晶石英（35%）和多晶石英（10%）两种类型；长石占盒$_1$段、盒$_2$段、盒$_3$段储层岩

石成分的 9%，以斜长石为主，含有少量的钾长石。岩相学观察结果表明，大多数长石至少已经部分溶蚀；岩屑主要有黑硅石、沉积岩、火成岩、变质岩的岩石碎片和高度分化的岩石碎片等，各类岩石碎片平均占砂岩总量的 13%。

由盒 $_8$ 段或山 $_2$ 段储层分析知，除了 3 个样品含煤有机碎片体积分数大于 5%，4 个样品云母体积分数大于 4% 外，云母、重矿物和有机质为典型的微量成分。基质的类型主要为假基质和渗透黏土。

胶结物类型主要有石英胶结物、碳酸盐胶结物、黏土胶结物等：石英胶结发育于纯砂岩中，在具有绿泥石包裹体的石英颗粒之间不发育。它在碎屑石英颗粒上自生加大，蚕食掉更早期形成的孔隙填充物或交代伊利石和高岭石。碳酸盐胶结物，包括方解石和菱铁矿胶结，是成岩作用早期或晚期所产生的胶结物。黏土胶结物为高岭石、伊利石和绿泥石等黏土矿物。大多数自生高岭石由交代骨架颗粒（可能是长石）发育而成，有的沉积于粒间孔。绿泥石常以交代物形式出现，有时以薄膜包裹体形式出现在某些岩石样品中，对孔隙度有较大影响。伊利石黏土是一种交代颗粒（原始黏土岩屑），在石英和长石颗粒间经过强烈压实作用重结晶为伊利石。伊利石再结晶过程发生于埋藏期间，很有可能为钾长石向高岭石演变过程中所释放的大量钾元素所导致。其他交代黏土主要包括高岭石、伊利石和伊 / 蒙混层（I/S）黏土。应当注意的是，渗透黏土和伪基质黏土主要成分也是高岭石、伊利石和伊 / 蒙混层黏土。

（2）孔隙类型。

苏南项目主要目的层存在微型和大型孔隙两种截然不同的孔隙。其中大型原生和大型次生孔隙间的差异很明显。原生孔隙是非常稀少的，在薄片中只占 5%。它们仅存在于河道沙坝（辫状河道）和点沙坝较低部位（曲流河道）等岩性最粗的沉积相中。如果原生大型孔隙得到了保存，则孔隙度值会保持在 10% 以上，其平均值约为 15%。

溶解次生孔隙产生于碎屑颗粒的溶蚀作用，这些颗粒包括长石颗粒（也可能是斜长岩）和伊利石颗粒，最常见的类型为火山岩颗粒。主要发生于压实阶段后的成岩过程晚期，也会产生于碳酸盐胶结物溶蚀过程中。约 25% 岩石薄片中存在次生孔隙。它们广泛分布于除山 $_2$ 段储层中，次生孔隙的产生会导致实际孔隙度比平均孔隙度 10% 高出 7%。

微型孔隙是在所有沉积相和储层中发现的最重要孔隙类型。它们和黏土聚合物自生高岭石或伊利石内的晶体间微型孔隙相关。微型孔隙在岩石薄片中是不可见的，它被定义为处于岩石薄片可见总孔隙度和氦气测定的孔隙之间。在苏南 1 井，仅有 11% 薄片具有清晰可见的孔隙。

（3）储层物性。

在特定储层条件下，通过实验室设备技术对特低孔隙度和渗透率的储层实施测量，能够较精确地测量出 3500 多米深的气藏中储层特征数据。此外，由于气藏压力在开采时的快速下降（因为低渗透储层出气量相对较低），纯密封压力（NCS）也相应地迅速增加。因此，为了让测量结果更能代表不断变化的储层条件，所有近期岩心的测量均是在不同的纯密封压力条件下实施的。当压力为 10bar[1] 时（标准 ϕ/K 测量，接近大气条件），孔隙度（ϕ）和渗透率（K）平均值分别大约为 7.0% 和 0.2mD。然而，当压力为 310bar 时（纯密封压力接近原始储层条件），孔隙度基本稳定不变地维持在 6.8% 左右，渗透率平均值变为最初值的 1/5，下

[1] 1bar=10^5Pa。

降至0.036mD左右。当原始储层条件下渗透率为0.01mD时，地面条件下测得的渗透率估算值大约为0.08mD。

通过观察盒$_8$段至山$_2$段储层［基于电相（EFACS）的定义］砂岩样品孔隙度整体分布情况，我们发现，仅有20%的砂岩具有高于7%的孔隙度值，仅有5%的砂岩具有高于10%的孔隙度值。

（4）成岩特征。

苏南项目区块所在的鄂尔多斯盆地在从二叠纪到白垩纪中期历经约1亿年逐渐沉积过程中，地热梯度由二叠纪至侏罗纪中期的30°C/km变化至侏罗纪中期至白垩纪中期的40°C/km。自白垩纪中期开始，整个盆地被抬升了大约1500m（Xiao等，2005）。此时，山西组煤系地层开始生成天然气。在温度梯度升高期间（侏罗纪中期至白垩纪中期），即白垩纪早期，天然气开始进入储层。由此推测，天然气生成速度在后阿尔必阶沉积期间由于盆地抬升所导致的冷却期内逐渐减慢，直至完全停止。

原生孔隙是沉积和埋藏过程中保存下来的颗粒间孔隙，仅存在于岩性最粗的沉积相（河道沙坝和点沙坝较低部位），在薄片中只占5%左右。在煤型干酪根向天然气转变的过程中产生CO_2酸性液体而溶蚀长石，导致次生孔隙的发育。酸性pH值条件下的成岩作用包括长石的溶蚀、碳酸盐胶结物的溶蚀和高岭石的形成，这三种作用增加了孔隙度。基于盆地历史重建过程和岩石物性的观察结果，得出了一个简单共生序列：最早的过程包括机械压实、早期碳酸盐胶结物和绿泥石包裹体颗粒。盒$_3$段储层燧石胶结物可能开始形成于埋藏早期。后来，自地层温度为80°C左右开始的或大约2亿年前开始的地质时期（三叠纪末期），它们被压裂，随后封住了温度均匀的液体包裹体。地层温度为80°C的最初埋藏期间，在方解石中液体包覆体最低均一化温度也开始形成。在这个埋藏阶段，开始发生碎屑颗粒向伊利石黏土再向压实伪基质的转变。一旦储层温度达到80°C，石英胶结物（石英自生加大）可能已经开始，并且在有些孔隙充填和高岭石交代期间和之后持续进行。所记录的液体包裹体最大均一化温度（160°C）和从苏里格岩心中获取的镜质组反射率（1.7%）较好地保持了一致。这种最高温度恰好也对应于白垩纪中期盆地中的最大埋藏温度梯度。石英胶结物、早期碳酸盐胶结物再结晶、晚期碳酸盐胶结物（多洛米泰斯）过程，如今从各气藏储层中所测量得出的温度从160°C降低到大约120°C的期间持续进行。

总而言之，导致储层质量差的主要原因是渗透黏土在原始沉积时期的高含量（部分暴露于大气中的河道砂）、强的压实作用、广泛的石英或碳酸盐胶结作用。孔隙度高于7%（并且渗透率在密封压力条件下高于0.01mD或在标准条件下高于0.1mD）的区带，对应于河道底部最佳原始沉积相，所具有的残余原生孔隙中的酸性流体通过溶蚀长石、岩屑颗粒及碳酸盐胶结物产生次生孔隙。

2.2 苏里格南国际合作区三维地震精细解释技术

苏南项目在2011-2013年由中国石油集团东方地球物理勘探有限责任公司（BGP）长庆物探280队采集高密度三维地震1508km^2、同时采集10口井VSP数据。该采集数据是长庆油田在鄂尔多斯盆地最大的连片三维地震数据体。高分辨率三维地震解释技术被石油界誉为“地下勘探指南针”，通过专业解释可用于发现并圈定气藏富集有利区，对特殊地质

体（河道、扇体）直接成像以加深气藏地质认识。

2.2.1　三维地震井位优化技术研究

苏南项目在 2011—2013 年 WesternGeco 公司处理反演的基础上，在开发 Ⅰ 区主要应用 3D 地震泊松比进行井位优选，钻遇了 C114 和 C136 等一批高产井丛，并取得了非常好的效果。

但 2014—2015 年在 ⅡA 区利用泊松比部井钻探效果差，分析认为：Ⅰ 区与 ⅡA 尽管储层累计厚度基本一致，但 Ⅰ 区为块状纯砂岩，ⅡA 区为砂泥岩薄互层，泊松比不能辨识有效储层。

2011—2013 年处理反演是基于道达尔公司在 2009 年对开发 Ⅰ 区评价期 $240km^2$ 数据重新处理的经验和理念，WesternGeco 公司使用了 OMEGA 最优的去噪模块和最大可能的保幅处理流程，该处理流程在频带方面没有进行拓宽，最终处理结果目的层段主频只有 15~18Hz，这样的主频对于埋深 3500m 以下的储层，几米到十几米厚度的致密砂岩的可探测能力非常有限，甚至是不可探测的。并且，ⅡA 区的钻井证明，对于砂泥岩薄互层，泊松比单一属性无法有效的预测。

2015 年道达尔公司与长庆油田开展了联合研究，对弹性反演预测储层的方法进行了综合评价，认为弹性反演（PR）对本区储层无法达到准确预测的目的，决定井位部署不再以三维地震泊松比作为依据。因此，2015—2017 年暂停了应用三维地震进行井位部署，采用棋盘式的规则几何井网，导致 2017 年钻遇 3 口干井，在对这 3 口井干井借助三维地震多属性进行侧钻靶点优化，侧钻取得了成功。一定程度上挽回了干井的损失，也增强了进一步重新研究应用三维地震的信心。在此背景下，2018 年立项开发"苏南项目区块三维地震井位优化研究与效果评价"三维地震重处理反演与研究项目。以苏南开发 Ⅲ 区 C0119 井区 20 个井丛 $186km^2$ 为试验区进行重处理、反演及储层预测。设定的目标是在原 WesternGeco 公司处理、反演数据体的基础上，在保真的前提下提高主频、拓宽频带，建立多属性储层预测技术流程标准，刻画以盒 $_8$ 段为主的储层展布方向。并同时在地震连片区 $1508km^2$ 内，根据该区已完钻的 500 余口井的数据和 2017 年侧钻井成功的经验，对连片地震属性进行多属性储层预测，以期达到使用连片数据进行储层预测的目的，为井位优化提供技术支持。

三维地震重处理反演的目标：

（1）以 2018 年开始进入开发的 Ⅲ 区 SN0119-05 井区 $186km^2$ 作为本次技术支持研究的重点区域。在保幅和保真的前提下，优化处理参数和流程，以提高储层预测能力的叠前处理为目的。完成该井区满偏、满覆盖 $186km^2$ 叠前时间偏移处理。

（2）弹性反演要以岩石物理研究为基础，利用弹性反演的结果，结合多属性分析技术，结合完钻井的动态与静态分类和评价，对储层的各类预测结果进行敏感参数的相关分析，建立地震数据储层预测的流程和标准。

（3）对 SN0119-05 井区，使用重新处理数据进行弹性反演和振幅分析，对该区的储层分布进行预测，该区之外的新井使用苏南现有连片地震资料，对新井井位进行储层的预测。

通过三维地震重处理反演的研究，期望达到如下效果：

（1）处理反演技术先进，方法、流程和参数科学，有效提高地震的分辨率，在频宽上，尤其是在储层段能进一步进行展宽，为储层预测提供有力的保障。储层预测使用弹性反演及多属性融合技术，提高预测储层的有效性和准确性，从而可推广到苏南三维地震覆盖区。

（2）为开发Ⅲ区的钻井优选井位，Ⅰ类井比例达到 70%，Ⅰ类 +Ⅱ类井比例到达 90%。

2.2.2 三维地震采集技术与关键参数

苏南项目区块的三维地震采集设计，是在试验线的基础上总结以往长庆油田在鄂尔多斯盆地特别是苏里格地区三维地震的采集参数、资料品质分析的基础上，优化设计，确定激发深度必须在饱含水的介质中激发，选择使用“3 口井×潜水面下×4kg”的激发参数，三口井沿炮线方向线性组合，8 横×24 纵 =192 次的高精度三维地震（图 2.11）。

	内容	苏南项目采集参数	长庆油田三维地震采集参数（S14\S156）
仪器参数	仪器型号	Sercel408，Sercel428	Sercel408，Sercel428
	检波器类型	SM24，SG-10或等效检波器	DSU1数字检波器
	记录长度（s）	4	5
	采样率（ms）	2	1
	记录格式	SEG-D	SEG-D
排列片模板	观测系统	16L6S336P正交观测系统	14L8S448P正交面元细分观测系统
	面元尺寸（m×m）	15×15	10×10，10×20，20×20
	纵向观测系统	5025-15-30-15-5025	4470-10-20-10-4470
	覆盖次数	8横×24纵=192次	7横×14纵=98次（10×20面元）
	纵向最大炮检距（m）	5025	4470
	最大炮检距（m）	5203	4999.85
	最大非纵距（m）	1665	2240
	接收线线数（条）	16	14
	每线接收道数（道）	336	448
	每炮接收道数（道）	5376	6272
激发参数	激发方法	3口×潜水面下×4kg	逐点设计
	炮点线距（m）	210	320
	炮点距（m）	30	40
	炮密度（个/km^2）	158.73	78.125
接收参数	检波点线距（m）	180	320
	检波点点距（m）	30	20
	检波点密度（个/km^2）	185.19	156.25

图 2.11 苏南项目区块高密度三维地震采集参数表

数据采集结果表明：苏南项目区块三维地震优化后的采集方法是适应于本地区地表条件，与同等地表条件下采集的苏里格其他区域三维地震资料相比，单炮数据较好，信噪比高，在严格的甲方监督机制下，地震资料总体品质相对较好、为后期处理反演，储层预测奠定了基础。

2.2.3 重处理技术与效果

2018 年，在动用开发钻井的苏南开发Ⅲ区 SN0119-05 井区，选取了 20 个井丛 186km^2 作为重新处理的试验区，进行数据重处理、反演及储层预测。以期重新应用三维地震进行有效的储层预测、井位优化。

（1）重处理的主要内容与思路。

重新处理和反演解释的主要内容为：完成该区满偏、满覆盖186km^{2}叠前时间偏移处理；进行弹性反演研究，结合多属性以及完钻井的动态与静态分类和评价，建立储层预测流程和标准；调整、优选丛式井目的层靶点坐标。

重处理的主要思路是：借鉴WesternGeco公司前期处理的成功之处，克服该处理的不足，并结合中国石油集团东方地球物理勘探有限责任公司（BGP）长庆分院在大苏里格地震处理反演的经验，针对原始资料特点，结合解释目标要求，有针对性进行本次处理。重处理以保真保幅，有效拓宽频谱为前提，重点在静校正、噪声压制、一致性、井控高分辨率处理，偏移成像等5个方面开展精细处理。

（2）原始资料分析。

① 地震地质条件分析。

该区地表为沙梁、碱滩、草地相间，沙丘起伏较大，高程为1280~1352m，由于该区大部分位于古河床沉积巨厚区，表层结构复杂，静校正难度大。

低速层：厚1~12m，平均3.8m；层速度：323~1150m/s，平均574m/s；

降速层：厚0~155m，平均3.8m；层速度：1445~2267m/s，平均1726m/s；

高速层：厚6~160m；层速度：1900~3460m/s，平均2750m/s。

② 采集参数分析。

该次重处理的工区为SN0119-05井附近区域，面积186km^2；资料采集类型为井炮激发，16线336道接收，覆盖次数192次，纵横比0.27。

③ 干扰波分析。

工区内主要干扰波类型有面波、浅层强折射和随机噪声，面波基本全区分布，频率一般低于15Hz，与有效波频率差别较大，易于压制；浅层强折射和随机噪声具有能量强、频带宽的特点，相对较难压制；受强煤层反射影响，在煤层发育区存在明显层间多次波；工区局部资料还存在明显采集脚印痕迹。

④ 频率分析。

受近地表条件影响，工区内资料频率空间变化大，单炮频带范围为8~50Hz，叠加数据频带范围为6~40Hz，目的层视主频为8~18Hz，视主频相对较低。

（3）重处理难点及技术对策。

根据该区储层埋深大，储层广泛发育砂泥岩互层，且横向变化较大的地质特点，结合原始资料特点及以往处理经验与不足，总结重新处理数据中存在的如下难点：

① 工区表层结构复杂，近地表岩性变化剧烈，常规折射波静校正方法不能完全解决中长波长问题，静校正问题突出。

② 工区内面波、浅层强折射噪声极其发育，尤其是浅层强折射噪声速度及频宽跨度较大，叠前保真去噪难度大。

③ 工区近地表流沙对能量吸收严重，目的层视主频较低，内幕成像较弱。

④ 受地层吸收影响，分角度叠加剖面振幅一致性差异较大。

⑤ 叠加剖面在识别砂体方面存在较大不足，做好OVT域叠前时间偏移成像技术也是本次处理的一大难点。

针对以上难点，本次重处理以保真保幅、宽频处理为前提，重点在静校正、噪声压制、一致性、井控高分辨率处理和偏移成像5个方面开展工作，制订了如下5项处理技术及对策：

① 层析反演静校正及多次迭代剩余静校正技术提高成像精度。

在精确拾取初至基础上，充分利用微测井资料，通过微测井及近道双重约束层析反演技术解决低频成像问题，在做好基础静校正的基础上，采用高精度速度分析与多种剩余静校正方法迭代技术进一步解决高频成像问题。

② 利用叠前保真压噪技术提高资料信噪比。

利用有效信号与噪声速度、频率之间的差异，采用多域、多方法迭代压噪技术，逐步、多次压噪，同时加强质量监控，在提高信噪比基础上尽可能减少有效信息的损失。采用十字交叉滤波技术压制面波；分频异常振幅压制技术压制随机噪声；K-L变换与分频异常振幅压制技术相结合的方法压制浅层强折射；高精度拉冬变换压制多次波以及利用FKK方法压制三维采集脚印。

③ 利用高分辨率处理技术提高内幕成像。

利用VSP井控 Q 补偿及叠前反褶积迭代技术压缩地震子波，提高子波一致性，同时拓宽频带，提高资料主频，并在叠后通过零相位反褶积技术进一步提高主频，增强目的层内幕反射强度。

④ 利用振幅一致性处理技术解决炮道之间振幅不均衡现象。

利用井控振幅补偿技术消除由于地层吸收导致的纵向能量差异，利用多次地表一致性振幅补偿迭代技术消除地表条件相关因素引起的炮与炮、道与道之间的振幅能量差异。

⑤ 采用OVT域叠前时间偏移成像技术提高目的层成像精度。

利用OVT域处理技术进行偏移前先进行规则化处理，保留更精确的方位和偏移距信息，在此基础上进行叠前时间偏移不仅可以提高振幅一致性，得到更高质量的道集，同时保留的方位角信息还有利于进行方位各向异性分析和裂缝检测。

（4）处理流程与关键技术。

① 处理流程。

经过上述分析，根据处理难点及采用的技术对策，对比以往处理效果，拟定了如图2.12所示的处理流程。

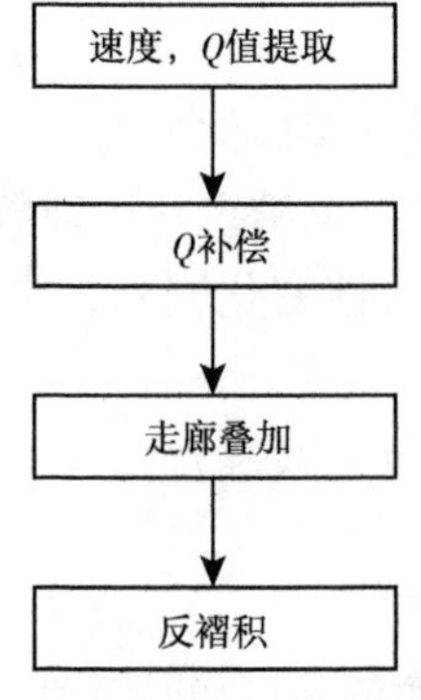

图2.12　处理流程及关键技术

② 关键处理技术。

a. 三维静校正技术。研究区地表覆盖巨厚沙丘，地形起伏较大，常规折射波静校正层状介质模型已经无法真实反映近地表速度变化情况，长波长静校正问题比较突出。层析反演静校正不受初至波类型限制，能够更加精确反演近地表模型，在微测井资料约束下，反演后的近地表模型更加准确。在层析反演静校正基础上，利用高精度速度分析与三维剩余静校正迭代技术进一步提高成像效果。

b. 保真压噪技术。通过分析原始记录中各种干扰波在不同处理域中的具体表现特征，利用有效信号与线性干扰在频率、速度和波数等方面的差异，首先在其具有最大差异的一个域内进行处理，以最大限度地衰减各类噪声，保留有效信号，其次采用多域、多方法迭代压噪技术，逐步、多次压噪，加强质量监控，在提高信噪比基础上尽可能减少有效信息的损失。

在本次处理中，主要选择的干扰波压制方法包括：针对单炮中的面波首先采用三维十字交叉滤波技术压制，然后利用 K-L 变换线性噪声压制方法进行二次去除；针对浅层强折射噪声及随机噪声采用多域分频异常振幅压制方法进行去噪处理；针对层间多次波，采用高精度拉冬变换进行压制；针对三维采集脚印，采用 FKK 方法进行消除。

c. 高分辨率处理技术。受地层吸收的影响，工区原始资料视主频较低，无法满足岩性预测要求，必须要进行高分辨率处理来提高地震资料分辨率，并保持振幅的相对关系。首先通过 Q 补偿使浅层、中层和深层子波基本接近，然后通过地表一致性反褶积与单道预测反褶积压缩子波，提高分辨率，最后利用零相位反褶积技术进行叠后升频，具体流程如图 2.13 所示。

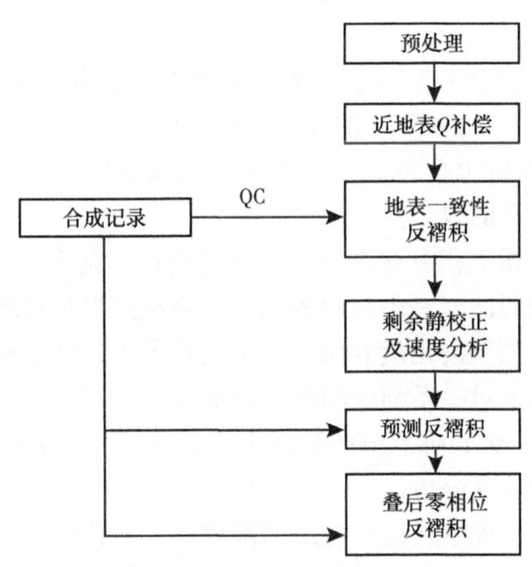

图 2.13　井控高分辨率处理流程

d. 保幅处理技术。反射波的振幅与反射界面的反射系数密切相关，当入射波能量相同时，反射系数大，地面上接收到的反射波能量自然也就大。但在实际野外采集的资料中，资料往往是浅层能量比深层强，远炮点道的能量比近炮点道的能量弱，炮与炮之间、同一炮中道与道之间的能量有时也存在明显差异。为了使反射波的振幅能准确反映反射界面的反射能力，有必要对各种引起振幅改变的因素进行分析并找出适当的办法予以校正，并且希望一个共中心点中来自不同炮、不同接收点的道的能量应基本一致，以期获得理想的叠加效果。因此，本次使用的振幅补偿的方法为：球面扩散补偿、地表一致性振幅补偿。振幅能量补偿可以最大程度地补偿由于上述原因而引起的振幅能量不均等问题，对资料的保真保幅处理有着至关重要的作用。

e. OVT 域处理及偏移成像技术。炮检距向量片（OVT）又被称作炮检距矢量片，是十字排列道集的一种延伸，是十字排列道集内的一个数据子集。在一个十字排列中按炮线距和检波线距等距离划分得到许多小矩形，则每一个矩形就是一个 OVT。提取所有十字排列道集中相应位置的OVT，就组成一个OVT道集。每个OVT有限定范围的偏移距和方位角，因此，OVT 域可理解为含有方位的炮检距域。OVT 宽方位处理技术就是在这样的域下进行的。OVT 域处理和常规处理的基本步骤是一致的，最主要的区别在于处理的域不同。常规处理在共炮检距域内进行规则化和偏移处理，而 OVT 域处理是在细分的十字排列域内进行的处理；另外，由于 OVT 域处理保留了丰富的方位信息，因此还可进行方位各向异性处理。其处理主要包括 OVT 划分及道集数据准备、OVT 域数据的规则化、OVT 域叠前时间偏移和偏移道集的处理 4 个主要的步骤。针对不同地震储层预测目标，OVT 偏移道集的处理应有所不同。方位各向异性特征分析有利于进行裂缝检测，消除方位各向异性有利于叠前反演。

OVT 域处理可以保留更精确的方位和偏移距信息，既可以提高全方位成像精度，又便于与方位相关的属性提取和裂缝检测。OVT 技术主要有以下优势：OVT 偏移后的数据保留方位角信息；方位角可以根据地质需求灵活划分方位；可以进行方位各向异性分析和裂缝检测；偏移距和方位角相对恒定，有利于规则化和偏移处理，改善成像精度。

OVT 域处理技术主要思路是：进行 OVT 域数据的抽取，在 OVT 域进行五维插值、噪声压制和叠前时间偏移，并进行方位各向异性的研究。

OVT 域处理技术针对宽方位地震资料效果会比较突出，对于研究区横纵比仅为 0.33 的地震资料，也同样有一定的效果。

本次处理采用了克希霍夫积分法进行叠前时间偏移。克希霍夫积分法通过绕射曲线加权求和进行地下成像。绕射曲线是由从地表到地下 P 波速度场计算出的散点决定的。求和曲线的路径是弯曲射线，当反射角度和倾角较大的情况下，随着速度的增加，这种现象尤其明显。叠前偏移过程就是对一系列观测数据的加权求和。

本次偏移成像是 OVT 域五维差值的数据上进行的，偏移后用平滑的偏移速度进行反动校，进行偏移后的剩余速度分析。

f. 分角度叠加。反射系数序列是反射角的函数，该函数随着时间而变化。然而地震道是在某一固定偏移距内接收的，因此必须通过角度道集的重建转换成反射角。动校后的输入数据需要通过应用角度切除来构建角度道集。切除模式依赖于输入道在某一 CMP 位置的均方根速度。对于某一特定的反射角，一个角道集是由面元里的所有道叠加生成，在水平地层中，叠加速度可以认为是均方根速度。

由工区内井资料统计可知，目的层附近的均方根速度基本在 3800m/s 左右，由于工区内地层倾角较小，平均速度也可以认为是 3800m/s 左右，地震数据的最大偏移距为 5200m 左右，通过计算得出的最大角度为 35°。因此本次分角度方案为角度 2-9、角度 9-16、角度 16-23、角度 23-30 和角度 30-37（图 2.14）。

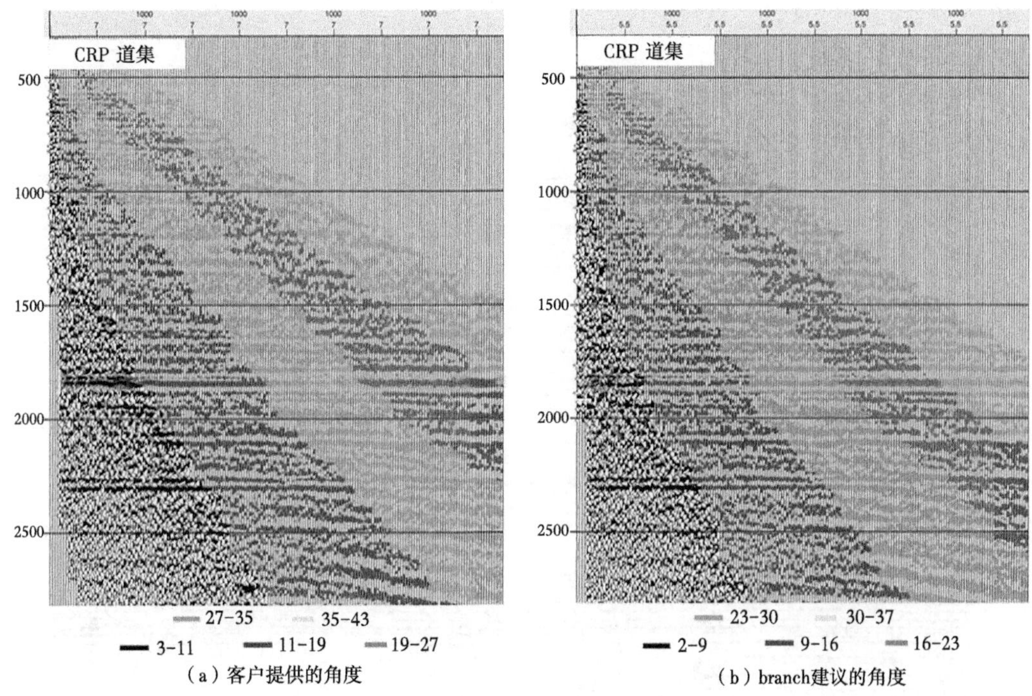

图 2.14　不同角度在动校后的 CMP 道集上的分布（重叠上角度分布）

由图 2.14 至图 2.16 对比可知，将分角度分布投影在动校后的 CMP 道集上时，由于软件算法的不同，客户提供的分角度方案中大角度已经不能满足目的层叠加需求，而修改后的分角度方案更适合本次数据。

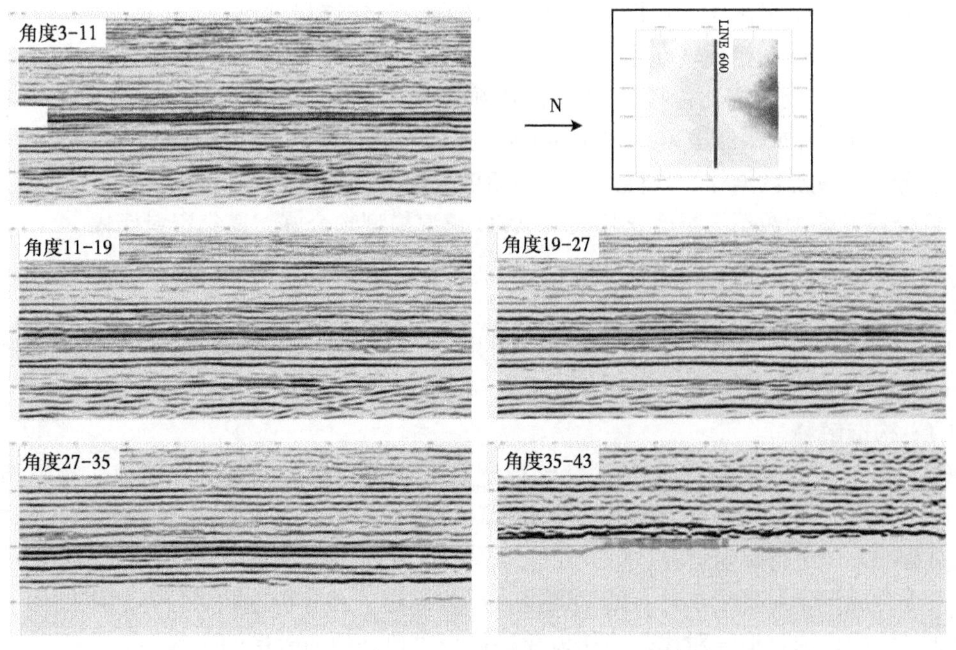

图 2.15　不同分角度叠加剖面对比（老方案）

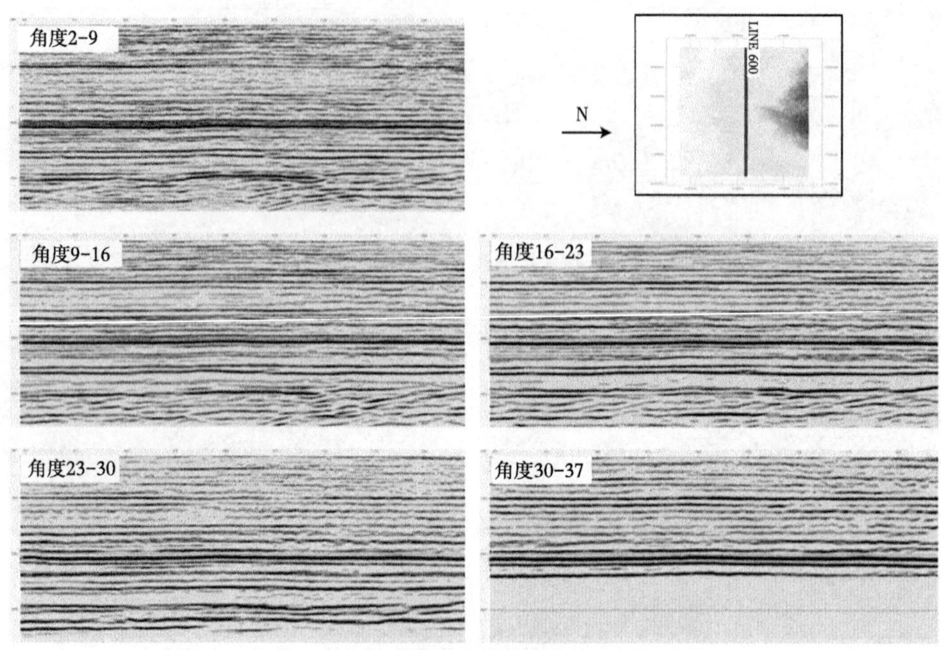

图 2.16　不同分角度叠加剖面对比（新方案）

（5）处理效果分析。

通过对工区资料进行深入的分析与试验对比，完成了满覆盖 186km^2 的资料重处理工作，处理成效主要体现在以下几个方面：

① 处理成果信噪比高，目标层内幕反射清晰，频带较宽。

② 井震匹配好、相关度高。

③ 与以往老成果相比，重处理成果主频更高，频带更宽，局部放大后，内幕弱反射更加清晰，重处理成果频宽基本在 8~50Hz，且随入射角度增加频宽基本一致。

④ 分角度叠加数据体一致性好，各分角度叠加剖面能量基本一致。

⑤ 分角度叠加数据振幅变化特征与 AVO 正演模型吻合好，道集资料保幅。

2.2.4　地震解释、储层反演及预测

收集整理三维工区内已完钻 5 口井（测井、录井、测试、地质分层数据等）资料，主要完成的基础工作包括测井资料环境校正和测井曲线的标准化。

（1）构造解释。

① 层位标定。地震地质层位的精细标定是地震资料解释的基础和前提，它影响到地震成果的精度和可信度。在对测井曲线进行环境校正的基础上，采用人工合成记录与地震剖面对比的方法进行标定。

人工合成记录对每个过井点的剖面进行层位标定，并分析地质层位在地震剖面上的反射特征，然后，通过追踪对比，确认地震层位与每口井地质分层的一致性。

主要反射标志层标定结果：

Tc2（波峰），相当于石炭系本溪组厚煤层顶部附近的反射，能量强，连续性好，能自动追踪；

Tp8（波峰），相当于二叠系山西组顶部附近的反射，能量中—弱，连续性较好，自动追踪与手动追踪相结合。

② 层位解释。本区的区域标志层 Tc2 同相轴能量强，连续性好，根据 5 口井标定结果进行连井解释，然后借助可视化工具完成全三维追踪解释。

在 Tc2 自动追踪完成后，通过自动追踪与手动追踪相结合的方法，解释 Tp8 反射层位。

③ 构造特征。

a. 速度分析。在全区范围内对比解释主要地震反射目的层，并准确地确定出相应的地质层位，根据钻井校正地震剖面，使地震剖面与钻井的基准面一致，形成 Tp8 和 Tc2 反射层等 T_0 图。

根据公式 $v=2H/T_0$（v—平均速度；H—深度；T_0—自激自收时间）求取各井点的平均速度值，利用井点平均速度值进行速度场的初步勾绘，井稀疏区要考虑地层的变化梯度等诸多因素，将高质量的速度谱转化为均方根速度值展到平面图上，勾绘出均方根速度趋势图，参考均方根速度趋势图，修改完善平均速度场图。

研究区速度场分布比较均匀，西南高，东北低，平均梯度 5m/km，速度相对稳定。

b. 构造成图。将 Tc2 和 Tp8 反射层等 T_0 图分别与其对应的平均速度场图叠合，按公式 $H=1400-v\times T_0/2$（H—深度；v—平均速度；T_0—自激自收时间）得到其反射层构造图。

c. 构造特征。研究区构造位于伊陕斜坡，表现为西倾单斜，东西两侧海拔落差 90m，局部发育微幅度构造。

地震 Tc2 反射层构造特征：地震 Tc2 反射层为太原组底部地震强反射界面，为全区标志性反射层，构造位于伊陕斜坡，整体呈现东高西低西倾单斜构造趋势，地层沉积相对稳定，上下地层呈整合接触，没有发生沉积间断和地层尖灭，构造形态继承性比较好。

地震 Tp8 反射层构造特征：地震 Tp8 反射层相当于二叠系山西组顶部附近的反射，为研究区内一套比较稳定的地震反射层，反射强度为中弱反射，构造特征与 Tc2 有很强的继承性，与 Tc2 反射层构造特征基本相似，呈现东高西低的格局，主要表现为西倾单斜。

本次成果：落实研究区内 Tp8 构造圈闭 26 个，Tc2 构造圈闭 32 个，最小面积 0.27km^2，最大面积 23.9km^2，构造幅度 5~20m。

（2）岩石物理分析。

岩石物理是研究影响地震波在岩石中传播相关的岩石物理性质（孔隙度、流体类型及饱和度、孔隙压力、温度、岩石可塑性等）的一门科学。岩石物理分析的目的是建立这些属性如孔隙度、饱和度、泥质含量和地震响应之间的关系，形成一种预测理论，从而根据地震反演资料来预测这些岩石物理属性。

数据分析的目的就是对曲线质量进行控制，包括密度、纵横波时差。

通过对 SN0162-05 井 v_p/v_s（v_p，v_s—纵波与横波传播速度）曲线进行交会进而优选影响砂泥岩的敏感参数。根据曲线我们进行了多种参数交会分析，优选出纵横波速度比与横波阻抗交汇能够有效区分气砂岩、含气砂岩、砂岩和泥岩，确定砂岩值域范围为：纵

横波速度比 $v_p/v_s < 1.8$，横波阻抗 $Z_{S\text{-Imp}} > 6000g/cm^3 \cdot m/s$。

因为测井频率较高，而地震有效频率在 40Hz 左右，通过滤波手段逐步降低测井频率，测试地震有效频率是否可以识别有效砂岩厚度。借助大量分析研究，可以得出结论：当频率接近于地震频率时（40Hz 左右）依然可以识别大于 10m 的单砂体和砂层组。

（3）叠前反演。

① 测井数据分析及处理。在测井数据处理阶段主要进行了以下工作：a. 井径校正；b. 纵波速度、密度、伽马曲线校正；c. 归一化处理。

② 地震数据预处理。叠前反演结果的质量依赖于输入地震数据的质量和稳定性。地震数据预处理描述了作为反演输入数据的地震分角度叠加体的产生过程。

地震数据预处理工作内容包含：a. 一致性处理；b. 地震数据预处理（走时校正）。

③ 叠前反演。

a. 子波估算。在每个井位，对每个地震体估算子波，子波可作为合适的反射率曲线和地震数据间的褶积因子。子波估算可在时间域和频率域同时进行。

子波估算时域和频域方法可分为两部分。针对所选择的一个时窗，可估算出不同长度的子波。对于每一个子波长度，根据地震数据道与合成地震道间匹配的相对能量可确定出最佳的延迟时间。不需要假设地震数据的极性或相位。根据最终预测误差准则，或者与之类似地，采用与可视的子波检测相结合方法选出最佳的子波长度。最佳的子波长度模型有尽可能多的相干信号，它不可能对大量的局部噪声进行模拟。太长的子波和含有大量局部噪声的模型不可能代表远离井眼的子波。当测井曲线与地震数据间的相关性相对较差时，子波估算需要对子波的相位和振幅谱引入一定假设，以确保为得到最优的反演结果提取出稳定的子波。

b. 低频模型建立。地震数据缺失最低的频率信息。为了补偿低频信息的缺乏，地震反演过程中应包含低频模型。

对解释出的层位和断层紧接着进行低通滤波，再对合适的阻抗曲线进行外推可得到 SN0119-05 井位置的波阻抗低频模型。低频模型也受地震速度、叠加或偏移速度、深度趋势、正断层和逆断层的解释、根据地震数据计算出的倾角或显示出的地层关系的约束。在导出低频模型时应充分考虑斜井的井轨迹。

在建立低频模型后，为保证低频补偿的合理性，通过盒 $_8$ 段低频模型时间切片验证补偿是否合理。无异常值，即补偿合理。

图 2.17 展示了通过软件最终反演采用的优化反演参数值。这些参数值都是通过利用井周的小数据体进行多次反演试验后确定的，从而达到最佳优化。

在以上基础上提取出最小速度比平面图，通过井验证，最小速度比与盒 $_8$ 段有效储层大体呈负相关，总体表现相关度较好，可以满足地震解释需要。

（4）属性分析及融合处理。

地震属性是由叠前或叠后地震资料经数学变换导出的有关地震波的几何形态、运动学特征、动力学特征和统计学特征。

① 属性优选。属性优选是根据所选样本和特征数据的分布情况，采用某种算法和准则从全部特征中选出若干个对分类最有益的特征。属性优选主要有两种方式：自动优选及人工优选。

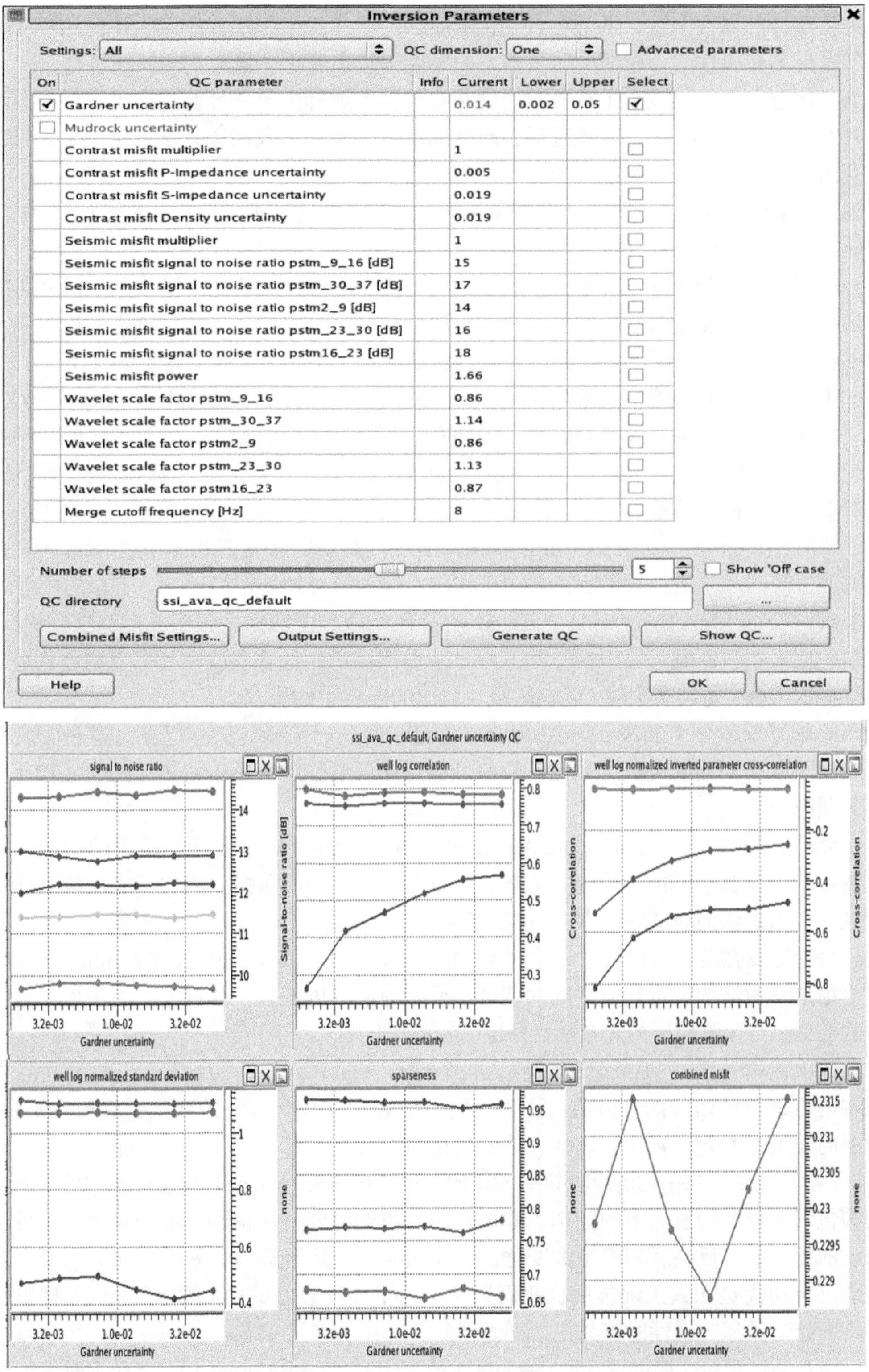

图 2.17　用于反演的最佳优化参数（Jason 软件截图）

自动优选：在 GeoEast 中属性自动选择模块，将属性列表中选择若干目标属性后，再填上期望选择的属性个数，系统将自动优选属性。该模块是采用基于搜索算法的增 L 减 R 法，根据样本和属性的分布情况，从指定的属性中选出若干个最有利的属性组合。

人工优选：地震属性人工选择模块就是有经验的解释人员凭经验选择出较优的属性组合。针对本区块属性，在自动优选后，对优选出来的属性，我们进一步采用了平面分析法及交会图分析法进行人工优选。

通过自动优选和人工优选后，选择了以下 9 种较好的盒 $_8$ 段的属性。属性时窗为盒 $_{8上}$亚段 10ms、盒 $_{8下}$亚段 13ms。

a. 振幅斜率（Amplitude Slope，AmpSlp）。定义为时窗间隔内道记录振幅值随时间变化率的平均，记录能量总趋势的量度。可以测量道能量的总趋势。表示垂直地层层序和储层中流体成分的变化，用于小区间内确定有利的趋势。对识别断层有很好的效果。

b. 平均记录长度变化（振幅算术平均）（Arithmetic Mean of Sanples，ArmMean）。定义为平均地震道波形的长度。是综合了振幅和频率特性的联合属性。与其他振幅、频率属性联用，以区分强振幅 / 高频率、强振幅 / 低频率、弱振幅 / 高频率、弱振幅 / 低频率特征，用于分析岩性、储层特征。

c. 瞬时相位余弦（Cosine of Inst.Phase，CIP）。是瞬时相位导出的属性。其计算式为常用来改进瞬时相位的变异显示。并用于相位追踪和检查地震剖面对比、解释的质量。

d. 瞬时带宽（Inst.Band width，IBand）。是在所取时窗数据内频率分布范围的统计量。受子波、反射系数影响。由于在空间上与各种噪声相比，地震子波和频率带宽更稳定，这种属性显示了强 / 弱、多次波 / 混响区域。弱混响产生小的带宽。

e. 绝对振幅积分（Integrated Absolute Amplitude，IntAbsAmp）。定义为道在时窗间隔内特征记录所有振幅绝对值之和，反映信号的总体反射强度，用于对地层的岩性和速度等方面的预测。

f. 瞬时虚振幅（Inst.Quadrature Amplitude，IQuadAmp）。是复数地震道的虚部，与复数地震道的相位为 90º 时的时域振动振幅。即正交道，为虚振幅。因它只能在特定的相位观测到，多用来识别与薄储层中的 AVO 异常。

g. 目标层峰宽度（目标层波半宽度）（Object Layer Located Wave Half Width，LocWid）。是在目标层反射波的波形拐点之间的宽度。反映地层厚度变化，在横向上由于地层岩性成分等的变化，可预测储层的分布及目标层的频率变化。

h. 最大波峰振幅（Maximum Peak Amplitude，MaxPkAmp）。反映道在时窗间隔内波峰振幅的极值。即信号的最大值。用来确定由于岩性和烃类聚集的变化引起的振幅异常，与地层的波阻抗差异、岩性、速度、厚度及孔隙度有关。

i. 平滑频率（振幅平均的瞬时频率）（Reflection Strength Weighted Frequency，RStWtFreq）。定义为包络加权平均意义下的频率。亦可采用简单的时间平均得到平滑的频率，也可用中值滤波的频率。可反映岩相的粗细变化，含油气变化及地层旋回的分析。

通过自动优选和人工优选后，我们选择了以下 6 种较好的山 $_1$ 段的属性，6 种属性的整体特征趋势类似。属性时窗为山 $_{1上}$亚段 13ms、山 $_{1下}$亚段 13ms。

a. 绝对振幅组合（Composite Absolute Amplitude，CompAbsAmp）。定义为时窗内记录波峰振幅和波谷振幅绝对值之和。多用来表征在有意义的区段上，由于岩性和烃类聚集的变化引起的横向变化。

b. 绝对振幅积分（Integrated Absolute Amplitude，IntAbsAmp）。定义为道在时窗间隔内特征记录所有振幅绝对值之和，反映信号的总体反射强度，用于地层的岩性和速度等方面的预测。

c. 瞬时实振幅（Instantaneous Amplitude，IReAmp）。是在选定的采样点上地震道时域振动振幅，是振幅属性的基本参数。广泛用于构造和地层学解释。用来圈定高或低振幅异常，即亮点、暗点。反映不同储集层、含气、油、水情况及厚度预测。

d. 光滑反射强度（中值滤波反射强度）或光滑滤波反射强度（Flattened Reflection Strength OR Median-filter Energy Reflection Strength）。定义为反射强度的时间域中值滤波能量，可以加强反射强度峰值异常，对亮点、暗点、平点的确定及储层、岩性的预测都有很好的效果。

e. 反射强度（Reflection Strength，RSt）。定义为 $[x(t)+y(t)]$，也称瞬时振幅、瞬时包络，为复数地震道的绝对值。用来识别亮点 / 暗点 / 平点，可确定储层中流体成分、岩性和地层的横向变化。

f. 光滑滤波反射强度与相位余弦之积（Perigram Multiple Cosine of Inst.Phase，Prgt*CIP）。这种复振幅是为增强峰 / 谷振幅，尤其零相位数据效果更好。因加强了峰 / 谷振幅，并把所有谷振幅反转成视峰振幅，分析振幅异常很有用。对同相轴质量有所提高，以便对地震资料更细微的解释。

②属性融合。优选出多种属性后，在地震数据体基础上，通过主成分分析及BP算法，得到新的平面图或者相图。

对于多幅图像各对应象元逐个进行加减乘除四则运算或矢量运算，以便求出复合图像的和差积商来达到图像增强的某种效果。图像相加可以减小噪声，增大对比度；图像相减有利于监测动态变化信息，或从模糊的背景中把有用的目标信息检测出来；图像相乘用来做图像轮廓增强；图像相除可以求取比值图像，使得灰度值不大的图像在比值后反差增强。当然，也可以根据不同属性参数的特点设计出复杂的代数运算方程，达到再增强效果的目的。

对于三维地震资料而言，可以视为沿某一目的层反射波或时间切片的属性数据构成的一个二维“层面数据”。为此，将图像处理技术、图像识别技术与三维地震技术相融合，对三维地震数据的属性信息进行图像处理，实现多信息空间融合处理。

③ 多属性融合成果。

a. 属性效果验证。在优选出来的属性基础上，先选择了研究区内 13 口井盒 $_8$ 亚段砂岩数据做属性融合，时窗为盒 $_{8上}$亚段 13ms、盒 $_{8下}$亚段 13ms。属性值域较好的范围主要集中在研究区西部，东部次之。由其线性关系可以看出，属性值与盒 $_8$ 砂厚之间具有一定的相关性。

为了验证属性融合的可靠性，选择了 13 口未做属性融合的井验证。在线性关系图中可以看出盒 $_8$ 段砂厚与属性之间具有一定的相关性，且趋势与已做属性融合的 13 口井的线性关系图基本一致。

通过计算分析，验证井的砂厚与属性之间的线性关系良好，与 13 口井属性融合井的线性关系基本一致，体现了所优选的属性融合的可靠性。在验证完融合适用性后，对比了用13口井和用26口井做的属性融合图，可以看出在研究区内，两者的属性特征趋势基本一致，更加说明了反演结果的可靠性。高属性值主要分布在工区西部以及工区东部，低值主要集中在中部地区。

b. 属性应用。为了验证属性融合与砂体展布之间是否存在联系，做了盒$_8$段砂岩属性与盒$_8$段砂岩厚线性关系图，通过交会分析，两者之间具有良好的相关性，相关系数达到93.8%，因而通过地震属性能够定量预测砂体展布。

从盒$_8$段的砂岩属性与盒$_8$段砂岩厚度可以看出，属性融合与砂体展布之间趋势基本一致，属性高值与较厚砂体主要分布在工区西部，东部次之。

接下来，用同样的方法来验证属性与山$_1$段砂体之间的关系，做了山$_1$段气砂岩属性与山$_1$段气砂岩厚度线性关系图，通过交会分析，两者之间具有良好的相关性，相关系数达到88.36%，因而通过地震属性能够定量预测砂体展布。

从山$_1$段的气砂岩属性与山$_1$段气砂岩厚度平面可以看出，属性融合与砂体展布之间趋势基本一致。属性高值与较厚砂体主要分布在工区西部，北东部次之。

接着用同样的方法，做了山$_1$段气砂岩属性与山$_1$段气砂岩厚度线性关系图，通过交会分析，两者之间具有良好的相关性，相关系数达到88.36%，因而通过地震属性能够定量预测山$_1$段气砂体展布，突破了以前苏南三维地震不能有效预测山$_1$段储层的结论。

从山$_1$段的气砂岩属性与山$_1$段气砂岩厚度平面可以看出，属性融合与砂体展布之间趋势基本一致。属性高值与较厚气砂体主要分布在工区西部，东部次之。

（5）重处理区综合评价。

整理研究区内井的盒$_8$段以及山$_1$段的砂岩厚度数据（表2.2和表2.3），以有效砂岩为主，兼顾砂岩厚度，结合属性融合分析，对研究区内盒$_8$段以及山$_1$段进行综合评价。

盒$_8$段有利区主要分为3类：Ⅰ类有利区的盒$_8$段有效砂厚大于12m，有利区面积80.9km^2；Ⅱ类有利区的盒$_8$段有效砂厚大于8m、小于12m，有利区面积70.4km^2；Ⅲ类有利区的盒$_8$段有效砂厚小于8m，有利区面积34.5km^2（图2.18）。

山$_1$段有利区主要分为3类：Ⅰ类有利区的山$_1$段有效砂厚大于8m，有利区面积61.3km^2；Ⅱ类有利区的山$_1$段有效砂厚大于4m、小于8m，有利区面积74.3km^2；Ⅲ类有利区的山$_1$段有效砂厚小于4m，有利区面积50.2km^2（图2.19）。

表2.2 盒$_8$段砂岩数据表

井号	坐标		砂厚（m）			有效砂厚（m）			
	X	Y	盒$_{8上}$	盒$_{8下}$	盒$_8$	盒$_{8上}$	盒$_{8下}$	盒$_8$	范围
SN0130-03	19265410.25	4196694.74	19.00	0.00	19.00	2.40	0.00	2.40	＜8
SN0130-09	19267148.46	4197879.8	16.30	1.40	17.70	4.20	0.00	4.20	
SN0152-03	19268113.5	4193886.26	12.60	8.70	21.30	0.00	5.60	5.60	
SN0130-02	19265462.81	4198828.52	7.50	6.70	14.20	3.80	2.80	6.60	
SN0119-03	19259164.92	4199870.05	13.40	9.30	22.70	6.60	0.00	6.60	
SN0152-04	19269232.84	4195890.03	13.20	5.60	18.80	6.60	0.00	6.60	
SN0152-01	19268357.93	4194879.77	12.40	9.20	21.60	5.20	1.70	6.90	
SN0152-05	19269201.88	4194826.89	5.10	10.50	15.60	2.90	4.00	6.90	

续表

井号	坐标		砂厚（m）			有效砂厚（m）			
	X	*Y*	盒$_{8上}$	盒$_{8下}$	盒$_{8}$	盒$_{8上}$	盒$_{8下}$	盒$_{8}$	范围
SN0119-04	19260070.67	4201642.18	14.40	9.90	24.30	6.30	1.70	8.00	> 8 且 < 12
SN0130-05	19266249.39	4197833.45	23.00	0.00	23.00	8.10	0.00	8.10	
SN0152-08	19270019.79	4193812.72	9.70	10.90	20.60	0.00	8.10	8.10	
SN0152-09	19270138.42	4194902.87	10.20	5.90	16.10	2.20	5.90	8.10	
SN0119-09	19261019.65	4200892.97	22.80	5.00	27.80	8.80	0.00	8.80	
SN0119-07	19261207.44	4201825.7	17.90	5.10	23.00	5.30	3.60	8.90	
SN0130-06	19266130.28	4196882.05	12.00	0.00	12.00	9.10	0.00	9.10	
SN0119-01	19259138.79	4200871.67	13.20	4.30	17.50	7.50	1.90	9.40	
SN0152-06	19269159.07	4193917.7	11.80	8.60	20.40	6.00	5.50	11.50	
SN0119-08	19261153.18	4199881.7	15.00	10.70	25.70	8.10	3.50	11.60	
SN0119-02	19259335.72	4202122.36	16.20	6.00	22.20	10.10	1.90	12.00	> 12
SN0130-08	19267153.65	4196868.55	13.40	8.50	21.90	3.90	8.50	12.40	
SN0152-07	19270194.44	4195671.67	7.20	11.50	18.70	7.20	5.30	12.50	
SN0130-01	19265153.38	4197922.16	15.90	12.00	27.90	8.10	4.80	12.90	
SN0130-07	19267157.03	4198890.19	23.20	3.10	26.30	9.80	3.10	12.90	
SN0119-06	19260145.48	4199859.94	17.50	10.50	28.00	8.40	5.80	14.20	
SN0152-02	19268241.87	4195861.38	13.60	14.70	28.30	8.20	7.40	15.60	
SN0119-05	19260189.24	4200855.85	12.00	14.70	26.70	5.10	13.40	18.50	

表 2.3　山$_{1}$段砂岩数据表

井号	坐标		砂厚（m）			有效砂厚（m）			
	X	*Y*	山$_{1上}$	山$_{1下}$	山$_{1}$	山$_{1上}$	山$_{1下}$	山$_{1}$	范围
SN0119-02	19259335.72	4202122.36	4.30	6.60	10.90	0.00	0.00	0.00	< 4
SN0152-03	19268113.5	4193886.26	0.00	5.00	5.00	0.00	0.00	0.00	
SN0152-04	19269232.84	4195890.03	9.50	0.00	9.50	0.00	0.00	0.00	
SN0152-08	19270019.79	4193812.72	2.00	0.00	2.00	0.00	0.00	0.00	
SN0152-07	19270194.44	4195671.67	4.70	5.10	9.80	0.00	2.20	2.20	
SN0152-06	19269159.07	4193917.7	2.30	4.70	7.00	2.30	0.00	2.30	

续表

井号	坐标		砂厚（m）			有效砂厚 (m)			
	X	Y	山$_{1上}$	山$_{1下}$	山$_1$	山$_{1上}$	山$_{1下}$	山$_1$	范围
SN0119-04	19260070.67	4201642.18	13.20	10.30	23.50	4.50	0.00	4.50	＞4且＜8
SN0119-03	19259164.92	4199870.05	18.40	0.00	18.40	4.80	0.00	4.80	
SN0130-03	19265410.25	4196694.74	5.60	5.90	11.50	3.40	1.70	5.10	
SN0119-06	19260145.48	4199859.94	7.70	4.40	12.10	1.00	4.40	5.40	
SN0152-05	19269203.29	4194826.86	4.90	6.90	11.80		5.80	5.80	
SN0152-02	19268241.87	4195861.38	13.40	2.30	15.70	5.80	0.00	5.80	
SN0130-08	19267153.65	4196868.55	3.40	5.90	9.30	1.30	5.10	6.40	
SN0152-01	19268357.93	4194879.77	9.40	13.50	22.90	0.00	6.40	6.40	
SN0130-05	19266249.39	4197833.45	12.10	8.90	21.00	4.80	1.80	6.60	
SN0130-02	19265462.81	4198828.52	0.00	10.10	10.10	0.00	6.90	6.90	
SN0130-09	19267148.46	4197879.8	0.00	15.10	15.10	0.00	7.00	7.00	
SN0152-09	19270138.42	4194902.87	6.10	8.70	14.80	5.00	3.50	8.50	＞8
SN0119-07	19261207.44	4201825.7	20.80	6.00	26.80	4.50	4.30	8.80	
SN0130-07	19267157.03	4198890.19	9.80	8.00	17.80	6.40	2.60	9.00	
SN0119-05	19260195.29	4200842.96	11.80	15.40	27.20	3.40	6.10	9.50	
SN0130-01	19265153.38	4197922.16	7.20	11.70	18.90	1.50	10.70	12.20	
SN0119-08	19261153.18	4199881.7	15.30	7.00	22.30	9.00	3.50	12.50	
SN0119-01	19259136.82	4200873.88	16.80	4.50	21.30	10.90	3.40	14.30	
SN0119-09	19261019.65	4200892.97	18.70	23.30	42.00	2.70	12.40	15.10	
SN0130-06	19266130.28	4196882.05	8.00	14.90	22.90	3.30	12.20	15.50	

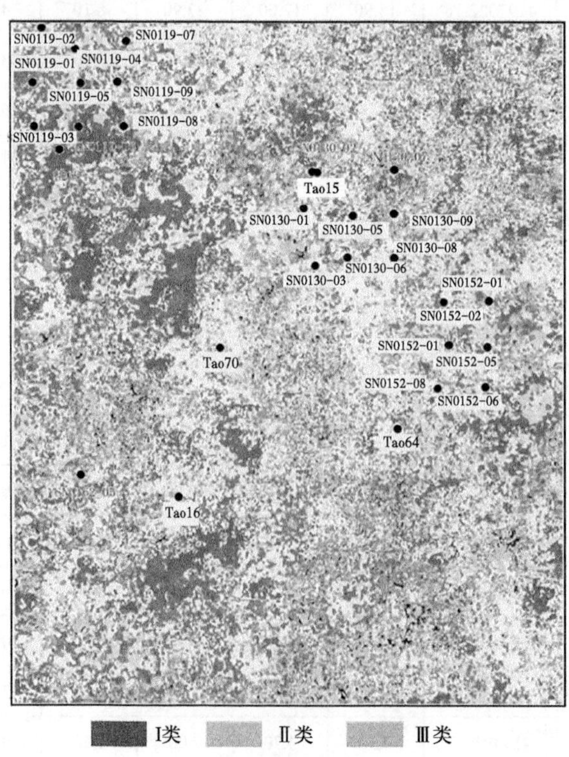

图 2.18　盒$_8$段综合评价图

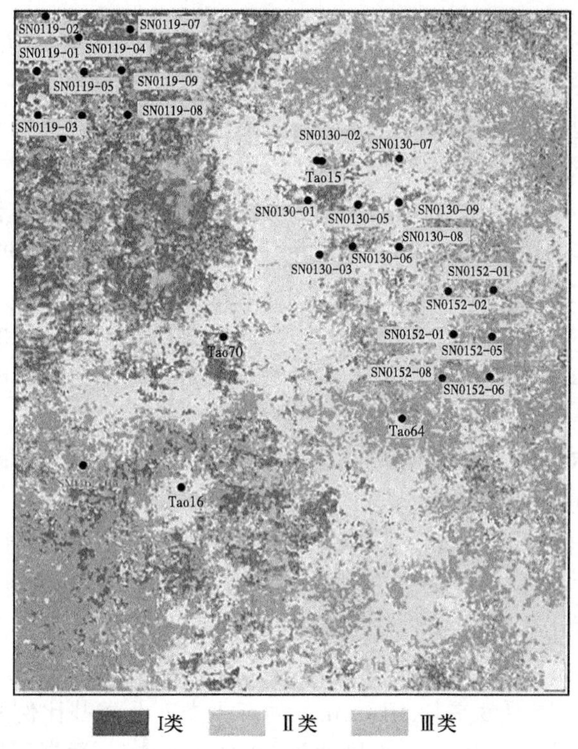

图 2.19　$山_1$段综合评价图

2.2.5　三维连片区地震应用效果及评价分析

三维连片区地震应用效果良好，主要表现在以下几个方面：

（1）优选地震属性，建立预测模型。

苏南项目采集的三维数据是苏里格地区最大的三维连片数据，有着得天独厚的地震储层预测研究意义。由于在 2015 年的联合研究中，基于当时对储层预测和钻井结果的认识，因为地震储层预测的结果不够准确而暂停了使用地震储层预测布井，经过近几年对地震数据的重新认识，并在三维区内 600 余口开发井的钻井资料的基础上，结合已有的连片数据的各种属性数据进行了精细对比和研究。通过提取的储层属性数据与钻井结果的相关性分析，优选出三种属性（$盒_8$段时间厚度、$盒_8$段储层平均泊松比和波形分类）作为多属性储层预测的基础，通过这三种属性与平面上河道砂体的有利分布相结合，在平面上画出有利砂体的分布范围，同时根据相关性建立预测模型，对新井部署的靶点进行预测。

（2）侧钻井靶点确定及应用效果。

在 2017 年实施 C0073 井丛钻井过程中，由于该井丛整体位于储层发育较差的地区，该井丛中有 3 口（SN0073-01 井、SN0073-05 井和 SN0073-08 井）未钻遇具有开发价值的储层的井，最终决定对此 3 口井进行侧钻，根据对连片数据的多属性分析研究结果，以$盒_8$段地震时间厚度、储层平均泊松比以及$盒_8$段储层波形分类等三种较为有效的属性确定了这 3 口侧钻井的靶点，侧钻井均取得成功。这是自 2015 年以来，对地震数据重新认识而取得成功的。

在2018年的钻井过程中，尽管对于所有开发井的储层靶点进行了优化，但是在SN0063井丛这个储层发育整体较差的区域，还是钻遇了SN0063-04井，该井只有2.7m（两层）差气层，经过地质和地球物理的分析之后，决定重新选择靶点进行侧钻，侧钻后（SN0063-04ST井）该井的储层厚度明显得到了改善。

自2017年至2018年以来，先后有6口井因为没有钻遇有开发价值的储层，对此6口井均进行了侧钻，在多属性储层预测的基础上，6口侧钻井的靶点选取均取得了成功。

（3）地震连片区2018年钻井储层靶点优化应用及效果。

在2018年15个井丛的82口井部署中，在地震属性和储层厚度的认识基础上，对三维区内的79口井每口井的靶点都进行了地球物理分析，在9口井大井丛的基本井网井距下，对储层靶点进行了优化和调整，取得了良好的钻井结果。根据钻前的储层预测和完钻之后的钻井结果进行对比，其中有6口井出现预测的失误，总体预测较为成功。

（4）苏南项目2018年开发生产结果。

2018年，苏南项目新钻井82口、压裂试气86口、新投产井87口、下速度管柱88口、新建集气站1座（C3站）、年度天然气产量$22\times10^8m^3$，取得了非常好的开发业绩。

①2018年已完钻井结果。2018年苏南项目完钻、完试的井丛动态与静态均好于历年平均水平。2018年静态Ⅰ类+Ⅱ类井比例92%，高于历年1%；全区新井盒$_8$段d段平均砂体厚度为21.4m，储层厚度平均10~12m，动态Ⅰ类+Ⅱ类井比例97%，高于历年平均水平11%。完试86口井，平均无阻流量达到$30.4\times10^4m^3/d$，远高于历年共600口井压裂试气平均无阻流量$22.4\times10^4m^3/d$。

②开发三区钻井结果。2018年在整个Ⅲ区的钻井效果明显好于历年，该区50口新钻井盒$_8$段平均砂体厚度为22.03m，气层厚度为9.95m。

尤其是在开发Ⅲ区三维重处理地震区优化部署当年开钻当年完试投产的3个井丛（C125、C130、C119）26口井，取得了非常好的压裂试气结果，完试的26口井平均无阻流量为$40.7\times10^4m^3/d$。动态Ⅰ类井比例达到96%、Ⅱ类井比例4%，没有出现Ⅲ类井。

2018年重处理、反演及解释也为苏南项目区块积累了丰富的经验：

（1）通过对重处理原始资料进行的详细分析，在总结前期处理结果不足的基础上，进一步优选处理流程和处理参数，反复试验，并积极探索和使用前沿的方法和参数，采用层析静校正、多域多方法噪声压制、井控高分辨率处理、OVT域叠前时间偏移技术等有针对性的技术，在有效的质量控制下，获得了保真度较高的重处理成果，完成的叠前时间偏移的成果剖面信噪比高、保真度好、有效频宽8~50Hz，目的层段反射内幕较为清晰，砂体反射横向变化易于追踪，数据处理达到了项目的预期目标，建立了合理的并适合苏南项目地震数据处理的流程和参数，为苏南项目非均质性强有效厚度薄的储层预测奠定了基础。

（2）完成苏里格南SN0119-05井区$186km^2$三维地震资料的储层的精细标定和构造解释及叠前弹性反演。并结合研究区内探井和开发井的目标储层地球物理特征的统计与分析。有针对性地进行属性提取与融合，完成了盒$_8$段储层的预测，并进行了储层厚度与含气性预测的综合解释。预测结果总体与钻井较为吻合，在预测的准确性上有了进一步的提高。同时在储层预测的方法上有所突破，尤其是属性融合的使用，该方法的引入对于更准确地预测苏里格南三维区的储层提供了可靠的思路。

（3）由于山$_2$段煤层发育，山$_1$段地震储层预测受到较为严重的影响，相比盒$_8$段，山$_1$段的储层预测难度更大，在本次完成的处理解释和储层预测中，山$_1$段的储层预测也取得了较大的进展，预测结果和钻井结果的相关性较为可信。

（4）形成了一套以岩石物理分析为基础，以有效储层预测为核心，以叠前技术为主，以叠后技术为辅，进行储层及含气性预测的技术系列，并通过综合评价进行富集区优选，经后验井证实，具有较高的可信度。

2.3　气藏地质精细描述技术

苏南项目气藏地质精细描述以电成像裂缝精细识别、古水流分析、沉积微相精细描述以及静—动结合气藏富集区筛选等为主要技术系列，还原了地下储层真实沉积特征，提高了对非常规天然气藏的认识和评价水平。气井生产中有针对性地采取泡排、关井复压、调整节流器尺寸等措施提高单井产量，推进单井气藏精细化管理，为最大限度提升气田开发效益提供了有力保障。

2.3.1　主河道带预测技术

对 18 口井（包括 SuNan-1，SN0114-05，SN0119-05，SN0030-02i；Tao10，Tao11，Tao12，Tao13，Tao14，Tao15，Tao16，Tao17，Tao18 和 Tao19 以及 Sulige-22，Sulige-23，Sulige-24 和 Sulige-30）进行了岩心描述解释，针对大苏里格地区的河流相沉积物建立了沉积概念模型（图 2.20）。

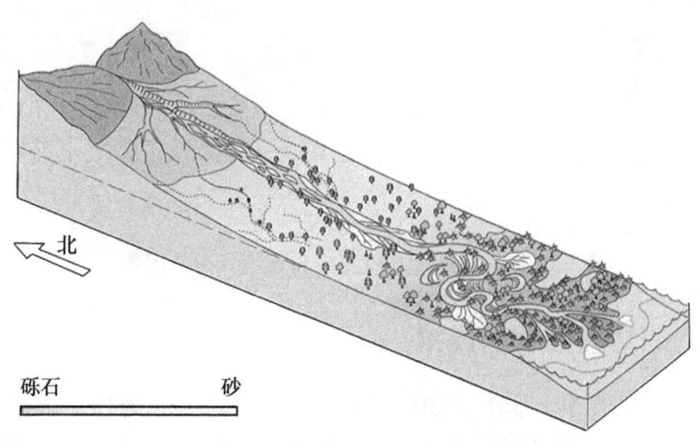

图 2.20　苏南项目区块沉积模型

在此模型中，数十千米之外的大苏里格地区北部冲积扇向南过渡为由辫状河、低弯度曲流河和曲流河组成的几千米宽的北—南向河道流入鄂尔多斯盆地的中南部。苏南区块和用北部大苏里格区块（特别是苏 6 区块和苏 14 区块）均位于辫状河向曲流河过渡的区域。河道沙坝为主要储层，规格上百米（强非均质性的北向辫状河沙坝，大规模的南向点沙坝）。随着在河道内河流流向的变化，河流系统的非均质性加强，可能在一口井上可见叠置沙坝而相邻井上几乎不存在砂体。

苏南项目区块已钻大量的评价井和开发井，开发井间距为1000m。可预见对于高度非均质的河流系统，即使河道带的边界可以确定，在这种井间距下的单沙坝对比仍很复杂。在划分主河道带时需要借鉴苏14区块加密井经验，以便进行单砂体对比。

净砂岩的定义是大苏里格地区一个主要指标，研究中用60API的伽马下限值来区分产层和非产层，定义河道带时，粉砂岩和砂岩都应该包括在内，主河道带可以通过GR测井曲线90API下限值界定。将每口井的厚度数据粗化到井丛范围，可以分析出相较于北部ⅡA区，1区净砂岩厚度相对较大，并且能够区分出河流中心区域和边缘区域。

通过分析对区块的东部提出了两种可能的河流带方向预测（图2.21）：情况1为从北到南的单河道；情况2为双河道系统，即桃2区块河道从东南角进入区块或者在主河道和桃2区块之间存在另外一条河道。

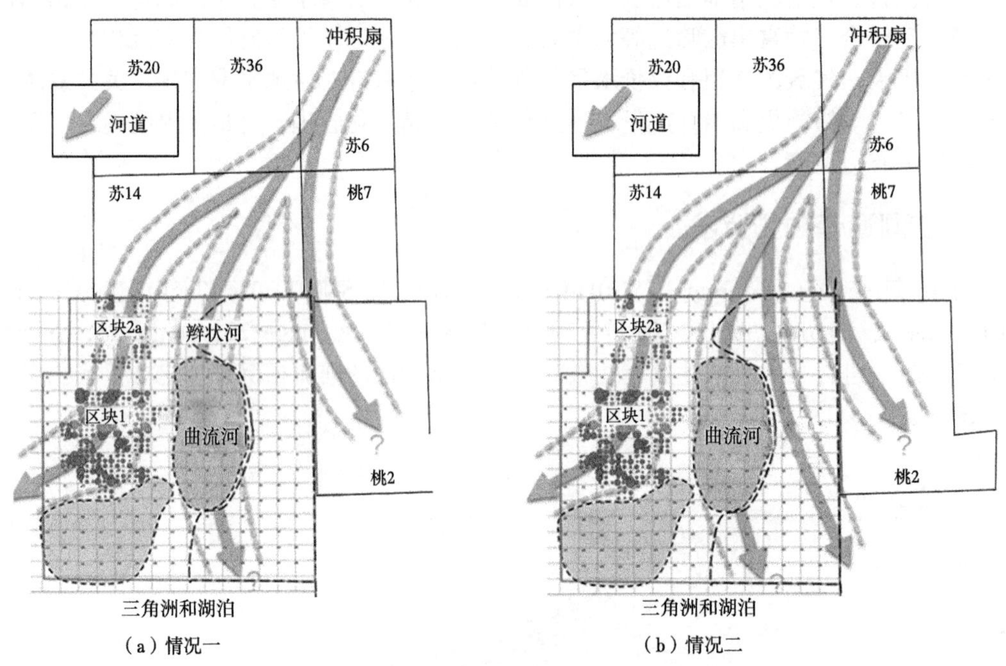

图2.21　苏南项目区块主流河道带分布情况预测

2.3.2　沉积微相地质精细解剖技术

通过对全区437口开发井储层段地质精细解剖，确定苏南地区发育2类叠置河道带（高能量河道带：辫状河+顺直河；低能量河道带：曲流河），5种主要微相类型（辫状河道、顺直河道、曲流河道、决口河道、洪泛平原），10种典型河道微相变化依据（1种决口河道+2种辫状河道+3种顺直河道+4种曲流河道）。

苏里格南区块主力产气层盒$_8$段以辫状河沉积为主，河道垂向多期叠置，山西组储层是在大范围深湖—浅湖环境下发育的携砂能力相对较弱的高弯度曲流河—低弯度顺直河过渡沉积，曲流河道砂岩为储层主体。

（1）辫状河道沉积微相（图2.22）：此类河道砂岩自然伽马值通常小于50API，垂向形态为箱状，厚度超过5m，中子和密度曲线分离明显，储层物性好。

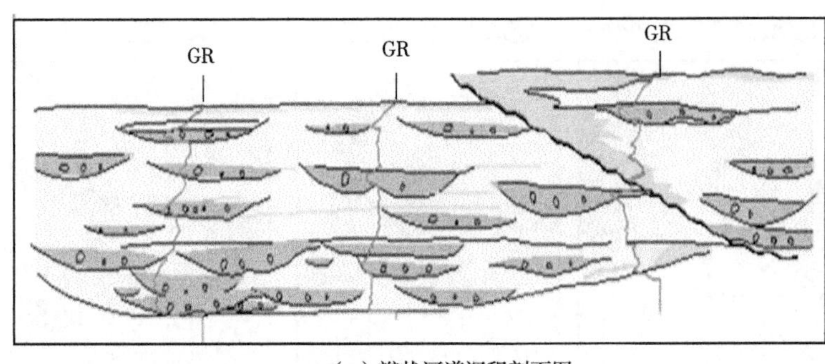

（a）辫状河道沉积剖面图

（b）地表辫状河道

图 2.22　辫状河道砂体判识特征

（2）曲流河道沉积微相（图 2.23）：此类河道基底的自然伽马值通常小于 60API，整体呈现向上变细的正粒序。发育板状交错层理、水平层理及斜层理，电成像测井静态图中曲流河道沉积呈现较为均匀的厚块状浅黄亮色。

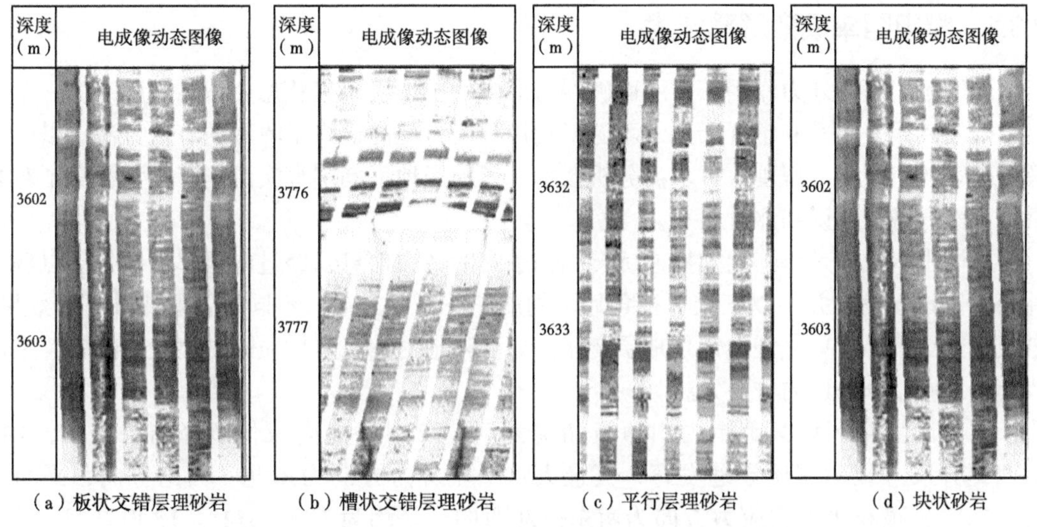

（a）板状交错层理砂岩　（b）槽状交错层理砂岩　（c）平行层理砂岩　（d）块状砂岩

图 2.23　曲流河道砂体电成像特征

（3）决口河道沉积微相（决口扇）：此类河道在平面上呈指状或舌状向河漫平原变薄、尖灭。其岩性主要为砂、泥岩互层，粒度较天然堤粗。自然伽马曲线呈现多个幅值不同的连续指状，深侧向电阻率值高于下伏洪泛平原。

在沉积微相地质精细解剖技术的指导下，对苏南合作区已开发的Ⅰ区及ⅡA 区盒$_8$段细分小层做了完整的沉积环境解释（图 2.24）。苏南合作区盒$_8$段 4 个时期的沉积微相展布图显示，高能辫状河道发育的主要时期集中在盒$_{8上}$亚段沉积时期，其中盒$_{8上2}$沉积时期为辫状河道砂体发育规模最大时期，开发Ⅰ区生产最好的苏南 114 井丛东西方向高能辫状河道砂叠合连片出现，在平面展布图中表现南北向 3 条主河道带，并且井控表明苏南 114 井丛以东地区出现的辫状河主河道带覆盖范围优于其西侧流经的辫状河道带，是开发Ⅰ区未来井位部署的重要方向。

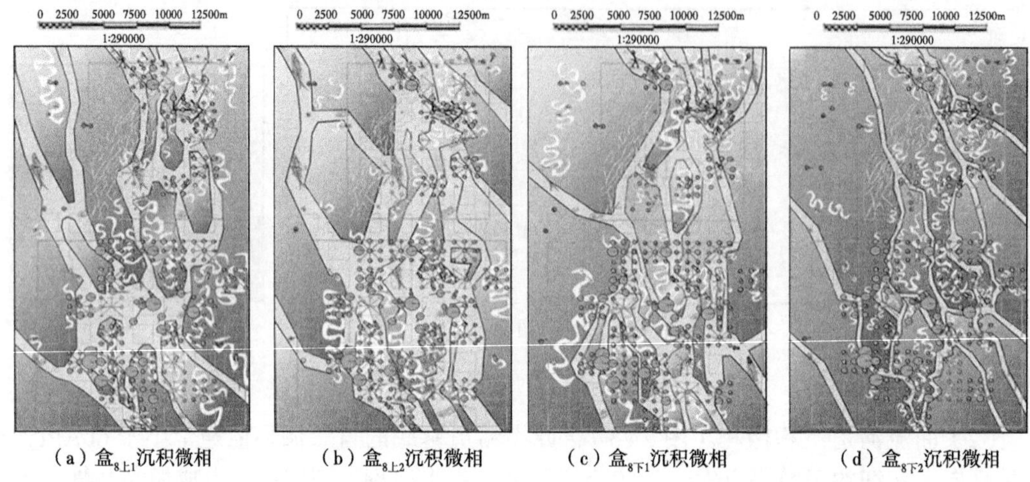

（a）盒$_{8上1}$沉积微相　（b）盒$_{8上2}$沉积微相　（c）盒$_{8下1}$沉积微相　（d）盒$_{8下2}$沉积微相

图 2.24　苏南Ⅰ区及ⅡA 区盒$_{8上1}$—盒$_{8上2}$—盒$_{8下1}$—盒$_{8下2}$沉积微相解释图

2.3.3　微电阻率成像解释技术

裂缝是岩石在外力作用下沿层面破裂后形成的不连续聚集状态，识别储层裂缝分布并加以开发利用是提升非常规天然气藏储量动用程度、提高最终采收率的有效方法。以电成像为代表的裂缝精细识别、古水流分析技术，还原了地下储层真实沉积特征，提高了对非常规天然气藏的认识和评价水平。

微电阻率成像是将阵列扫描或旋转扫描采集的地层信息，经过电阻率图像处理以获取井筒周围地层信息并加以三维可视化显示的测井解释新方法。不同于常规测井解释效果，电成像能更细腻、更直观地体现地层变化，更清晰地对储层非均质性做出快速响应，是现代储层地质精细描述的重要方法。

以苏南项目区块某范围内山西组储层为例，12 口井的电成像解释结果显示，3 口山西组开发井显示有诱导缝发育，其最大水平主应力方向为东北—西南方向，平均为 81°~261°；最小水平主应力方向为南东—北西向，平均为 171°~351°。12 口开发井中 9 口井山西组气层段（测井综合解释结果）发育天然裂缝，裂缝倾角分布在 45°~90°，主要集中在 80°~85°，平均走向分布在 75°~256°。天然裂缝类型多见高角度缝及垂直缝，裂缝横向贯穿砂岩内部层理面，纵向切穿了泥质条带。为进一步寻找裂缝发育部位与试气效果之间的关系，统计了 12 口开发井山西组 24 个含气层（测井综合解释结果）参数特征。结果表明，在 13 个山西组气层内部见有天然裂缝，占统计层数的 54%，SN*-A 井第 52 层、SN*-06B 井第 54 层、SN*-01C 井第 54 层测井解释均为气层，电成像显示气层中均发育多条高角度裂缝，然而试气无阻流量差异非常大，分别为 $5.467\times10^4m^3/d$，$0.7018\times10^4m^3/d$ 和 $7.998\times10^4m^3/d$。通常情况下裂缝的存在对提高储层渗透性及后期压裂改造具有积极的作用，但在低渗透致密砂岩储层中仅凭借是否发育有裂缝是无法准确预测气井试气效果。这三口井中试气无阻流量最大的 SN*-01C 井平均声波时差为 225.85μs/m，平均密度为 $2.52g/cm^3$，平均补偿中子为 5.88%，平均孔隙度为 7.53%，平均泥质含量仅为 9.91%，自然伽马为低值短箱形，反映为水动力极强背景下沉积的顺直河道，全烃曲线形态饱满，显示厚度大于解释气层厚度，说明储层含气性高。SN*-06B 井平均声波时差为 197.33μs/m，平均密度为 2.61g/cm^3，平均补偿中子为 6.76%，平均孔隙度仅为 2.77%，平均泥质含量达 14.96%，自然伽马为向上增大的高弯度曲流河道沉积，全烃曲线前沿缓慢爬升，后沿陡，高点在下部，说明该储层气藏欠饱和，虽然电成像证实发育有天然裂缝，但无助于提高储层孔隙度和渗透率。由此可见，裂缝发育部位与试气效果之间无典型对应关系，决定试气效果的重要因素与储层物性和沉积环境密切相关。

2.3.4　动—静态结合气藏富集区筛选技术

为了找到动静态关系用于将来井位 / 井丛优化，选择单井最终采收率为动态参数。开发ⅡA 区地质情况最为复杂，ⅡA 区内井位部署需要更加清晰的地质解释认识。通过对ⅡA 区内多口开发井控制的河道方向、宽度、边界以及叠合类型做精细的储层描述（图 2.25），认为ⅡA 区内高能量河道砂（多层）东—西向最小连通范围在 800~950m，井位部署以 9 井式骨架井外围部署为宜；ⅡA 区内低能量河道砂（多层）东—西向最小连通范围在 100~300m，骨架井内部加密部署为宜。

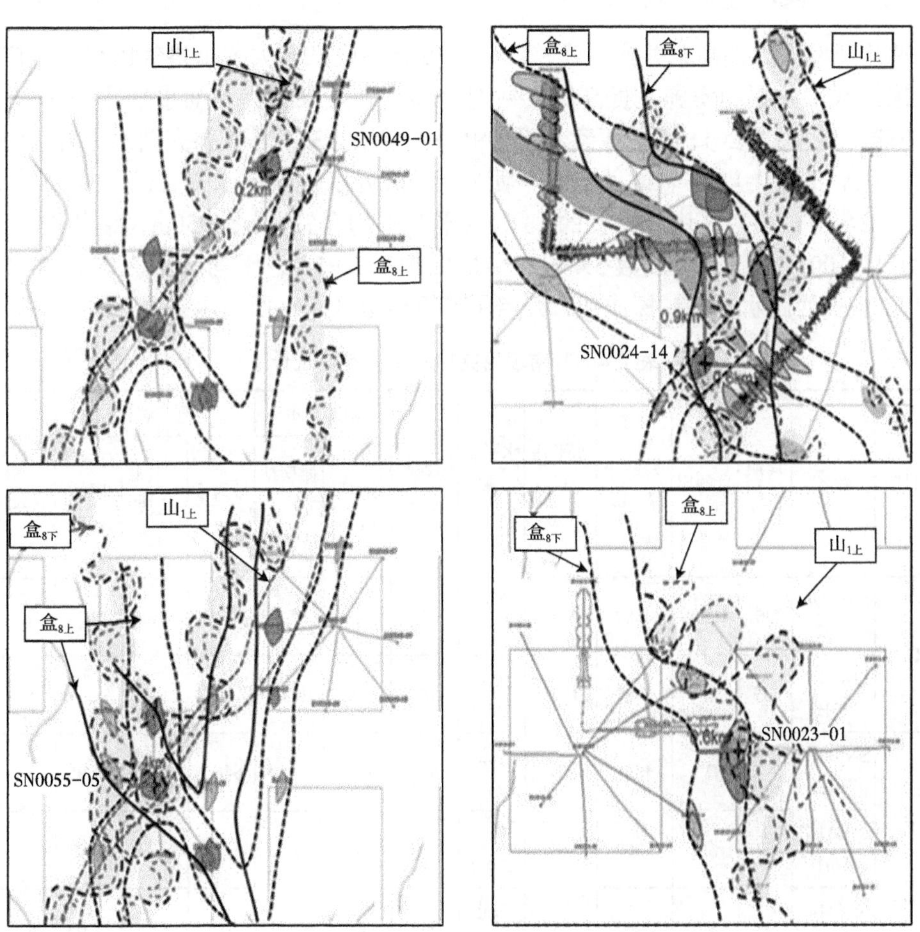

图 2.25　苏南ⅡA 区开发井地质精细解剖

对苏南项目完钻井盒$_8$段单层生产井的单井最终采收率和静态数据进行拟合，储能系数和单井最终采收率之间没有明显关联。其原因主要为现有生产数据确定的单井最终采收率具有不确定性。但对于盒$_8$段单层生产的最好井来说，低伽马值（< 40API）块状砂岩、高有效孔隙度（> 10%）以及高电阻率响应是大连通储量（2P 单井最终采收率）的典型配置。

目前在开发Ⅰ区苏南 3 井以南的 C104 以及西北方向的 C108 和 C083 井丛钻遇高产井，累计产气量高达 $5000\times10^4m^3$ 至 $1\times10^8m^3$。东侧 400m 钻探的 SN0114-05 井盒$_8$段气层 20m 压裂后获得无阻流量（潜产能）$26.5\times10^4m^3/d$、北部 10km 的 SN0084-09 盒$_8$段气层 22m、山$_1$气层 17m 压后获得无阻流量（潜产能）$94.4\times10^4m^3/d$。证实了苏南 3 井砂体向北东扩大。评价井 SN119-05 井盒$_8$段气层 21m 压裂试气获得无阻流量（潜产能）$84.1\times10^4m^3/d$，预示着在区块中部可能存在另一个类似的苏南 3 甜点区。开发ⅡB 区内在 SN0039-08 井及 SN0007-04 井盒$_8$段均钻遇了厚度达 30m 以上的河道砂岩，特别是 SN00039-08 井盒$_8$段砂岩厚度达 33.9m，盒$_8$段气层厚度达到 29.8m，很有希望在该井及其南部发现类似苏南 3 井的甜点气藏富集区。

2.3.5 东—西向水平井开发技术

水平井开发作为提高单井产量及采收率的重要手段已在大苏里格气田得到推广应用，但如何确保水平井顺利实施、提高储层钻遇率和实施效果成为当前水平井开发的技术难点。苏南项目区块自 2011 开始探索水平井开发，到 2013 年部署并完钻水平井 13 口（Ⅰ区 9 口，ⅡA 区 4 口），部署的 4 口东—西向、3 口近东—西向水平井获得成功，平均无阻流量 $82.2\times10^4m^3/d$，区块内完钻的 13 口水平井平均完钻井深 4950m，钻井周期 68 天，水平段长度 1001.3m，压裂段数 5.4 段，储层钻遇率 83.5%，平均无阻流量 $54.8\times10^4m^3/d$（表 2.4）。东—西向水平井钻探成功，开启了苏里格地区东—西向水平井开发先河。

表 2.4　苏南项目完钻水平井参数统计

编号	日期	井号	周期（d）	目的层	完钻井深（m）	水平井段长度 (m)	水平段实施方位（°）	靶前距 (m)	录井显示		测井解释			压裂段数	一点法无阻流量（$10^4m^3/d$）
									砂岩段（m）	储层钻遇率（%）	砂岩段（m）	有效储层段（m）	有效储层钻遇率（%）		
1	2011 年	SN0114-19H	96	盒$_8$	4582	816	东西（77）	351	776	95.1	701.6	646.6	79.24	5	147
2		SN0115-19H	113	盒$_8$	4790	1003	南北 (335)	383	903	90.03				5	58.6
3	2012 年	SN0116-9H	49	盒$_8$	4846	871	东北 (238)	683	683	78.42	646.1	626.7	71.95	5	114.2
4		SN0115-20H	52	盒$_8$	5202	997	东北 (208)	919	774	77.63	677.6	658.3	66.03	5	62.1
5		SN0114-20H	63	盒$_8$	5643	1480	东北 (211)	904	1267	85.61	916	770	52.03	5	38.3

续表

编号	日期	井号	周期（d）	目的层	完钻井深（m）	水平井段长度(m)	水平段实施方位（°）	靶前距(m)	录井显示		测井解释			压裂段数	一点法无阻流量（$10^4m^3/d$）
									砂岩段（m）	储层钻遇率（%）	砂岩段（m）	有效储层段（m）	有效储层钻遇率（%）		
6	2013年	SN0136-19H	53	盒$_8$	4632	606	东北（37）	877	386	63.7	334.8	318.5	52.56	4	4.9
7		SN0115-21H	49	盒$_8$	5068	1164	东西（78）	628	1111	95.45	689.3	540.1	46.4	6	50.4
8		SN0136-20H	45	盒$_8$	4921	912	东西(288)	730	664	72.81	610	598.9	65.67	6	81.4
9		SN0108-19H	54	山$_1$	5300	1202	东西（90）	812	1202	100	891.9	593.4	49.37	6	59.7
10		SN0023-02H	91	盒$_8$	4920	1150	西北（316）	457	1150	100	779.9	415.9	36.17	6	37.3
11		SN0024-04H	104	盒$_8$	4735	945	南北(360)	445	605	64.02	556.1	490.4	51.89	6	33.64
12		SN0023-03H	58	盒$_8$	5068	1030	东北(225)	808	915	88.83	729	368	35.73	6	12.7
13		SN0024-09H	53	盒$_8$	4963	1059	东西（90）	708	631	59.58	608	497.9	47.02	4	11.9
	平均		67.69		4949.14	1001.29		669.62	861.86	83.54	655.86	475.03	50.34	5.42	54.78

2.4　布井技术

三维地震精细解释技术和气藏地质精细描述技术的应用，为苏南合作区井位部署提供了科学的依据。

2.4.1　开发策略

苏南合作区开发方案的优化，同时取决于商业和技术两方面因素。而非常重要的一点是，方案优化不仅在于通过实现商业目标体现项目的商业性，也有必要通过有效成本和创新技术，并且指导如何寻求初期产量、最终单井动用储量最大化。这不单指钻有效井，也包括利用地震技术科学布井的能力。开发方案是以此为目标编制的。

评价期以及自 2006 年至 2009 年进行的先进技术研究是提高苏里格南储层认识的关键。但是，单位面积钻井数仍然很低，150km^2 只有 1 口直井，仍然不可避免地存在一些不确定因素。而提议的开发策略以开发期对其他技术突破的进一步评价和试验为基础。

概念评价阶段，计划至少钻 15 口直井和 5 口水平井，继续开发部署优化。这些井将代表“概念评价期”主要工作进行开发（表 2.5）。

表 2.5　苏南项目区块开发期工作部署

阶段或作业	2010 年	2011 年	2012 年	2013 年	2014 年	2015 年
概念评价阶段		15 口直井 5 口水平井				
（进一步的评价研究）		区块 2： 285$km^2$3D 三维	区块 2： 280$km^2$3D 地震 区块 3： 270$km^2$3D 地震	区块 3： 265$km^2$3D 地震	区块 4： 250$km^2$3D 地震 （待定）	区块 4： 150$km^2$3D 地震 （待定）
类似苏南 3 的高产井		如何找到更多类似苏南 3 这样的高产井？				
3D 地震作业		主砂体带识别 / 有效砂体预测，用于新的三维地震				
水平井作业		水平井试验	根据情况开展井的优化、非常规井开发			
开发方案优化			井网优化、有效压裂、整体地质认识			
数据采集阶段			区块 1、区块 2、区块 3 中 284 口直井（+3 口待定水平井）使用 100% 生产剖面			9 口直井
工业化钻井阶段（基于前两阶段的滚动开发）					区块 1、区块 2、区块 3 中 333 口直井使用 60% 生产剖面	

概念评价阶段的主要目的是：利用 3D 地震的可靠性识别质量较好的砂岩。为类似苏南 3 高产能井提供定井位的方法。评价在全区开发方案中引入多段压裂水平井在经济上和技术上增值的可能性。优化开发方案，单井动用储量最大化。

在概念评价阶段之后，如果有必要将调整总体开发方案，提供优化，进一步提高项目经济效益。修改后的方案将根据产品分成合同提交至苏南项目联合管理委员会。

概念评价阶段之后即进入数据采集阶段。该阶段包括系统地钻前 300 口井。交替井丛采用棋盘布井方式，每个井丛 9 口井，井距 1000m。这一阶段提供有价值的静态和动态资料验证地质模型，改进井—震匹配关系，并结合概念评价阶段的研究结果对下一阶段工作进行优化。

工业化钻井阶段代表滚动开发，概念评价阶段和数据采集阶段的研究结果对这一开发阶段的工作有很大帮助。

此外，在不同开发阶段根据气田特点和气藏动态监测制订明确的气藏管理方案。确信需要继续寻找如何优化苏里格南单井动用储量的方法，进一步挖掘潜力，降低不利因素的影响。

图 2.26 显示了开发期苏南项目区块的概念性部署，在得到可靠数据后会及时进行更新。概念评价阶段的思路根据大致北—南向河道进行部署，现有的探明储量区和将来很可能成为探明储量区的区域以当前的有限认识和储量报告为基础。

总之，概念评价阶段将视高密度 3D 地震区为新技术的研究实验区，而数据采集阶段将获取足够的可靠统计数据，以论证概念评价阶段的观点。工业化钻井阶段将在剩下的区域采用技术突破，从而实现开发井经济效益最大化。

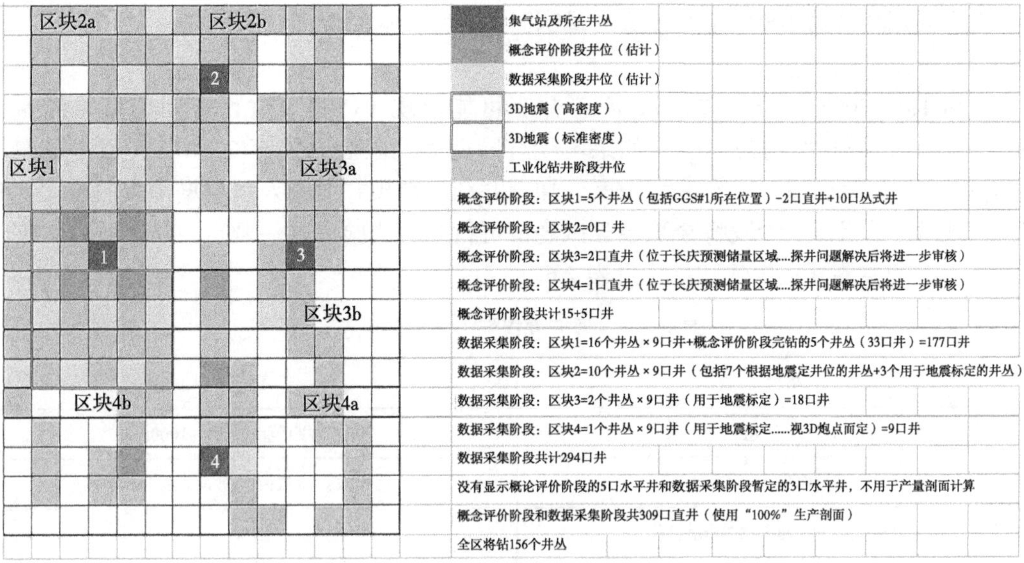

区块2a
区块2b
2
区块1
区块3a
1
3
区块3b
区块4b
区块4a
4

集气站及所在井丛
概念评价阶段井位（估计）
数据采集阶段井位（估计）
3D地震（高密度）
3D地震（标准密度）
工业化钻井阶段井位
概念评价阶段：区块1=5个井丛（包括GGS#1所在位置）-2口直井+10口丛式井
概念评价阶段：区块2=0口 井
概念评价阶段：区块3=2口直井（位于长庆预测储量区域....探井问题解决后将进一步审核）
概念评价阶段：区块4=1口直井（位于长庆预测储量区域....探井问题解决后将进一步审核）
概念评价阶段共计15+5口井
数据采集阶段：区块1=16个井丛×9口井+概念评价阶段完钻的5个井丛（33口井）=177口井
数据采集阶段：区块2=10个井丛×9口井（包括7个根据地震定井位的井丛+3个用于地震标定的井丛）
数据采集阶段：区块3=2个井丛×9口井（用于地震标定）=18口井
数据采集阶段：区块4=1个井丛×9口井（用于地震标定......视3D炮点而定）=9口井
数据采集阶段共计294口井
没有显示概论评价阶段的5口水平井和数据采集阶段暂定的3口水平井，不用于产量剖面计算
概念评价阶段和数据采集阶段共309口直井（使用“100%”生产剖面）
全区将钻156个井丛

图 2.26　苏南项目区块初步开发部署图

2.4.2　全区开发部署

（1）部署方案。

尽管原始地质储量分布不均匀，但苏南合作区二叠系下石盒子组和山西组砂岩含有可动气，另外开发期的最终目标是全区钻井，因此将苏南区块划分成 4 个分区块依次钻井，每个分区块各自均有集气站。区块 1 位于合作区西部，三维地震采集的扩展区域；区块 2 位于合作区的北部，风化带薄，有利于将来该区域的地震资料采集；区块 3 位于合作区的东部，评价依据较少但是离基础设施近；区块 4 位于合作区的南部，勘探工作少并且当地居民多，相对不利于开展工作。

开发原则是首先着眼于生产潜能最大的区域。推荐开发方案至少利用在区块 1（已完成采集 240km^2）、区块 2（计划 2011—2012 年采集 565km^2）和区块 3（计划 2012—2013 年采集 535km^2）的地震资料来协助定井位。如果前期区块 1 的地震对定位质量较好并有很大的作用，则根据地震进行区块 4 的井位优选（暂定 2014—2015 年采集 400km^2）。总体开发方案展现了对迄今所采集的数据和实际作业结果的综合研究。

（2）开发期生产指标。

苏南项目开发阶段的主要目标日期如下：2012 年 6 月首次产气，2015 年达到稳产。2011 年 5 月开钻，产品分成合同（PSC）于 2036 年到期。

销售气稳产水平为 30×10^8m^3/a，开发区对应的年采气速度为 1.4%，对于低渗透气田来说是可行的。如果仍然存在储层认识的不确定因素，必须保证上述稳产水平的钻井速度，从而补偿已投产井的产量递减（也可能需要增加一部分井的产量调整供气“波动系数”）。如果达不到上述稳产水平，可能将会带来经济损失。比较谨慎的方案是采用 30.9×10^8m^3/a 的稳产水平（总产气量）。每年 40×10^8m^3 或 50×10^8m^3 的稳产水平只能作为增产方案的目标，如果前期生产数据证明是可靠的，便可以考虑实现增产方案的稳产水平。

年产 $30.9\times10^8m^3$ 的稳产水平适用于开发方案的推荐方案，同时也适用于在整个气田寿命期内使用稍低的 100% 全井模型产量剖面的方案，从而保证正常供气。

（3）开发参数。

全区共建 2093 口开发井，每 40 口井有可能出现 1 口报废井，合同期可采储量为 $683.2\times10^8m^3$，采收率约为 30%。如果不受合同期时间限制开发至 2058 年，可采储量可以达到近 $830\times10^8m^3/a$，采收率为 36%。加密井和非常规井的开发可以增加采收率（达到 45%~55%），早期开发阶段将会积极尝试经济可行的方法验证这一观点。总体开发方案推荐气藏模型的主要开发参数和指标见表 2.6。

表 2.6　主要开发指标（156 个井丛）

指标	数值
平均井距（m）	700（井距范围：500~1000m）
开发面积（km^2）	总面积：1872;（有效面积：1404）
开发区地质储量（10^8m^3）	2290
合同期内采出量（10^8m^3）	683.2
经济采收率（2036 年 PSC 结束）（%）	30
建井总数（口）	2093
合同期内单井采出量（10^4m^3）	3240
气田开采寿命期内单井采出量（至 2060 年）（10^4m^3）	3940
总采出量（至 2060 年）（10^8m^3）	825（采收率：36%）
总（销售气）稳产水平（$10^8m^3/a$）	30.9（30）（至 2034 年）
采气速度（%）	1.3

（4）开发期生产剖面。

全区生产剖面由数据采集阶段前 300 口井（“100%井”产量剖面），以及之后的生产井（采用“60%井”方案得到的产量剖面）综合预测得到。事实上 100% 全井模型非常保守，没有考虑现有井（位于 60%好井的范围）的统计结果，也没有考虑存在更多类似苏南 3 高产井的可能性以及成功水平实验井产生的影响。

表 2.7 列出了上述推荐方案的生产剖面数据。

表 2.7　推荐方案生产剖面

年份	产气量		燃料气		凝析油		建井数	
	年产量（10^9m^3）	累计气量（10^9m^3）	年耗燃料气（10^9m^3）	累计燃料气（10^9m^3）	年产量（10^3m^3）	累计量（10^3m^3）	年建井数（口）	累计建井数（口）
2012	0.38	0.38	0.01	0.01	3.6	3.6	80	80
2013	0.94	1.32	0.02	0.03	9.0	12.6	163	243

续表

年份	产气量		燃料气		凝析油		建井数	
	年产量（10^9m^3）	累计气量（10^9m^3）	年耗燃料气（10^9m^3）	累计燃料气（10^9m^3）	年产量（10^3m^3）	累计量（10^3m^3）	年建井数（口）	累计建井数（口）
2014	1.73	3.05	0.03	0.06	16.5	29.1	205	448
2015	3.05	6.10	0.05	0.11	29.2	58.3	154	602
2016	3.06	9.16	0.06	0.18	29.3	87.7	128	730
2017	3.07	12.23	0.07	0.25	29.4	117.0	102	832
2018	3.07	15.30	0.07	0.32	29.4	146.4	100	932
2019	3.08	18.37	0.08	0.39	29.4	175.8	90	1022
2020	3.08	21.46	0.08	0.48	29.5	205.3	89	1111
2021	3.09	24.54	0.09	0.56	29.5	234.9	87	1198
2022	3.09	27.63	0.09	0.65	29.5	264.4	86	1284
2023	3.09	30.71	0.09	0.73	29.5	293.9	79	1363
2024	3.09	33.80	0.09	0.82	29.5	323.4	79	1442
2025	3.09	36.89	0.09	0.90	29.5	353.0	77	1519
2026	3.09	39.98	0.09	0.99	29.6	382.5	76	1595
2027	3.09	43.07	0.09	1.09	29.6	412.1	76	1671
2028	3.09	46.16	0.09	1.18	29.6	441.7	74	1745
2029	3.09	49.25	0.09	1.27	29.6	471.3	72	1817
2030	3.09	52.34	0.09	1.36	29.6	500.9	72	1889
2031	3.09	55.44	0.09	1.46	29.6	530.5	71	1960
2032	3.10	58.54	0.10	1.55	29.6	560.1	72	2032
2033	3.10	61.63	0.10	1.65	29.6	589.8	61	2093
2034	3.10	64.73	0.10	1.75	29.6	619.4	0	2093
2035	2.80	67.53	0.10	1.85	26.8	646.2	0	2093
2036	0.79	68.32	0.03	1.88	7.5	653.8	0	2093

将上述两类模型（300 口井使用的 100% 全井模型和后面的开发井使用的 60% 好井模型）计算的生产剖面应用于 156 个井丛共 2093 口井，需要模拟 586 口井得出稳产曲线。如果不受合同期的开采时间影响，可采储量为 $825\times10^8m^3$，每年 $30.9\times10^8m^3$ 的稳产曲线可以保证 $30\times10^8m^3/a$ 的销售气稳产水平。

以上产量剖面和地面研究结果相符，允许钻 156 个井丛以及建设更多的管道和道路等必要的设施保证上述单井产量剖面的实现。考虑到将来整个项目用于燃烧和必要的用气需求可能会高于预期值，上面表格中显示的数据有略微调整，但没有考虑采收率的影响，实际上很有必要考虑是否在 150 个井丛基础上继续钻井，图 2.27 显示了各集气站生产剖面。表 2.8 显示了分年井丛建设数据。

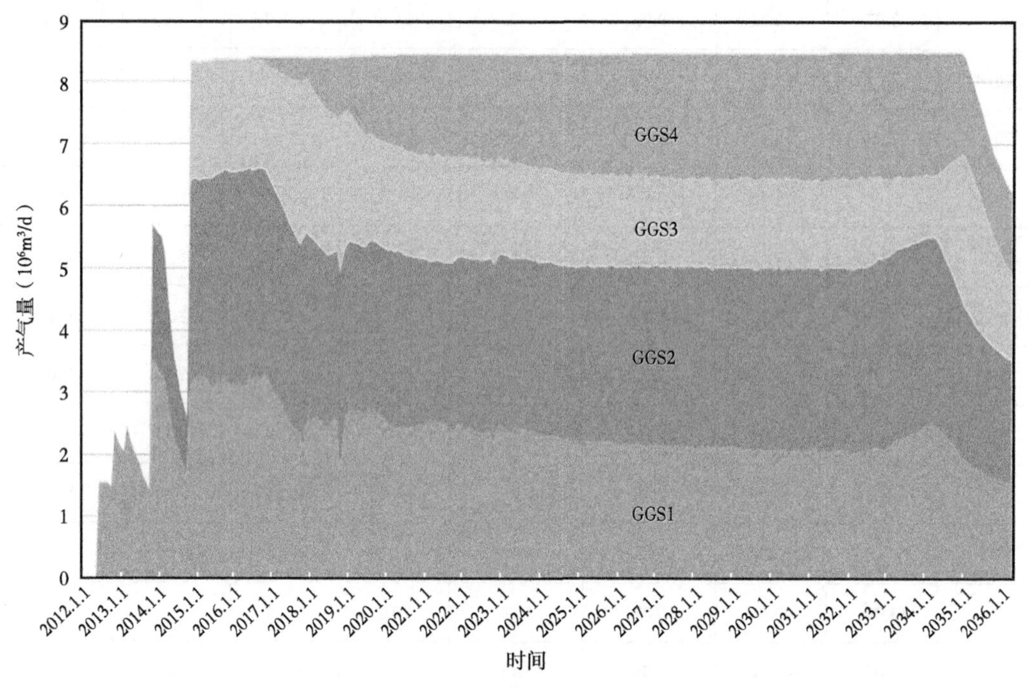

图 2.27　各集气站生产剖面

GGS—集气站

2.4.3　井位部署

井位部署应基于可靠的地球物理和地质认识，并且应具备两种部署规模：一种能够选取最佳井丛，另一种能够选取井丛中的最佳井。三维地震资料将会成为苏南项目区块井位部署的最好工具，但是由于信噪比受到强风化带（松砂）的影响，识别 3500m 深的薄层非均质砂岩将面临着重大的技术挑战。针对地震解释主观性强的特点，将建立一套严格的标准来判断地震数据是否可靠，特别是地震反演阶段的地震和单井数据拟合。同时，为了进一步验证地震指导井位部署的可靠性，开发方案计划于 2010—2011 年在苏南 3 井附近钻井采集必要资料，以及在区块 2 和区块 3 进一步开展三维地震采集，主要着眼于高密区采集数据。区块 4 的地震作业视区块 1 和区块 2 是否成功而定。

表 2.8　分年井从工作量表

井从	集气站	井从数（个）	2011年	2012年	2013年	2014年	2015年	2016年	2017年	2018年	2019年	2020年	2021年	2022年	2023年	2024年	2025年	2026年	2027年	2028年	2029年	2030年	2031年	2032年	2033年	2034年	2035年	2036年
井从9井	GGS1	48	5	6	10	6	5	5	1	4	3	3	0	0	0	0	0	0	0	0	0	0	0	0	0	0	0	0
	GGS2	54	0	1	9	9	5	6	4	3	3	3	3	4	3	1	0	0	0	0	0	0	0	0	0	0	0	0
	GGS3	26	2	0	2	6	6	4	6	0	0	0	0	0	0	0	0	0	0	0	0	0	0	0	0	0	0	0
	GGS4	28	1	0	0	0	1	1	2	3	4	4	3	3	3	3	0	0	0	0	0	0	0	0	0	0	0	0
	合计	156	8	7	21	21	17	16	13	10	10	10	6	7	6	4	0	0	0	0	0	0	0	0	0	0	0	0
井从加密井	GGS1	22	0	0	0	0	0	0	0	0	0	3	3	3	2	2	2	1	1	1	1	1	1	1	0	0	0	0
	GGS2	26	0	0	0	0	0	0	0	0	0	0	2	3	3	3	3	3	3	2	2	2	0	0	0	0	0	0
	GGS3	14	0	0	0	0	2	2	1	1	1	1	1	1	1	1	1	1	0	0	0	0	0	0	0	0	0	0
	GGS4	15	0	0	0	0	0	0	0	0	0	0	0	2	2	2	2	2	2	1	1	1	0	0	0	0	0	0
	合计	77	0	0	0	0	2	2	1	1	1	4	6	9	8	8	8	7	6	4	4	4	1	1	0	0	0	0

如果使用地震资料不能确定布井规模，则很有必要参考单井数据准备一套备选方案来降低风险。根据地震解释可知，目前最有效的数据来自 FMI 测井（可以清楚地识别主要沉积方向）和 CMR 测井（有效识别储层特征，如可动气和渗透率）。此外苏 6 井区和苏 14 井区的对比分析也提供了井间干扰和砂层展布方向的描述，可以作为参考。

应用地震资料应该是井丛部署的最佳方法，但对单井井位部署帮助相对较小。井位部署不仅针对初期产能较高的井位，而且着眼于识别连通储量大的井位。苏南项目评价期认识到的一个主要问题是储层非均质性，试井解释说明距井筒较近的区域存在渗透隔层（阻流带）。目前还没有确定的方法根据邻井的静态资料进行井位部署。按照方案计划在 2010/2011 年钻 15 口评价井采集数据，研究解决这一问题，并同时验证地震资料和苏南 3 井地质特征，为目前资料较少的区块 3 和区块 4 提供更多资料。

开发初期的井丛优选位于苏南 3 井附近，以便评价是否存在更多这类高产井的可能性。然后以“棋盘”方式在现有的三维地震采集区内部和周边打井，也就是说一开始只建立交替井丛。一旦地震资料布井得到完全验证，就可以明确井丛部署，也更有机会钻遇更好的区域。万一地震资料不能有效布井，可以继续采用“棋盘”井网，根据附近已有的动态资料钻加密井丛。

如：每个井丛的第 1 口井在投产前用于数据采集，以便更好地认识该井丛的地质特征。接着的 2 口井也会采集部分数据用来验证第 1 口井的研究结果，剩下的井只做基本数据采集。当 9 口井投产 5 年以后，可以决定是否钻加密井（一个井丛最多 9 口加密井），总体开发方案假定 50% 的井丛有加密井。尽管有加密井计划，但不准备在稳产期之前钻加密井。前 3 口井以 1000m 井距完钻，最终实现 700m 和 1000m 交互的井网格局，局部可能会出现 500m 井距。根据现有气藏模型，全区平均井距取 700m 可以实现经济可采储量与避免井间干扰二者间的最佳平衡。苏 6 和苏 14 井区的对比分析说明，苏南项目最小井距取 500m 可以作为总体开发方案的合理参数假设（尽管这一井距比苏 6 井区观察到的井间干扰距离大，从开发初期采用 500m 井距似乎并不明智）。

这一方法有助于获取更多资料，更好地认识储层特征，从而随着开发进度的更新而科学地调整开发部署，优选生产井，特别是在以地震资料为布井依据的开发阶段，尽可能设计出最佳开发序列以改进开发井的优选方案。

2.4.4 井距

苏南项目区块一个井丛基本上钻 9 口井，也可能有 50% 的井丛钻加密井而达到 18 口井，这些井开采地面面积为 3km×3km 的储层气体。为了简化动态模拟，气藏模型中所有井采用了 700m 井距。为了适应可能存在的储层非均质性的各向异性等局部变化，实际开发时井距会在 500~1000m。

值得注意的是，数值模拟表明（表 2.9，图 2.28），采收率随井距的减小而增大，同时也会受到小于 500m 井距的井间干扰影响，这一结论和试井解释结果一致，如果通过将钻井数加倍取得采收率增加的效果是没有经济效益的。

表 2.9　井距敏感性对单井采收率和单井储量的影响

项目	井距的影响		
	1000m	700m	500m
采收率（%）	21	33	41
平均单井储量（10^6m^3）	38.2	28	19.3

避免早期井间干扰的开发井网部署是为了经济优化单井潜在可采储量以及尽可能避免不必要的钻井作业。在开发期会根据早期开采效果来研究是否需要钻加密井。布井方式必须非常灵活才有利于调整井距大小。

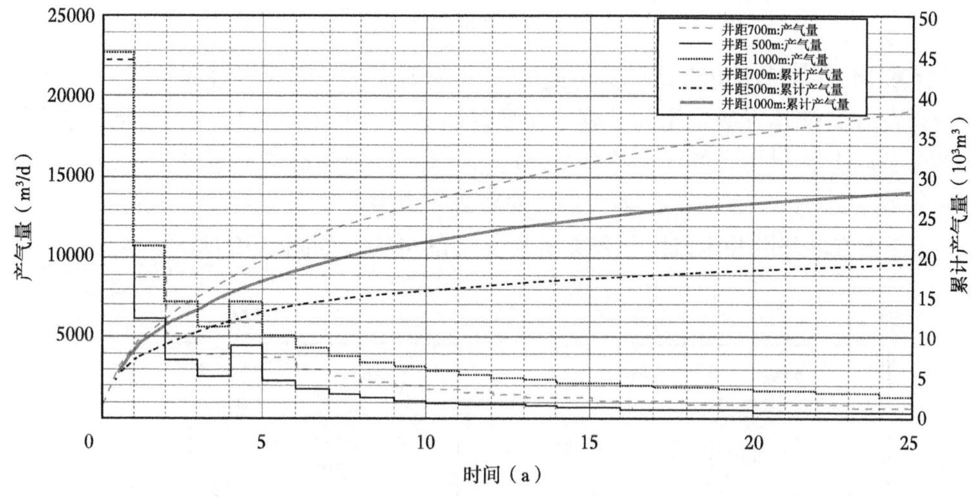

图 2.28　井距敏感性对单井产量剖面的影响（单井产量剖面 1）

2.4.5　井网

根据 FMI 资料分析可知砂体外包络很明显是各向异性的，占优势的主河道大概是北—南方向，因此考虑使用各向不等井距的不规则井网。而河道结构并非是影响气体流动形式的唯一地质因素，河道内的岩石物性参数分布的非均质性可能更为重要，可以肯定主要由成岩作用引起的渗透率的急剧改变是这一现象的最重要成因，但是没有证据说明成岩作用具有优先定向特性。

根据苏南项目试井解释，已经证实河道模型在达到线性流之前流动约束出现在距井筒 25~900m 的区域，所有的河道模型都需要至少一边（通常为两边）全开才能解释压力的持续恢复，没有一个封闭“盒子”模型能够解释能量衰竭现象。尽管试井解释不能预测河道方向，最可能的解释是河道大概沿北—南方向发育。苏 6 井区和苏 14 井区通过加密井的分析和测井资料小层对比，分别在动态上和静态上证明了这一假设。

因此决定采用各向井丛均等的规则井网，但是井丛内部布井保持一定的灵活性。可以根据每个井丛前 3 口井的静态资料灵活调整后面 15 口井的井网布局。虽然很可能最终井网呈现各向井距均等的特征，开发方案仍需要考虑可以根据早期井的具体情况部署后续的生产井。这一灵活性对预测南北向的河道在东西向的井网叠加很有必要。为了评价井网对储量的影响，利用苏 14 动态模型比较了三种不同井网的效果，如图 2.29 所示。井距基本上保持在 700m 左右。

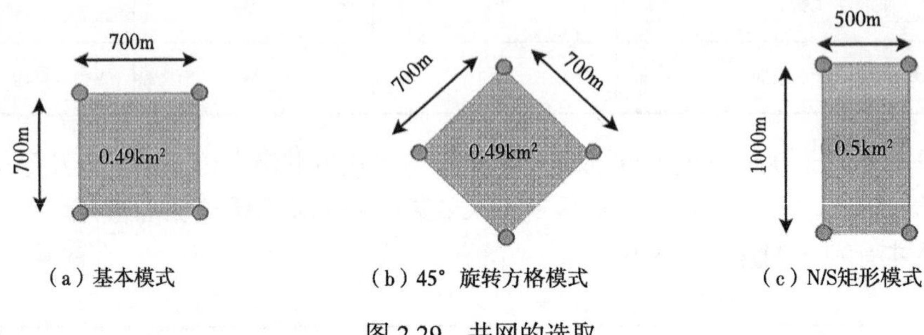

图 2.29　井网的选取

尽管苏 14 动态模型更支持各向井距均等的规则井网，但是已经确定现阶段继续沿用 2008 版开发方案推荐方案采用的井网。主要原因如下：现有苏 14 动态模型主河道和渗透阻留带的方向基本一致（实际上具有主观性），没有完全考虑均质成岩作用的可能性，而实际井的资料说明这一方向存在多变性；对将来主要井丛有效发挥单井探边钻井具有重要意义；推荐正方形井网并未排除不规则井网钻井的可能，如图 2.30 所示。

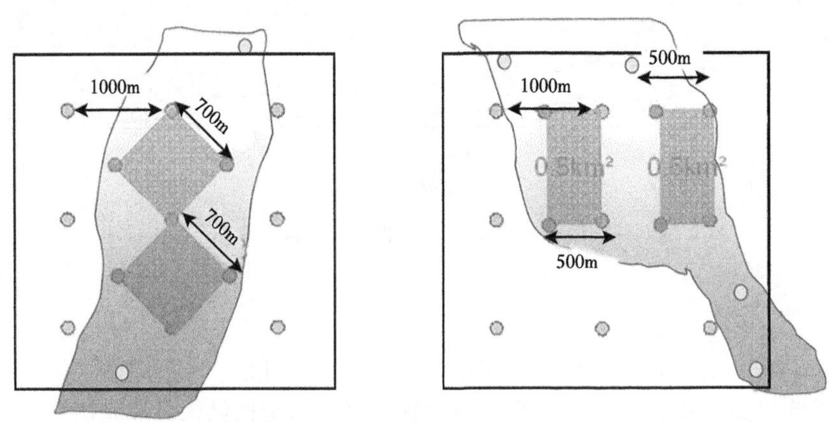

图 2.30　各向不等井距的不规则井网加密

2.4.6　执行计划

任何方案的关键都在于各学科知识及可行性的综合运用。这一点已经在前期开发策略中有过整体描述，即需要达到成本最小化，在 2012 年 6 月实现首次产气，并于 2015 年达到稳产。表 2.10 说明地震、钻井和地面建设在时间安排和灵活性方面与上述目标一致。需要说明的是，为了简化后勤和地震作业，区块 2、区块 3 和区块 4 被细分为区块 2a、区块 2b、区块 3a、区块 3b 和区块 4a、区块 4b，从而减少钻井操作问题，加快定井位。图 2.31 为开发期前 5 年（至稳产）的区域部署。

表 2.10 开发方案执行计划（前 5 年）

<table>
<tr><th colspan="2" rowspan="3">开发方案
执行计划</th><th colspan="12">首次产气</th><th colspan="8">稳产</th></tr>
<tr><th colspan="4">2011</th><th colspan="4">2012</th><th colspan="4">2013</th><th colspan="4">2014</th><th colspan="4">2015</th></tr>
<tr><th>一季度</th><th>二季度</th><th>三季度</th><th>四季度</th><th>一季度</th><th>二季度</th><th>三季度</th><th>四季度</th><th>一季度</th><th>二季度</th><th>三季度</th><th>四季度</th><th>一季度</th><th>二季度</th><th>三季度</th><th>四季度</th><th>一季度</th><th>二季度</th><th>三季度</th><th>四季度</th></tr>
<tr><td rowspan="7">高密度/标准密度3D地震</td><td>1100km²
(400km² 待定)</td><td colspan="2">准备阶段</td><td></td><td></td><td></td><td></td><td></td><td></td><td></td><td></td><td></td><td></td><td></td><td></td><td></td><td></td><td></td><td></td><td></td><td></td></tr>
<tr><td>区块 2a
(285km²)</td><td></td><td colspan="3">采集阶段</td><td colspan="3">处理解释阶段</td><td colspan="2">井位部署阶段</td><td></td><td></td><td></td><td></td><td></td><td></td><td></td><td></td><td></td><td></td><td></td></tr>
<tr><td>区块 2b
（280km²）</td><td></td><td></td><td></td><td></td><td></td><td colspan="3">采集阶段</td><td colspan="3">处理解释阶段</td><td>井位部署阶段</td><td></td><td></td><td></td><td></td><td></td><td></td><td></td><td></td></tr>
<tr><td>区块 3a
(270km²)</td><td></td><td></td><td></td><td></td><td></td><td colspan="3">采集阶段</td><td colspan="3">处理解释阶段</td><td>井位部署阶段</td><td></td><td></td><td></td><td></td><td></td><td></td><td></td><td></td></tr>
<tr><td>区块 3b
（265km²）</td><td></td><td></td><td></td><td></td><td></td><td></td><td></td><td></td><td></td><td colspan="3">采集阶段</td><td colspan="3">处理解释阶段</td><td colspan="2">井位部署阶段</td><td></td><td></td><td></td></tr>
<tr><td>区块 4a
（250km²）
待定</td><td></td><td></td><td></td><td></td><td></td><td></td><td></td><td></td><td></td><td></td><td></td><td></td><td></td><td colspan="3">采集阶段</td><td colspan="3">处理解释阶段</td><td>井位部署</td></tr>
<tr><td>区块 4b（150km²）
待定</td><td></td><td></td><td></td><td></td><td></td><td></td><td></td><td></td><td></td><td></td><td></td><td></td><td></td><td></td><td></td><td></td><td></td><td colspan="3">采集阶段</td></tr>
<tr><td rowspan="5">钻井</td><td>614 口直井，8 口
水平井</td><td>准备阶段</td><td></td><td></td><td></td><td></td><td></td><td></td><td></td><td></td><td></td><td></td><td></td><td></td><td></td><td></td><td></td><td></td><td></td><td></td><td></td></tr>
<tr><td>概念评价井
（15 口 评价）</td><td>0</td><td>0</td><td>11</td><td>4</td><td>0</td><td>0</td><td>0</td><td>0</td><td>0</td><td>0</td><td>0</td><td>0</td><td>0</td><td>0</td><td>0</td><td>0</td><td>0</td><td>0</td><td>0</td><td>0</td></tr>
<tr><td>数据采集井
（293 口 数据采集）</td><td>0</td><td>0</td><td>0</td><td>0</td><td>11</td><td>33</td><td>32</td><td>19</td><td>21</td><td>63</td><td>63</td><td>42</td><td>0</td><td>0</td><td>0</td><td>0</td><td>1</td><td>3</td><td>3</td><td>2</td></tr>
<tr><td>工业化钻井
（333 口井 滚动开发）</td><td>0</td><td>0</td><td>0</td><td>0</td><td>0</td><td>0</td><td>0</td><td>0</td><td>0</td><td>0</td><td>0</td><td>0</td><td>21</td><td>63</td><td>63</td><td>42</td><td>16</td><td>48</td><td>48</td><td>32</td></tr>
<tr><td>水平井（5+3 口待定）</td><td>0</td><td>0</td><td>3</td><td>2</td><td>1</td><td>2</td><td>0</td><td>0</td><td>0</td><td>0</td><td>0</td><td>0</td><td>0</td><td>0</td><td>0</td><td>0</td><td>0</td><td>0</td><td>0</td><td>0</td></tr>
<tr><td rowspan="5">生产</td><td>平均 $8.2\times10^6m^3/d$</td><td></td><td></td><td></td><td></td><td></td><td></td><td></td><td></td><td></td><td></td><td></td><td></td><td></td><td></td><td></td><td></td><td></td><td></td><td></td><td></td></tr>
<tr><td>集气站 1（$4\times10^6m^3/d$）
2012 年 6 月</td><td></td><td></td><td></td><td></td><td></td><td>集气站 1</td><td></td><td></td><td></td><td></td><td></td><td></td><td></td><td></td><td></td><td></td><td></td><td></td><td></td><td></td></tr>
<tr><td>集气站 2($4\times10^6m^3/d$)
2013 年 11 月</td><td></td><td></td><td></td><td></td><td></td><td></td><td></td><td></td><td></td><td></td><td></td><td>集气站 2</td><td></td><td></td><td></td><td></td><td></td><td></td><td></td><td></td></tr>
<tr><td>集气站 ($3\times10^6m^3/d$)
2014 年 11 月</td><td></td><td></td><td></td><td></td><td></td><td></td><td></td><td></td><td></td><td></td><td></td><td></td><td></td><td></td><td></td><td>集气站 3</td><td></td><td></td><td></td><td></td></tr>
<tr><td>集气站 4($3\times10^6m^3/d$)
2016 年 11 月</td><td></td><td></td><td></td><td></td><td></td><td></td><td></td><td></td><td></td><td></td><td></td><td></td><td></td><td></td><td></td><td></td><td></td><td></td><td></td><td></td></tr>
</table>

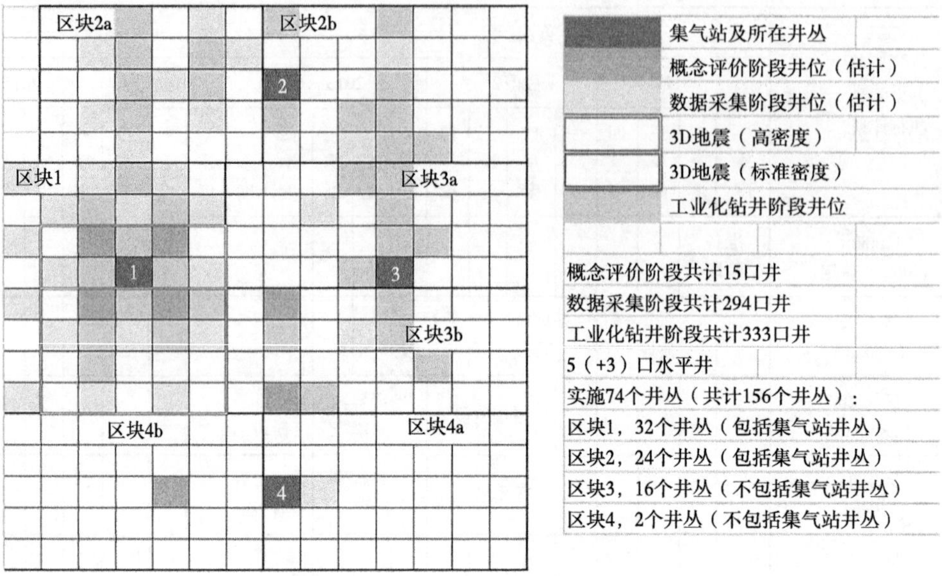

图 2.31　开发期前 5 年井丛工作部署

第3章 苏里格南国际合作区钻完井技术与工艺

为确保苏南项目有质量有效益的开发目标，苏南公司不断通过精细管理、工艺创新、技术进步来降低开发成本，提高区块开发效率。在钻井技术方面，形成了具有苏南特色的工厂化、小井眼、清洁化闭环施工等完整的钻完井工艺。从组织模式、资源配置、流程设计、技术支撑和作业管理等多方面进行革新，实现了“三低”（低渗透、低产、低丰度）气田的规模效益开发，为气田高效开发树立了新样板。

3.1 苏里格南国际合作区工厂化作业

针对苏南项目致密砂岩储层非均质性强、有效砂体规模小、储量丰度低和单井产量低等一系列问题，为提高开发效率、降低开发成本，通过借鉴中国石油苏里格气田开发经验，结合道达尔公司先进适用技术和精细化管理理念，采用大井丛丛式井组开发模式和精细化管理，将钻井、压裂和试气等作业程序“流程化、批量化、标准化”，集中现有资源和技术优势，专业化施工、模块化组织、程序化控制、流程化作业，形成了具有该合作区特色的工厂化钻完井作业模式。

3.1.1 油气开采工厂化作业的概念与特点

3.1.1.1 油气开采工厂化作业的基本概念

工厂化作业兴起于20世纪初美国汽车公司通过移植大机器创立的流水线作业方式，其通俗定义是施工或生产应用系统工程的思想和方法，集中配置人力、物力、投资和组织等要素，采用类似工厂的生产方法或方式，通过先进的技术、设备和科学的管理手段，优质高效地组织施工和生产作业。

工厂化作业移植到油气资源开采领域始于21世纪初，主要用于钻井和压裂等大型施工方面。工厂化钻完井作业模式相对于传统的分散式钻井与完井模式，既提高了作业效率、降低了作业成本，也更加便于施工和管理，特别适用于致密油气、页岩油气等低渗透、低品位的非常规油气资源的开发作业。

油气开采工厂化作业是指：油气施工或生产采用类似工厂的生产方法或方式，通过现代化的生产设备、先进的技术和现代化的管理手段，科学合理地组织油气钻井、压裂（包括试油、试气）采油、采气等施工和生产作业。油气开采工厂化作业的概念，强调应用系统工程的思想和方法，集中配置人力、物力、投资和组织等要素，以现代科学技术、信息技术和管理手段，用于传统石油开发施工和生产作业。美国致密砂岩气和页岩气开发，英国北海油田、墨西哥湾和巴西深海油田，都采用工厂化作业的方式。陆上一个井场钻50多口井，海上一个钻井平台钻100多口井，高度集中的流水线施工和作业，使开采成本大大降低和投资者的效益最大化。

我国传统的石油勘探开发施工作业，是生产队式的分散作业模式，效率低，不易管理，单兵作战。移植工厂化作业模式，使分散的作业模式能最大限度地集成和集约。近年来，国内在低渗透天然气和页岩气等非常规天然气开发中，逐步推广应用"工厂化"和"工厂化作业"。

工厂化作业从专业方面讲适用于钻井、压裂、试油、试气和采油、采气作业；从钻井作业方面讲适用于大型、超大型丛式井组、丛式水平井组。工厂化作业便于施工、生产和管理，特别适用于低渗透、低品位非常规油气资源的开发作业。这种作业方式相对于传统的石油钻井、压裂、生产方式，无疑是一次进步，是一条探索性的创新之路。

工厂化钻完井作业模式是井台批量钻井、多井同步压裂等新型钻完井作业模式的统称，是贯穿于钻完井过程中不断进行总体和局部优化的理念集成，目前仍处于不断地发展和改进当中，如图3.1和图3.2所示。在北美非常规油气革命的进程中，"工厂化钻完井作业模式"作为核心，在提高生产效率、降低开发成本方面发挥了巨大的作用。

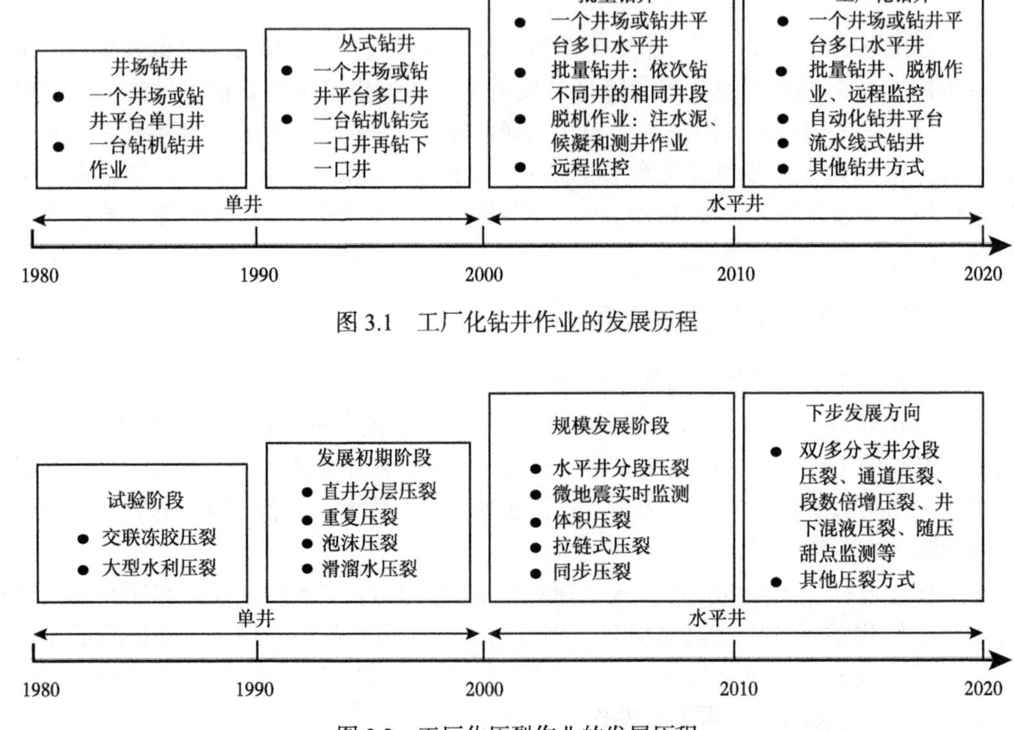

图3.1 工厂化钻井作业的发展历程

图3.2 工厂化压裂作业的发展历程

3.1.1.2 工厂化作业的特点

（1）系统性。系统性在于把分散的个体要素整合成整体要素，彼此既相互联系，又互

为条件，使高度集成化了的各要素，不再是单一的或某种孤立的要素，并经过系统优化加工，表现为整体行为要素，按照工厂化作业的一般规律和操作流程，科学地实施工厂化作业的生产活动。

（2）集成性。工厂化作业的核心是集成运用各种知识、技术、技能、方法与工具，满足或超越对施工和生产作业的要求与期望所开展的一系列管理活动。工厂化作业从一个项目的设计、启动、计划、执行、监控、结束和总结，可以让人一目了然地了解整个项目的进行过程。

（3）流水线。生产流水线是把生产重复过程分解为若干子过程，前一个子过程为下一个子过程创造执行条件，每个子过程可以与其他子过程同时进行，从而大大简化了复杂的施工工序的衔接过程，具有稳定、高效和高产的特征。移植工厂流水线作业方式为石油钻井和压裂等批量化施工和作业创造了基本的条件。

（4）批量化。批量化作业是指成批数量施工和生产作业，其首先是技术整合，其次才能批量化作业。石油钻井和压裂等施工作业是高度的技术密集型作业，必须建立技术高度集成的批量化作业基础，做到流水线的人和机器的有效组合，才能实现批量化作业链条上的技术要素在各个工序节点上不间断。包括批量钻井、批量完井、多井同时返排和生产等。

（5）标准化。工厂化作业的高级层次是标准化，如果钻井没有标准化的井身结构设计，就不可能实现批量化钻井作业，也不可能提高钻井作业的进度和缩短钻井作业的周期。标准化在相对可控的资源配置条件下，利用成套设施或综合技术使资源共享，摆脱传统的石油施工作业理念和方式的束缚，借助于大型丛式井组（包括水平井）实施工厂化作业，实现集约高效和可持续发展的现代化石油施工和生产作业向批量化、规模化方向转变。

（6）自动化。工厂化作业是综合运用现代高科技、新设备和管理方法而发展起来的一种全面机械化、自动化技术高度密集型生产作业，而自动化的最大特点是，能够在人工创造的环境中进行全过程的连续不间断的作业，从而摆脱传统作业方式的制约。工厂化作业需要建立自动化的平台，而自动化的平台基础又是信息化，信息化的基础又是现代化的设备、先进的技术和现代化的管理，而这些有赖于高素质的人才队伍和一大批高素质的工程师。

3.1.2　苏里格南国际合作区工厂化钻完井作业措施

2012 年，中国石油长庆油田公司苏里格南作业分公司（简称苏南公司）在苏南项目内大力推进工厂化钻完井作业试验，移植工厂化作业模式，使分散的作业模式最大限度地集成和集约，在相对可控的资源配置条件下，利用成套设施或综合技术使资源共享，摆脱了传统石油施工作业理念和方式的束缚。借助于大型丛式井组实施工厂化作业，实现集约高效和可持续发展的现代化石油施工和生产作业向批量化、规模化方向转变，形成了新的作业模式，体现了高水平、高效益开发的决心。

该合作区工厂化钻完井作业基于的理念：一是井位优选是实现工厂化作业的保障；二是大井丛式井组开发是实现规模化（批量化）开发的基础；三是井丛标准化开发建设是实现流程化（流水线化）作业的保证；四是施工设计工序标准化是确保工厂化实现的关键。

其工厂化钻完井作业主要包括以下施工措施：

（1）标准化模块建设。

标准模块建设是实现工厂化开发的基础，是实现流水作业的保证。基于丛式井的开发理念，标准化井筒作业成为首选方案。井丛标准化开发理念是实现模块化开发的基础；井丛标准化建设是实现流水作业的保证；施工设计工序标准化是确保实现工厂化的关键因素；井位优选是实现工厂化作业的有力保证。井场建设尺寸必须符合工厂化施工、双钻机联合独立作业，相关罐体尺寸必须满足钻井和压裂试气工艺要求。

综合比较井场建设、钻井、地面建设和井场管理等费用，苏南公司主要选择9口井的丛式井开发模式，一个井场布直井1口，1km水平位移定向井4口，1.4km水平位移定向井4口。

（2）钻前建设改进。

传统搬迁作业方式存在井间作业时间长、劳动强度大和作业风险高等不利因素，因此必须采用更科学、高效的移位方法，根据工厂化流水线施工方案对钻前建设进行改进。

目前，苏南项目井场钻机采用滑块式平移系统和地面棘爪式平移系统，由轨道、滑块（或棘爪）、液压千斤顶和液压源组成。井架、泵房和机房在4个250t液压千斤顶作用下，可实现整体前后快速平移。井架底座、机房底座和泵房底座共有36个滑块与轨道连接，滑块内部有润滑油道，采用滑块连接减少接触面积，大大减少摩擦阻力，前移用170tf、后移用120tf就能实现前后移动，10m距离用1~2h就可平移到位；轨道采用销子连接，拆装方便，前后移动距离不受限制。

移动系统采用地面棘爪式轨道，液缸推动方式移动，液缸与底座及棘爪座间连接方式为销轴耳板连接，如图3.3所示。当钻机需要移动时，以棘式液缸为动力推动钻机使其移动，钻机每移动一节轨道后将后面的轨道移到前方，依次循环向前移动。通过应用钻机滑轨系统，大大降低了作业风险和劳动强度，实现快速平移，15m井口距离在2h内可平移到位，比拆卸搬移缩短了2天时间。

图3.3 钻机快速平移系统

电动钻机机房、钻机和钻井泵均采用电缆连接驱动，因此在大井丛移位期间，可以充分发挥电缆优势，平移过程只需要移动钻机，通过电缆转接端口加长电缆和钻井液循环罐出口管线，一口井就能缩短搬迁时间3天以上，整体施工时效提高11%；机械钻机由于动力系统和钻井泵连接采用的是轴驱动，为了实现在整体移动的同时不移动循环罐，必须在管线上做文章，通过增加泵上水低压管线、井口出口管线，以实现循环系统每3口井移动 1 次。

（3）井场布局优化。

目前苏南项目实施 9 井丛双钻机联合作业，采用 235m×75m 的井场标准，1~4 号各井口间距为 10m，4~5 号各井口间距为 45m，6~9 号各井口间距为 10 m。井场布局如图 3.4 所示。井场布局优化后适合任何型号的 2 台 50 型钻机同时作业。同时苏南区块根据作业进度调整，除了常规的 9 井丛 ×10m 间距外，还有 11 井丛 ×15m 间距、14 井丛 ×10m 间距等井场建设标准。批量布井是在相对可控的资源配置条件下，助力于流水线化和规模化作业，缩短了作业周期，降低了作业成本。

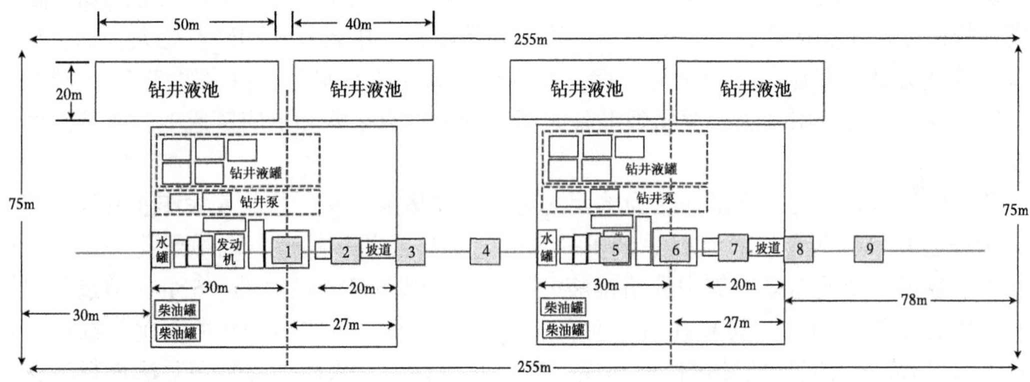

图 3.4　井场布局示意图

井场采用科学尺寸规划，同井场可容纳 2 部 50 钻机同时施工作业，通过该方式可以加快井丛投产时期，便于后期批量压裂和批量试气作业。为确保安全施工，两部钻机最短距离保持在 75m。双钻机联合作业如图 3.5 所示，这种作业方式不仅在钻井施工过程中营造了竞争氛围，更重要的是在作业过程中实现了资源共享，引入了合作与竞争机制。

图 3.5　双钻机联合作业

（4）上部地层小钻机批量作业。

上部 800m 的表层由 30 型小钻机单独完成，给后续大钻机节省了大量的一开准备时间。

小钻机具有移动灵活、钻井周期短和费用低廉的特点，并且整个井丛表层钻进只需使用一个钻井液池，节省了成本。整个井丛9口井的表层施工作业在一个月左右就可以完成。

（5）下部地层双钻机联合作业。

为提高产建速度，加快井丛移交，下部地层采用双钻机联合作业。为确保安全施工，两部钻机最短距离保持在75m。双钻机联合作业不仅在钻井施工过程中营造了竞争氛围，更重要的是在作业过程中实现了资源共享（如钻井液的重复利用）。

（6）井丛批量压裂与试气作业。

批量压裂试气就是通过优化生产组织模式，连续不断地向地层泵注压裂液和支撑剂，以加快施工速度、缩短投产周期、降低开采成本。通过各工序的无缝衔接缩短周期，通过规模化的连续作业实现效益。单个井场的施工井数越多，压裂液量和砂量越大，批量化压裂试气的优势就越明显。这些优势包括：基础设施共享（蓄水池、供水系统等）、减少设备动用、提高设备利用率、缩短压裂准备时间、降低物资采购和供应链成本、压裂液回收重复利用等。

苏南项目压裂试气作业以井丛为单元，对每个井丛至少9口井的6大作业流程。即井丛安装压裂井口、两套地面流程并试压一趟过，钢丝通井一趟过，电缆射孔一趟过，压裂施工一趟过，快速返排、集中放喷排液一趟过，测试求产一趟过的“6个一趟过”组织模式，实行了钢丝通井、安装井口、射孔、压裂、排液、测试等“流水线化”批量作业（图3.6），形成6大流程批量化作业模式。在作业过程中，采用“甘特图”法进行流程控制，并全过程采用道达尔公司质量健康安全环保准则（QHSE）及标准化作业程序（SOP）进行监控和管理。

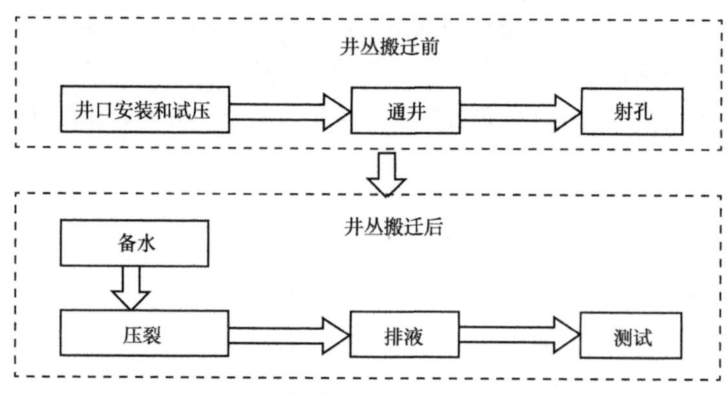

图3.6 井丛批量压列试气流程

通过优化生产组织、科学配置压裂设备、改进低压管汇连接、配备大容量储液罐、应用连续混配工艺和液体回收技术等“工厂化”作业综合手段，对苏南项目压裂改造过程实施了重大变革。

施工前，将丛式井场进行设备摆放及功能区域划分，以便各作业互不干扰（图3.7）。每井丛至少准备2口水井、1口多管井、1口深水井。每个井丛深水井与多管井结合，确保供水量大于70m^3/h（1600m^3/d）。在靠近施工井丛处设立水站，确保多口井同时压裂的需要。

该合作区压裂采用高纯度瓜尔胶压裂液，液体具有延迟交联、延迟破胶等特性；支撑剂为中密高强陶粒支撑剂；每井丛选定1口标定井进行测试压裂，确定井丛最终压裂参数；使用 TAP 阀连续分层、在线连续混配技术；配备大容量集装箱式储水罐。压后快速放喷，并安装多相流量计在线计量液量。压裂流程采用流水线作业，以 3 口井为一个单元，一个单元压裂完毕后马上开始下一个单元的压裂作业。压裂作业前，使用 ϕ101.6mm 压裂管汇连接一次性优化连接多口井的排液、测试管线，既有利于 TAP 阀分层投球施工，又可提高压裂施工效率。压裂作业期间，确保压裂车组、连续混配装置（PCM）、100m^3 储液罐和 ϕ101.6mm 低压管汇等设备保持不动，直至完成每个井丛 9 口井压裂施工。

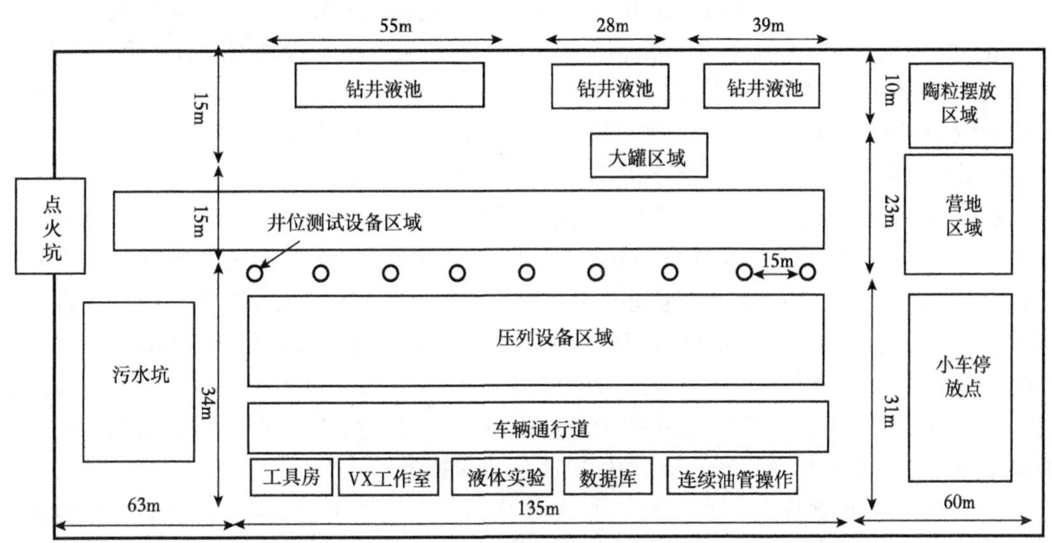

图 3.7　井丛批量压列试气井场布置

在一个丛式井场上进行多口井的批量化压裂试气作业，通过运用拉链式作业模式，同一井场一口井压裂，另一口井进行电缆桥塞射孔联作，两项作业交替进行并无缝衔接，提高了设备利用率，缩短了作业时间，实现了压裂的规模化和裂缝的网络化，极大地提高了压裂试气的效率，实现了效益的最大化。

（7）丛式井小井眼钻完井。

自 2012 年以来，苏南项目区块钻井二开井段一直采用 ϕ215.9mm 井眼，下 ϕ89mm 油管直接固井，固井井段长达 3200m 左右，且环空间隙大，固井用水泥量大，成本高。同时，随着新环保法规实施，国家与地方政府对环境保护提出了更高要求。针对这些情况，苏南公司在二开井段采取钻 ϕ152.4mm 小井眼至总深。小井眼钻完井技术是减少钻井废弃物、钻井液用量和固井成本的有效途径。通过对钻头优选、钻具组合与钻井参数优化、钻井液体系优选及井壁稳定、井眼轨迹优化等方式，对小井眼完井管串安全下入、固井质量和事故预防等方面进行研究，形成了一套小井眼钻井技术施工方案，钻完井周期不断提升。小井眼带来的效益无论是钻机支架结构的大小，钻杆的重量、尺寸，套管、钻井液、水泥以及测井所需各种耗材的用量都将大大减小。

3.1.3　苏里格南国际合作区工厂化钻完井应用效果和经验

苏南项目采用工厂化作业的方式，油气井表层钻井批量化施工一次完成，钻井、压裂双机交叉联合作业，每钻完一口井，120~170t钻井设施，包括钻井机房，整体通过轨道滑动式平移系统移动到下一口井，时间不超过4h，大大缩短了施工周期，使石油施工作业方式发生了质的飞跃。

（1）苏南项目工厂化钻完井应用效果。

2012年以来，该合作区通过大力推进工厂化钻完井作业，使钻井和建井周期大大缩短，压裂与试气效果显著提升，非生产时间大幅减少，提前完成了年度钻完井任务。

① 钻井绩效逐步提高。2012年计划钻井97口，实际完钻126口，比原计划增加了30%。全年完钻直井10口，最快直井20.74天完成；完钻1000m位移定向井56口、1400m位移定向井52口，9轮工厂化钻井作业后，平均建井周期分别缩短10.1天和10.3天，分别降至32.5天和33.7天；完钻水平井3口，平均建井周期少于65天，相较2011年的108天大幅缩短。同时，还创造了多项钻井指标：定向井最短钻井周期为12.33天；水平井水平段最短钻井周期为6.9天（水平段871m）；最快的钻井队全年实现10次开钻10次完钻。

2012年钻井与建井周期同比2011年度大幅缩短。2012年苏南项目直井平均钻井周期为19.4天；丛式井平均位移为1156m，平均钻井周期为23.32天，其中1000m定向井平均钻井周期为22.19天；1400m定向井平均钻井周期为25.3天。2012年苏南项目直井平均建井周期从2011年的平均34.76天下降到2012年的平均28.78天。1000m定向井平均建井周期从2011年的平均40.75天下降到2012的32.54天。1400m定向井平均建井周期已经缩短到33.71天。2012年单井钻头使用量及第二次开钻井段起下钻次数同比2011年大幅缩短，单钻头进尺及机械钻速同比2011年大幅提升。

② 压裂效果显著提升。2012年，平均井丛压裂入地液量为5000~7000m^3，压裂施工周期为6~8天。井丛压裂试气作业周期从初期的50天降至35天左右。压后自喷率达到100%（无液氮拌注），投球回收率达到97%。

③ 效益最大化。工厂化作业的最大目的是降低成本和提高效率。苏南项目已经有了很好的实践。如工厂化作业的技术进步，使钻井大大提速，建井周期大大缩短。小井眼与常规井眼对比节约柴油23t，共计12.68万元，降幅18%。小井眼使用的表层套管尺寸由ϕ244.5mm改为ϕ177.8mm，节约套管费用约9.6万元，降幅31%。生产套管固井水泥浆用量由ϕ215.9mm井眼的120m^3减少到ϕ152.4mm井眼的54m^3，节约成本17%。

双钻机联合作业不仅加快了井丛投产时间，同时还在这个过程中营造了一种合作与竞争的氛围，竞争之中有合作，合作之中有竞争。双方钻井队在施工作业中，面对相似的地层条件，技术水平的优劣就体现在施工效率上。通过人员组织的完善，技术水平的提高，以及突发状况的妥善处理，施工效率高的、技术水平过硬的队伍自然就会胜出，无形之中就会对落后的队伍形成鞭策，从而意识到自身的不足而加以改进。同时，在这个过程中，彼此的情况也会随时交流，当一支队伍出现问题，或者钻遇某些特殊地层而需要改变钻具组合时，另一支队伍就能从中学习，提前预防，从而做到信息共享，突破孤军奋战的局限，把自身的优势与其他队伍结合起来，把双方的长处最大限度地发挥出来。目前，这种模式既创新了承包体制，提高了钻速，又实现了甲乙方互利共赢。

（2）苏南项目工厂化钻完井作业经验。

苏南公司针对苏南项目内储层非均质性强、有效砂体规模小、储量丰度低和单井产量低等一系列问题，通过借鉴中国石油苏里格气田其他区块成功开发经验，结合道达尔公司

先进适用技术和精细化管理理念，形成了具有苏南特色的工厂化钻完井作业模式，实现了“三低”（低渗透、低产、低压）气田的规模效益开发。总结苏南项目工厂化钻完井作业实践经验，油气开采工厂化作业的推广应用重点在以下几个方面。

① 树立工厂化钻完井作业的理念。工厂化钻完井代表的是一种先进的作业理念，相对于传统的钻完井作业方式，是一条探索性的革新之路。苏南项目在 2010 年编制总体开发方案期间，就通过大胆创新和反复论证，率先提出采用工厂化作业的理念。通过采用基于丛式井组的工厂化钻完井作业方案，实现了由传统到现代、由分散到集中、由低效到集约的转变。如上部地层钻井采取小钻机批量作业，下部地层钻井采取双钻机联合作业，压裂试气采取井丛批量作业等，为下道工序压裂、试油和试气批量化作业创造了条件，提高了施工效率，降低了操作成本。

② 集成先进适用的技术工艺系列。高度集成化的工厂化作业，必须依靠先进的技术和技术体系做有力的支撑。工厂化作业的平台是以先进的技术和技术体系作为基础，才有可能实现工厂化的作业。通过简化优化，苏南项目从方案设计、钻头、井眼轨迹控制、钻井液、压裂和离线设施配套等方面，形成了“高精度三维地震泊松比布井、钻头配套优选、井眼轨迹优化控制、TAP 阀连续分层压裂、压裂液在线连续混配、多相流量计在线计量”等特色技术，有效地支撑了工厂化钻完井作业。

③ 现代化的装备。一般地讲工厂化，必然伴随着大生产，而大生产必然依靠大机器。石油钻井和压裂，包括试油试气，集中了行业最先进的技术装备。没有现代化的大机器，谈不上工厂化作业，落后的传统钻井和压裂装备实现不了工厂化的作业。

④ 精细化管理的手段和方法。井场做好部件现场拼装只是手段、形式，更重要的是现场管理和质量精度控制。好的管理出效益、促安全，好的管理才能把先进的技术实施下去。苏南项目以信息化为载体，系统化设计，一体化运行，精细分析、精细组织、精细部署、精细施工，“从小、从细、从严、从实、从精”狠抓各项施工程序。倡导团队精神，团队协作，整体行动。如钻井远程监控，联合交叉作业，一体化工作方式。同时，制定工厂化标准作业指南，如定制标准化专属设备、标准化井身结构、标准化钻完井设备及材料、标准化地面设施等，实现统一指挥、统一行动，为工厂化钻完井作业奠定了基础。

工厂化作业移植到中国石油非常规油气资源开采作业，它的意义不在于石油开采，而在于是一种全新的作业方式，它影响到人们的观念和行为。规模宏大的非常规低品位油气资源开发，应用工厂化作业模式实现规模化开发，无疑是作业方式的变革，是解放生产力的标志性的事件。

3.2 苏里格南国际合作区小井眼钻完井技术

苏南公司为确保合作项目有质量、有效益的开发目标，不断采取精细管理、工艺创新和技术进步来降低开发成本，提高区块开发效率。苏南公司通过小井眼钻完井技术研究，针对低渗透储层，从钻井、完井和储层改造等方面形成一套成熟的适应性开发工艺，进一步降低了环保压力，降本增效优势明显，从而达到高效开发，保持合作项目的平稳高效运行，对于降低开发成本，提高机械钻速，加快工艺升级换代具有划时代的意义。

3.2.1 小井眼钻完井技术国内外研究现状及发展趋势

（1）小井眼钻完井技术国外研究实施现状。

小井眼可降低钻井综合成本，经济效益十分可观，又被称为经济钻井技术。所谓小井眼是指油气井完井眼尺寸小于 ϕ152.4mm，或全井 60% 以上井眼尺寸为 ϕ152.4mm。

小井眼钻井始于 20 世纪 40 年代，50 年代美国的 Carter 公司在犹他州和阿肯色州等地钻了 108 口小井眼井，得出的结论是钻小井眼井在经济上优势明显。迄今，小井眼钻井活动遍及世界许多国家。90 年代，全球小井眼钻井的数量呈不断增长趋势，在世界范围内正蓬勃发展。

80 年代后期，随着油气生产费用的提高，以及石油工程领域不断向边远地区扩展和钻井工艺技术的提高，钻小井眼开采油气的良好经济效益更加明显，使得小井眼钻井技术成了继水平井钻井技术之后的又一经济钻井热点。各国油公司和钻井承包商根据已取得的初步成果，进一步进行研究和推广应用。

通过 10 多年的发展，国外小井眼钻井设备及关键工艺技术已取得了长足进步。如 UNOCAL 公司 1994—1996 年在泰国湾共钻了 125 口小井眼开发井，约 3000m 的井钻井时间为 6 天，与过去常规开发井相比，钻井成本和时间分别降低了 41% 和 33%。截至 2002 年底，国外已钻成小井眼上万口，其中井深在 3500m 左右的约有 1000 口，最大垂直井深超过 6000m。且已普遍将该技术应用于水平井、深井和侧钻小井眼多分支水平井等，并开始使用连续管钻小井眼，实现了降低钻井综合成本 25%~60%。

就技术而言，从小井眼钻井技术比较发达的美国 Amoco 公司、Baker Hughe 公司和 Nabors 工业公司以及英国的 BP 公司等来看，其优势都体现在小井眼配套技术上。首先，按“整装、轻便、低耗、高效”的原则，重视研制专用小井眼钻机设备。例如，Nabors 公司研制的 Nabors 170 型和 Nabors 180 型钻机，Kenting Rig 公司研制的 Kenting 11 型钻机，Slimdrill 公司研制的 HTA300 型钻机，Euroslim Rig 公司研制的 Foraslim-1 型钻机（钻深 3500m、带顶驱，是目前最先进的专用小井眼钻机），都是车载式或直升机搬运式小井眼钻机，占地面积为常规钻机的 1/6，可降低钻机费用 25%~47%。其次是重视配套技术的研究和开发应用，主要集中在钻头、井下马达、固井、井控、取心和小井眼水平钻井等方面。相应的提高小井眼钻井速度技术有：空气（氮气）欠平衡钻井技术，采用抗偏转的小尺寸大功率 TSP 钻头、小井眼大功率井下马达（如 Maurer 公司研制的空气、钻井液驱动小井眼井下马达）、柔性转盘、顶驱、液力推进器（Thruster）、抗疲劳钻具等。相应的钻井液和井眼稳定技术有：采用无固相、剪切稀释、低摩损、强抑制甲酸盐钻井液体系，采用 Amoco 公司 CBF 离子型钻井液、小井眼稳定综合模拟评价技术等。相应的完井技术有：改善小井眼完井水力学、特殊固井工艺、专用固井工具、单筒完井系统等。在井控方面，改进和完善了小井眼井控防喷装置和除气器，研制出了先进、高灵敏、连续地层溢流检测系统和适用于小井眼的“动态压井法”技术等。

总之，国外小井眼钻井关键技术研究主要集中在：高强度固定齿的新型钻头（包括高效钻头 PDC、TSP 钻头和空气钻头）、带顶部驱动的小井眼专用钻机、小尺寸大功率井下动力钻具（空气马达）研究、气体钻井配套设备一体化研究、高灵敏度井控系统控制和预防井喷、连续取心钻机进行小井眼取心作业方案研究等，且朝着更小尺寸配套，目前国外

已有可用于 ϕ76.2mm 井眼的全套钻井和井下配套工具，以及多种连续取心钻机和混合型钻机。工艺上普遍采用“小井眼 + 欠平衡 + 高效 PDC 钻头 + 井下动力钻具”复合钻进，既保护储层，又最大限度地解放机械钻速，缩短钻井周期，实现了小井眼经济效益最大化。

（2）国内小井眼钻完井技术研究现状及发展趋势。

我国在“八五”后期也开始重视和研究小井眼钻完井技术。通过“九五”期间的攻关、现场试验和推广应用，大庆油田、吉林油田、辽河油田和长庆油田等相继钻成了一批 ϕ152.4mm 井眼下 ϕ101.6mm 或 ϕ114.3mm 套管完井为主的小井眼井，但都是浅井（最大井深 1875m）。

随着我国小井眼钻井井数的增多，小尺寸 PDC 钻头、TSD 钻头及金刚石钻头已在我国大部分油田推广应用，单牙轮钻头也在胜利油田研制试验成功；小井眼早期井涌预警和检测技术也越来越受到重视。在钻井液和完井液技术上，国内各油田根据各自地层特征进行了专项研究，其体系配方基本能够达到安全钻井和保护油气层的目的。在小井眼水力学研究方面，国内学者也做了很多工作，但大多数是对国外模式的修正。

大庆油田完成的 287 口小井眼井，在其平均井深比常规开发井的平均井深多 129.4m 的情况下，平均机械钻速基本持平，但平均钻机月速却提高了 7.17%，降低综合成本 9%~17%，获得较好的效益。吉林油田采用小钻机在 500~1850m 的井深中进行了 29 口 ϕ114.3mm 和 ϕ88.9mm 套管完井的小井眼钻井，与常规钻井比较钻井成本节约 12%~25%。长庆油田在安塞等浅油层（井深一般为 600~800m）开发中，也应用了 200 多口 ϕ165.1mm 井眼下 ϕ114.3mm 套管完井的小井眼直井和丛式井，降低钻井成本约 16%。胜利油田小井眼套管开窗定向侧钻技术已步入了大规模的应用阶段。新疆油田和大港油田在深层（> 4000m）成功地钻成了部分小井眼。

由于降低油气井综合开发成本的紧迫性和环境保护的重要性不断提高，低渗透储层开发中小井眼钻井的优势逐渐显现，近年来小井眼钻井装备（小井眼钻机、连续软管钻机）、工具（小尺寸防喷器、井口、钻头、井下动力钻具等）和整套小井眼钻井技术（小井眼钻井水力学设计、井控技术、固井完井技术等）均取得重大进展，为小井眼安全经济钻井提供技术支持。

目前国内外 ϕ88.9mm 套管小井眼分层压裂工艺主要有以下几种：填砂分层压裂、桥塞分层压裂、连续油管水力分段射孔压裂、投球或限流分层压裂。长庆油田在苏里格气田共开展了 4 口 ϕ88.9mm 套管小井眼分层压裂试验，主要采用填砂分压工艺。填砂分层压裂工艺简单、可靠性高，但冲砂和填砂需要连续油管配合作业，作业周期长，一般在填砂后需要等待 6~8h，才能够下入钢丝工具来确认砂塞深度，若填砂位置不合适，需采用连续油管反复冲砂和填砂作业。此外冲填砂作业对储层伤害较大。桥塞分层压裂工艺可靠性高，但作业时间长，需多次压井，对气层伤害大。ϕ88.9mm 套管配套工具多，磨铣作业复杂，有一定套管安全风险，国外公司在 3000m 以上地层压裂作业经验也较少。投球或限流分层压裂可进行一次多层分压改造，但可靠性差，目前应用较少。ϕ88.9mm 套管连续油管水力分段射孔压裂虽可进行一次多段改造，但要求具备大尺寸连续油管，同时还需要进行工具配套。

苏南项目从 2012 年开始了小井眼试验。2012 年 4 口井效果不够理想。2016 年重新开始小井眼试验，对 2012 年存在的问题进行了分析，开展先导性试验，试验中很多困难一一解决，先导性试验成功，2017 年钻小井眼井 52 口，2018 年钻小井眼井 64 口，小井眼钻井技术得到成功推广。推广过程中不断进行钻头与钻具组合以及螺杆组合，绩效不断提高。2019 年全年计划工作量 96 口全是小井眼井。

3.2.2 苏里格南国际合作区小井眼井眼轨迹控制技术

要实现小井眼降低成本的目标，必须要解决因井眼尺寸减小带来的一系列技术问题，而且要作为一项系统工程来解决。其中，井身结构的合理与否，直接关系到钻井的成败，也是提高钻井速度、降低钻井成本的基础和关键。因此，正确合理选择适合苏里格气田特点的小井眼井身结构，并在生产实践中不断优化，是加快苏里格天然气开发步伐的有效途径。

（1）小井眼井身结构优化技术研究。

为实现最终的气井安全钻井，在第一阶段钻井施工时采用常规 ϕ215.9mm 钻头井身结构，并开展 ϕ152.4mm 钻头的小井眼快速钻井配套技术研究与试验，直到通过钻井经验得到足够的认识。表 3.1 是几种不同的井身结构，图 3.8 是开发井井身结构演变图。

表 3.1 开发井井身结构的进展情况

结构	苏南 3 井和苏南 4 井	初始井	第 1 次改进	优化设计
导管（mm）	508	508	508	508
钻进段（mm）	311.15	311.15	311.15	215.9
表层套管（mm）	244.475	244.475	244.475	177.8
应急阶段（mm）				
通过储层的井眼（mm）	215.9	215.9	158.75	158.75
生产管柱（mm）	88.9	88.9	88.9	88.9
油管（mm）	无油管	无油管	无油管	无油管

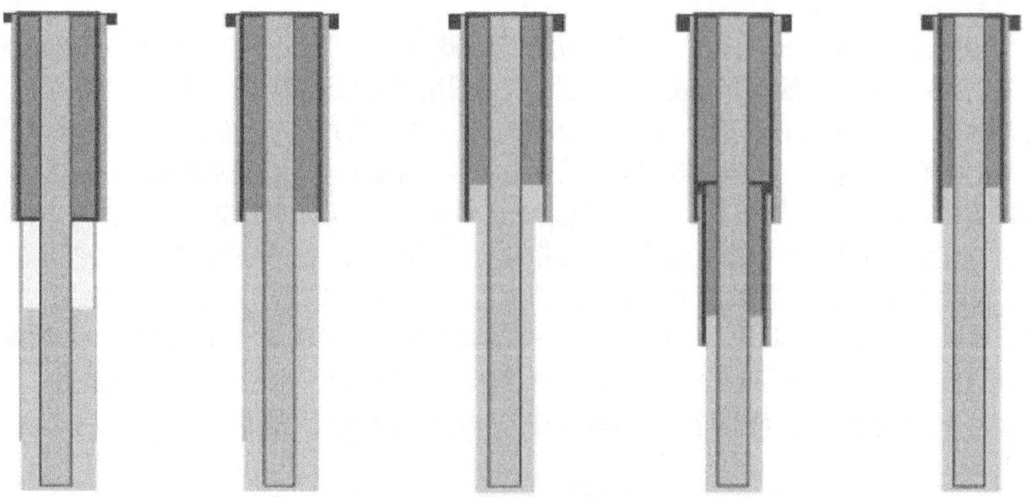

图 3.8 开发井井身结构演变图

目前通过现场应用，最终确定的井身结构为：ϕ406.4mm 井眼×ϕ339.725mm 导管+ϕ215.9mm 表层×ϕ177.8mm 套管+ϕ152.4mm 二开井段×ϕ88.9mm 套管。图 3.9 为苏南的小井眼井身结构优化过程。

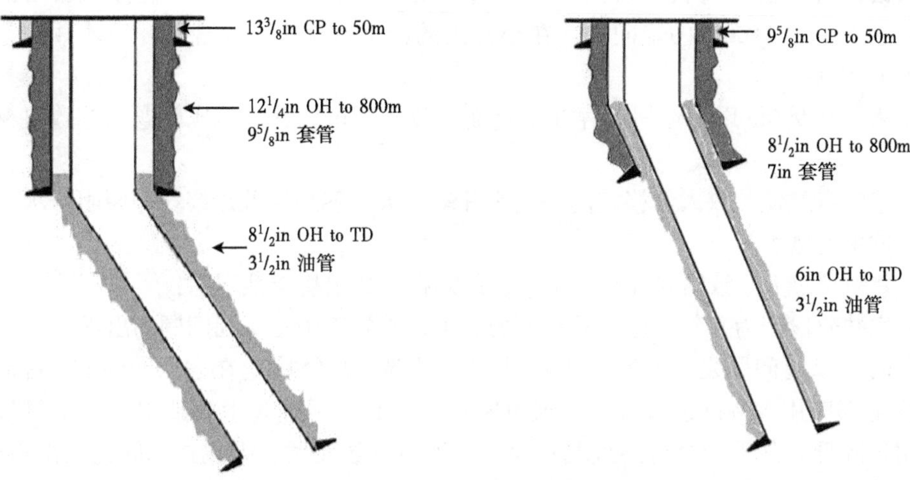

图 3.9 小井眼井身结构优化过程

（2）小井眼井眼轨迹技术研究。

① 井丛设计。苏南项目区块采用 9 井组的丛式井开发，控制 2km×2km 的网格，靶点间距 1km。后期进行加密，靶点间距可降低为 700m，实施过程中，根据井丛所在位置情况及地质条件，布置单井靶点位置。图 3.10 为 13 口井的布井位置图。

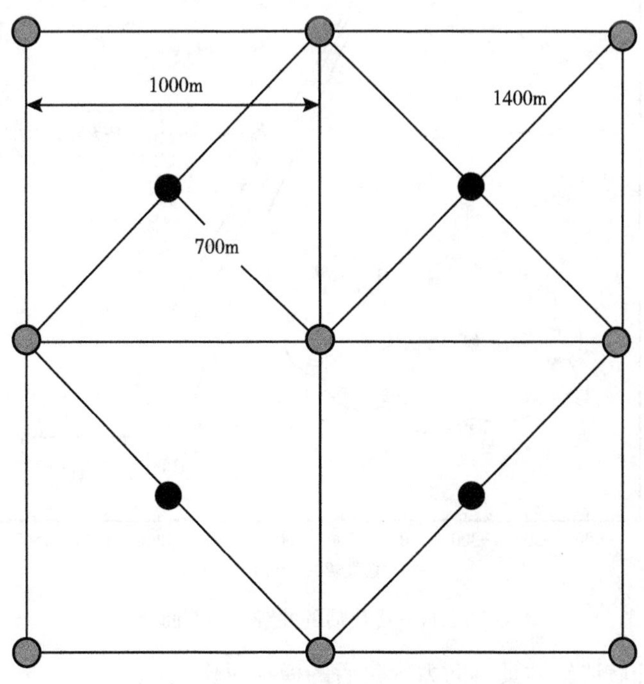

图 3.10 13 口井丛式井组布井示意图

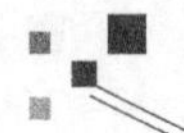

② 井眼轨迹设计。考虑压裂作业时，当井斜很小且方位平行于最大水平应力方向（N70°—N250°）时，裂缝几何形状不会发生扭曲。为了保证在气藏段的井斜小于15°，定向井剖面采用二维J形轨迹或S形轨迹。

根据目前标准9口井的设计，每个井丛包括1口直井、4口水平位移1000m的定向井和4口水平位移1400m的定向井。在小井眼的施工过程中，发现二开后才开始造斜存在以下施工难点：

a. 从二开900m以后造斜，存在工具面摆放不到位，钻具拖压问题，导致机械钻速降低；

b. 造斜点过低导致大位移定向井最终井斜过大，容易导致最终扭矩摩阻过大，增加钻具事故发生的概率；

c. 井斜角过大导致钻井液携岩困难，最终存在井眼稳定性问题；

d. 完井阶段因为井斜角过大导致电测、下套管施工中一系列问题的出现。

为防止以上问题发生，通过现场几口井试验，最终决定在表层400m左右造斜，整个井段全部应用MWD进行跟踪，通过室内模拟计算，通过上移造斜点，钻具最大屈曲应力明显降低，井下安全得到最基本保证，通过现场实践，上述技术问题全部得到解决。图3.11为最终优化后的井身轨迹剖面。

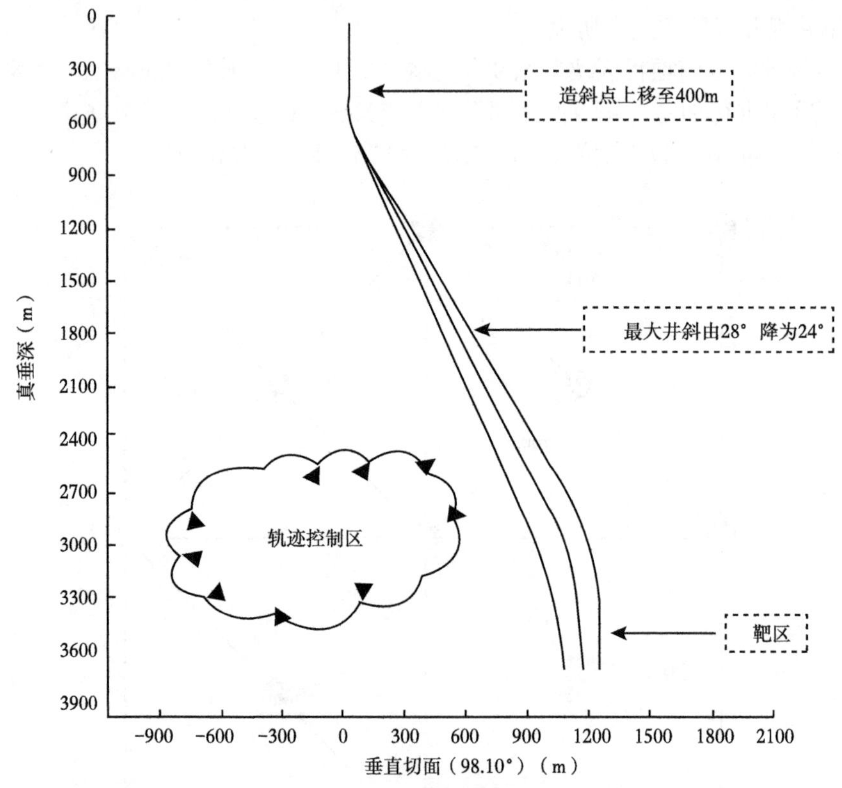

图3.11　优化后的井身轨迹剖面

图3.12为二开后造斜钻具侧向力优化后的模拟对比。

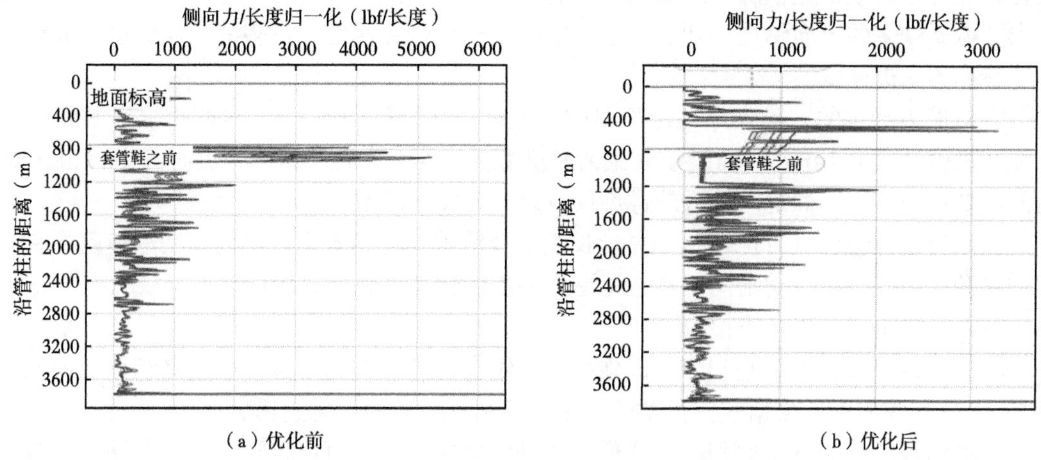

图 3.12　二开后造斜钻具侧向力优化前后模拟对比

通过井身结构优化，最终确定了小井眼施工最优设计方案。

3.2.3　苏里格南国际合作区小井眼钻具组合技术

小井眼开发钻井的主要目标是提高机械钻速，同时保证井眼轨迹在可控范围内，钻具组合设计的基本理念是在满足以上施工目标的前提下保证 1~2 趟钻完钻。为此。优化钻具组合是保证顺利钻井的前提。

（1）钻具组合结构。

结合长庆油田在苏里格区块的定向井实践和道达尔公司的研究结果，使用已经成熟的“四合一”钻具组合方案，实施过程中，依据作业方对钻具组合的掌握熟练程度，有针对性地选择适合定向井钻井的钻具组合。

在苏里格气田使用配合 PDC 钻头的单弯双稳钻具组合（图 3.13），这套钻具结构即利用了单弯螺杆的滑动可调能力，实现了双稳定器刚性钻具结构的稳方位效果，又充分发挥了 PDC 钻头的快速钻井优势，能够满足直井段防斜、定向造斜、复合调整和稳斜稳方位的轨迹控制要求。

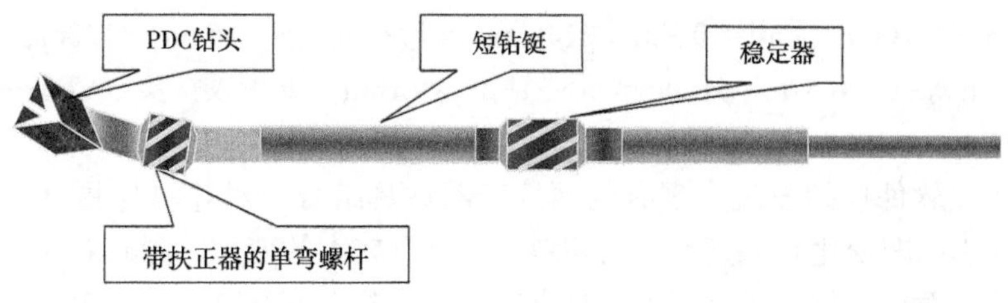

图 3.13　“四合一”钻具组合结构图

该钻具组合结构为“钻头 + 弯螺杆钻具（带欠尺寸稳定器）+ 短钻铤 + 欠尺寸稳定器 + 钻铤 + 加重钻杆”，为典型的“四合一”钻具组合。

相比于 8.5in 井眼中，在小井眼中所用的钻具尺寸较小，钻具的钢性较弱。根据 8.5in 中成熟的“四合一”钻具组合演变而来的 6in 井眼中使用的两扶正器钻具组合，在稳斜段

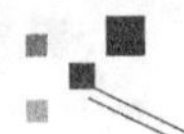

复合钻进时稳斜效果差，随着地层的趋势有较快的降斜倾向。为保证井斜与位移符合设计要求，需要较多的定向钻进来纠正轨迹。定向钻进机械钻速低，过多的定向钻进极大地影响了整体的钻进速度。

降斜最为严重的在延安组与延长组的中上段。在统计的 52 口小井眼中，延长组的平均复合机械钻速为 24m/h，而滑动机械钻速仅为 3.5m/h。在延长组的钻进时间中有 38% 的时间用来定向钻进，而定向钻进的进尺仅占延长总段长的 8%。

因此对钻具组合进行优化，提高延长组复合钻进的稳斜效果，对提高钻进速度将有明显的提升。同时，较少的定向钻进也将更进一步优化井眼轨迹的质量。

（2）钻具组合的优化模拟。

在钻具组合设计方案基础上，以强稳钻具组合设计原则为基准，以钻具组合的模拟软件 Drill Scan 为依据，根据软件模拟的结果进行钻具组合的优化选择。

强稳钻具组合的几个原则：① 降低钻头处的侧向力，尽可能接近于零；② 减少钻具组合中的钻铤与井壁的接触；③ 近钻头的扶正器使用全尺寸（同钻头尺寸）；④ 使用四个扶正器；⑤ 第一个扶正器（近钻头）使用长刀冀或将两个扶正器紧挨；⑥ 第二个扶正器应使用欠尺寸；⑦ 第三个和第四个扶正器使用全尺寸。

四扶正器的钻具组合为：ϕ152.4mm PDC×0.3m+ϕ127mm 螺杆（0° 带 ϕ152.4mm 扶正器）×7.42m+ϕ120mm 浮阀 ×0.51m+ϕ146mm 扶正器 ×0.57m+ϕ120mm 无磁钻铤 ×8.79m+ϕ152.4mm 扶正器 ×1m+ϕ120mm 无磁钻铤 ×9.17m+ϕ152.4mm 扶正器 ×1m+ 变螺纹接头 ×0.45m+ϕ101.6mm 加重钻杆 ×226.23m+ϕ101.1mm 钻杆。

目前广泛使用的钻具组合为：ϕ152.4mm PDC×0.3m+ϕ127mm 螺杆（1.25° 带 ϕ148mm 扶正器）×7.43m+ϕ120mm 浮阀 ×0.51m+ϕ142mm 球形扶正器 ×0.57m+ϕ120mm 无磁钻铤 ×9.09m+ϕ120mm 无磁钻铤 ×9.06m+ 变扣接头 0.45m+ϕ101.6mm 加重钻杆 ×195.9m+ϕ101.1mm 钻杆。

通过力矩分析，两扶正器钻具组合的受力明显大于四扶正器的钻具组合，分别为 638kgf 与 95.85kgf。由于钻井承包商没有使用多个全尺寸扶正器的经验，以及其对施工风险的考虑，因此不考虑使用四扶正器钻具组合。

经过软件模拟，直螺杆三扶正器的侧向力较小，最接近四扶正器的侧向力，因此选择三扶正器带直螺杆的钻具组合：ϕ152.4mm PDC×0.3m+ϕ127mm 螺杆（0° 带 ϕ149mm 扶正器）×7.68m+ϕ120mm 浮阀 ×0.52m+ϕ146mm 球形扶正器 ×0.57m+ϕ120mm 无磁钻铤 ×9.33m+ϕ146mm 球扶 ×0.57m+ϕ120mm 无磁钻铤 ×9.10m+ 变螺纹接头 0.42m+ϕ101.6mm 加重钻杆 ×197.34m+ϕ101.1mm 钻杆。

同时，经过软件模拟发现，现有的两扶正器钻具组合，对井斜与井眼扩大率较为敏感，当井斜在小范围变化时，其复合的井斜变化率有较大的变化，同时对井眼扩大率也有较明显的影响。而在实际作业过程中，复合钻进时的降斜率会高至 2.6°/30m，再加上每柱两次的定向钻进，短距离内确实存在井斜较大的变化。同时地层中夹层较多，特别是上部地层较软，无法保证均匀的井眼扩大率，大量的井径数据也说明了这一点。这一定程度上解释了复合钻进时有时增斜有时降斜以及井斜变化率忽高忽低的现象。经过模拟发现，四扶正器的钻具组合，对井斜变化并没有那么敏感，而井眼扩大率的影响也较小。三扶正器的钻具组合具有同样的特征。

对水力与摩阻模拟证明，三扶正器的钻具组合没有带来额外的水力压力损耗与施工中的摩阻。扶正器间隙在正常的起下钻速度中，也没有造成额外的循环当量密度。

（3）钻具组合的优化方案。

根据模拟结果，最终确定的施工方案为：在软件模拟时选用20°的井斜，所以实验也选择了设计井斜为21°的SN0152-04井作为实验井。一开完成增斜段，井斜增至设计井斜；二开开始就下入实验钻具组合进行稳斜。

实验目标：① 证明三个大尺寸扶正器不带来额外的压力损耗；② 不会带来额外的拉力与摩阻；③ 增强稳斜效果，减少延安组与延长组中的滑动钻进；④ 配合三扶正器螺杆钻具使用效果。

试验三扶正器钻具组合：ϕ152.4mmSD6521ZC×0.25m+ϕ127mm直螺杆（中成公司，本体扶正块外径149mm、宽160mm）×7.68m+ϕ121mm浮阀×0.52m+ϕ146mm扶正器×0.57m+ϕ121m无磁钻铤×9.33m+ϕ146mm扶正器×0.57m+ϕ121mm无磁钻铤×9.10m+ϕ122mm 311/DS40×0.42m+ϕ101.6mm加重钻杆×197.34m+ϕ101.6mm钻杆。

第一趟钻试验：

从685m钻进至783m，进尺98m，井斜由24.2°增加至28.55°，增斜率为1.5°/30m。方位稳定减小，减小率为0.28°/30m。

最初钻进时按照软件模拟时的8tf的钻压进行钻进，观察增斜之后，调整钻压至4tf，增斜率没有减小。顶驱转速50r/min，排量880L/min。

钻进地层为直罗组，在此区域的地层中，常规的钻具组合有微增的趋势。

起出后换常规钻具组合，纠正井斜与轨迹。

表3.2为试验三扶正器钻具组合682~783m井斜变化情况。

表3.2　试验三扶正器钻具组合682~783m井斜变化情况

测深（m）	井斜（°）	方位（°）
695.94	24.2	357.29
710.65	25	357.15
724.48	25.68	356.97
739.21	26.41	356.97
753.03	27.04	356.83
766.65	27.74	356.82
781.74	28.55	356.48

由表3.2可以看出三扶正器钻具组和在安定组和直罗组井段是增斜效果，增斜速率为0.6°~0.8°/30m。

第二趟钻试验：

钻进自1112~1442m，进尺330m，地层为延安组底部与延长组上部。稳斜143m（自1112m至1255m），井斜范围20.97°~22.48°。从1255m至1354m，井斜增长为3.6°至25.54°。从1354m至1398m稳斜。从1398m至1440m井斜增长0.8°。在330m进尺中方位稳定减少了1.43°，速率为0.26°/30m。

钻进参数同第一趟钻试验。由表3.3可以看出，在延安组井段及延长组上部基本稳斜，后期微增，增斜速率为0.4°~1.3°/30m。

表 3.3 试验三扶正器钻具组合 1112~1442m 井斜变化情况

测深（m）	井斜（°）	方位（°）
1125.62	21.07	1.43
1141.61	21.41	1.6
1154.23	21.27	1.17
1169.11	21.69	0.34
1182.88	20.87	0.73
1198.16	21.39	0.43
1211.54	21.98	0.03
1226.53	21.71	359.43
1240.17	21.93	359.12
1255.29	21.85	358.82
1268.9	22.21	358.53
1297.45	23.51	358.32
1312.06	24.43	358.17
1325.55	24.87	358.12
1339.81	25.19	358.01
1354.64	25.45	357.99
1368.56	25.49	358.13
1383.22	25.47	358.03
1398.32	25.56	358.45
1411.84	25.9	358.73
1426.17	26.27	358.77

（4）钻具组合改进方案。

7LZ127X7Y-VII 螺杆钻具编号 4607S，二开下钻 682m 开始钻进，钻进至 1640m 起钻更换钻具组合，累计进尺 958m，纯钻 12h，累计循环使用 17h。钻井参数：钻压 60~80kN，排量 16L/s，循环泵压 14~15MPa，钻进泵压 16 MPa，钻井液密度 1.05g/cm^3，漏斗黏度 34s。

螺杆钻具使用过程高效平稳，未出现使用异常，起钻后未发现异常磨损与损坏，拉回乌审旗进行拆解。经拆解检查发现，螺杆钻具整机壳体未发现明显磨损，万向轴弯壳体完好，耐磨带磨损轻微；旁通阀总成在拆解前用木棒压旁通阀的阀芯，能够正常迅速弹起，拆解后阀套、阀芯和弹簧完好；万向轴球铰接磨损量正常，未发现异常磨损；马达总成拆解时发现定子表面无明显划伤，转子表面光滑完整，未发现异常磨损；传动轴拆解检查未发现异常磨损，TC 轴承、串轴承磨损轻微。

从三扶正器钻具组合对井斜变化率可以看出（图 3.14），试验钻具组合无降斜问题，只有一个点增斜率在 -1° 附近。在起出试验钻具组合，下入常规的钻具组合复合钻进时，增斜率明显要低一些，之后一些段复合时也有强的降斜现象。证实了三扶正器钻具组合的稳斜效果，但是由于该钻具组合无纠斜能力，当与轨迹发生较大偏离时必须起出，将会增加不必要的起下钻次数。施工过程中拉力正常。在实验过程中，没有发现额外的拉力或激动压力。证明三个大尺寸扶正器不带来额外的压力损耗，不会带来额外的拉力与摩阻。

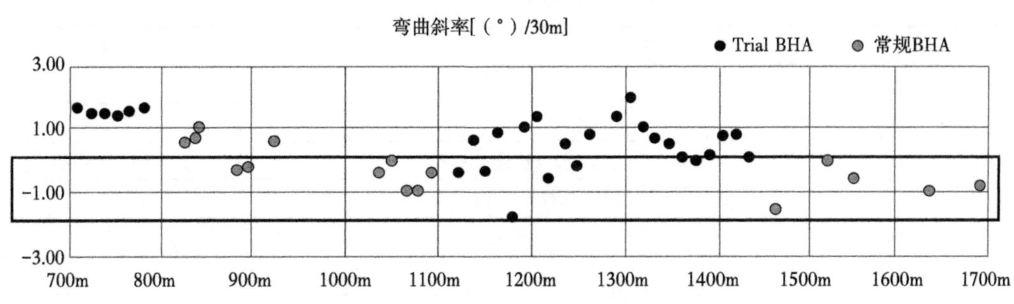

图 3.14　三扶正器钻具组合造斜率变化情况

3.2.4　苏里格南国际合作区小井眼钻头设计方案

（1）新型个性化中成 6in PDC 钻头设计（4 刀翼上部地层）。

根据 2017 年苏里格南区块上部地层钻头的使用情况优化钻头设计，由 5 刀翼改为 4 刀翼（图 3.15），采用加长加宽螺旋保径设计提高钻头稳定性，提高芯部复合片布齿密度，减小钻头复合片脊高增强工具面稳定性。

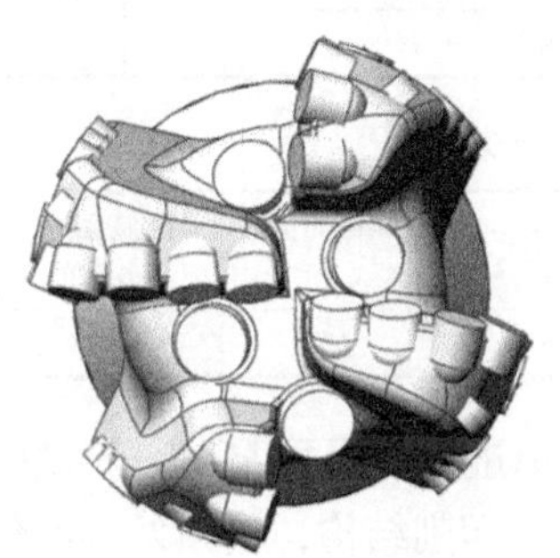

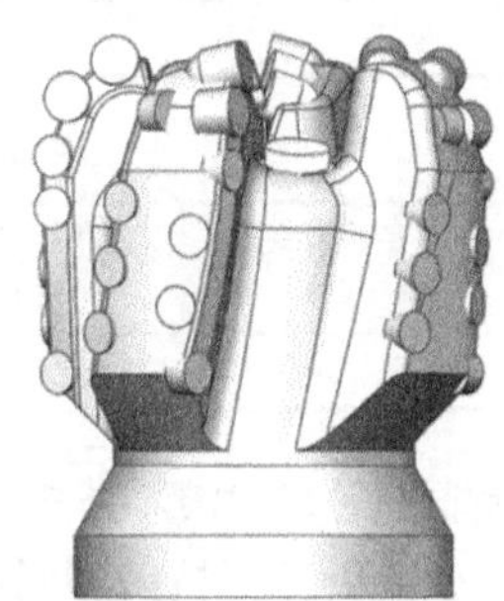

图 3.15　中成 4 刀翼钻头

① 钻头设计参数：16mm 复合片、直列 4 刀翼、钢体设计。

② 采用短抛物线平缓头型，缩短了钻头冠部有效高度，提高钻头稳定性，增强钻头导向性，适应配合井下动力钻具进行高转速钻进。

③ 芯部加密布齿，中低出露，提高工具面稳定性。

④ 加长加宽螺旋保径设计，近保径复合片增加副齿，更好地扶正钻头，提高定向钻进时工具面稳定性。

⑤ 中等布齿密度设计，减小复合片脊高高度，提高钻头稳定性。

⑥ 针对小井眼井段环空小，钻井液排量小的特点，减小复合片角度，增强钻头攻击性，提高钻头切削效率。

⑦ 深宽水槽、高配比水力优化设计，增强钻头清洗、冷却和排屑效果，避免井底重复切削现象的发生。

⑧ 加密聚晶与倒划眼设计，预防缩径。

⑨ 中成专利复合片 ZC-V 型切削齿，提高复合片耐磨性能和自锐性。

表 3.4 为中成 4 刀翼钻头参数表。表 3.5 为试验井钻井数据。

表 3.4　中成 4 刀翼钻头参数表

参数			数据
钻头参数	钻头尺寸	（in）	6
		（mm）	152.4
	喷嘴数量（个）		4（可换喷嘴）
	保径长度（mm）		65
	API 接头		3½REG
	主切削齿	直径（mm）	16
		数量（个）	14
	后排齿	直径（mm）	13
		数量（个）	4
	保径齿	直径（mm）	13
		数量（个）	5
	有效长度（mm）		290
	IADC		S223
推荐钻井参数	排量（L/s）		12~30
	转速（r/min）		60~200
	钻压（kN）		20~80

表 3.5　试验井钻井数据

井号	队号	钻进井段起（m）	钻进井段至（m）	进尺（m）	纯钻时间（h）	机械钻速（m/h）	层位
SN0107-06	50647	791	3047	2256	113.5	19.88	安定组—刘家沟组

现场试验情况表明，SN0107-06 井二开定向钻进时工具面与上一年试验 4 刀翼钻头稳定性相比较高。后续对钻头进行持续设计优化，优化切削结构，增强外锥部位侧向切削，提高定向效率。

（2）新型个性化亿斯达 6in PDC 钻头设计与试验。

苏南 6in 小井眼 PDC 钻头的设计目标是两只钻头完成二开井段钻进，即所谓“两趟钻”，并且要取得理想的机械钻速。为此，在前期钻头试验的基础上做出了如下产品设计方案。

① 第一趟钻：采用 6EDS1625 钻头。16mm 齿 5 刀翼钢体钻头，如图 3.16 所示。

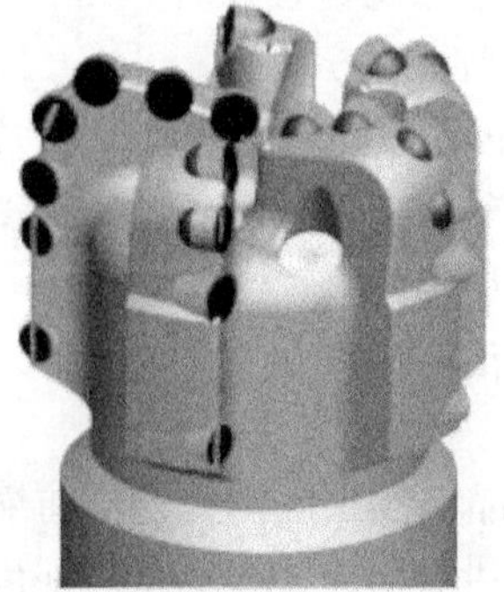

图 3.16　亿斯达上部 5 刀翼钢体钻头设计

选型依据：

a. 吸取前期使用的经验，采用 16mm 齿 5 刀翼结构的钢体钻头。

b. 该型钻头采用的是定向设计，复合定向作业要求。

c. 鼻部外径与钻头外径比值约为 0.7，属于鼻部外移的设计，适合滑动钻进时的钻头操作。

d. 整个切削轮廓采用了攻击性较强的短抛物线形状，5 刀翼设计。

e. 16mm 齿 14 颗，13mm 齿 9 颗。

f. 16mm 齿出露高度 8mm，后倾角 15°；13mm 保径齿后倾角 20°。

g. 喷嘴配置：ϕ7.1mm×3+ϕ7.9mm×2，HSI❶：1.91W/mm^2；以现有螺杆在 14L/s 排量下测算：在延长组地层中维持 25m/h 的机械钻速的设计钻压约为 65kN，钻头反扭矩约 1400N·m。进入刘家沟组后维持 15m/h 的机械钻速的设计钻压约 75kN，钻头反扭矩约 1600N·m。

h. 钻具组合、钻井参数及泥浆沿用钻井现有方案；

i. CFD 优化：出于计算需要将模型进行了必要的简化。流线图及速度压力分布云图如图 3.17 所示。从图上可以直观地看出喷嘴出口射流等速核到达井底，沿着刀翼切削齿工作面形成明显的漫流层，流线形态流畅，刀翼工作面附近没有明显的低速涡流区。流场形态较为理想。

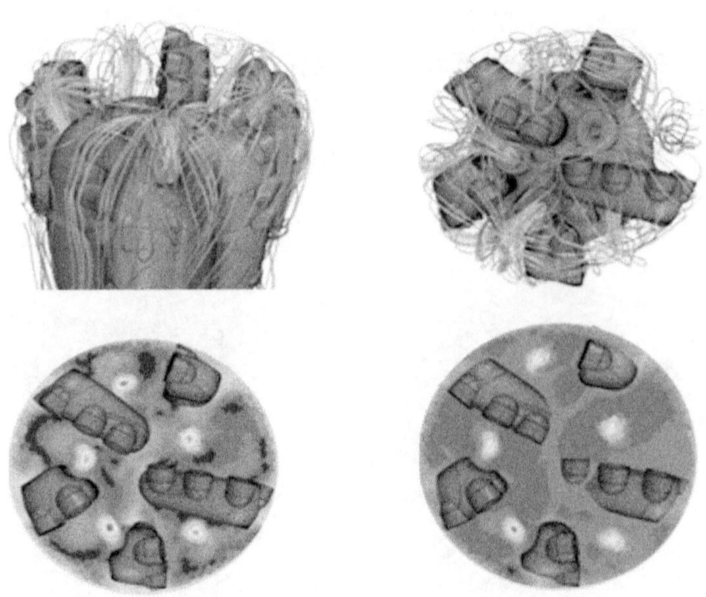

图 3.17　亿斯达上部 5 刀翼钻头水力设计

② 第二趟钻：采用 6EDS1634E 钻头。16mm 齿 4 刀翼双排齿钻头，如图 3.18 所示。

a. 切削轮廓依然采用攻击性较强的短抛物线轮廓，为了适应定向井操作将鼻部位置适当外移。鼻部外径与钻头外径比值约为 0.6。

---

❶ HSI—Horsepower per Square Inch，比水功率，马力每平方英寸。

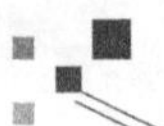

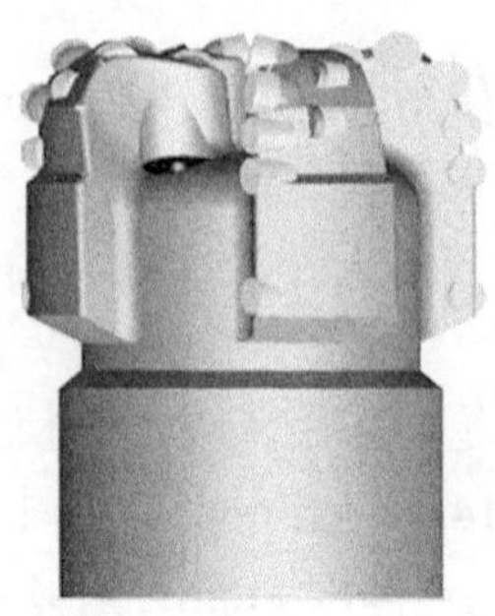

图 3.18 亿斯达上部 4 刀翼双排齿钻头设计

b. 图 3.18 为改进后的 6EDS1634E 的切削轮廓图，继续采用攻击性较强的鼻部较尖的中短抛物线形结构，红色的是 16mm 主切削齿。其中 16mm 主切削齿 18 颗，后倾角为 13°，出露高度 8mm（为了提高抗冲击性采用半露齿）。

c. 保径齿 13mm，切削齿 11 颗，后倾角 20°（图 3.18 上未标出）。

d. 适当降低了布齿密度以提高机械钻速。

e. 喷嘴配置：ϕ7.9mm×1+ϕ9.5mm×2+ϕ11.1mm×1，HSI：1.78W/mm^2。

f. 以现有螺杆在 14L/s 排量下测算：刘家沟组—石千峰组—石盒子组—山西组—太原组—本溪组—马家沟组地层中维持 12m/h 的机械钻速的设计钻压为 80~100kN，钻头反扭矩约 1700N·m。

g. 钻具组合、钻井参数及钻井液沿用钻井现有方案。

h. CFD 优化[❶]：从图 3.19 可以直观地看出喷嘴出口射流在到达井底的过程中，沿着刀翼切削齿工作面形成明显的漫流层，流线形态流畅，刀翼工作面附近没有明显的低速涡流区。流场形态较为理想。

图 3.19 亿斯达上部 3 刀翼钻头

③ 第二趟钻的激进方案：采用 6EDS1353PG 钻头。13mm 齿 3 刀翼单排另均布 3 个支撑翼钻头。

a. 切削轮廓采用对泥岩适应性较好的中短抛物线轮廓，目的是在石千峰－石盒子地层

❶ CFD—Computational Fluid Dynamics，即计算流体动力学。CFD 优化是一种基于 CFD 的参数化和优化仿真过程。

中提速。

b. 图 3.19 为全新设计的 6EDS1353PG 的切削轮廓图，继续采用攻击性较强的鼻部较尖的中短抛物线形结构。其中 13mm 主切削齿 18 颗，后倾角为 13°，出露高度 6.5mm（为了提高抗冲击性采用半露齿）。

c. 保径齿 13mm 切削齿 11 颗，后倾角 20°。

d. 适当降低了布齿密度以提高机械钻速。

e. 喷嘴配置：ϕ8.73mm×1+ϕ9.5mm×2，HSI：1.61W/mm^2。

f. 以现有螺杆在 14L/s 排量下测算：刘家沟组—石千峰组—石盒子组—山西组—太原组—本溪组—马家沟组地层中维持 15m/h 的机械钻速的设计钻压为 80~100kN，钻头反扭矩约 1700N·m。

g. 钻具组合、钻井参数及钻井液沿用钻井现有方案。

h. CFD 优化：从图 3.20 上可以直观地看出，喷嘴出口射流在到达井底的过程中，沿着刀翼切削齿工作面形成明显的漫流层，流线形态流畅，刀翼工作面附近没有明显的低速涡流区。流场形态较为理想。

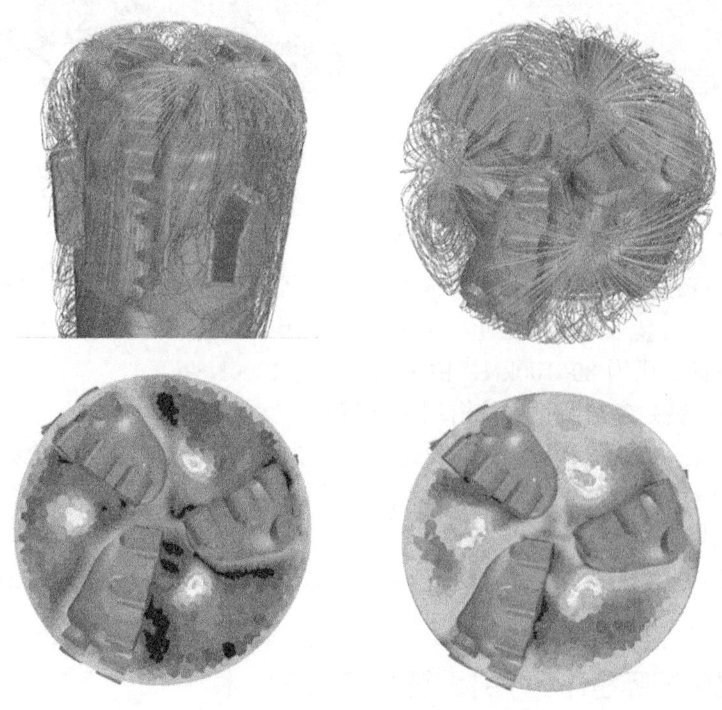

图 3.20 亿斯达上部 3 刀翼钻头

④ 改进方案。

通过 4 次试验，针对 4 口井的使用结果，计划把改进方向集中在 4 刀翼钻头结构改进上。目标是使新的 4 刀翼钻头在地层适应性上有所提高，在砂岩地层中有较快的钻时，当遇到含泥岩夹层时也具有较强的攻击性，整体性能上均衡设计。

新的 4 刀翼钻头拟采用如下改进方案：

a. 钻头总体切削结构：16mm 齿 4 刀翼双排齿钻头。

b. 切削轮廓依然采用攻击性较强的短抛物线轮廓，针对 4 口井试验中暴露出的夹层适应能力不足的问题，将肩部抛物线适当延长，增加此处的局部布齿密度（整体密度不变），为了适应定向井操作将鼻部位置适当外移。鼻部外径与钻头外径比值约 0.7。增加了后排齿。图 3.21 为改进后的 6EDS1634E 4 刀翼钻头的切削轮廓图，继续采用攻击性较强的鼻部较尖的中短抛物线形结构，采用单排 16mm 主切削齿。其中 16mm 主切削齿 14 颗，后倾角为 13°，出露高度 8mm（为了提高抗冲击性采用半露齿）。

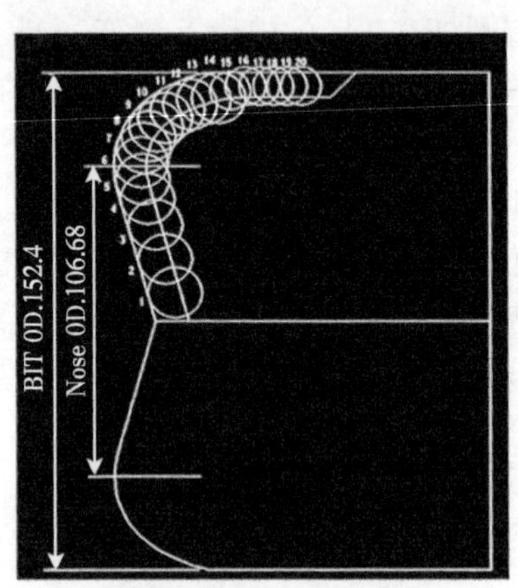

图 3.21 亿斯达 6EDS1634E 4 刀翼钻头设计

c. 心部采用开放式设计，尽可能扩展排除岩屑空间。

d. 适当降低了布齿密度以提高机械钻速。

e. 以现有螺杆在 14L/s 排量并结合根据测井数据计算得出的岩石抗压强度测算：刘家沟组—石千峰组—石盒子组—山西组—太原组—本溪组—马家沟组地层中维持 12m/h 的平均机械钻速的设计钻压为 80~100kN，钻头反扭矩约 1700N·m。

f. 钻具组合、钻井参数及钻井液沿用钻井现有方案。

g. CFD 优化：从图 3.21 上可以直观地看出钻头工作面上没有明显较大范围的低速涡流区，喷嘴出口射流等速核能够到达井底，沿着刀翼切削齿工作面可以形成明显的漫流层，流线形态流畅。流场形态较为理想。

h. 喷嘴配置：ϕ8.73mm×2+ϕ7.94mm×2，在排量 14L/s、钻井液密度 1.10g/cm^3 下估算 HSI 值为 1.67hp/in^2。

3.2.5 苏里格南国际合作区小井眼钻井液优化技术

苏南公司对小井眼工厂化钻井、压裂施工、速度管柱排水采气进行了全面工艺配套，该系列集成工艺在现场应用技术成熟、经济效益显著，特别是钻井液和压裂液的减量化实施，以技术进步和适用技术的应用进一步降低成本，实现项目增值和进一步发展。

3.2.5.1 小井眼钻井液体系研究

（1）高效水基钻井液。

苏里格南区块自 2011 年大规模开发以来，二开井段上部井段（800~3100m TVD）钻井液采用无固相聚合物钻井液体系，该体系的最大特点是相对密度低、固相含量低、成本低、不控失水、机械钻速高等，但是需要在地面挖将近 2000m^3 的钻井液坑配合该体系进行钻屑的自沉降处理。

自 2015 年 1 月新的环保法颁布实施以后，鄂尔多斯当地环保部门要求整个大苏里格地区所有钻井作业执行“钻井液不落地”的原则，所有的地面钻井液池和排污池将不再允许使用。在此情况下，无固相钻井聚合物体系只能采用循环罐闭路系统，通过固控设备来清除固相，但是效果很差，钻井过程中出现定向托压，泥岩垮塌，地面设备岩屑清除效果不好，固相含量居高不下等现象。完钻后，出现测井困难，测井工具卡死、打捞，最后不得以实施钻杆输送测井等事故。在实际钻井施工过程中，由于钻井液的抑制性差，直罗组常出现大量掉块，电测时易发生卡电测仪器事故。例如某井出现该事故后，使用三球打捞筒打捞，效果不理想，最终采取将钢珠磨损后，下入卡瓦打捞筒解除事故，最后采用钻杆输送测井，该井处理事故耗时 282h。针对此类技术难题，在小井眼钻井施工时，决定采用具有强抑制性的高效水基钻井液体系。

高效水基钻井液体系（HPWBF）是一种具有强抑制性能的水基钻井液，可以提高整体的钻井液性能，同时产生惰性的废弃物而有利于后期的处理与排放。该体系的特点是低胶体含量，强抑制性和润滑性，低稀释率、低毒性，环保无氯离子，不分散，剪切稀释性等。

该体系的配方及性能见表 3.6 和表 3.7。

表 3.6　高效水基钻井液体系配方

名称	添加剂作用	单位	浓度
钻井水	清水	m^3	根据需要
ZJ-1	泥岩抑制剂 - 聚胺	%（体积分数）	1.5
FT-342	改性沥青	kg/m^3	0.5~2
NH4-HPAN	铵盐	kg/m^3	0.02~0.05
SN 树脂	防塌	kg/m^3	1~2
BBJ	岩屑包被抑制剂	kg/m^3	0.02~0.03
KRLQ	封堵及润滑	%（体积分数）	1
XC	改善流型，提高低剪切速率	kg/m^3	0.1~0.3
PAC-LV	降失水剂	kg/m^3	0.2~0.5
RH-1	润滑剂	%（体积分数）	1~2
NaOH	调整 pH	kg/m^3	0.05~0.1

表 3.7　高效水基钻井液体系设计性能

井段（m）（TVD）	800~2500m	2500~3200m	3200~3750m
相对密度	1.01~1.06	1.06~1.10	1.10~1.16
漏斗黏度（s）	27~38	30~50	45~60
塑性黏度（cP）	尽可能低	尽可能低	尽可能低
动切力（Pa）	2~6	6~10	10~15
静切力（Pa）	2~3/5~10	3~6/6~10	3~8/8~12
API 滤失量（mL）	＜ 10	＜ 8	＜ 6
pH 值	8~9	8.5~9.5	8.5~10
含砂量（%）	＜ 0.2	＜ 0.2	＜ 0.2
抗外挤安全系数（%）	＜ 5	＜ 5	＜ 8
膨润土含量（kg/m^3）	30~35	＜ 40	＜ 55

（2）天然高分子钻井液体系配方。

天然高分子钻井液体系为苏里格南区块常规井使用的钻井液体系。该体系配方为：2%~3% 膨润土粉+0.2%~0.3% IND-30+0.2%~0.3% KPAM+0.8%~1% NAT20+1.2%~1.5% NFA-25+1% PGCS-1+0.1% 烧碱+0.2% 纯碱+乳化沥青+BZ-RH-I。

同时，为进一步提高钻井液的抑制性，优化处理剂加量，在天然高分子基础上补充加入有机盐，该体系配方为：2%~3% 膨润土粉+0.1%~0.3%KPAM+0.1%~0.3%IND-30+0.5%~2%NAT-20+1%~3%NFA-25+1%~2%PGCS-1+0.1%~0.3%BZ-HXC-1+3%~5% 有机盐+BZ-RH-1+乳化沥青+片碱。

（3）高效水基钻井液的核心添加剂及其工作机理。

抑制剂 ZJ-1 具有独特的分子结构，其分子能很好地镶嵌在黏土层间，并使黏土层紧密结合在一起，从而降低黏土吸收水分的趋势。它主要是中性的胺类化合物分子通过金属离子吸附在黏土上，或者是质子态的胺通过离子交换作用替代金属离子。

润滑剂 RH-1 能在金属和岩石表面形成一层油膜，使金属和钻屑表面的润湿性发生改变，防止钻屑的聚结和黏附，从而提高机械钻速。

包被剂 BBJ 是一种分子量为 100 万左右，极易溶于水的阳离子共聚物乳液，起包被钻屑和稳定泥岩作用，具有良好的生物降解性。这种共聚物能在泥岩和钻屑表面形成保护膜，避免钻屑黏糊振动筛和钻屑相互黏结。其合适的电荷密度能限制水穿透黏土颗粒，改善聚合物和黏土间的键和能力。

黄原胶 HXC 是糖类经黄单胞杆菌发酵，产生的胞外微生物多糖。由于它的大分子特殊结构和胶体特性，可以改善钻井液的流动性，提高钻井液的低剪切速率。

3.2.5.2 钻井液体系在现场的应用及维护

天然高分子钻井液+有机盐钻井液体系是在天然高分子钻井液体系中增加有机盐，来提高天然高分子钻井液体系的抑制性。

钻井液配方：井浆 +0.1%~0.3%KPAM+0.1%~0.3%IND-30+0.5%~2% NAT-20+1%~3%NFA-25+1%~2%PGCS-1+0.1%~0.3%BZ-HXC-1+3%~5% 有机盐+BZ-RH-1+乳化沥青+片碱。

钻水泥塞时，加入纯碱和抗污染剂，彻底清除钙离子，防止水泥污染。钻完水泥塞，起钻换定向钻具。根据现场情况对一开钻井液进行预处理，将胶液 0.15%~0.3%KPAM+0.1%~0.3%IND-30+0.5%NAT-20+3% 有机盐，混入循环罐内的井浆，密度控制在 1.05~1.06g/cm^3，漏斗黏度控制在 35~40s，膨润土含量（MBT）控制在 15~25mg/L。

757~1600m 井段，每钻进 200m 补充胶液 0.15%~0.3% KPAM+0.15%~0.3% IND-30+0.5% NAT-20+3%~5% 有机盐，控制密度在 1.05~1.08g/cm^3，漏斗黏度 35~40s，中压失水量不大于 13mL。

1600~3200m 井段，每 400m 补充胶液 0.2% IND-30+0.2% KPAM+0.5%~0.8% NAT-20+1.0%~1.5% NFA-25+1.0% PGCS-1+3%~5% 有机盐，控制密度在 1.06~1.10g/cm^3，漏斗黏度 30~45s，中压失水量不大于 12mL。

3200m 至井底，每 300m 补充胶液 0.15% KPAM+0.15% IND-30+1%~2% NAT-20+1%~3% NFA-25+1%~2% PGCS-1+ 乳化沥青 +0.1%~0.3%BZ-HXC-1，密度控制在 1.10~1.16g/cm^3，漏斗黏度 45~55s，中压失水量逐渐控制在完钻前不大于 6mL。

石千峰组以下地层，继续补充大分子 IND-30、KPAM 和 3%~5% 有机盐，维护其有

效含量，提高钻井液的抑制能力；适当加大 NFA-25 和 PGCS-1 及乳化沥青用量，改善滤饼质量，增强钻井液的封堵防塌能力。若岩屑规则、掉块多，则一次性补充 1t 乳化沥青、1t NFA-25 和 0.5t PGCS-1，然后每 300m 加入 100kg 乳化沥青、200kg NFA-25 和 100kg PGCS-1；逐步提高钻井液密度至 1.16~1.18g/cm^3；补充 NAT-20 降低失水，逐步控制中压失水量不大于 6mL，保证井壁稳定。

3.2.5.3　固体润滑剂 LUBS50 实验室评价实验

钻井液用固体润滑剂改性聚醚 LUBS50，极易吸附在钻杆钻具、井壁和岩屑等表面，形成紧密结合的润滑膜，而且这层润滑膜非常牢固，能有效降低摩阻和扭矩，减少托压。LUBS50 抑制性强，吸附在岩屑表面和晶层之间，能有效抑制岩屑进一步水化分散，吸附在井壁上，阻止自由水渗透水化，保持井壁稳定。

LUBS50 胶液可通过孔径为 20~25μm 的定量滤纸（相当于 500~625 目的筛布），井上使用 240 目筛布，可以轻松通过。由于 LUBS50 有较好的吸附性，所以吸附在岩屑上的部分 LUBS50 会随岩屑返出而带出来。LUBS50 吸附在黏土颗粒上，阻止了黏土颗粒之间的交联，不仅不会使滤饼发虚破坏滤饼，还可以进一步增强滤饼的致密性，并有效防止泥包钻头，有利于提高钻速和井下安全。

固体润滑剂 LUBS50 润滑性好，抑制性强，还有一定的封堵降滤失能力。

（1）LUBS50 水不溶物实验。

① 200mL 水（室温）+LUBS50，高搅 20min。

② 200mL 水（60℃）+LUBS50，高搅 20min，降温至 35℃，在 50℃下手动搅拌 10min。

③ 200mL 水（80℃）+LUBS50，高搅 20min，降温至 55℃，在 70℃下手动搅拌 10min。

④ 200mL 水（沸腾）+LUBS50，高搅 20min，降温至 65℃，在 90℃下手动搅拌 10min。

⑤ 200mL 水（室温）+LUBS50，高搅 20min，分别装入老化罐中，在 70℃下热滚 2h。

⑥ 200mL 水（室温）+LUBS50，高搅 20min，分别装入老化罐中，在 100℃下热滚 2h。

⑦ 200mL 水（室温）+LUBS50，高搅 20min，分别装入老化罐中，在 120℃下热滚 2h。

⑧ 300mL 水（室温）+15g LUBS50，高搅 20min，倒入烧杯中，静放 24h，LUBS50+水是胶液和浊液的混合体，底部少量沉降物是该产品的有效成分。

（2）固体润滑剂 LUBS50 对滤饼和滤失量的影响实验。

配方一：500mL 清水 +0.3%Na_2CO_3+4% 老钠土 +0.5%NAT20+0.2%IND30+2%NFA-25。

① 室温（22℃），压差 100psi，测试滤失量。

② 60℃，压差 200psi（正压 300psi，负压 100psi），测试滤失量。

③ 60℃，压差 300psi（正压 400psi，负压 100psi），测试滤失量。

④ 60℃，压差 500psi（正压 600psi，负压 100psi），测试滤失量。

配方二：500mL 清水 +0.3%Na_2CO_3+3% 老钠土 +1%NAT20+0.2%IND30+2%NFA-25+7%Weigh2。

① 室温（22℃），压差 100psi，测试滤失量。（常温中压失水仪）。

② 80℃，压差 200psi（正压 300psi，负压 100psi），测试滤失量。

③ 80℃，压差 300psi（正压 400psi，负压 100psi），测试滤失量。

④ 80℃，压差 500psi（正压 600psi，负压 100psi），测试滤失量。

（3）固体润滑剂 LUBS50 抑制性实验。

实验方法：

① 取 6~10 目的岩屑在 105℃下干燥 3~5h。

② 量取 350mL 水或 LUBS50 胶液于老化罐中，加入 50g 干燥岩屑，120℃热滚 16h。

③ 冷却老化罐，用 40 目筛子湿式回收剩余的岩屑，并将岩屑在 105℃下烘干 3~5h。

④ 取出岩屑在干燥器中冷却后，称重。

3.2.5.4 钻井液体系＋固体润滑剂 LUBS50 在现场应用

该体系在 SN063-07 和 SN063-06 两口井上进行试验。

（1）第一口井 SN063-07 井试验。

表 3.8 SN063.07 井轨迹基本数据表

井深（表层 / 完钻井深）（m）	造斜点（m）	最大井斜 / 位移（m）	平均机械钻速（m/h）
682/3944	420	34.9°/1515.3	17.22

表 3.8 为 SN063-07 井轨迹基本数据表。当钻进至 1500m 时开始加入 LUB50，浓度 5kg/m^3。钻进至 2000m 时，浓度增加至 20kg/m^3。滤饼质量变差，虚滤饼厚有可能引发井下问题的风险。钻至 2000m 后，决定降低 LUB50 浓度至 15kg/m^3，保持这个浓度直至完钻。

（2）第二口井 SN063-06 井试验。

通过 SN63-07 井钻井液体系的试验，根据摩擦系数数据统计，说明该固井润滑剂对润滑性能有所提高。保证电测顺利完成，无遇阻遇卡。但是由于虚滤饼问题，在该井的试验中要优化固体润滑剂 LUB50 的加量，使其浓度控制在 5~15kg/m^3，降低全井的总用量。当钻进至延长组中部约 2000m 时，LUB50 加量浓度为 5kg/m^3。钻进刘家沟组底部时，浓度增加至 10kg/m^3。至完钻时 LUB50 浓度至 15kg/m^3。进一步验证不同浓度对于润滑性和滤饼质量的影响。

固体润滑剂 LUBS50 主要在 SN0063-07 和 SN063-06 两口井的二开进行试验。在试验过程中在振动筛返出和清罐时发现部分未溶解的固体润滑剂 LUB50。但是液体流变性的失水不受影响。当固体润滑剂 LUB50 加量大于 15kg/m^3 时，开始产生虚滤饼。根据两口井摩擦系数数据统计，说明使用该固体润滑剂使润滑性能有所提高。两口井电测均顺利完成，无遇阻遇卡。但是由于虚滤饼问题，在以后的试验中要监控固体润滑剂 LUB50 的加量，使其浓度控制在 5~15kg/m^3，降低全井的总用量。对于不同浓度对润滑性和滤饼质量的影响需要进一步确认。

3.2.6 苏南合作区小井眼钻井技术的评价与创新

3.2.6.1 苏南合作区小井眼钻井经济评价

为经济有效地开发苏里格南区块，采用小井眼钻井是降低成本的一个有效途径，因此该区块小井眼钻井方案通过前期的研究和论证，采用 ϕ88.9mm 无油管完井。

通过应用瞬态波动压力模型计算分析苏里格气田小井眼波动压力的变化规律，结论如下：

（1）井眼与套管的间隙越小，下套管时产生的激动压力越大，其影响非常显著。

（2）在同样的套管间隙下，小井眼中下入小尺寸套管要比大井眼中下入大尺寸套管产生的波动压力小。

（3）对 ϕ88.9mm 套管，当裸眼井径增大到 ϕ115mm 后，最大井底波动压力趋于一个固定值，再增大裸眼井径对波动压力没有明显的影响。从井下安全的角度看，钻头尺寸不应小于 ϕ115mm，即合理的套管与井眼间隙应不小于 13mm。

（4）在特定的套管间隙下，波动压力受到的最大影响来自下钻速度，严格控制下钻速度和下套管速度是保证井下安全的必要措施。

综合国内外应用，推荐 ϕ152.4mm 井眼下 ϕ88.9mm 油管完井。

目前苏里格气田采用的是 ϕ215.9mm 井眼 +ϕ139.7mm 套管的井身结构，因此经济对比以常规井身结构为基准，从套管、水泥、钻井液和钻机租赁费等方面进行对比，见表 3.9。

（1）套管使用分析。

由表 3.9 可以看出，使用 ϕ88.9mm 套管比 ϕ139.7mm 套管每口井节约成本 50.43 万元，减少 43.8%，从经济角度考虑，选择较小尺寸套管可以节约钻井成本。

表 3.9 两种生产套管成本对比

套管外径（mm）	ϕ215.9mm 井眼+ϕ139.7mm 套管		ϕ152.4mm 井眼+ϕ88.9mm 油管	
	244.5	139.7	177.8	88.9
套管下深（m）	800（J5）	3750（N80）	800（N80）	3750（N80）
套管成本（元/m）	321.7	238.3	238.8	121.5
合计套管费用（万元）	115.1		64.67	
相比 ϕ139.7mm 套管节约（万元）			-50.43	

（2）固井水泥用量分析。

由表 3.10 可以看出，采用 ϕ152.4mm 井眼 +ϕ88.9mm 油管的井身结构，固井水泥用量比采用 ϕ215.9mm 井眼 +ϕ139.7mm 套管节省 25.06t。

表 3.10 水泥用量分析

井眼尺寸（mm）		215.9	152.4
套管尺寸（mm）		139.7	88.9
水泥用量	低密度水泥（1.45g/cm^3）（m^3）	69.5	44
	高密度水泥（1.90g/cm^3）（m^3）	21.3	14
	G 级水泥（t）	68.64	43.58
	比较（+增加，-减少）（t）		-25.06

（3）钻井液用量分析。

由表 3.11 可以看出，采用 ϕ158.8mm 井眼，在相同井深条件下，钻井液用量减少 46%。

表 3.11 钻井液用量分析

井眼尺寸（mm）		215.9	152.4
井深（m）		3750	3750
井筒容积（m^3）		137.2	74.2
钻井液用量（m^3）	附加 100% 的泥浆总用量	274.4	148.4
	对比（+ 增加，- 减少）		-126

（4）钻机费用分析。

目前还没有与小井眼配套的钻机，2008 年完成的两口小井眼钻井是采用钻机型号为 40LDB，钻完井数据见表 3.12。

表 3.12 2008 年 ϕ88.9mm 油管完井钻井数据表

井号	钻机	完钻时间	二开井眼（mm）	完井套管（mm）	完钻井深（m）	机械钻速（m/h）	钻井周期（d）
桃 2-4-21	40LDB	2008.11	160	88.9	3346	13.17	22.7
苏 36-10-5	40LDB	2008.11	215.9	88.9	3500	16.62	12

由表 3.12 看出，采用小井眼钻井，钻井周期长是造成钻机费用增加的主要因素，因此，应研发适合苏南项目区块特殊工况的高效钻头（如 PDC、TSB、混合齿钻头及复合型钻头等）和井下动力钻具复合钻进，最大限度地提高小钻头的钻井速度，提高综合速度，缩短钻井周期。

综上 4 个方面所述：

（1）从钻井材料的用量分析，随着井眼尺寸和套管尺寸的缩小，直接材料用量和费用降低，钻井总成本随之降低。

（2）钻井周期是影响成本的一个主要因素，因此需要开展小井眼快速钻井技术研究，通过苏南项目区块的实践总结，机械钻速每提高 1m/h，预计可缩短钻井周期 4 天以上。

（3）通过优化，合理配置小井眼钻机型号，可以节约征地和钻机运行费等。

因此开展 ϕ152.4mm 钻头的快速钻井技术以及与小井眼相配套设备的研究与应用可以最大幅度降低开发成本。

3.2.6.2 苏南项目小井眼钻井技术的创新

（1）效果。

苏南项目小井眼钻井技术的研究、试验和应用，使苏南公司初步掌握小井眼钻具与地层的自然造斜规律以及小井眼三扶正器稳斜钻具组合上部地层井斜变化规律并加以利用。总结了二开井段钻具组合满足不同井段井眼轨迹要求，所有定向井实现轨迹控制模式化、标准化，达到“少定、多导”快速钻进目的。建立和完善与小井眼二开钻头优选方案，形成一套上部地层采用 5 刀翼、下部地层采用 4 刀翼钻头成熟配套技术，下部地层实验 3 刀翼钻头取得初步成果。初步论证了固体润滑剂降低摩擦系数的效果，降低钻具组合滑动钻进过程中拖压的现象，满足配合三扶正器钻具组合使用的要求，达到快速安全施工。通过该课题研究与现场试验，进一步完善了苏南项目小井眼钻完井配套技术。

2018 年全年完成 64 口 6in 小井眼，二开井段平均进尺 3111m，两只 PDC 钻头完成钻进，即所谓“两趟钻”，共完成 17 口井。6in 小井眼二开平均钻井周期为 12.76 天，比 2017 年缩短 1.35 天。

小井眼与常规井眼对比节约柴油 23t，共计 12.68 万元，比常规井眼降幅为 18%。小井眼使用的表层套管尺寸由 ϕ244.5mm 改为 ϕ177.8mm，节约套管费用约 9.6 万元，降幅 31%。生产套管固井水泥浆用量由 ϕ215.9mm 井眼的 120m^3 减少到 ϕ152.4mm 井眼的 54m^3，节约成本 17%。

双钻机联合作业不仅加快了井丛投产时间，同时还在这个过程中营造了一种合作与竞争的氛围，竞争之中有合作，合作之中有竞争。双方钻井队在施工作业中，面对相似的地层条件，技术水平的优劣就体现在施工效率上。通过人员组织的完善，技术水平的提高，以及突发状况的妥善处理，施工效率高的、技术水平过硬的队伍自然就会胜出，无形之中就会对落后的队伍形成鞭策，从而意识到自身的不足而加以改进。同时，在这个过程中，彼此的情况也会随时交流，当一支队伍出现问题，或者钻遇某些特殊地层而需要改变钻具组合时，另一支队伍就能从中学习，提前预防，从而做到信息共享，突破孤军奋战的局限，把自身的优势与其他队伍结合起来，把双方的长处最大限度地发挥出来。目前，这种模式既创新了承包体制，提高了钻速，又实现了甲乙方互利共赢。

目前，在苏南项目区块已完成的“工厂化”作业中，以部署 9 口井的一个规模化施工井场为例，井场平整仅需用地 0.5ha，比原模式开发节约用地 1.29ha。新模式减少井场道路 8 条，节约用地 3.2ha；气井采用串接式管线，少建管线 45.5km。集约式井场的利用，减少钻前井场施工周期 45 天。

C0071 井丛已完成的 9 口小井眼，现场固废产生量共计 3060m^3，平均每口井产生量为 340m^3，C0033 井丛完成的 9 口常规井产生固废共计 6124m^3，平均每口井产生量为 680m^3。C0071 小井眼井丛固废量比 C0033 常规井眼井丛减少 50%。据统计数据表明，小井眼比常规井眼岩屑产出量平均减少 40% 以上。

（2）创新点。

苏南项目小井眼钻井技术的创新点在于：

① 在钻具组合优化方面，从“四合一”钻具组合优选、井下马达优化及改进，建立了一整套三扶正器控制轨迹的快速施工理念，并成功实施，有力促进了小井眼施工的快速推广。

② 针对小井眼滑动钻井过程中摩阻高、拖压严重等问题，积极研究并推广了固体润滑剂，该项新技术在实施中效果明显，有效降低摩擦系数，保证电测成功率。

③ 为保证小井眼快速钻进，针对钻头优化、从 PDC 钻头刀翼、流道等方面进行模拟并现场实践，并在下部地层首次试验 3 刀翼钻头，泥岩段钻头机械钻速高于 4 刀翼钻头。

（3）认识。

① 小井眼钻完井技术是石油天然气工业的重要技术发展方向之一，应用范围广泛，可以较大幅度降低钻井费用。但小井眼钻完井技术是一项复杂的综合配套技术，要取得上述效益，必须要解决井眼尺寸缩小带来的一系列技术问题，而且要把设备和技术作为一项系统工程来解决，形成配套技术，才能最终体现出小井眼的优势来。其中单一技术不能有效发挥小井眼的整体优势，苏南项目小井眼钻井的试验也证明了这一点，小井眼钻完井技

术还有上升空间。

② ϕ152mm 井眼中使用 ϕ101mm 钻具，底部钻具刚性弱，易发生弯曲，采用三扶正器稳斜钻具，在延长降斜严重的井段可以达到稳斜目的，使用常规带角度螺杆钻具，便于对井斜进行调整，利于控制井眼轨迹。

③ 优越的钻头性能是提速的关键之一，不仅能快速钻进，而且能够减少起下钻换钻头时间。对于二开钻头上部地层钻头选型 4 刀翼需解决工具面不稳问题，下部督促 PDC 钻头进一步优化，设计更适合该段地层的 PDC 型号，提高该段钻进速度。

④ 固体润滑剂 LUB50 能缓解苏南项目区块造斜段滑动拖压问题，并能有效控制钻井液和钻井成本费用支出。但存在浓度高时易堵定向仪器和钻头水眼等现象，需要继续对固体润滑剂 LUB50 的配比浓度进行优化和优选。

⑤ 通过工艺配套，小井眼钻完井技术目前已在苏南项目大面积推广实施，2018 年，小井眼完成量占总井数的 78%。

（4）建议。

今后将继续全面推广小井眼钻完井技术，在继续前期成熟配套工艺的基础上，技术上进行再攻关：

① 完善 2 趟钻工艺，在直井和 1km 以下水平位移定向井普及 80% 以上。

② 对井下工具完成换代更新，包括 4 刀翼钻头、高效井下马达等进行完善并大面积推广。

③ 针对完井后电测遇阻问题，进行井眼稳定性施工工艺试验，确保电测成功率 90% 以上。

④ 对于钻井过程中大规模漏失的井，需要进行攻关研究，确保固井作业质量。

⑤ 发扬苏南项目典范的荣誉和优势，以技术进步和适用技术的应用进一步降低成本，实现项目增值和进一步发展。

3.3 苏里格南国际合作区钻井施工中清洁生产工艺

随着环境保护理念的深入，清洁生产已经成为时代的要求，实现零排放、清洁生产应成为企业发展的必然方向。由于钻井生产是一种大型的联合作业，钻井施工生产过程中协作单位多、动用的设备多、工作连续性强，因此钻探企业在钻井施工过程中如何实现零排放和清洁生产，不仅是钻探企业需要解决的问题，也是整个社会希望解决的问题；不仅关系到企业的发展，而且关系到社会的平安稳定。

3.3.1 清洁生产的概念与措施

3.3.1.1 清洁生产的形成与要求

清洁生产是指不断采取改进设计、使用清洁的能源和原料、采用先进的工艺技术与设备、改善管理、综合利用等措施，从源头削减污染，提高资源利用效率，减少或者避免生产、服务和产品使用过程中污染物的产生和排放，以减轻或者消除对人类健康和环境的危害。清洁生产的核心是“节能、降耗、减污、增效”。

清洁生产就是在污染发生之前就进行削减污染源或相关因素，改变过去被动、滞后

的污染控制手段。通俗地讲，清洁生产不是把注意力放在生产或污染过程的末端，而是在生产之前对污染情况进行充分的预测，制订出相关预案，实现生产全过程管理。这种方式不仅可以减小末端治理的负担，而且有效避免了末端治理的弊端，是控制环境污染的有效手段。

清洁生产对企业实现经济发展与社会和环境效益的协调统一，提高市场竞争力具有重要意义。客观上企业通过引进技术、改造工艺、更新设备、合理回收利用废弃物等方式，降低生产成本，有效改善操作工人的劳动环境和操作条件，减轻生产过程对员工健康的影响，提高企业的综合效益是企业实现清洁生产重要途径；另外，企业实现清洁生产还需要不断提高企业的管理水平，提高管理人员、工程技术人员和操作人员等在经济观念、环境意识、参与管理意识、技术水平和职业道德等方面的素质。

为了推动清洁生产工作，国家有关部门先后出台了《清洁生产促进法》《清洁生产审核暂行办法》等法律法规，使清洁生产由一个抽象的概念，转变成一个量化的、可操作的、具体的工作。《国家环境保护"十一五"规划》中也提出，要大力推动产业结构优化升级，促进清洁生产，发展循环经济，从源头减少污染，推进建设环境友好型社会。

3.3.1.2　油气钻完井施工对环境的影响因素及常见处理工艺

（1）钻井过程中可能产生的环境污染与破坏。

石油钻井是勘探开发石油和天然气的重要手段，它是指利用专门的机械设备，配合一定的技术措施，形成油气通道的工程。在陆上油气井钻井生产整个过程中，对周边环境造成不同程度影响的因素主要有运输钻井物资的车辆压迫道路、车辆行驶的噪声、振动，钻进或起下钻时柴油机和发电机等动力设备的轰鸣声，钻具等施工机械的撞击等机械设备运转时产生的噪声。生产过程中的油迹、钻井液以及井场井台的修建占用土地，柴油机运行时产生的废气，钻井作业产生的钻井平台冲洗废水，钻井产生的废岩屑泥浆等固体废弃物以及完井的压裂返排液。其中，对废弃钻井液与压裂返排液的处理是核心。废弃钻井液是一种含黏土、地下水、凝析油、加重材料、各种化学处理剂和岩屑等的多相稳定胶态悬浮体系，成分复杂，矿化度高。多年以来绝大部分废弃钻井液都以直接排放或自然蒸发、固化和就地掩埋等方法进行处理，其中的盐、碱、重金属、化学添加剂等会造成地表和地下水资源污染，土壤板结，从而影响生态环境，不利于植物生长与人畜健康。钻井过程中实现清洁生产，就是要通过有针对性地进行技术改造，以解决上述影响清洁生产的因素。

（2）常见的处理技术与方法。

① 直接排放法。直接排放法是费用最省、操作最简单的一种处理方法。对于海上钻井的废弃水基钻井液，满足低毒、无毒、易生物降解，符合国家和国际环保要求便可使用此法。但随着环保要求不断提高，这种方法已逐渐受到限制。

② 回注法。回注法就是将废弃钻井液注入安全地层或非渗透性地层，再自行封闭。此方法要严格要求地层的封闭性，严禁废液逸散，否则就会对地下水造成污染。

③ 回收再利用法。回收再利用法是一种既经济又合理的处理方法。运用固液分离技术，可以将固相废弃物与液相废弃物脱出分离，分离的液体可以部分或者全部回用，回用液体可降低钻井液配置成本。

④ 土壤耕作法。土壤耕作法是将废弃钻井液先沉降分离，脱去上部水，然后将余下

的污泥废渣直接与土壤混合，利用土壤的自净特性，吸收、吸附以及降解钻井液中的有毒成分，达到无害化处理。此法在加拿大和英国使用较广泛。研究表明，废弃液中的氯离子质量浓度小于1000mg/L、废弃液排放量小于41m^3/1000m^3 时对农作物生长无影响。英国Conco公司将油和土壤按1∶20比例混合，废弃液中的油相物质在土壤中很快消失，消失量达90%。钙、钡、锌含量虽然有所增加，但仍在正常值范围内。另外，pH值保持在7.5左右，使土壤中微生物降解更为有利，重金属几乎不渗滤，减少了对环境的进一步危害。此方法必须严格控制废弃钻井液的土壤稀释量和合理地选择钻井液体系。

⑤ 固化法。固化法主要原理为向废弃钻井液加入固化剂，使其转变为胶结程度很大的固体。采用固结技术处理废弃钻井液具有材料运输量少、施工速度快、经济、处理效果好和处理量大等优点。在生态环境极其脆弱的荒漠中，传统固化方法存在处理成本高和固化周期长等缺点，同时对钻井废弃液中有害物质的固定能力有限，有害物质如石油和重金属离子随时间推移又会析出，存在对环境的二次污染。在美国等发达国家，其环保要求非常苛刻，限制了固化法的使用。例如加利福尼亚州规定，在其全州任何地方的井场都禁止使用大的废浆池。而在某些环境敏感地区，如莫比尔海湾、亚拉巴马海域、自然保护区，甚至要求钻井废弃物零排放。所以此方法在发达国家并不广泛使用。

⑥ 蒸发浓缩处理法。日本近年来提出一种新的钻井废弃液处理方法，即蒸发浓缩处理方法。该方法采用真空蒸发分离和旋流压缩等技术手段，通过在废弃物处理化学药剂及方法上的突破，研究了新型絮凝剂、固体稳定剂、污水处理剂和土壤改良剂等处理药剂。此外，改进钻井固体废弃物的处理装置，使用真空蒸发分离装置和卧式旋流压缩装置等大型设备，并将其集成一体化的废弃钻井物进行处理，避免了只有终端处理的缺陷，但此方法成本昂贵，在国内的推广有一定难度。

3.3.1.3 陆上油气钻井作业清洁生产的主要措施

（1）关键环节的控制措施。

油气勘探钻井作业与其他产品生产企业一样，具有8个方面的生产作业程序。要搞好油气钻井作业的清洁生产工作，必须对作业过程的8个环节实施全面覆盖管控，做好能源及原材料、技术工艺、设备（设施）、过程控制和废物等5个关键环节的管控，能达到事半功倍的效果。

① 能源及原材料环节。此环节主要控制措施：一是采用先进的钻井工艺技术，快速钻达设计井深，减少新鲜水、柴油和钻井液处理剂材料使用，减少和降低废水产生量及其浓度；二是尽量用废水或处理水保洁设备、回配钻井液，实现新鲜水的节约；三是把好钻井液处理剂质量检测关，尽量优选高效低毒或无毒钻井液处理剂，减轻废水的环境危害性；四是妥善储存钻井液处理剂，防止其流失浪费、增加废水浓度及其危害性；五是勤保养设备，杜绝设备油水的泡、冒、滴、漏。

② 技术工艺环节。钻井工艺技术是实现钻井清洁生产最终目标的最重要环节。一是在钻井工艺设计方面，应优选钻井参数，采用丛式井、定向钻井、空气钻井、连续油管作业技术，实现快速钻井，在多获油气的同时达到节省土地、资源、能源和原材料的目的；二是在钻井液设计方面，应优先选择清洁环保性钻井液体系，达到节约原材料和减少污染物排放的目的；三是在钻前设计方面，井场清污分流应设计合理，能实现雨污分离，减少废水产生，在柴油储罐区和发电房区域构建必要的隔油池，根据

作业区域环境状况、设计井深情况等构建必要的污水及渣泥存储池，确保废物得以及时存储；四是在钻井清洁生产设计方面，应根据不同钻井区域环境、钻井工艺技术设计不同的污染物防控处理方案。

③ 设备（设施）环节。一是由于钻井废水、钻屑及少量废弃渣泥是钻井作业中必产生的废物，因此，依据井深不同，在井场附近构建一定容积、具有一定强度结构的废弃物储存设施是必要的，提前由有设计及施工资质的施工队伍构建废弃物储存池可保证池构建质量，确保不出现渗漏或坍塌，造成二次污染；二是钻井主要设备应配置雨水遮分设施，在年降雨量较多的地区，钻井作业的井队应对钻井液循环系统、柴油机房区和钻井液处理剂材料房区域配置遮雨和分流设施，避免雨水进入钻井作业区域，减少废水产生量；三是应配置废水及生活污水处理装置，实现污废水的处理回用或达标外排。

④ 过程控制环节。钻井作业过程控制是实施钻井清洁生产的重要环节，主要涉及过程的管理控制和第三方或上级的环境监理监督。在钻井作业过程控制方面，重点控制油料与新鲜水的使用、井场清污分流系统完整性情况、主要设备雨水遮分设施完整性情况、“一筛两器”使用及其完整性情况、钻井液罐清掏方式及情况、钻井作业倒立泥浆伞使用情况、废水处理利用情况、废弃钻井液储存情况等。在钻井作业环境监理监督方面，重点监督环评批文执行情况和过程控制环节情况。

（2）废物管理。

废物是放错了位置的资源，只有当它离开生产过程才成为废物。因此，应尽可能对其再利用和循环使用，以减少废物排放的数量及其危害性。钻井作业时产生的主要污染物废水、固体废弃物的控制处理与处置可采取如下措施方式。

对常规钻井作业：① 钻井废水的处理。一是构建必要的废水收集储存设施，严格实行单井污水总量控制等措施能较有效地控制废水产生量；二是进行废水的处理。井场不具排污条件的钻井队应配简易处理装置处理，处理后回用、转运到当地处理站；井场具排污条件的钻井队应配达标废水处理装置，处理水就地达标外排或回用。② 钻井固体废弃物的处置。一是固废的收集。钻屑通过引槽直接进入储存池，掏罐钻井液等通过可移动加收集斗的引槽、渣泵抽汲或通过暗明管沟渠等引到固液分离装置中，脱水后临时转入储存池中，水进入储存池或直接泵抽到处理装置中处理。二是固废的处置。钻屑资源化利用或固化填埋，其他固废（掏罐钻井液、废钻井液、处理水渣泥等）；采用生物处理土壤资源化技术处理利用（处理后可堆放于废物储存池使占用地复耕，也可用于完井井场复耕土）。

对页岩气开发钻井作业：① 钻井废水的处理。废水的收集和处理按常规钻井要求执行。② 钻井固体废弃物的处置。页岩气开发钻井作业的钻屑可实行随钻处置利用，其他水基固废建议实行完井一次性处置。③ 压裂返排液的处理利用。对其处理后进行回收再利用，以节约新鲜水源。

对完井固废处置质量的监督检测。完井后，应委托有环境监测资质的单位于治理现场对污染物治理处置质量按相关要求进行取样检测。

3.3.1.4　苏南项目清洁化生产的主要措施

自 2015 年《中华人民共和国环境保护法》实施以来，苏南公司高度重视落实各项环境保护的法律法规，坚持创新、协调、绿色、开放和共享的发展理念，从项目建设到生产运营，实施了一系列针对新环保形势下的环保举措，取得了良好的成效。

钻井作业是项目建设过程中最重要的环节之一，作业过程中对土壤、水资源和空气都有不同程度的污染，尤其以产生废水和废渣为主要的污染来源。因此针对造成污染的环节，苏南公司从三个方面进行钻井作业技术工艺的改良：（1）开展工厂化丛式井小井眼钻井；（2）使用清洁高效水基钻井液；（3）实施钻井现场钻井液不落地处理工艺。以上一系列的技术举措，减少了施工环节中废弃物的产生与污染危害，同时及时清理和回收了污染物，确保了将钻井施工现场的污染减到最小。

3.3.2 苏里格南国际合作区钻井现场钻井液不落地处理工艺

废物管理是清洁化生产的主要内容，苏南公司采用随钻方式对钻井废弃物进行处理，以实现钻井液不落地的目标，即在钻井过程中钻井废弃物采取实时处理。工艺内容包括钻井废水及固废处理，钻井废水主要包含在钻井施工过程中产生的废水和无法回收利用的钻井液残液；钻井固废主要包含在钻井施工过程中产生的岩屑、固体颗粒。处理分为场内处理及场外处理两部分，场内处理包括钻井液不落地收集、处理，滤液水回用配浆处理；场外处理包括滤饼外运及资源化利用。

每井组各配备一套处理设备，配备相应人员。经过处理设备处理后的产物为滤液及滤饼。其中，滤液现场二次处理大部分可回用，完井后少部分滤液拉运至污水处理厂；滤饼外运烧制砖。

3.3.2.1 钻井废弃物处理方案

钻井废弃物随钻处理系统由不落地收集单元、预分离处理单元、固液分离单元和滤液收集处理单元 4 部分组成，随钻井平台作业开始运行，随钻处理钻井过程中产生的钻井废弃物。

钻井废弃物通过螺旋输送机输送至不落地收集单元，经过振动筛进入地埋罐循环除沙，去除大颗粒岩屑，部分钻井液可进行钻井回用，废弃钻井液经过低位回收罐收集；低位回收罐同时收集钻井队 2 号钻井液罐固控设备产生的废弃物；收集系统钻井液输送至预分离处理单元，进入破胶罐加药处理，将废弃物处理成适合固液分离的浆体，最终进入固液分离单元，经过压滤机实现固液分离；固液分离产生的滤液水输送至滤液收集处理单元，经过再次处理实现回用。

固液分离后的固相滤饼通过铲车运至岩屑区临时堆放，项目施工过程中运输至外场进行资源化利用；液相滤液经过处理可实现钻井配浆回用、药剂稀释回用、振动筛冲洗回用。

（1）不落地收集单元。

钻井作业开始，不落地收集单元收集钻井平台固控设备产生的废弃钻井液，通过螺旋输送机、HGD 高频振动筛和自动恒压射流冲洗，将大颗粒岩屑从钻井液中分离出来，筛选后的液相进入低位回收罐或储备罐进行存储，由钻井平台除砂器和离心机等固控设备产生的废弃物，通过螺旋输送机将输送至低位罐。

（2）预分离处理单元。

收集单元低位回收罐及储备罐中的钻井废弃物输送到破胶罐，进行加药、脱稳、破胶和絮凝，使废弃钻井液形成适合于固液分离的浆体，输送至固液分离单元。预分离处理单元工艺流程如图 3.22 所示。

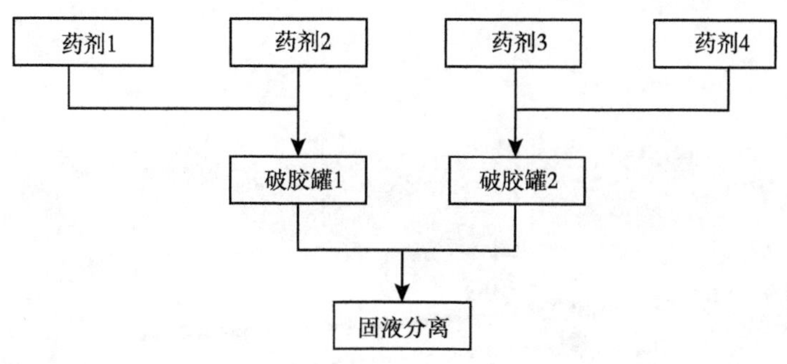

图 3.22　预分离处理单元工艺流程图

（3）固液分离单元。

通过压滤机进料泵将破胶后的浆体送入固液分离机内，经固液分离成滤饼和滤液水，将滤饼运送至岩屑区临时存放，并及时运至场外进行资源化利用；滤液水存放于滤液罐，经过进一步处理，可实现钻井队现场回用，节约钻井用水资源。固液分离单元工艺流程如图 3.23 所示。

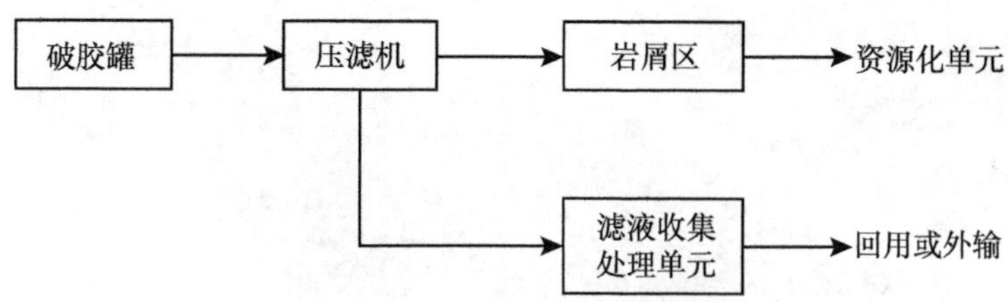

图 3.23　固液分离单元工艺流程图

（4）滤液收集处理单元。

滤液水经过进一步加药处理，可实现钻井配浆、振动筛冲洗、药剂稀释回用，节约钻井水资源的使用，实现污水零排放，符合环保要求。滤液收集处理如图 3.24 至图 3.26 所示。

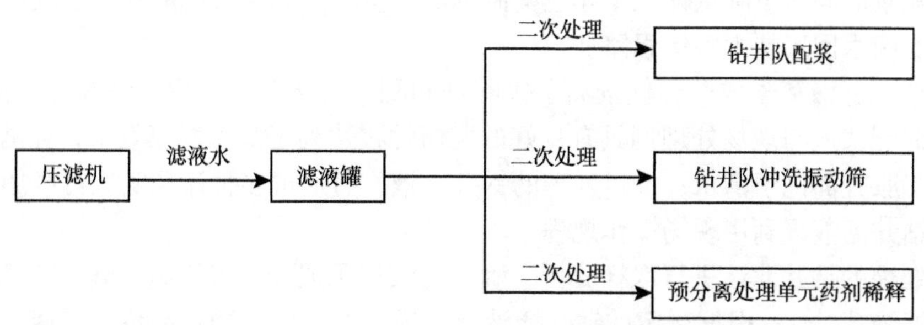

图 3.24　滤液收集处理单元工艺流程图

图 3.25　滤饼临时堆放区

图 3.26　滤液水存储罐

3.3.2.2　滤液水回用技术方案

滤液水回用技术实现了对废弃钻井液滤液的回收再利用，有效解决了废弃钻井液排放带来的环保隐患，同时降低了对钻井配浆清水使用的需求，对水资源缺乏地区钻井具有重大意义。由于钻井滤液中保留了原钻井液中部分处理剂成分，其抑制性明显优于清水，在替代清水配浆的同时可降低体系中相应抑制剂的加量，从而实现滤液水重复利用目标。

（1）滤液水回用技术整体思路。

针对钻井滤液离子成分，优选离子去除剂和配浆转化剂，实现了钻井滤液的再利用。研究形成的配浆液与现场处理剂具有良好的配伍性，达到了清水配浆效果，在滤失控制和抑制黏土膨胀方面优于清水；经过处理的钻井滤液，可通过多种途径实现再利用。

（2）钻井滤液再利用现场操作规程。

对待处理的钻井滤液进行取样分析，确定滤液离子成分（可用离子滴定或离子分析仪确定钻井滤液成分）；根据测定的钻井滤液离子成分及浓度，确定高价金属离子去除剂及其加量；确定离子去除剂及其加量，对钻井滤液中的高价金属离子进行处理，并结合溶液的 pH 值控制离子去除剂的加量；去除钙离子后确保 pH 值在 8.5~9，去除镁和铁等离子后，pH 值控制在 10~10.5，确保形成的配浆液对钻井液中其他处理剂不产生影响。加入每种离

子去除剂时，确保 15~20min 的溶解反应时间，利于高价金属离子得到充分去除。待钻井滤液中高价金属离子得到充分去除后，按要求加入提高钻井滤液配浆能力的转化剂，并充分溶解 90~120min，至此已完成从钻井滤液向配浆液转化，处理后的滤液可来用来直接配浆、与稠浆混配或配制胶液维护钻井液性能。

3.3.2.3　滤饼场外处置方案

由于压滤岩屑的主要成分为地层物质以及少量钻井液成分，根据中国石油长庆油田公司《固体废物危险特性鉴别报告》分析结论，钻井固废不属于危险废弃物，因此在不影响制砖工艺的基础上，由钻井废弃物产生的滤饼可以进行土壤改良或依托已合作的乌审旗境内及与鄂托克前旗交界附近的地方砖厂进行烧制砖。具体工艺流程如图 3.27 所示。

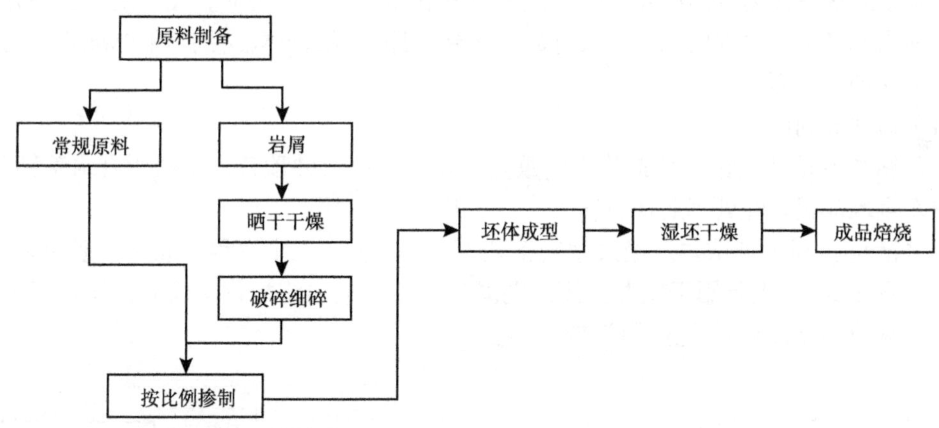

图 3.27　普通烧结砖掺制岩屑工艺流程图

（1）岩屑需经过充分晾晒、充分干燥。

（2）干燥的岩屑需经过破碎、细碎才可掺制。

（3）掺制的比例各地区不同，具体掺制比例由天华环保及合作单位根据岩屑情况实验决定。目前鄂尔多斯地区岩屑及传统原料配比固定且成品质量优。

（4）岩屑掺制的工艺与传统工艺完全一致，只是在原料准备阶段需做处理。

3.3.2.4　关键技术介绍

（1）破胶脱稳技术。

破胶脱稳技术即利用絮凝剂和助凝剂破坏钻井液稳定结构，搭起各颗粒物之间形成聚合物的桥，从而使颗粒聚集体加速沉降，形成游离水和大块絮体，使胶体脱稳、絮凝、沉淀，有利于固液分离。

（2）固液分离技术。

固液分离技术实现的关键就是隔膜压滤机在输料泵的作用下，将预处理胶液输入压滤机滤室，液体被渗析出滤布，固体就被拦截在滤室内。隔膜压滤机可以进行二次干燥压榨滤饼，降低含水率。该技术的难点是如何将钻井液固液分离并将固相含水率控制在 20% 以内，其中含水率的控制需要综合考虑破胶脱稳效果、压滤机的选型、滤布的使用及压滤时间等因素。

（3）滤液水配浆回用技术。

由于废弃钻井液经过破胶脱稳，固液分离所产生的滤液水在二开后不能直接用于配浆回用，经过与相关单位展开联合攻关，主要解决了以下两个问题：

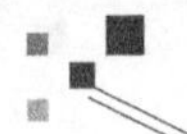

第一，根据钻井滤液成分和浓度分析结果，表明对配浆影响较大的是高价金属离子，主要是钙离子和镁离子，综合考虑对钻井液性能的影响，采用无机沉淀方法去除钻井滤液中影响滤液回用的离子，并优选离子去除剂。

第二，钻井滤液通过去离子处理后，滤液中高价金属离子已经基本得到去除，经过滤液成分分析，滤液中还存在大量的阴离子，如氯离子和硫酸根离子，这些离子的存在也将对滤液的配浆能力产生一定的影响，通过优选滤液转化剂，完成钻井滤液向配浆液的转换。

3.3.3 苏里格南国际合作区水基与非水基钻井液钻井废物处理工艺

3.3.3.1 水基钻井液钻井废物处理

水基钻井液钻井返排出的钻井液经过絮凝和脱水等工艺处理后，用于配制新钻井液不断重复利用或者由土建部门用于建设井场及修建道路；经过处理达到当地标准要求的水可用于喷洒井场和路面。

（1）钻井液利用。

水基钻井液钻井，钻井液都将不断重复利用，从一口井顶替出来的所有水基钻井液，只要未发生水泥浸，经处理后都将转入下一口井。

钻井液重新利用是钻井液经过絮凝工艺 / 脱水工艺由三个过程（混凝、絮凝和离心）分离后（图 3.28），重新用于钻井使用。混凝是向钻井液内添加化学药品，使膨润土和钻屑等胶状颗粒相互接触后粘连或胶结在一起。

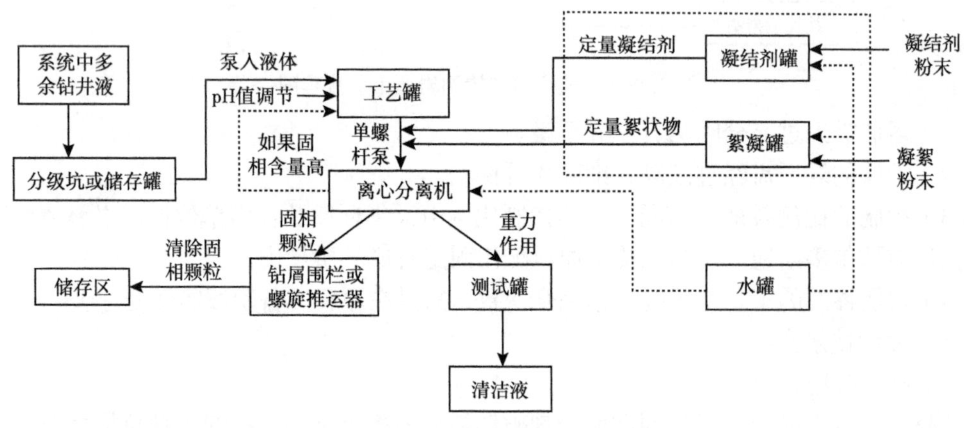

图 3.28 絮凝 / 脱水工艺流程图

絮凝是凝结颗粒的化学物理桥接或凝结颗粒的凝聚结块。絮凝使用专门设计的聚合物，聚合物附着在钻井液内的细小或极细小固相颗粒上，使固相颗粒胶结成团。与单个较细小颗粒相比，靠重力或离心分离去除成团聚集物容易得多。

使用离心分离机可以较容易地把大块淤泥状的絮凝体分离出来。分离出来的淤泥排入钻屑储罐或钻屑围栏，除去淤泥的污水返回储罐保存，作为以后的钻井用水或作为工业用水重复利用。若不用化学剂增强分离效果，离心分离机固液机械分离能力将限制在 15μm 左右。通过使用凝结剂和絮凝剂，几乎所有细小和极其细小颗粒都能被清除掉。

絮凝工艺 / 脱水工艺排出的液体或将作为混合新钻井液的基液再利用，或将由土建部门用于建设井丛和修建道路。此外，经过处理达到当地标准要求的水可用于喷洒井场和路面，以减少过往车辆和交通工具产生的粉尘。

（2）水基钻井液处理。

水基钻井液钻井产生的废液是特定区域废液的混合体（主要是冲洗液和少量溢出液）。丛式井钻井过程中，水基钻井液都将不断循环使用，为降低用水量，在现场使用脱水装置，脱水装置作为钻机工艺系统的一部分，对钻井液将进行连续处理。

脱水是用化学方法增强离心分离效果。钻井液经过振动筛、水力旋流器和离心机后紧接着进入分离工艺。高速离心机可除去 2~3μm 的微粒，经脱水系统后可除去所有胶粒。

现场脱水装置允许部分不合格液体倾倒入储罐随后处理成固体和液体。根据所用脱水工艺和化学处理方法，钻井液可以直接或在重复使用之前进一步处理。第一步产生的水一般已趋清澈，但有时仍需在循环使用前调节 pH 值。

对于 pH 值为 7.0~10.0 的典型钻井液，钻井液内的胶粒倾向于带负电，负电使微粒彼此排斥，阻止其聚集在一起形成更大粒子，这些亚微粒胶体即使使用高速离心机也难以清除。因此，要去除这些小微粒，首先必须用化学药剂处理液体使固体微粒凝聚成可以用高速离心机去除的固体。形成大而密实固相絮凝物的工艺：一是调节 pH 值由 7.0~10.0 降至 5.5 左右，降低微粒的稳定性；二是聚集微细固体物颗粒间产生吸引力；三是颗粒物聚集缠绕在一起形成大而密实的团。以上三步通过按顺序添加化学药剂来实现。

典型脱水系统包括：一个具有混合功能的收集罐，用于收集储存均质废液；若干装化学添加剂的小型储罐，带有可控给料水泵；泵将处理后的液体送进离心机；1 个包括在线混合器的管汇，液体进入离心机前在此与药充分反应；1 台高速离心机，用于分离去除固体颗粒、分离出澄清液体；1 个储存罐，盛放自离心机流出的澄清液体；若干撇油器，用于清除水相的表面浮油。

脱水工艺（图 3.29）的实现是化学药剂在管汇中按顺序与液体在线混合。

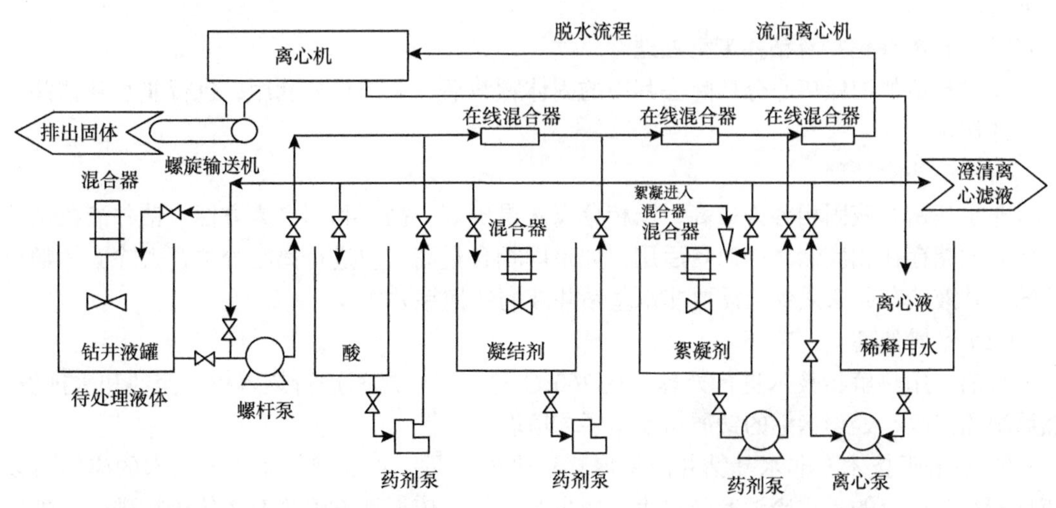

图 3.29　脱水工艺流程图

液体流经管汇时，按顺序加入适量的酸、混凝剂和絮凝剂，在管汇的在线混合其中化学药剂与液体分别发生反应，产生预期效果，形成可以利用离心力去除的较大成团固体。

液体流出管汇系统时，进入高速离心机，液体内的颗粒已聚集成较大团块，可通过离心机清除。分离后的固体排入钻屑罐，净化废液（水）在井丛完工后接受最终处理前返回体系（闭合环路工艺）或储存起来。根据需要一部分离心溢流可以回用，以满足絮凝系统稀释的需要。

液体最终处置：水基钻井液处理结束时，经分析达到当地政府标准之后，已处理过的水将喷洒到野外路面上压制来往车辆引起的粉尘。

内蒙古自治区过去没有颁布相关标准，废水处置采用 GB 8978—1996《污水综合排放标准》；鄂托克前旗颁布了钻井液和固体废物处置的规定（2007 年 7 月鄂尔多斯环保署通知），处理后的标准应满足当地要求。

处理后的钻井液，按要求需要检查的相关参数为：pH 值、含油量、挥发性酚、氨、氮、COD、硫、铅、汞和铬，这些参数符合环境标准后即可向地表排放。

（3）水基钻井液钻屑处理。

从地层中钻出的固体组分（钻屑）和水基钻井液中的固体组分（钻屑上的泥浆，脱水工艺产生的固体部分）需经无害化处理后才能再利用或者排放。在钻井过程中对照 GB 5085.3—2007《危险废物鉴别标准 浸出毒性鉴别》中重金属环境质量标准要求，进行随钻检测；若钻屑中重金属含量不超过环境标准要求，按道达尔公司 2009 版方案执行，即在振动筛钻屑槽收集钻屑，然后转移到钻屑围栏，钻屑存放在围栏中进行重力脱水，晾干后用于下一个井从铺设钻井平台，作为铺设材料用于建设钻井平台的第二层；如果重金属含量超出环境质量标准要求，应对钻屑进行固化或者稳定化处理，固化处理工艺是指将固体废物包容在结构完整的单块固体内，当固体废物固化后，化学性质和结构变化形成不能溶解的混合物，改变钻屑的性质，结果形成固体基质，防止污染物的迁移，固化后的钻屑经测试符合地方环境规定后再进行放置，也可作为土建材料，用于下一个井丛钻井平台的第二层的铺设。固化体应符合 GB 5085.3—2007《危险废物鉴别标准 浸出毒性鉴别》标准要求。

3.3.3.2 非水基钻井液钻井废物处理

非水基钻井液经离心分离除去其中的固体颗粒后，全部重复利用，进行非水基钻井液的钻井作业。

（1）钻井液处理。

非水基钻井液固相容许量高，固相分离效果更好，循环利用更为方便。钻井液在钻井液厂卸载储存在相应储罐内以备后用，如果固相含量高，应进行离心分离，去除固体颗粒后的钻井液储存起来或供给需要非水基钻井液的任何钻井作业。

（2）钻屑处理。

目前采用热解析技术进行处理。在 260°C 和 300°C 之间进行热解析，使油和水挥发，然后浓缩回收，处理达标的钻屑粉末按要求填埋。

① 热解吸技术。非水基钻井液钻屑热解吸处理是一项成熟技术，该技术的应用可以使粘着在钻屑上的贵重废油有效再生，减少废物量，依据地方法规对固体废物进行处理处置，使钻屑表面的基油含量降到当地排放标准以下。

处理过程：在 260~300°C 进行热解吸，使油和水挥发，然后浓缩回收，留下可处置的干燥清洁的固体。回收油在发回钻井液厂再次利用之前先收集到一个罐里。水则用来重新水化干燥的固体，预防灰尘产生。基于摩擦力的热解吸将钻屑上的残油含量降至体积含量的 1% 以下（一般在 0.5% 左右），同时回收油和水以重复利用。

从生化角度看，热解吸装置的主要优点在于彻底去除钻屑表面的油所需的温度低、时间短，降低了贵重基油的热降解风险。回收的基油可用来制备新非水基钻井液。从环境角度看，热解吸工艺的优势在于重复用来配制新钻井液的基油的回收程度高（图 3.30）。

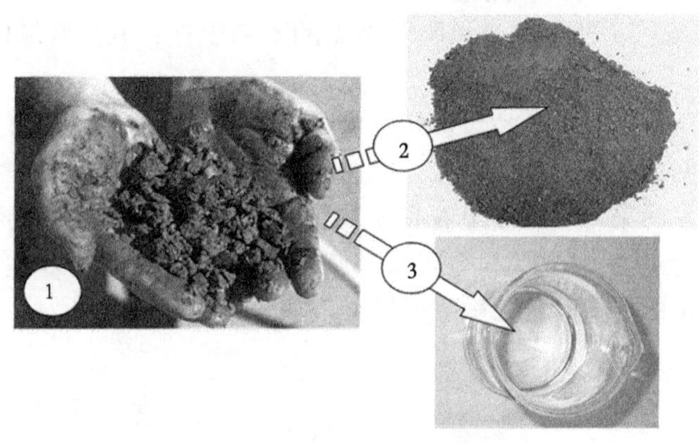

图 3.30　非水基钻井液钻屑回收处理

① 非水基钻井液钻屑；② 热解吸处理后的干燥粉末；③ 回收后的基油

② 热解吸工艺。非水基钻井液钻屑从钻井液振动筛通过输送机排入密封容器内，由卡车转运到热解吸处理厂，利用旋转铲车将密封容器清空，把钻屑倒入储存坑，钻屑和油泥先经振动筛筛选除去可能伤害设备的较大块状物，然后自储存坑被输送到进料斗，利用双活塞泵（混凝土泵）向热解析腔体输送材料。钻屑通过机械摩擦加热到 300°C，产生水、油蒸汽和清洁干燥的固体。由于固体已被粉碎，大量细微粒随蒸汽进入处理室，在进入冷凝器前，这些细微粒通过旋风分离器和灰尘分离器后被彻底清除。水和蒸汽进入蒸汽回收单元冷凝并进行两相分离。去除残余游离油后，回收水处理达标，可以用来混合新钻井液或回喷到干燥的钻屑上使之再次水化以排除粉尘，处理工艺流程如图 3.31 所示。回收的基油用于混合新钻井液之前将暂时储存，剩余的固相物质作为惰性粉排放。经处理后的钻屑粉末含油量小于 1%（一般为 0.5%）。

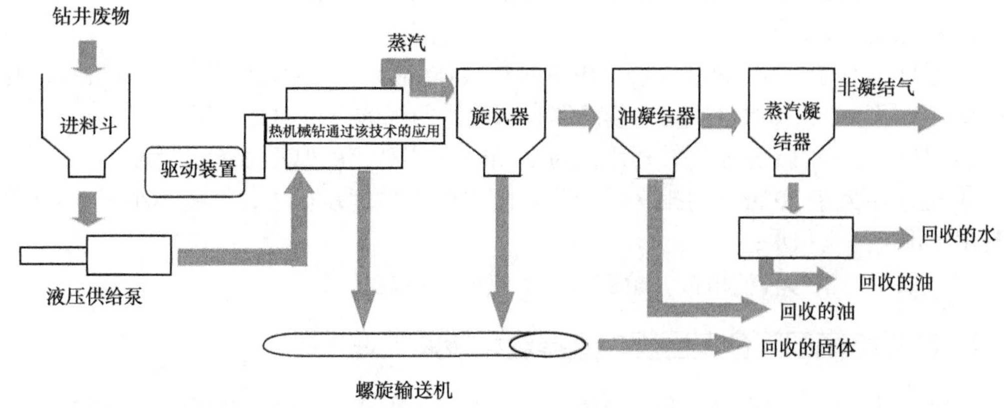

图 3.31　非水基钻井液钻屑热解吸工艺流程

（3）干燥固体的最终处置。

经热解吸工艺处理产生的干燥粉末被收集转运到指定地点掩埋。干燥的钻屑仍属于有害废物，根据 GS EP ENV 421 规定，选择有害废物填埋地点必须考虑以下情况：一是地点边界与住宅区、娱乐场所、河道、水体及其他农业或城市基地的距离，保证与住宅区的最小距离不小于0.5km；二是地表含水层、沿海水域或保护区的存在；三是该区域的地质及水文地质条件；四是水淹风险及地点的不稳定性；五是区域内的自然或文化遗产的保护。

在有地表含水层的条件下，垃圾填埋位置应高于潜水面，填埋结构应避免与潜水面和矿物遮挡层底部之间的地层发生任何接处。选择填埋位置和设计掩埋方案必须满足预防土壤、地下水或地表水污染，保证浸出液有效回收，通过使用地理遮挡层和使用底部垫层在作业阶段实现保护土壤、地下水和地表水，使用遮挡层和顶部垫层在关闭阶段实现对土壤、地下水和地表水的保护。荒芜敏感区标准填埋设计如图 3.32 所示。

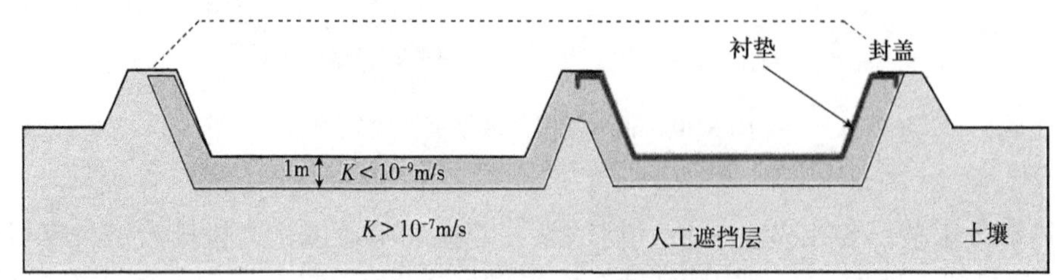

图 3.32　荒芜敏感区标准填埋设计

K—渗透系数

地质遮挡层应能够长期防止污染土壤和地下水，当地质遮挡层的天然条件不能满足要求时，应选择人工方法加以完善，人工地质遮挡层的厚度不小于 1m。

填埋场的地基和侧部需满足导水性和厚度需求的矿物层。

土工膜或替代性方案应具有不可渗透、与储存废物的化学和机械性一致的特点。铺设垫层应尽可能限制张力和压力，尤其是放入废物后的张力和压力。

焊接高密度聚乙烯（HDPE，高密度指大于 1.5mm）因其强度和其对浸出液的抗腐蚀能力，成为目前使用最普遍的垃圾填埋底层垫层系统的土工膜。

封盖须满足以下条件：

① 厚度不小于 0.3m 的排气层，用于收集气体和沼气，透水性应大于 10^{-4}m/s；封盖上的排气孔用于排出由含油或可生物降解废物产生的气体；

② 厚度为 1m 的不透水层，透水性为 10^{-9}m/s，用高密度聚乙烯垫层覆盖；

③ 透水性大于 10^{-4}m/s 的排水层能防止雨水渗入填埋垃圾中，厚度不小于 0.3m 的排水沟用于排出降雨积水；

④ 表层土应能够种植植被，植被的根不应损害不透水层。

3.3.4　苏里格南国际合作区压裂返排液和废液处理

一般情况下，压裂返排液和废弃的水基钻井液（废液）排放在井场钻井液池中。在传统方案中，压裂返排液采取自然蒸发方式处理。但是根据以前长庆油田在苏里格废液现场处理的实际情况，采用自然蒸发的方式难以实现压裂返排液的有效处理。

3.3.4.1　压裂返排液不落地工艺

苏南项目压裂返排液处理流程如图 3.33 所示。

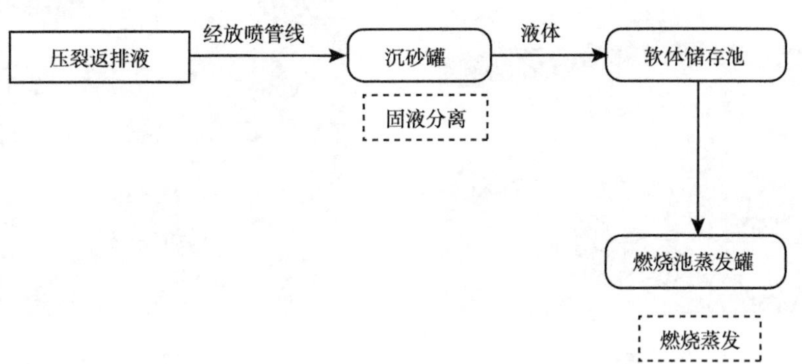

图 3.33　压裂返排液处理基本流程

在放喷初期，井内返排流体为含有较多陶粒的液体，进入沉砂罐内实现固液分离。分离出的液体进入软体储存池。利用 $60m^3$ 罐和沉砂罐组合形成高架式沉砂罐，然后通过罐体自带的双出口，使液体自高向低，自动排入软体储存池，固体沉积在沉砂罐内。当井丛试气结束后进行清砂。苏南丛式井每个井场目前为 9 口或 11 口井，设计采用的 2 套管线和两个沉砂罐（图 3.34 和图 3.35），完全满足了整个井丛完井周期。放喷至有气体返出时，返排流程进入燃烧坑（未安装燃烧蒸发罐）进行点火；未能燃烧掉的液体流回收集池，转至软体储存池（图 3.36）；放喷中后期，返排出大量气体，返排流程进入燃烧蒸发罐，同时开始将软体存储池的液体转至燃烧蒸发罐，进行燃烧蒸发（图 3.37），实现返排液处理。为此设计的燃烧蒸发罐不仅使简易的沉降分离除砂工艺可以推广使用，更重要的是避免了对液体的直接燃烧而产生固体烟尘以及液体喷溅污染，并且其整体的设计最终实现了满足苏南丛式井液体的蒸发要求。

图 3.34　沉砂罐

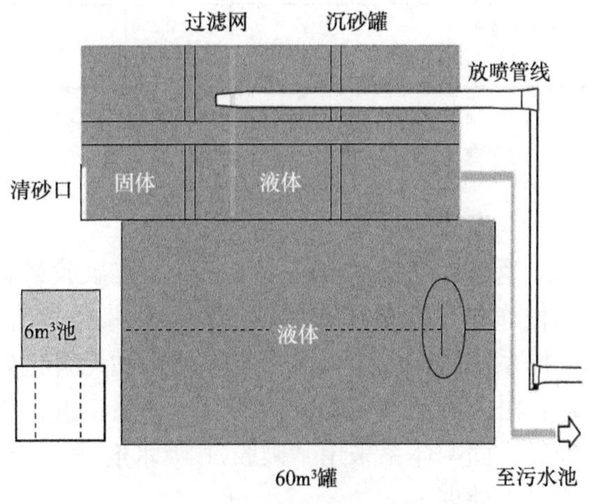

图 3.35　沉砂罐内部结构示意图

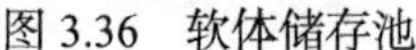

图 3.36　软体储存池

图 3.37　燃烧池蒸发罐

自 2015 年压裂返排液处理工艺实施以来，苏南现场总共处理了 14 个井丛的压裂返排液，通过燃烧蒸发，达到了 100% 的清洁化处理。在苏南 054 井丛采集压裂返排液蒸发气体、废水和废渣。由专业环境检测公司进行检测，参考相关标准进行分类分析，形成监测报告，各项监测符合参考限值，达到环保要求。表 3.13 为苏南项目 2016 年压裂返排液处理情况。

表 3.13　苏南项目 2016 年压裂返排液处理效率

井丛	苏南 0054	苏南 0015	苏南 0012	苏南 0039	苏南 0043	苏南 0082	苏南 0019	苏南 0007	苏南 0029	苏南 0139
井数（口）	9	9	9	14	14	8	9	8	11	9
回收液量（m^3）	2125	2540	2156	4293	5133	2380	2970	3020	3040	2353
蒸发液量（m^3）	2125	2540	2156	4293	5133	2380	2970	3020	3040	2353
平均蒸发效率（m^3/d）	142	145	144	195	190	208	201	194	178	263

注：（1）所有井场均在排液测试完井周期内蒸发处理完毕。
（2）蒸发效率取的是蒸发稳定阶段。

3.3.4.2　废液处理

对返排在废液池中较长时间内不能破胶或者破胶不充分压裂液，同时井场废液池中还有其他作业过程中排放的废物如被污染的废弃的泥浆、酸化废液等，这些混合液成分复杂，体系稳定，采用自然蒸发不能达到无害化处理要求，对这类废液，建议采用以下方法处理：采用破胶剂破坏废液的稳定体系，进行固液分离；废液采用“催化氧化 + 絮凝”工艺处理；固相体系采用“破胶 + 吸水剂 + 重金属去除剂 + 稳定剂”或者固化工艺处理。

（1）处理工艺。

采用体系破胶，固液两相初步分离。

废水处理：废液池中上面大部分为废水，废水中有机物含量高，采用原位两级法处理

工艺，先在废液池中做预处理（图 3.38）：

① 小水量井场，通过“混凝 + 催化氧化 + 螯合”的三步法处理；

② 大水量井场，用水处理设备采用“混凝 + 臭氧（微波）氧化 + 活性炭吸附”处理。

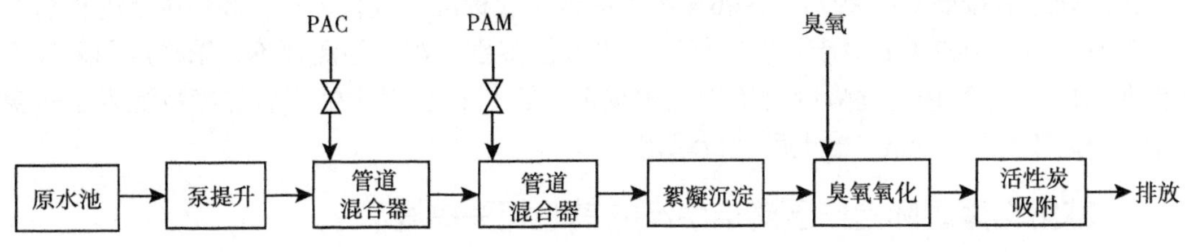

图 3.38　水处理设备工艺流程图

固相废物处理：重金属去除剂（去除重金属毒性）+ 吸水剂（吸收水分）+ 稳定剂。

（2）废液处理流程。

废液处理流程如图 3.39 所示。

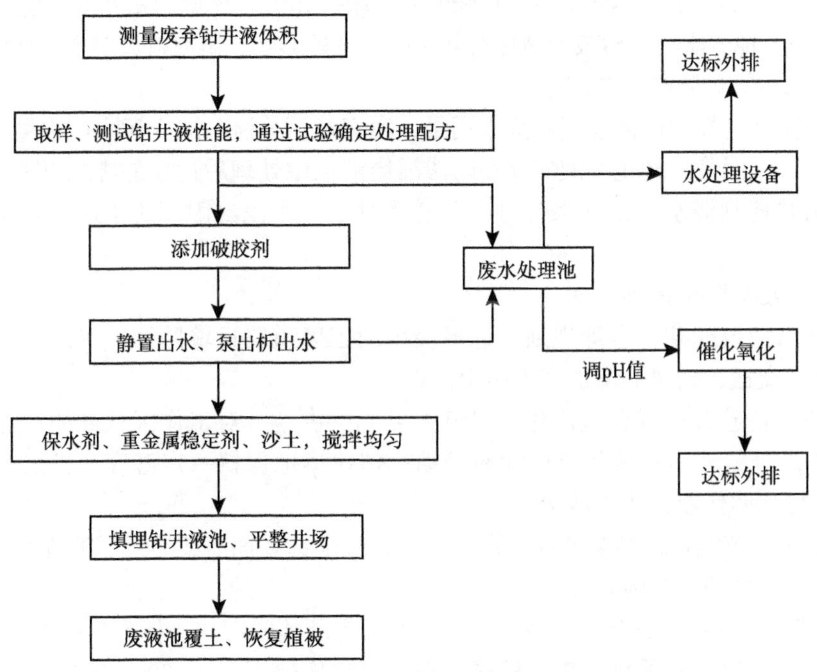

图 3.39　废液处理流程图

（3）处理步骤。

① 利用挖掘机在井场挖 1~2 个池子，铺上防渗布，转移废水；

② 向废液池中均匀投加破胶剂和重金属去除剂，用挖掘机臂杆分层分段逐步搅拌，保证药剂和废弃钻井液能够充分混合；

③ 充分搅拌至废弃钻井液完全破胶后停止，静置 2h，观察废液的出水情况；

④ 通过抽水泵将上部析出水抽至已挖好的液体处理池中；

⑤ 剩余固体物加拌 1~2 倍的沙土，添加适量的吸水剂和稳定剂，覆土 50cm，处理后

强度达到 0.4MPa 以上；

⑥ 废水处理；

⑦ 当废水和固体废弃物处理达到相应要求后，对井场进行平整和植被恢复。

废液处理后按照 GB 8978—1996《污水综合排放标准》进行评价，固体废物处理后按照 GB 5085.3—2007《危险废物鉴别标准浸出毒性鉴别》进行检测评价，采样点和采样方法按照 HJ 298—2019《危险废物鉴别技术规范》进行；在固化处理后的废液池表层覆盖土壤，厚度不少于 50cm，覆土后进行绿化。

3.3.5 苏里格南国际合作区清洁生产的其他相关措施

苏南项目开发清洁化生产主要需考虑的方面包括：(1) 废气污染。钻井期排放的大气污染物，主要为柴油发电机产生的烟气、测试作业放喷废气、事故放喷废气、工程车及运输车辆排放的尾气及扬尘。(2) 废水。钻井废水和生活污水，钻井废水主要产生于钻井过程中冲洗钻井平台和钻具等。(3) 噪声。钻井井场主要噪声源为钻井、绞车、振动筛、柴油机、柴油发电机、钻井泵，以及测试放喷或事故放喷时产生的高压气流噪声。(4) 废渣。钻井过程中的废渣主要有岩屑和废泥浆。(5) 影响水土保持和生态环境。钻井期对生态环境的影响表现为占地对地表土壤和植被的破坏对环境敏感区的影响、事故排放对生态环境的影响。

(1) 废水污染预防与控制措施。

① 在钻完井过程中严格控制新鲜水用量，实行清污分流，减少污水产生量。

② 废水、废泥浆、酸化废液储存在防渗漏废液池中处理后达标外排或再利用。

③ 在钻井遇到浅水层或含水带时，下套管时注入水泥封固，防止地下水层被钻井液污染。

(2) 大气污染防治措施。

① 在气田建设初期，合理规划、选择最短的工区道路运输路线，尽量利用现有公路网络，防止因交通运输量的增加产生扬尘污染。

② 钻井设备放置进行合理优化，尽最大可能少占地，对工作区域外的沙地严禁车辆和人员进入，避免破坏植被和造成沙地松动；作业场地保持一定湿度，进出车辆严格限速，装卸器材文明作业，防止沙尘飞扬。

③ 尽量采用节能环保型柴油动力系列设备，减少钻井期间柴油机燃油废气。

(3) 噪声污染防治措施。

噪声污染执行 GB 12348—2008《工业企业厂界环境噪声排放标准》中的Ⅱ类标准。

① 井场选择时，应尽量远离居民区；在距离村庄较近时（200m 以内），可将整个钻井泵处理系统、柴油机系列用厚实的帆布等围护屏蔽，并对钻井泵、柴油机做好减振基础和设置隔声罩，减少噪声传播，避免造成噪声污染。

② 钻井使用的柴油机安装消声装置。

③ 噪声大的设备应布置在井场主导风的下风向，办公用房或工作人员临时休息用房布置在井场主导风的上风侧。

④ 设备选用时选择低噪声设备，以降低声源声级。

(4) 生态环境保护措施。

① 控制建设工程在开发建设过程中的各种施工活动，尽量减少对生态环境的破坏，

做好植被恢复、湿地保护与水土保持工作。

② 施工期间尽量做到废气达标排放、废水按要求零排放，场界噪声达标，固体废弃物得到合理利用及无害化处置。

③ 开采区域空气质量、地表水质量、地下水质量基本维持现有水平；将工程对生态环境的不利影响减到最小并控制在小范围固定区域内，使受影响区域的整体生态环境无明显破坏。

④ 选择合理的施工进度，在水土流失量大的高陡坡区段安排在当地少雨季节施工。雨季施工时，尽量减少已开挖管的暴露时间，及时开挖、管道及时组装焊接、管沟及时回填，恢复植被。

⑤ 尽量缩短施工工期，划定施工作业范围和路线，不随意扩大，按规定进行操作；严格控制和管理运行车辆及重型机械施工作业范围，严禁施工材料乱堆乱放，划定适宜的堆料场，以防对植物的破坏范围扩大。

⑥ 钻井作业结束后，根据井场周围植被的情况采取相应的植被恢复措施，对所有的临时占地进行地貌和植被恢复，根据当地生态恢复的经验、植物生长季节和气象条件进行。当工程结束时，若恰逢雨季或播种季节，应立即种植苗木或种子，随后再建草方格等进行固沙；若施工季为秋冬季，则首先采取固沙措施，来年再种植灌木等。

（5）事故污染预防措施。

为了减少事故（井喷、漏气、溢溅等）对环境的污染，应采取以下措施：

① 所有装置的设计都要能避免泄漏风险。

② 在现场开始任何高风险作业之前，都要完成初步的风险评估。

③ 规定需要放置在现场的预防溢溅应对设备，以便在装置上分配出足够的存放空间。

④ 在现场开始进行任何工作之前，要具有行动方案（给出应急的初始反应程序）、要有警示图表和决策树、详细的行动计划等。

⑤ 对勘探开发的环境风险进行识别，采取环境风险防范措施，编制突发环境事件应急预案并定期进行演练。

（6）非水基钻井液污染预防措施。

① 钻机要配备完全不漏水的钻台和有效的封闭回路系统，以便优化钻井液的再循环并减少损失。

② 钻台应密封并具有排液系统，针对非水基钻井液应特别注意保护环境。

③ 钻井液中不允许使用柴油。

④ 基液中的芳烃类的质量分数应小于 3%。

⑤ 钻井液应该收集并引入处理系统。

⑥ 将非水基钻井液钻屑在环境中处理或回注之前，应该进行处理。

3.3.6　苏里格南国际合作区清洁化生产的效果

苏南项目施工现场板框压滤工艺通过化学及物理方式，使废弃钻井液彻底固液分离，转化为滤饼与滤液。滤饼干燥坚硬，含水率控制在 20% 以内，易于存放。滤液澄清，经处理后可在钻井现场回用配置钻井液，回用率 90% 以上。废弃钻井液处理过程中，不添加任何固化剂，固体废弃物总量无增加，可用于制砖或铺垫井场等资源化再利用。该系统设备采用模块化设计，现场布局灵活，可根据钻井队设备摆放位置、现场空间大小进行灵活调配，合理布局，满足不同地形钻井需要。

为实现钻井液不落地现场标准化，清洁化作业现场岩屑区采用红砖砌墙，地面硬化处理，经过压滤机处理后产生的岩屑运送至岩屑区进行临时存放，并及时外运处理，做到工完料尽场地清。临时存放过程中，使用防渗膜进行遮盖，防止出现"跑冒滴漏"现象。经过压滤机处理产生的岩屑，经过烧砖实验，成品砖经过检测合格，可作为砖厂烧砖原材料。处理结果获得油田公司及当地环保局认可，目前是唯一取得鄂尔多斯及乌审旗环保局岩屑资源化利用批复的钻井废弃物处理公司。压滤机处理产生的滤液水，经现场二次处理，可实现清洁化生产配药、钻井队配浆回用。钻井过程中滤液可实现回用，完井无法回用的滤液拉运至当地污水处理厂进行处理。

2018 年该套工艺在现场全面推广，应用效果明显，实现了绿色生产的目标。当地环保部门为绿色钻井既画"红线"又开"绿灯"，以前让人发愁的钻屑处置终于有了"好去处"。随着钻屑走向"绿色通道"，企业开展绿色勘探的最后一公里终于畅通，真正形成了"源头不染色、中间不落地、末段回收处理"的清洁生产模式，保护西部地区秀美山川的措施更多、运行更畅、效果更好。

近年来，公司从机关到基层，坚定不移扩大绿色勘探和清洁生产规模，追求社会环保效益最大化，努力为节能减排做贡献。严防钻屑、钻井液落地污染的"不落地"一体化主体设备率先落地保护大草原，带动钻井队提高了钻井效率，大量处理岩屑、节约用水和节约可复耕土地面积。工厂化钻井开启"静音模式"，一支支钻井队完成"绿色动能"转换，"电代油"项目初见成效，节约了用电、用柴油，减少了有害气体排放。大力推行"依靠科技进步，促进节能减排"的绿色试油施工，有效遏制废液外逸污染，实现返排液回收利用，成功研发的气控密闭抽汲防喷盒、密闭抽汲罐和抽汲防护伞等密闭抽汲环保工艺深受欢迎。

在苏南气田，每开钻一口井都要上一套钻井液和钻屑不落地设备，严防"三废"污染环境。钻井液不落地配套工艺和运行方案先后在气田钻井现场逐步落地，实现钻井液减量和钻屑减少。

西部地区干旱缺水，钻井作业和压裂酸化需要大量的水和液体。大液量施工、大返排量的生产模式与环境之间的矛盾成为制约绿色清洁化发展的最大瓶颈。苏南公司从钻井液和压裂液等源头清洁控制入手，利用环保成熟技术，创新攻克关键技术，实行总量控制、排量减少、用量提升"三措并举"，使油基钻井液和压裂返排液重复利用率大幅提升。同时，先进的密闭安全抽汲排液工艺解决了低压油气井的排液环保难题，整体技术达到国内领先水平。不仅降低了水资源成本，还提高了生产效率，保护了环境。

第 4 章　苏里格南国际合作区试气技术与工艺

苏南项目根据储层特性，不断改进储层压裂技术与工艺，渐进提升气井压裂效率和气井产出，确保了气井的高产和安全生产。同时，苏南项目采用先进的压裂试气一体化施工技术与工艺，实现了压裂试气过程的规模化、集约化。试气是一个具有多环节和多流程的复杂工艺过程，本章将围绕苏南项目试气作业过程中的压裂、完井和快速求产三个重要环节进行介绍和总结。

4.1　试气概述

试气是对气井进行定性评价的重要手段，主要目的是取得地层油气资料，并根据资料对地层进行定性评价。井下作业试气是油气田开发过程中的重要工序，是利用井下作业专用的设备和相关技术措施，降低井内液柱的压力，诱导产层中的流体进入地面，通过相关的检测技术，获得有关地层内的流体产量、压力、温度、流体性质和地层参数等资料，从而预估或者确定气田的工业价值和油气储量，便于合理利用和开发油气田的一种工艺过程。

4.1.1　试气的目的与任务

气井产能判定需要通过一定的测试技术和数据分析得出相关的产量结论。试气工艺的成败关系到油气的开采和产出。试气是认识气层的基本手段，是评价气层的关键环节，是对油层、气层和水层做出定性的判断。井下作业试气的主要目的及任务包括：勘探油气新区和地质构造中是否含有油气流，便于工业化开采；勘探油气田的含油气面积，确定油气田中的油水或气水边界，判断油气田的产油气能力高低，区分油气田的驱动类型；验证油气田储备油气的预测情况，同时进行相应的测井解释，保证相关数据的准确性，避免盲目地进行油气开采；获取各分层的测试资料及流体性质，为计算产层油气储量和制作开发方案提供科学依据。

4.1.2　试气技术的具体操作

井下作业试气技术是一个复杂的过程，要经过设备安装、通洗井、射孔操作、气井的酸化和压裂、气井排液、测压求产和完井等 7 个步骤，才能完成井下作业试气工艺。

（1）设备安装。

作为井下作业试气技术的重要工具，试气专业设备是确保试气成败的关键。因而，要保证试气设备的安装到位，完整无缺，才能正常实施井下作业试气工作。由于这些设备运到油气田的过程中，需要经历搬迁、移动和搁置等操作，很容易给设备造成损坏，因而必须对这些设备采取保护措施，落实好运输车次，规划好运输路线。在安装的过程中，要按照井口的基础坑、前绷绳坑和后规格绷绳坑等相关规定，运用混凝土浇灌固定这些设备，防止设备倒塌造成不必要的损失。

（2）通洗井。

通洗井是井下作业试气的重点部分。通井一般是按照下通井规通井的标准进行，通井规的外径一般小于套管内径 6~8mm，大端长度一般要求不小于 0.5mm，通井的标准一般是要通至射孔油层底界以下 50m，新井要通至人工井底。压井的目的是防止井喷现象的发生，主要是把井下油层压住，使其在射孔或作业时不发生井喷。压井的时候，还要注意若压井液密度过大，或压井液大量漏出油层，少则影响油层的正常生产，延长排液时间，严重者会把油层堵死，致使油层不出油。所以，压井时要严格控制压井液密度，常用的压井方法主要有灌注法、循环法和挤压法三种。洗井是指运用洗井液对井壁和井底进行冲洗，把脏物带出地面，保证井筒和井底的清洁，洗井方式目前通常采用正循环洗井和反循环洗井两种。正循环洗井的冲洗能力强，可以冲开井底脏物和沉砂，但是携带脏物能力较弱和上返速度较慢，而反循环洗井正好相反。

（3）射孔操作。

射孔操作主要是为了疏通通道，确保井筒与地层之间的流体流通，射孔的压力分为正压射孔和负压射孔，射孔方式有普通射孔、过油管弹射孔和无电缆射孔。射孔操作是用电缆或油管将专门的井下射孔器送入套管内，射穿套管及管外水泥环，并穿进地层。射孔的时候要密切注意射孔的深度和层位，防止出现井喷现象。

（4）气井的酸化和压裂。

气井的酸化以设计的规范为标准，酸化的顺序为连接压管线、试压、洗井、低压替酸、坐封、顶替和关井等操作，控制下钻的速度在 8m/min 左右，同时防止损坏封隔器。气井压裂采用水力压裂的方式，是油气田增产的主要的方式方法。

（5）气井排液。

为了降低井内液柱高度和减小井内液体密度，在油层与井底之间形成压差，使油气从油层流入井内，采用气井排液的方式，保证求产、测压、取样等测试工作正常进行。

（6）测试求产和完井。

当气井排液的操作完成之后，进口的压力上升小于 0.05MPa ，就可以进行测试求产。根据地层的物性、量产求产时间、进口的产量和关井恢复时间等决定是否测流压。当进内不再出液，视为合格排液，关井并恢复压力，进行完井工作。

4.2　苏里格南国际合作区试气压裂技术

苏南项目是典型的“三低”（低渗透、低产、低丰度）气田，压裂改造作为低渗透致密气藏的有效开发手段得到了广泛的现场应用。在苏南项目的储层压裂改造中，结合苏南项目自身开发特点与“三低”储层开发战略，采用了 50.8mm（2in）枪身的小井眼深穿透射孔，低伤害清洁压裂液体系，中密高强的支撑剂，TAP 阀投球连续分压，连续在线混配等特色工艺。通过苏南项目特有的压裂改造模式，成功实现了 27~36 天完成一个标准井丛的压裂及排液，单井在无液氮伴注情况下，压后返排率达到 100%。苏南项目形成了特有

的储层改造技术，集小井眼深穿透射孔、高效清洁压裂液、中密高强支撑剂、在线连续混配、TAP 投球连续压裂，大井丛工厂化压裂返排的工作模式下，工作效率高，为苏南项目高效开发奠定了基础。

4.2.1　前期气层改造实施情况

苏里格气田勘探始于 1999 年，2001 年底落实了苏南项目块天然气储量。自 1991—2009 年，苏南项目区块内共进行了 29 层次试气作业：

（1）马家沟组，7 次试气（城川 1、陕 53、陕 56、陕 188），全部产水。

（2）山$_2$段，3 次试气（陕 188、苏 23、苏 19），日产气 0.7×10^4~$4.1\times10^4m^3$。

（3）山$_1$段，7 次试气（陕 53、陕 56、苏 1、苏 3），日产气 6.2×10^4~$10\times10^4m^3$。

（4）盒$_8$段，7 次试气（苏 1、苏 22、苏 23、苏 24、桃 6、苏南 1），日产气 3.3×10^4~$7.6\times10^4m^3$。

（5）合层开采（盒$_7$段、盒$_8$段、山$_1$段 / 山$_2$段），7 次试气（陕 53、苏南 2、苏南 3、苏南 4），日产气 4.8×10^4~$21\times10^4m^3$。

4.2.1.1　2006 年以前勘探期间气层改造实施情况

1991 年完钻了区域探井城川 1 井，井深 4500m，发现奥陶系储层为干层，测井显示二叠系碎屑岩储层为含气层。1992—1993 年完钻了陕 53 井、陕 56 井和陕 188 井三口探井，奥陶系试气为含水层，次要目的层二叠系在陕 188 井（1991/1992）和陕 56 井（1992）获工业气流。

1999—2001 年勘探期间，在苏南项目区块完钻了 8 口井（苏 1 井、苏 3 井、苏 19 井、苏 22 井、苏 23 井、苏 24 井、苏 30 井、桃 6 井）。

2001 年底，长庆向中石油提交了苏南盒$_8$段和山$_1$段天然气探明储量 $1025.85\times10^8m^3$（叠合含气面积 758km^2，区块面积 2392km^2），并在 2003 年得到全国矿产储量委员会的批准。

至 2001 年底，苏南项目区块共完钻井 12 口，其中上古生界主力气层段盒$_8$段、山$_1$段和山$_2$段，完试井 10 口，均获工业气流。2009 年长庆对陕 53 井二叠系进行了重上试气，在盒$_7$段、盒$_8$段和山$_1$段获得工业气流。苏南项目 11 口井测试结果见表 4.1。

表 4.1　苏南项目区块前期上古压裂改造井情况表

井号	层位	厚度（m）	岩心分析参数			施工参数			
			渗透率（mD）	视孔隙度（%）	视气饱和度（%）	砂量（m^3）	砂比（%）	排量（m^3/min）	无阻流量（$10^4m^3/d$）
苏 30	盒$_{8上}$亚段	7.7	0.48	9.9	71.0	34	21.7	2.64	0.0125（井口）
	盒$_{8下}$亚段	3.9	0.229	7.7	68.9	9	27.4	2.65	4.5932
苏 22	盒$_8$段	6.2	0.415	12.20	70.97	40	21.29	4.17	5.0024
苏 23	盒$_8$段	3.5	1.44	13.43	62.70	45.5	30.7	2.536	6.7833
苏 24	盒$_8$段	7.9	0.26	9.29	54.24	45	27.6	2.55	4.1763
苏 3	山$_1$段	10.1	0.432	9.32	50.9	31.5	25.49	2.234	11.5902

续表

井号	层位	厚度（m）	岩心分析参数			施工参数			
			渗透率（mD）	视孔隙度(%)	视气饱和度（%）	砂量（m^3）	砂比（%）	排量（m^3/min）	无阻流量（10^4m^3/d）
苏 1	盒$_8$段	6.4	0.13	7.84	53.36	28.6	21.4	2.5	5.9800（井口）
桃 6	盒$_8$段	8.9	2.08	12.13	61.23	28	23	2.248	9.4928
陕 56	山$_1$段	7.4	—	6.59	52.51	20	18.6	2.141	8.6428
苏 19	山$_2$段	3.4	—	—	—	10	20.6	2.0	4.2906
陕188	山西组	3.9	—	—	—	13	17.9	1.9	4.1306
陕 53	山$_1$段	5.3	—	—	—	21.4	26.42	2.2-2.4	6.2307
	盒$_7$段	5.4	—	—	—	21.5	25.6	2.4	6.3414
	盒$_8$段	3.0	—	—	—	28.45	28.45	2.2	

4.2.1.2　2006—2008 年评价期间气层改造实施情况

2006 年 5 月合同生效后，道达尔石油公司开始了苏南项目区块 27 个月的评价。2007—2008 年钻评价井 4 口（苏南 1 井、苏南 2 井、苏南 4 井、苏南 3 井；只对苏南 1 井取心），并进行了试气和长期生产测试。同时，对苏 3 井、苏 24 井、陕 56 井及桃 6 井等 4 口老井重新进行试气，对邻近的苏 14 区块苏 14-19-33 井进行了压裂和生产测试。

2009 年长庆油田公司通过老井复查，在陕 53 井盒$_8$段和山$_1$段试气分别获得日产气 $6.3414\times10^4m^3$ 和 $6.2307\times10^4m^3$。

截至 2009 年底，苏南项目共计完钻井 16 口（探井 12 口、评价井 4 口），已完试井 15 口（探井 11 口、评价井 4 口）。表 4.2 为苏南项目所有井的试气总结。

表 4.2　苏南项目区块试气总结

井号	作业方	日期	层位	气层厚度（m）	孔隙度（%）	射孔段（m）	井口气量（m^3/d）	井口水量（m^3/d）	测试时间（h）
城川 1	长庆油田	1994 年 7 月	马五	4.4	6.5	3635~3640	0	22	15
		1994 年 11 月					15	169.2	—
陕 188	长庆油田	1994 年 4 月	马五	11.2	3.6	3507~3569	5	1.7	11
		1994 年 6 月	山$_2$	3.9	10.7	3386~3390	41306	0.5	107
陕 53	长庆油田	1991 年 12 月	马五	7.2	4.9	3595~3649	0	3.7	12
		1992 年 9 月	马五	7.2	4.9	3594~3633	80	9.9	62
		2009 年 3 月	山$_1$	5.3	11	3511~3514	62307	0	65
		2009 年 6 月	盒$_8$	3	12.3	3438~3440	63414	0	72
		2009 年 6 月	盒$_7$	5.4	12.6	3402~3405			

续表

井号	作业方	日期	层位	气层厚度（m）	孔隙度（%）	射孔段（m）	井口气量（m^3/d）	井口水量（m^3/d）	测试时间（h）
陕 56	长庆油田	1992 年 5 月	马五			3829~4010	0	19.8	12
		1992 年 8 月	马五	5.7		3492~3955	0	42.7	5
		1992 年 9 月	山 $_1$	7.4	6.6	3714~3722	2732	0.9	8
		1992 年 10 月	山 $_1$	7.4	6.6	3714~3722	65873	—	71
		1998 年 10 月	山 $_1$	7.4	6.6	3714~3722	76783	—	39
	道达尔石油公司	2007 年 6 月	山 $_1$	7.4	6.6	3714~3722	93000	—	72
苏 1	长庆油田	2000 年 3 月	山 $_1$	7.5	7.4	3658~3662	27263	1.5	73
		2000 年 4 月	盒 $_8$	6.4	5.1	3550~3559	59800	0.6	73
苏 3	长庆油田	2001 年 4 月	山 $_1$	10.1	8.7	3604~3610	89160	—	74
	道达尔石油公司	2007 年 5 月	山 $_1$	10.1	8.7	3604~3610	100331	0.2	72
苏 19	长庆油田	2001 年 7 月	山 $_2$	3.4	7.5	3469~3471	40895	—	67
苏 22	长庆油田	2001 年 10 月	盒 $_8$	6.2	14.4	3524~3528	33440	—	69
苏 23	长庆油田	2001 年 8 月	山 $_2$	7.7	7.5	3507~3512	7056	—	68
		2001 年 10 月	盒 $_8$	8.2	12	3433~3438	53850	0.1	67
苏 24	长庆油田	2001 年 11 月	盒 $_8$	5.6	10.5	3407~3420	40913	—	75
	道达尔石油公司	2009 年 5 月	盒 $_8$	5.6	10.5	3407~3420	67000	—	72
桃 6	长庆油田	2000 年 7 月	盒 $_8$	8.9	10.4	3362~3365	71104	—	80
	道达尔石油公司	2009 年 7 月	盒 $_8$	8.9	10.4	3362~3365	75494	—	72
苏南 1	道达尔石油公司	2007 年 11 月	盒 $_8$	5.4	8.6	3550~3551	65368	0.6	72
苏南 2	道达尔石油公司	2007 年 12 月	盒 $_8$	10.7	7.7	3541~3543	54122	0.6	72
			山 $_1$	1.8	7	3569~3571	11246	—	72
			山 $_1$	3.6	3.7	3619~3620	4920	—	72
苏南 3	道达尔石油公司	2008 年 9 月	盒 $_8$	5.3	8.8	3558~3559	182384	3.7	72
			盒 $_8$	2.1	6.6	3579~3580	21207	—	72
			山 $_1$	3.4	8.6	3642~3643	8483	—	72
			山 $_1$	1.9	7.7	3663~3664	孔眼被埋	—	72
			山 $_2$	1.5	3.8	3680~3681	孔眼被埋	—	72
苏南 4	道达尔石油公司	2008 年 7 月	盒 $_8$	5.8	9.3	3527~3528	35395	0.6	72
			山 $_1$			3575~3576	13091	—	72

（1）增产效果。

在评价期阶段共实施 16 次压裂作业（苏南 1 井 2 层，苏南 2 井 3 层，苏南 3 井 5 层，苏南 4 井 2 层，苏 14-19-33 井 4 层），使用 170 万磅（435.8m^3）支撑剂，注入压裂液 2.6 万桶（4134m^3）。

主要结论如下：

试井分析表明，大多数裂缝半长在40m左右，大于50m的较少，因为裂缝垂向延伸增大限制了裂缝在水平方向上的扩展，会形成币形裂缝。

压裂作业穿过煤层时（如山$_2$段和山$_{1下}$亚段），只能得到有限的裂缝半长。裂缝梯度大于1.70MPa/100m的层段产量较低。为保证压裂改造效果，有必要加强质量控制。除了物性较差的储层，可不用连续油管进行压裂液返排。大多数压裂作业前置液百分比为45%~55%。

实施了80000~150000lb（20.6~38.7m^3）支撑剂的压裂作业，结果表明中等规模作业［＜100000lb（约26m^3）］产生的裂缝尺寸与大型压裂作业相近。

已经证实由于不能降低井筒附近的摩擦力，在苏南项目使用水力喷射射孔并结合连续油管作业效果不理想。

苏南1井、苏南2井、苏南3井 和苏南4井在2008—2009年进行了合层开采及合层压力恢复。压力恢复时进行了温度剖面测试，测试获得最小裂缝高度以辅助评价压裂效果。测试数据表明，苏南项目压裂裂缝可在垂向延伸30 m，沟通射孔段上下砂层。

（2）最大水平应力方向。

根据苏南项目新井成像测井数据计算，结合四臂井径仪测定井壁垮塌及拉伸裂缝（最大应力方向）的定向分析，得出其现今与最大水平应力方向：苏南1井N079°E ±15°方向、苏南2井N091°E ±13°方向、苏南3井N101°E ±16°方向和苏南4井N096°E ±17°方向。测试结果见表4.3至表4.5。

总体来看，苏南项目现今最大应力为东—西（±15°）方向，与南—北向主砂带垂直。苏南项目裂缝方位与苏里格气田前期地面测斜仪（测量人工裂缝方位为N105°E）及其他方法测得最大主应力方位结果比较，基本一致。

表4.3 室内岩心地应力测试结果表（古地磁及差应变）

井号	古地磁定向	标志线夹角（同Y轴）(°)	最大主应力方向
苏d井	N128.5°E	−56	N72.5°E
苏dj-af井	N239.8°E	10	N69.8°E
桃f井	N93.3°E	−12	N81.3°E

表4.4 苏南项目盒$_8$段储层最大主应力方位测井解释结果（声电成像和偶极横波测井XMAC、DSI）

井号	苏bg	苏ac	苏bj	苏af	苏ah	苏ad	平均
最大主应力方位（°）	83	107	108	107	101	99	100.8

表4.5 苏南项目探井XMAC测井各向异性分析结果表

井号		苏ab	苏ac	苏bc	苏af
石盒子组	各向异性值（%）	8	2	7	9
	快横波方位（°）	70	120	115	140
山西组	各向异性值（%）	3	1	3	3
	快横波方位（°）	85	130	135	—

（3）产气剖面测试。

苏南项目 4 口评价井中，除苏南 1 井只压裂盒 8 外，其他 3 口井均为多层压裂。苏南 2 井压裂 3 层（盒 $_8$ 段、山 $_{1上}$ 亚段和山 $_{1下}$ 亚段）；苏南 3 井压裂 5 层（盒 $_{8上}$ 亚段、盒 $_{8下}$ 亚段、山 $_{1上}$ 亚段、山 $_{1下}$ 亚段和山 $_2$ 段）；苏南 4 井压裂 2 个层（盒 $_8$ 段和山 $_1$ 段）。苏南 1 井在 2007 年压裂盒 $_8$ 段之后，2008 年对盒 $_4$ 段进行压裂。

为了解各产层产量的贡献率，进行了 3 口井产气剖面测试。苏南 2 井完成了 4 次测试评价小层产量贡献随时间变化，苏南 3 井和苏南 4 井各进行了一次剖面测试。此外，对苏里格中区苏 14 区块苏 14-19-33 井也进行了 2 次产气剖面测试。

产气剖面测试的主要目的是：

① 评价单层产能贡献（垂向储层生产剖面）。

② 评价单层产能贡献随时间的变化。

③ 确定气液界面深度及其随时间的变化。

④ 评价储层和井筒中的流体流动状态及相态分布。

产气剖面测试解释结果如下：

① 盒 $_8$ 段为主要产气层（60%~90%），山 $_1$ 段为次要产气层（10%~30%）。

② 苏 14-19-33 井山 $_2$ 段和苏南 2 井山 $_{1下}$ 亚段为次产气层，尽管测井解释渗透率很低，小于 0.01mD，但仍然可以生产。

③ 多数井最底部射孔段在试气时被支撑剂或压裂砂覆盖，这样会阻碍气体流动，得不到真实的产量测试数据和温度曲线，而这些层段可能对产量贡献很大却没有显示。如苏南 3 井，最下面两个射孔段（山 $_{1下}$ 亚段和山 $_2$ 段）被压裂砂覆盖，测试期间没有贡献。

同一口井重复剖面测试显示，较差储层段产能贡献百分比随时间增加明显增大；测试工具显示苏 14-19-33 井的盒 $_5$ 段在测试早期和晚期几乎未见产气（$<$ 1%）。

气液界面一般会上升到裂缝前端最顶部，关井期间界面会降至储层段或更深。

温度曲线说明井筒中的均匀梯度在裂缝段形状发生明显变化，所示裂缝高度为 60 m（射孔段上下各 30m）。

井筒较浅部分流体形态显示为雾流，在苏南 2 井和苏南 4 井接近储层的较深部分，可能有采出液回流现象。如果井底液体速度低，储层段的流体形态将会非常复杂。

测试井各小层产量贡献概括如下：

① 苏南 2 井。盒 $_8$ 段：77%，山 $_1$ 段：16%，山 $_2$ 段：7%。

② 苏南 3 井。盒 $_{8上}$ 亚段：86%，盒 $_{8下}$ 亚段：10%，山 $_1$ 段：4%。

③ 苏南 4 井。盒 $_8$ 段：73%，山 $_1$ 段：27%。

④ 苏 14-19-33 井。盒 $_5$ 段：0，盒 $_8$ 段：64%，山 $_1$ 段：31%，山 $_2$ 段：5%。

4.2.2　常规井储层改造工艺方案

苏里格气田为“四低”特征（低渗透、低压、低产、低丰度）大型致密砂岩气田，气井一般无自然产能，水力压裂是苏里格气田增产的最主要手段。在苏里格气田勘探评价（1999—2005 年）和规模开发（2006 年以后）期间，长庆油田公司开展了大量压裂改造技术探索，在苏里格中区已形成了以机械分层压裂、适度规模压裂、低伤害压裂液为核心的主体压裂改造技术及配套技术，截至 2009 年底，共在苏里格气田应用 3000 多口井。

2006 年 5 月至 2008 年，道达尔石油公司开始了苏南项目评价期压裂作业。以长庆油田在苏里格气田的认识和经验为基础，结合道达尔石油公司在苏南项目区块 4 口井及苏 14 区块苏 14-19-33 井压裂研究和作业经验，根据道达尔石油公司与长庆油田技术交流达成共识，形成了苏南项目气层压裂改造主体方案。

4.2.2.1 射孔工艺

苏南项目区块由于主体采用 3½ in 小井眼丛式井组开发，根据苏里格气田前期压裂试气、试采和生产实践，结合苏里格气田小井眼射孔实践（表 4.6），推荐采用如下的射孔技术参数。

表 4.6 苏里格气田前期小井眼套管射孔工艺试验数据表

区块	气层套管尺寸（in）	试验井数（口）	作业公司	射孔枪类型	枪弹型号	射孔相位（°）	孔密（孔 /m）
苏里格中区	4	8	长庆测井	无枪身	63DP23	40	16
	3½	2	长庆测井	最下层无身 上层有枪身	54DP14 60DP11	40 90	20 13
苏里格南	3½	3	斯伦贝谢	有枪身	2¼ in PowerJet	60	20

（1）电缆传输射孔方式，射孔枪采用有枪身射孔，螺旋布孔，射孔相位角 60°；射孔液采用表面活性剂 + 黏土稳定剂 + 清水。

（2）射孔厚度控制在 1m，尽量减少近井筒多裂缝和弯曲摩阻。

苏南项目勘探期间进行了 5 口井测试压裂表明，该区裂缝弯曲摩阻为 3.2~7.0MPa，平均 4.65MPa，裂缝弯曲摩阻较大，为保证加砂顺利和提高压裂成功率，采用 60° 相位射孔，可较好降低裂缝弯曲摩阻，满足区块气田气井压裂和生产要求，相关数据见表 4.7。

表 4.7 苏南项目区块测试压裂分析结果表

井号	层位	射孔方式	射孔孔眼摩阻（MPa）	弯曲摩阻（MPa）	近井筒总摩阻（MPa）
苏南 1	盒 $_8$	聚能射孔	1.2	2.03	3.23
苏南 2	盒 $_8$	水力喷射射孔	9.09	7.77	16.86
	山 $_1$	聚能射孔	0.83	1.14	1.97
	山 $_2$	聚能射孔	1.89	1.59	3.48

苏南项目区块在苏南 1 井和苏南 2 井测试压裂分析表明，采用 60° 相位角射孔 + 控制射孔厚度在 1m，弯曲摩阻较小（1.59MPa）。

由于苏南项目区块将采用小井眼丛式井组开发，与直井压裂相比，定向井受井斜和井筒方位等影响，导致压裂裂缝的起裂、形态和延伸规律更复杂，增大了压裂施工难度。根据气层段井斜情况，为尽量减少在井筒上产生多个裂缝的可能性，推荐的最佳方案是把射孔高度控制在 1m 或者以内。

（3）针对 I 类储层中，部分井砂体厚度大、气层厚度大、储层物性较好的储层，为充分发挥后期生产潜力，需优化射孔方案、适当增加射开厚度；对于多段气层合层压裂改造时，为确保各层段都能改造较充分，需要优化各层段射孔厚度。

4.2.2.2　支撑剂选择

评价期间，根据道达尔石油公司分析的闭合压力测试结果，苏里格南盒$_8$段闭合压力为 52.3~58.7MPa，平均 55MPa，试井裂缝导流能力大于 1000mD·ft（30D·cm），采用 20/40 目中强支撑剂能满足地层闭合应力条件下的所需的裂缝导流能力，如图 4.1 所示。

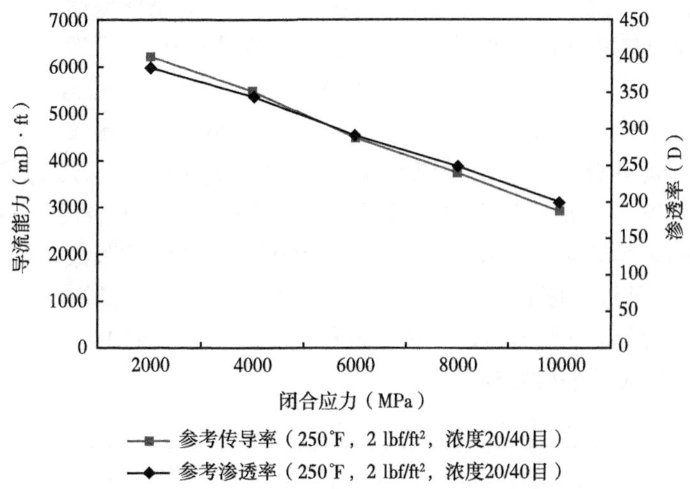

图 4.1　苏南项目不同闭合压力情况下中强度支撑剂导流能力评价结果（道达尔石油公司）

长庆油田前期研究表明：苏里格气田中区地层闭合压力为 46.8~53.1MPa，平均 50MPa，对应裂缝导流能力为 20~50D·cm。采用 API 标准试验方法对苏南项目前应用的陶粒进行了破碎率及导流能力评价，如图 4.2 所示。可以看出，20~40 目中密度高强度陶粒达到了中国石油行业标准和中国石油天然气股份有限公司补充规定的要求，三种陶粒都可以满足储层对裂缝导流能力的要求。

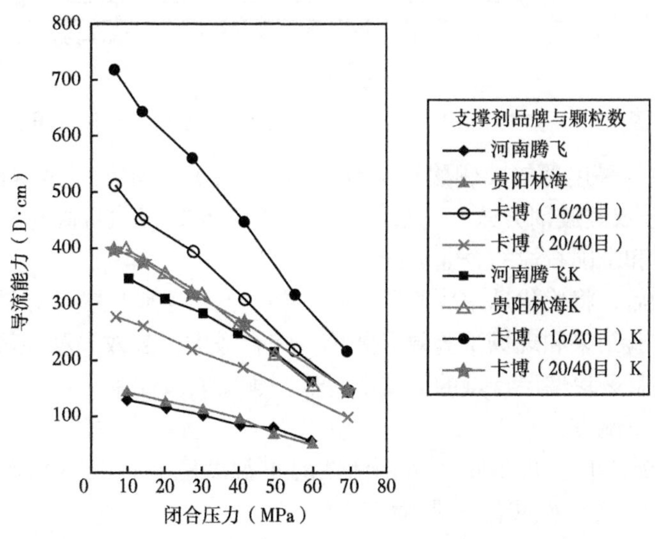

图 4.2　不同闭合压力条件下支撑剂破碎率与导流能力评价结果（长庆油田）

根据道达尔石油公司和长庆油田评价结果，选用20/40目中等强度陶粒能满足现场施工及增产工艺要求。考虑到中国本地产陶粒具有明显的价格优势，且现场组织便利，因此推荐采用20~40目中国国内供应商生产的中密度陶粒。

4.2.2.3　压裂液体系

针对苏里格储层特点，长庆油田通过大量的室内评价与现场试验，建立了适应于储层特性的低伤害羟丙基瓜尔胶基硼酸盐压裂液体系，目前在苏里格气田得到了全面应用。

道达尔石油公司评价期间，曾先后使用过羟丙基瓜尔胶基硼酸盐和瓜尔胶基硼酸盐两种压裂液体系，试井结果显示两种压裂液体系的使用效果相近，但考虑到瓜尔胶基硼酸盐体系成本较低，也能满足储层改造对压裂液的性能要求，苏南3井盒$_8$段压裂作业采用瓜尔胶基压裂液取得了较好的增产效果，因此，选择应用瓜尔胶基硼酸盐压裂液体系。

根据长庆油田前期评价，采用过硫酸盐＋胶囊组合双破胶剂方式，既能保证压裂液造缝和携砂要求，又能满足压后彻底破胶的要求。不同类型破胶剂在80℃对0.55%瓜尔胶基液黏度的影响试验结果如图4.3所示，加入0.05%过硫酸铵基液黏度迅速下降，而加入0.05%LZEN后，基液黏度在50min以前，基本与未加破胶剂基液黏度保持一致，这说明加入0.05%LZEN胶囊破胶剂与常规破胶剂相比，在高浓度时LZEN对基液的黏度影响很小，能有效延缓压裂液的破胶时间。

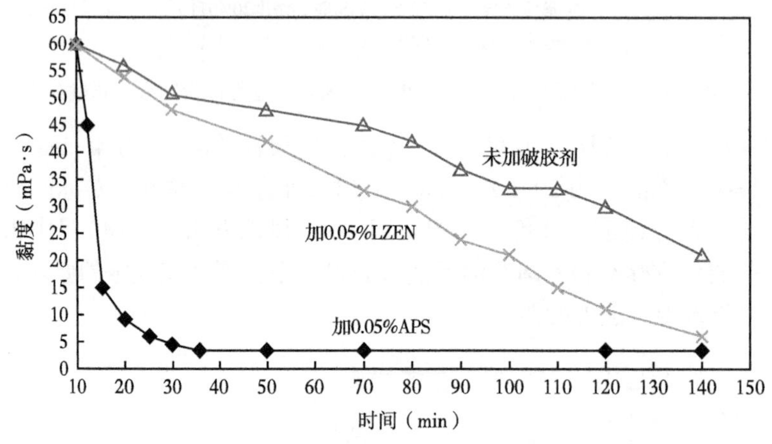

图4.3　不同类型破胶剂对瓜尔胶基液黏度的影响（长庆油田）

因此，压裂液将采用瓜尔胶硼酸盐压裂液体系（采用瓜尔胶基或羟丙基瓜尔胶），过硫酸盐＋胶囊组合双破胶剂方式。压裂添加剂、配液及施工执行高标准的质量控制（符合道达尔石油公司和中国石油的企业标准）。

苏南项目启动后，将优化瓜尔胶基压裂液或羟丙基瓜尔胶压裂液体系配方和压裂液性能，并结合室内实验结果和现场试验效果评价，综合考虑压裂效果和经济性，进一步优选出更适合于苏南项目区块储层特点的低成本、低伤害压裂液体系。

压裂液选择以下配方：

基液为瓜尔胶或羟丙基瓜尔胶＋表面活性剂＋温度稳定剂＋pH值调节剂＋杀菌剂＋黏土稳定剂＋破胶剂（过硫酸盐＋胶囊）。

交联液为有机硼交联剂。

根据苏南项目储层特点，压裂液性能基本要求：压裂液基液黏度大于 60mPa·s；耐温能力大于 100℃。

4.2.2.4　压裂施工参数

通过多年研究，建立了苏里格气田中区成熟的适度规模压裂（20~50m^3 陶粒，改造半缝长 100~150m）的储层改造施工参数模式。

道达尔石油公司评价期间进行了 5 口井 16 层次压裂作业，共使用 170×10^{4}lb（435.8m^3）支撑剂，注入压裂液 2.6×10^{4}bbl（4134m^3），单层作业平均支撑剂量 106250lb（约 27.4m^3），平均注入压裂液 2.6×10^{4}bbl（约 258m^3）。单层实际平均陶粒用量 27.4m^3，与长庆油田近两年实施用量相（约 28m^3）。

以长庆油田苏里格中区适度规模压裂储层改造施工参数式为基础，结合苏里格模压裂储层改造施工参数式为基础，结合苏南项目区块 3$^1/_2$ in 套管注入方式，苏南项目压裂施工参数见表 4.8。

表 4.8　苏南项目压裂施工推荐参数表

类型	压裂方式	支撑剂量（m^3）	排量（m^3/min）	砂比（%）
Ⅰ	单层压裂	30~40	2.6~4.5	≥ 30
Ⅱ	分层压裂	单层 20~30	2.2~4.0	≥ 28
	合层压裂	35~50	2.4~4.5	≥ 28
Ⅲ	分层压裂	单层 15~25	2.2~4.0	≥ 25
	合层压裂	30~40	2.4~4.5	≥ 25

注：若层与层之间隔层为较厚纯泥岩（≥ 6m），采用分层改造。

4.2.2.5　压裂管柱及注入方式

（1）分层压裂。

采用复合桥塞封隔，射孔枪 + 复合桥塞联作 ϕ88.9mm 套管注入多层压裂。

（2）单层（合层）压裂。

ϕ88.9mm 套管注入压裂。井深 3600m，ϕ88.9mm 套管注入排量最高可达到 4.5m^3/min，见表 4.9。

表 4.9　不同注入方式和排量压裂时井口压力预测表（3600m）

注入方式	摩阻（MPa）							井口压力（MPa）						
	2.0m^3/min	2.5m^3/min	3.0m^3/min	3.5m^3/min	4.0m^3/min	4.5m^3/min	5.0m^3/min	2.0m^3/min	2.5m^3/min	3.0m^3/min	3.5m^3/min	4.0m^3/min	4.5m^3/min	5.0m^3/min
ϕ73.02mm 油管	16.8	23.1	30.6	39.4	50.7	61.5	73.2	53.8	60.1	67.6	76.4	87.7	98.5	110.2
ϕ88.9mm 套管	7.1	11.4	14.7	20.7	24.9	29.3	37.0	44.1	48.4	51.7	57.7	61.9	66.3	74.0

4.2.2.6　层位封隔

苏南项目评价阶段，采用填砂作为层位封隔的主要原因是：

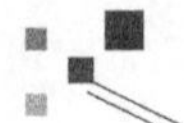

（1）在5井次以内压裂作业，填砂工艺成本低于复合桥塞。

（2）压裂作业结束后，利用连续油管很容易冲洗掉砂塞。

从实施情况看，填砂封隔工艺存在的主要缺点是作业周期长：填砂后需要等待6~8h后，才能够下入钢丝工具来确认砂塞深度；如果填砂位置不合适，需采用连续油管反复冲砂和填砂作业。

在开发阶段，为达到一天之内完成每口井2~3个层压裂，将使用比填砂工艺具有更高作业效率的复合桥塞。

压裂作业完成后，用电缆同时下入可允许液体自下而上流过的复合桥塞（图4.4）和射孔枪，桥塞的作用是将压裂层位与上部压裂层位隔开。射孔枪桥塞联作，在射孔和封堵过程中将减少电缆起下次数，节省作业时间。

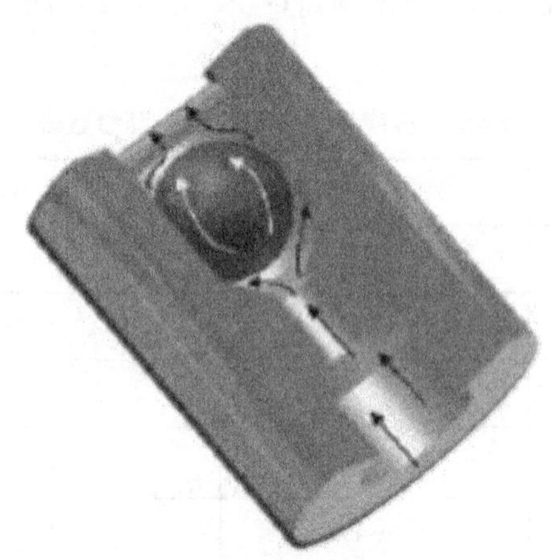

图4.4　复合桥塞示意图

目前方案是下入一个封堵塞，该封堵塞内配一个止回阀。如果层位自动返排，压裂后的连续油管排液作业可取消；若不自动返排，此桥塞可作为正常复合桥塞被洗出。

用连续油管装置和井下磨鞋及井下马达组合磨掉复合桥塞一般需要不到1h。但因为需要测试管线、下入井底、洗出支撑剂，一口井磨洗掉桥塞总共约需要24h。

4.2.2.7　排液技术

长庆油田前期通过大量的排液技术论证与现场试验，已形成了苏里格中区前置液液氮伴注—层内助排—压后定量控制放喷的配套排液技术，大大缩短了排液周期。

多年以来，长庆油田在苏里格自营区苏14和桃2区块应用该技术，通过不断优化液氮排液技术参数，总体排液效果较好，压后一次喷通率、返排率均较高，排液技术已经成熟（表4.10）。

表4.10　不同液氮排液工艺实施效果对比表（长庆油田）

工艺类型	液氮总量（m^3）	液氮排量（L/min）	返排率（%）	排液周期（d）
大规模压裂全程伴注	40.0	450.0	88.2	9.1
适度规模压裂全程伴注	12.4	150.0	85.2	4.0
适度规模压裂前置液 N_2 伴注	7.3	180.0	86.6	3.6

根据多年实践，苏里格中区采用前置液液氮伴注，液氮伴注比例为 3%~6%。

根据长庆油田在苏里格中区前期大量井排液经验，结合道达尔石油公司在苏里格 5 口井的改造实践，推荐苏南项目区块排液方式如下：

（1）依靠地层能量和化学层内助排排液，备用氮气连续油管气举。

道达尔石油公司前期在苏南项目区块 4 口评价井，压后自喷，未出现排液困难问题，因此不使用氮气或泡沫剂助排。但为防止出现排液不通仍然备用氮气气举排液。但若实施过程中出现较多井排液，则在压后直接采用连续油管氮气气举排液。

（2）TAP Lite 多层压裂新技术试验，如存在排液困难，采用前置液液氮伴注排液，液氮伴注比例在 3%~6%。

项目启动后，尽快开展 TAP Lite 多层压裂技术试验。

4.2.2.8　射孔与压裂作业过程中的气层保护

（1）射孔液：助排剂（阴离子或非离子表面活性剂）+ 黏土稳定剂（小离子聚合物或 KCl）+ 清水，要求表面张力不大于 29mN/m，防膨率不小于 85%。

（2）压井液：气层压力系数大于 0.90MPa/100m，采用清水 +KCl+ 助排剂（阴离子或非离子表面活性剂）；气层压力系数小于 0.90MPa/100m，采用清水 + 助排剂（阴离子或非离子表面活性剂）。

（3）压裂液：基液黏度要求大于 60mPa·s；0.6%（干基）黏度不小于 90mPa·s；瓜尔胶基瓜尔胶水不溶物少于 8%。

（4）洗井液：清水 + 助排剂（阴离子或非离子表面活性剂）。配液水质要求：pH 值为 6.5~7.5，机械杂质小于 0.1%，洗至进出井口水色基本一致，洗井液量不少于 2 倍井。

4.2.3　水平井储层改造工艺方案

根据国外水平井改造技术现状，结合苏里格气田水平井分段改造实施情况，提出了苏南项目区块水平井压裂改造方案：以不动管柱水力喷射分段压裂工艺和裸眼封隔器分段压裂技术为主。

4.2.3.1　国外水平井改造技术简况

目前，国外水平井主要采用裸眼完井和套管固井两种方式（图 4.5），水平段多采用 8½ in 井眼，5½ in 套管固井，对应的改造工艺主要有两大类，一般水平井改造段数为 7~13 段。

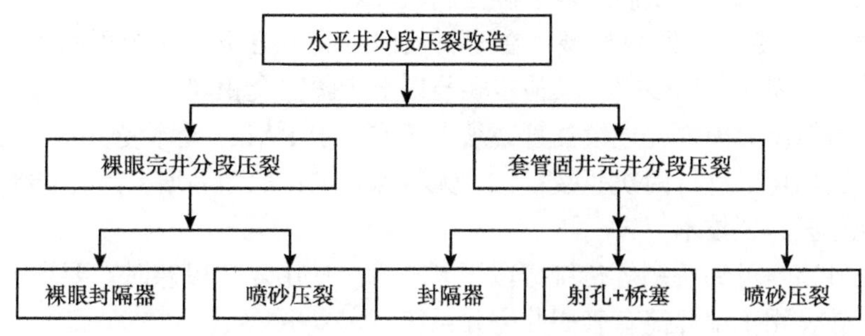

图 4.5　国外水平井分段压裂工艺技术情况

国外水平井压裂主要有以下几种：

（1）裸眼封隔器分段压裂技术。

该技术采用由多个封隔器（压缩式、溶胀式或膨胀式）和多个滑套串接在一起的完井管柱，压裂时先坐封顶部封隔器（衬管悬挂器），之后坐封水平裸眼段的封隔器，然后通过投入大小不同的钢球，控制各级滑套打开，从而实现多段压裂改造。根据井眼大小和下入油管的不同，可实现不同的最多压裂级数。

该技术适用于裸眼完井，也可用于套管完井，可进行一天水平井段多段压裂作业，水平段一般采用 $2^7/_8$~$5^1/_2$ in 油管。其缺点是：

① 管柱结构较复杂，需要钻机配套钻杆下入，施工作业工序较多；

② 为保证工具下入和封隔器的有效坐封，对井眼轨迹和井眼要求较高；

③ 只能进行合层测试，无法获得单短压裂产能；

④ 发生砂堵时，循环冲砂作业时间较长；

⑤ 工具费用较高。

（2）水力喷射分段压裂技术。

该技术适用于裸眼井、割缝衬管、预射孔套管井和非固井套管井水平井段。单层采用水力喷射压裂实现射孔压裂一体化。采用不动管柱或可动管柱水力喷射分段压裂，可实现多段的压裂改造。

该技术的优点是：管柱结构简单，工具费用低廉；利用水力封隔，无需专用的封隔系统可实现一天压裂多段作业；所有压裂作业完成后可以立即利用压裂管柱排液。

该技术的缺点是：不能保证每层都得到改造，存在压裂窜层的可能性；只能获得多层合层产量，无法获知单段压裂产量；压裂施工出现砂堵时，管柱遇卡风险较高；起出管柱时，压井作业井控要求较高。

（3）连续油管分段压裂技术。

① 连续油管水力喷射环空多段压裂技术。该技术采用连续油管水力喷射环空压裂 + 填砂封隔工艺，可实现水平井多段的压裂改造。

该技术的优点是：管柱结构简单，一天之内可以进行多次压裂作业；填砂工艺简单；压裂后井筒简单，可方便更换油管，可进行多段产气测试；发挥了连续油管优势，井控风险较低；压裂后可利用连续油管气举排液。

该技术的缺点是：对连续油管要求较高，连续油管尺寸须大于或等于 $1^3/_4$ in ；射孔需要专用的定位系统；水平井填砂封隔准确控制较难。

② 水力喷射压裂 + 可回收桥塞。在磨料喷射工具下方下入一个可回收 / 可重复坐放的桥塞，因此不再需要使用砂塞。其他步骤与以上步骤完全相同。

由于存在摩擦压力损失，连续油管必须大于或等于 $1^3/_4$ in，套管必须大于或等于 5in。

优点：一天内可以进行两次压裂；钻井无特殊要求；取消砂塞，射孔选择灵活。

（4）常规分段压裂技术。

可以选用砂塞与可钻桥塞等传统分段压裂技术。使用复合段塞时，要求水平井段清洁干净。该技术较实用于单井筒套管固井完井系统。

水平井段采用传统射孔方式时，造缝压力可能非常高；推荐使用连续油管水力喷射射孔。该技术在国外应用较广，压后可进行各段产气测试，但作业周期很长，需要多次压井

作业，对储层伤害较大。

（5）水平井套管滑套完井分段压裂技术。

该技术是斯伦贝谢公司正在开发中的一项水平井多段压裂新技术。该技术由系列滑套组成，滑套用水泥固结在井眼中，可在一天内实施多次压裂作业。该技术本质上与裸眼井封隔器系统相同，但因滑套本身已用水泥固结，不需要使用封隔器。

该技术的优点是：可实现多段压裂，压裂级数不受限制。缺点是对固井工艺要求较高。

4.2.3.2 苏里格气田水平井压裂实施情况

2001—2002 年，苏里格水平井开展了筛管完井条件下酸洗 + 酸化改造探索性试验。

2008 年，研发了拖动管柱水力喷砂分段压裂工艺，在苏 aj-cj-chH 井和苏平 ad-ac-cf 井试验后产量明显提高，2009 年在前期试验基础上，自主研发了不动管柱水力喷砂分段压裂工艺，试验了裸眼封隔器分段压裂工艺，产量大幅度提高，水平井压裂工艺取得突破。

截至 2009 年底，在苏里格气田盒 $_8$ 段储层的水平井中，共开展水平井分段压裂改造 10 口井，主要改造工艺有水力喷砂分段压裂，不动管柱水力喷砂分段压裂及裸眼封隔器分段压裂三种，最高改造段数为 4 段。投产 10 口井，单井日产量 2.94×10^4~$15.69\times10^4m^3/d$，平均日产量 $8.1\times10^4m^3$，见表 4.11。

表 4.11 苏里格气田水平井分段压裂改造井数据表

井号	目的层	水平段（m）	有效储层（m）	储层钻遇率（%）	改造技术	无阻流量（$10^4m^3/d$）	初期产量（$10^4m^3/d$）	目前产量（$10^4m^3/d$）
苏 aj-cj-chH	盒 $_8$	638	245.3	38.4	单段喷射	—	3	2.94
苏平 ad-ac-cf	盒 $_8$	1200	576.8	48.1	两段喷射	12.4	4.9	4.83
苏平 ad-ai-ji	盒 $_8$	1103	538.8	48.8	三段喷射	83.3	15	15.69
苏 aj-ca-dhH	盒 $_8$	805	334.9	41.6	裸眼封隔四段压裂	—	10.8	8.28
苏 aj-cd-faH	盒 $_8$	827	439.7	53.2		6.0 井口	6.2	10.3
苏 aj-dj-fbH	山 $_1$	842	152.6	18.1		4.0 井口	6	5.8
苏平 cf-f-bc	盒 $_8$	877	618	70.5		101.5	15	9.36
苏 aj-cb-ejH	盒 $_8$	720	335.1	46.5		10.0 井口	11.6	8.1
苏平 ad-b-jh	盒 $_8$	692	451.4	65.2		31	6.8	5.2
桃 g-i-eAH	盒 $_7$	849	518.7	61.1		160.2	22	10.59
累计或平均	—	855	421.1	49.2	—	—	10.1	8.1

长庆油田在苏里格 6 in 井眼条件下，开展了三种工艺的现场试验与评价。初步分析表明：

（1）4½ in 套（筛）管水力喷射分段压裂工艺，井眼要求低，成本低；

（2）6in 裸眼封隔器分段压裂技术，入井工具对井眼要求高，工序复杂，配套工具多，成本较高；

（3）套管固井条件下射孔 + 水力桥塞分段压裂，压裂段数较多，适合长水平段水平井。

苏南项目水平井开发方案根据长庆油田实施情况，综合考虑长庆油田三种水平井工艺技术试验效果和成本因素，确定以不动管柱水力喷射、裸眼封隔器为水平井开发主要压裂方式。在此基础上，将开展水力射孔 + 桥塞分段压裂 + 连续油管钻塞等水平井新工艺探索性试验，通过试验评价形成苏南项目区块水平井高效开发的分段压裂技术。

4.2.3.3　水平井储层改造工艺方案

苏南项目区块水平井的预计垂深3500m，水平井段长度1500m左右，将进行3~7段分段压裂改造，采用连续油管液氮辅助排液。

（1）不动管柱水力喷射分段压裂工艺方案。

前期受水平井井身结构及油管尺寸限制，不动管柱水力喷砂分段压裂现场成功实现了一次分压3段，考虑进一步提高压裂段数，在水平段采用2⅞in小接箍油管。

① 压裂改造管柱。通过不断优化管柱结构和设计参数，目前长庆油田研发的不动管柱水力喷砂分段压裂工具可以实现一次压裂改造2~7段，管柱结构（以5段为例）如图4.6所示：3½in外加厚油管（2000m）+2⅞in外加厚油管（1000m）+安全接头+2⅞in小接箍油管+第5级喷射器+第5级滑套座+2⅞in小接箍油管+第4级喷射器+第四级滑套座+2⅞in小接箍油管+第3级喷射器+第3级滑套座+2⅞in小接箍油管+第2级喷射器+第2级滑套座+2⅞in小接箍油管+第1级喷射器+单流阀+筛管+引鞋。

根据改造段数，水平井段采用2⅜in外加厚或者2⅞in特殊接箍油管。

直井段及斜井段采用3½in外加厚油管。

以上是5段压裂基本管柱组成，实际施工根据单井改造要求设计。

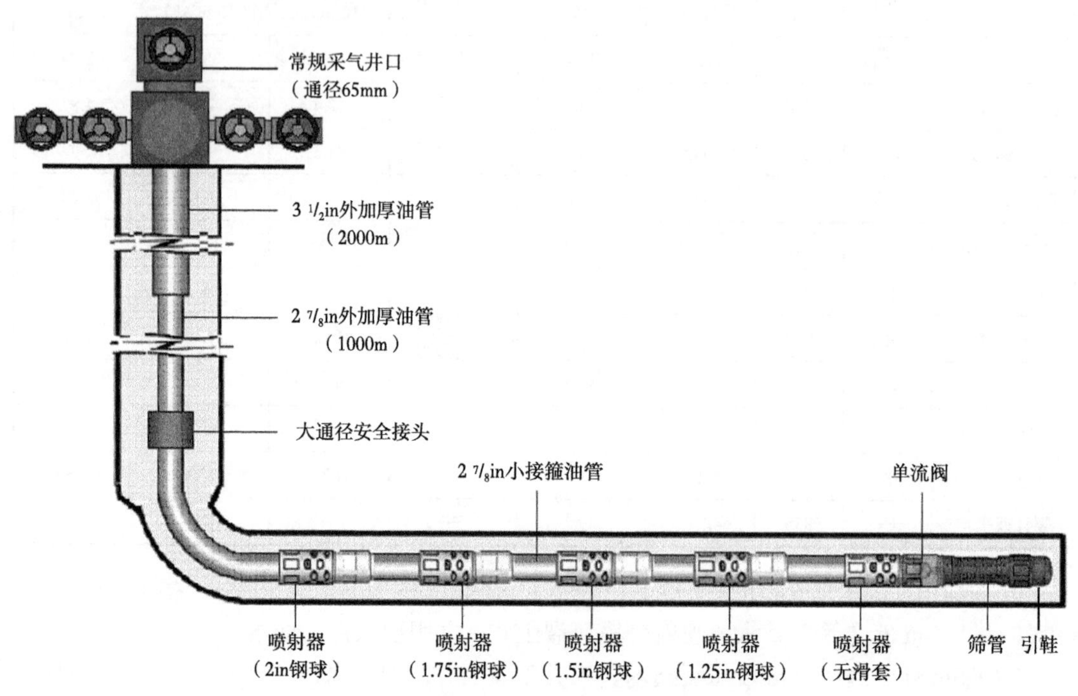

图4.6　不动管柱水力喷射分段压裂管柱示意图

② 压裂井口：根据苏里格气田上古储层施工压力计算，见表4.12。同时考虑到井口限压及压裂设备承受能力，按3½in外加厚油管（2000m）+2⅞in外加厚油管（1000m）+2⅞in小接箍油管的组合管柱计算，采用KQ1050型井口。

表 4.12　苏里格气田水平井不动管柱分段压裂井口压力预测结果表

排量（m^3/min）	不同井深井口压力预测（MPa）					
	4500m	4600m	4700m	4800m	4900m	5000m
1.8	61.89	62.26	62.63	63	63.37	63.75
2	68.05	68.49	68.93	69.38	69.82	70.26
2.2	74.6	75.11	75.62	76.14	76.65	77.16
2.4	81.5	82.09	82.68	83.26	83.85	84.44
2.6	88.75	89.42	90.09	90.75	91.42	92.09
2.8	96.33	97.09	97.84	98.59	99.34	100.09
3	104.25	105.08	105.92	106.76	107.6	108.44

注：管柱组合为 3½ in 外加厚油管（2000m）+2⅞ in 外加厚油管（1000m）+2⅞ in 小接箍油管。

③ 工艺参数。根据水平井段钻遇储层的物性参数特征，通过数值模拟优化最优裂缝长度及导流能力，确定裂缝设计参数和施工参数。

施工要求：施工过程中注意环空排量的变化，提砂比要保证平稳，避免压力波动较大，当出现压力突然上升时，要及时采取措施避免砂堵；若施工中发生砂堵，则立即进行油管放喷，若不能排出油管沉砂，则进行连续油管冲砂。

④ 压裂液体系。针对水平井水力喷砂压裂施工过程中，孔眼对液体的剪切作用较强的问题，结合水平井段长度，采用针对水平井进行优化后的压裂液体系具有 120℃耐温能力、液体黏度大于 60mPa·s。

施工要求：施工过程中注意交联比保持稳定，要求每 10~15min 进行检测。

⑤ 排液方式。结合不动管柱水力喷砂分段压裂的施工特点，前面施工井段不伴注液氮，最后压裂改造段采用全程伴注液氮助排。改造结束后，采用 3~8mm 油嘴控制放喷，若无法喷通则迅速采用连续油管正注液氮吞吐排液。

（2）裸眼封隔器分段压裂技术方案。

根据不同的管柱结构，可以实现 5~7 段的分段压裂改造，见表 4.13。

表 4.13　裸眼封隔器不同管柱最大施工段数

直井段管柱（in）	水平井段管柱（in）	最大施工段数（段）
2⅞	2⅞	5
2⅞	3½	5
3½	3½	7

一般地，压裂施工管柱结构为油管 + 反循环阀 + 油管 + 水力锚 + 回接插头 + 悬挂封隔器 +3½ in 外加厚油管 + 投球滑套 + 裸眼封隔器 + 投球滑套 + 裸眼封隔器 +…+ 裸眼封隔器 + 压差滑套 + 球座 + 浮鞋，如图 4.7 所示。

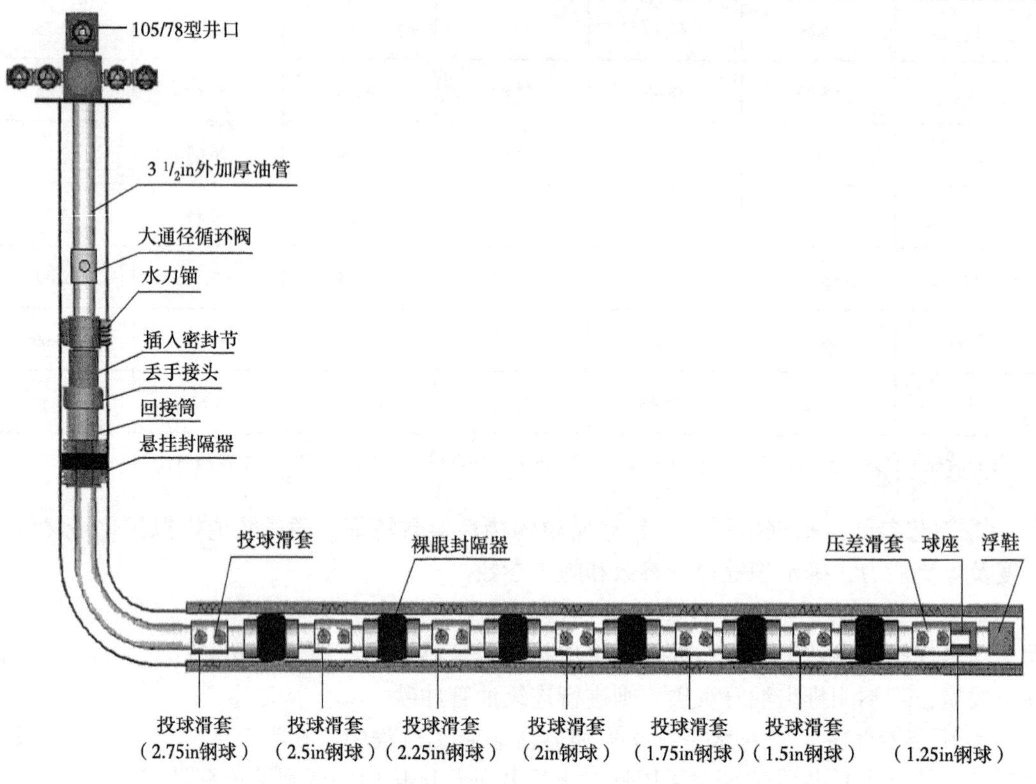

图 4.7　裸眼封隔器系统管柱示意图（以安东贝克基本管柱为例）

具体管柱结构因各服务商技术差别会有所不同，以单井设计为准。

该管柱采用钻杆下入，坐封后丢手起出钻杆。

① 封隔器卡封方案。

为确保施工成功率及裂缝起裂位置，采用双封隔器控制压裂层段。

为提高坐封质量，封隔器位于泥岩层段或相对较致密砂岩层段。

卡封裂缝起裂点的两个封隔器间隔为 50~70m。

② 完井管柱。

7 in 尾管悬挂封隔器 + 投球滑套 + 裸眼封隔器 + 压力滑套 + 坐封球座。

封隔器坐封后起出钻杆，下入带回接插头的 2⅞ in 或 3½ in 外加厚油管。

水平段采用 3½ in 外加厚油管。

直井段油管末端带反循环阀，压裂结束后连通油套，后期生产观测套压。

③ 工艺参数。

根据水平井段钻遇储层的物性参数特征，通过数值模拟优化最优裂缝长度及导流能力，确定裂缝设计参数和施工参数。

施工要求：施工过程中注意环空排量的变化，提砂比要保证平稳，避免压力波动较大，当出现压力突然上升时，要及时采取措施避免砂堵；若施工中发生砂堵，则立即进行油管放喷，若不能排出油管沉砂，则进行连续油管冲砂。

④ 压裂液体系。

根据裸眼封隔器的改造特点，采用压裂液耐温能力大于 120℃、黏度大于 66mPa·s。

施工要求：施工过程中注意交联比保持稳定，每 10~15min 进行检测。

⑤ 排液方式。

采用全程液氮伴注—层内助排—压后定量放喷的排液技术，改造结束后，采用 3~8mm 油嘴控制放喷，若无法喷通或排液过程中出现停喷，则进行连续油管正注液氮吞吐排液。

4.2.4　常规井诊断分析和改进措施

在苏南合作区块开发过程中，为了优化压裂作业，将采用以下数据及工艺技术。

（1）裸眼井测井。

裸眼井测井是压裂模型数据输入的主要来源。岩石特性、岩石应力和地层滤失是增产措施模型的主要输入信息。

地层特性（诸如渗透率和孔隙度）等是评价压裂作业是否有效所必需的参数。另外，井底压力和气体特性都是压裂设计经济评价的主要输入参数。

岩石特性（杨氏模量、泊松比、渗透率等）用偶极声波测井采集，压裂模型将用来生成应力曲线，以确保数据解释的一致性。

未经标定的应力曲线，生成的应力过高或过低。理想的做法是开展测试压裂，由测试压裂获得“预测闭合应力”，校准各应力曲线。如无法开展测试压裂，数据依据以往的处理结果来校准。为了向压裂模型软件输入合理的应力估算值，校准过程必不可少。

图 4.8 为校准后应力曲线的实例。应力曲线是由测井软件计算出的。如果没有测井数据（并非所有井都开展偶极声波测井），数据将用邻井资料外推。

应力曲线和岩性曲线图建立后，数据将输入压裂设计软件中。设备就位后，开展泵入试验，标定闭合应力与压裂液滤失率。

根据压裂施工曲线净压力拟合分析，结合井温测井，可获得较精确压裂裂缝半长、缝高等参数。

（2）套管井测井。

正常情况下套管井要进行伽马射线、套管接箍定位和水泥胶结测井。伽马射线和套管接箍定位器用来保证射孔孔眼深度准确。水泥胶结测井验证套管和地层之间固井质量。如果发现固井水泥未胶结，必须尝试补救措施。

（3）压裂前泵入试验分析。

压裂前泵入分析用于标定输入模型内的测井曲线或邻井数据。压裂前泵入分析可以是持续几分钟的简单试验，也可以持续数小时的一组试验。

实施压裂作业前，从一个井丛内最多选一口井进行系列的诊断测试，以便获得有助于压裂设计的信息。主要是为了提供闭合压力、压裂液滤失和地层渗透率等关键信息。

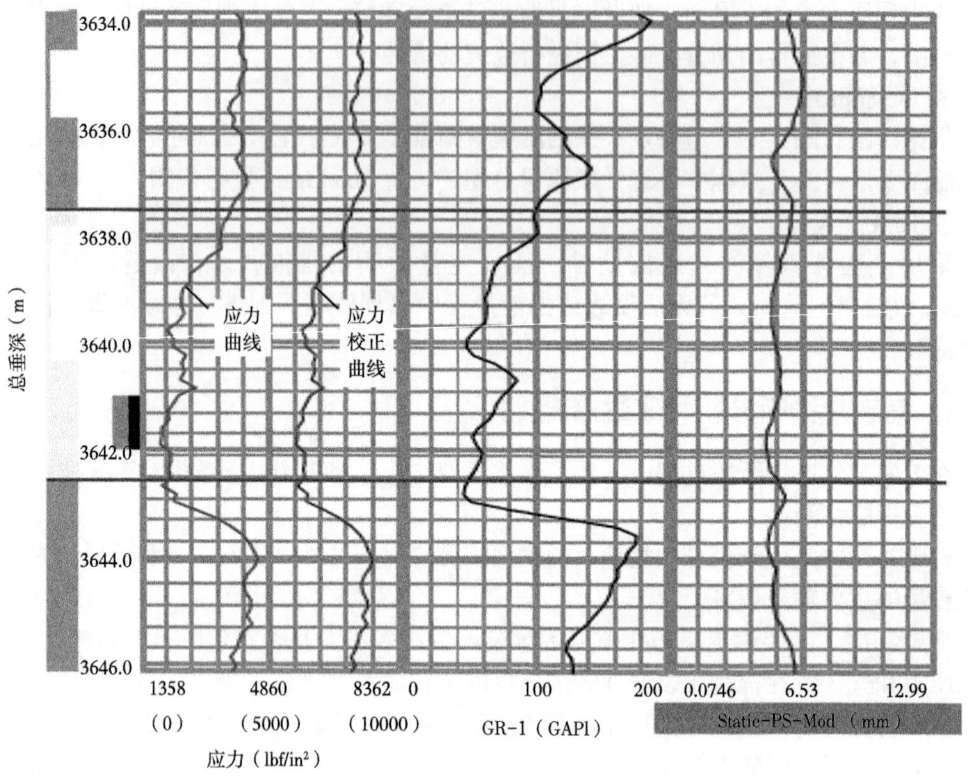

图 4.8　校准后应力曲线图

① 测试压裂。测试压裂是准确获取地层闭合应力以及分析地层滤失特性、岩石破裂特性、裂缝闭合应力、闭合时间、压裂液滤失特性、弯曲效应和液体效率等参数进行净压力拟合和裂缝几何尺寸分析的有效方法。

在每个井丛选择 2 口井进行了主压裂前的测试压裂诊断。以压裂速率注入约 10000gal（$37.85m^3$）的压裂液，并在泵入结束后观察压力变化，如图 4.9 所示。

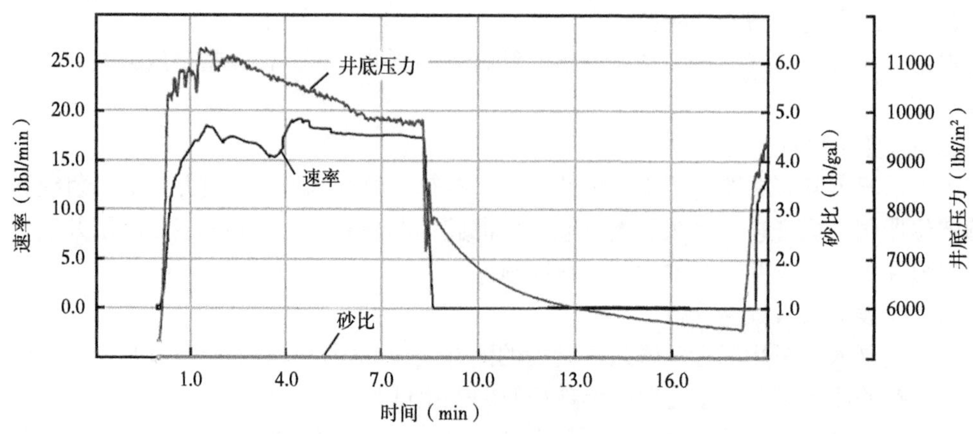

图 4.9　苏南 3 井盒 $_8$ 段测试压裂压力曲线图

为准确检定压裂作业量，需要获取压裂液滤失性能以确定合理的前置液量。如果前置液量太小，会发生提前脱砂。如果前置液量过大，导致过多胶液伤害和支撑剂沉降。

裂缝内压裂液过剩可通过高速返排（约 $0.32m^3/min$）补救。

净压是裂缝闭合压力和压裂作业压力的差压。它是压裂模型计算裂缝几何形状时使用的参数之一。

② 增速测试。增速测试是一种压裂前诊断测试，通常在泵入测试中第一个进行。测试目的是确定破裂压力、裂缝延伸压力和岩石韧性（K_{Ic}）。

实施方法是泵入液体（通常是活性水），泵入排量由低到高。在泵压平稳前，速率始终保持不变；泵压平稳后，按图 4.10 所示提高排量。

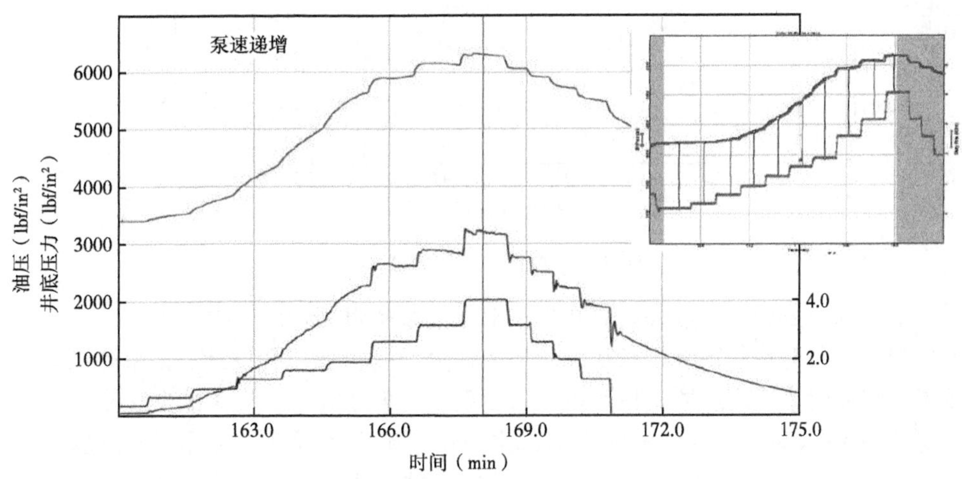

图 4.10　增速测试压力曲线图

测试完成，数据即绘制在曲线图上，其解释结果如图 4.11 所示。

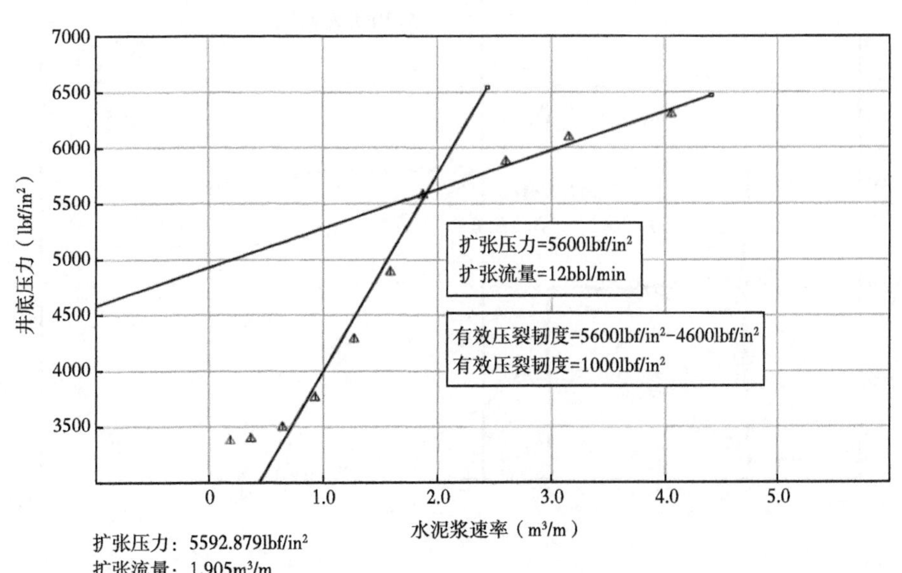

图 4.11　增速测试分析结果图

③ 减速测试。减速测试诊断能分析确定近井筒摩阻，通常在测试压裂泵入结束时进行。实施方法是以不同注入排量泵入液体，同时降低泵入排量直至压力均衡，如图 4.12 所示。

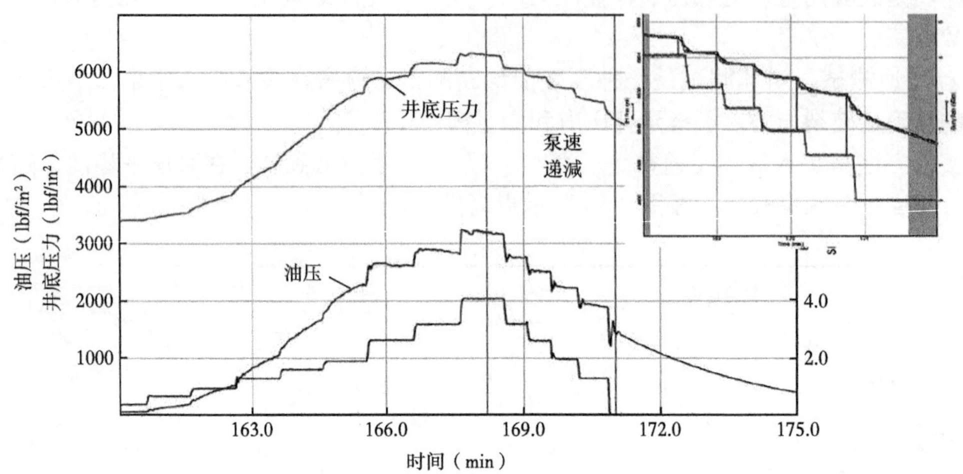

图 4.12 减速测试压力曲线图

运用采集到的数据计算近井筒总摩阻、射孔孔眼摩阻和弯曲摩阻。

如果测试表明射孔孔眼摩阻较高，须重新研究射孔枪或射孔设计。如果测试表明弯曲摩阻较高，则在前置液内设置支撑剂段塞，重新研究射孔方案，设法减少迂曲度。

④ 诊断液注入测试。诊断液注入测试主要用来确定渗透率、层厚和储层压力。测试方法是以图 4.13 所示压裂排量向地层泵入少量低黏度液体。待裂缝闭合后，进行压力分析，确定渗透率、层厚和储层压力。也可以通过诊断液注入测试进行测试压裂分析。

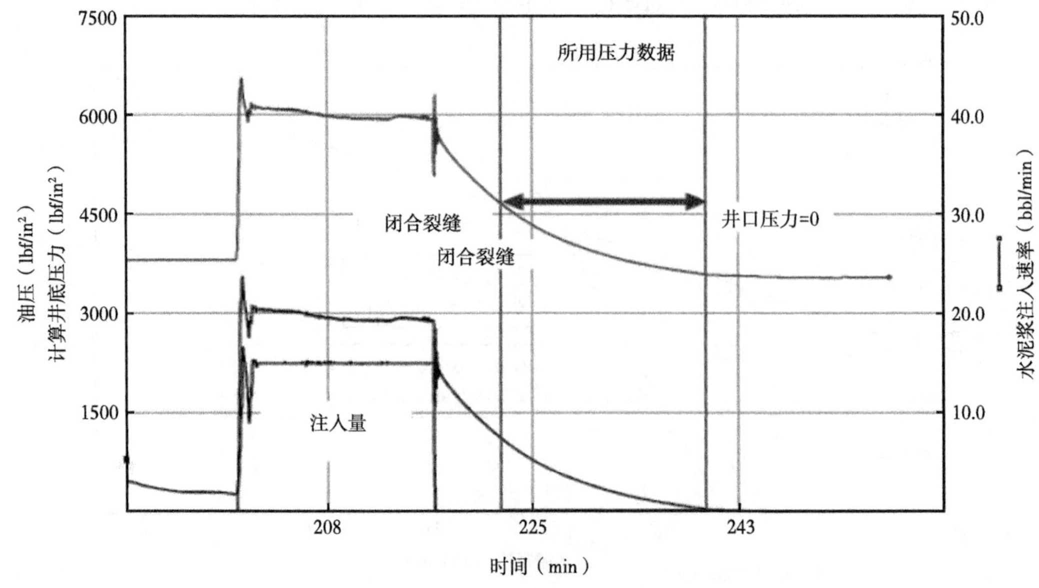

图 4.13 诊断液注入测试压力曲线图

此类测试经常用来取代标准井测试进行渗透率计算，原因在于其实施速度较快、成本较低；然而，其渗透率测量精度低于井测试可以达到的精度。

⑤ 井温测井。定期进行井温测井，根据获得的裂缝高度情况指导方案的优化设计。

（4）质量保障 / 质量控制。

① 压裂前。检查压裂罐，确保压裂罐干净；水源水进行全面分析：颜色、pH 值、混浊度、固体总溶解量、相对密度、硫酸盐含量、氯化物含量、碳酸氢盐含量、碳酸盐含量、氢氧化物含量、硫、钠、钾、钙、镁、钡、铁、硅和总离子量；

进行 Fann 50 型或与之相当的测试仪器测试，以确定破胶剂的添加量；作业实施之前，盘点产品的库存量：压裂用化学品、水和支撑剂；每天标定混合器料罐，确保液钳和干钳适当标定；在热水浴中进行静态破胶试验。

② 压裂作业过程中。实时监控库存情况；确保液钳和干钳工作正常；记录胶液交联时间。

③ 压裂后。盘点产品的库存量：压裂用化学品、水和支撑剂。

上报所有问题，提高未来压裂作业的质保 / 质控水平。

（5）水力压裂评价。

所有压裂作业完成后，用试井设备同时放喷洗井。当井从日产水量低于 17.0m^3/d 时，拆除测试设备，井丛接入集输管网。

传统的储层评价方法成本高，不适合苏南项目工业化开发模式。为使苏南项目更具经济性，必须提高产能和降低成本。目前正在开发一种“快速、低成本”的评价技术，以便在开发阶段完成最基本的压裂评价分析。

（6）降低地层伤害措施。

在设计压裂作业中，有可能会出现从质量控制到射孔等各种问题。表 4.14 列举了一些可能出现的问题和解决方法。

表 4.14　降低压裂地层伤害的预防措施表

问题	实际产量减少（%）	预防	发生的可能性（%）
质量控制	30	质量控制技师	95
破胶剂	15	破胶试验	70
裂缝导流能力	10	小型压裂确定地层系数	85
射孔	15	缩短射孔长度，减小射空弹的尺寸	在斜井中发生的可能性很高

注：此表格是基于致密地层（＜ 0.1mD）。

① 质量控制。高标准的质量控制是取得较好压裂效果的关键。图 4.14 为苏南 4 井压裂作业前质量控制监督发现的鱼眼。

在苏南项目开展压裂作业期间，将严格监督质量控制。确保压裂作业严格按设计要求执行；正确诊断汇报作业中遇到的问题；根据现场的情况设计正确的胶液系统。

图 4.14　苏南 4 井压裂作业前质量控制监督发现的鱼眼

② 破胶剂。采用高效破胶剂，提高压裂液的破胶性能。破胶剂作用在胶液和滤饼上，减少滤饼引起的支撑剂填塞宽度的严重减小，克服因此导致的无效压裂或者非常低导流能力的裂缝。如图 4.15 所示。

图 4.15　图片证明胶液滤饼导致的裂缝宽度损失了将近支撑剂颗粒大小的 1/4

同时，破胶剂如不能破胶，压裂液将需要更大压差才能排出，从而导致裂缝长度大大减小，在苏里格这样的低压力系统中表现尤为明显。有无胶液损害的支撑剂填塞的对比效果如图 4.16 所示。

如怀疑压裂液破胶不彻底，可向地层中泵入一种弱酸，等待几个小时以确保破胶。

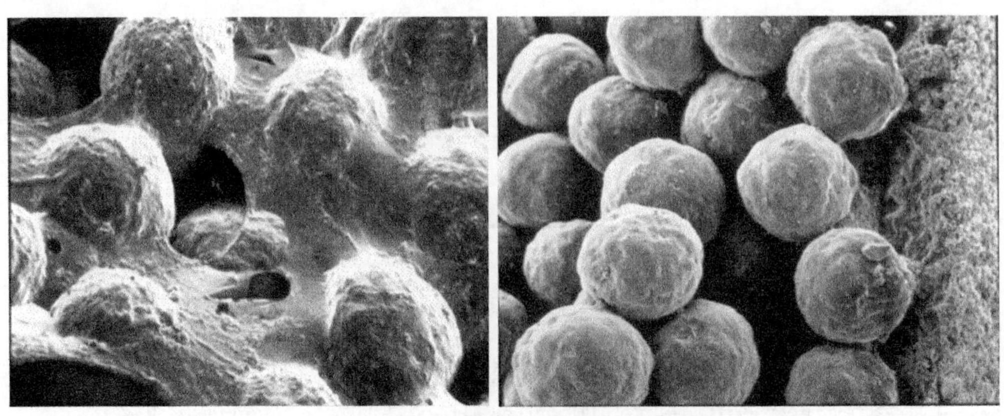

图 4.16　有无胶液损害的支撑剂填塞的对比照片

③ 裂缝导流能力。裂缝导流能力受支撑剂大小、裂缝宽度（受岩石特性控制）、支撑剂填塞的导流能力、支撑剂强度和非达西流等影响。

苏里格气田低渗透、低产、低压储层中，压裂后需要长期的排液在裂缝的尖端产生足够的压差，以排出裂缝中的压裂液。如图 4.17 所示。

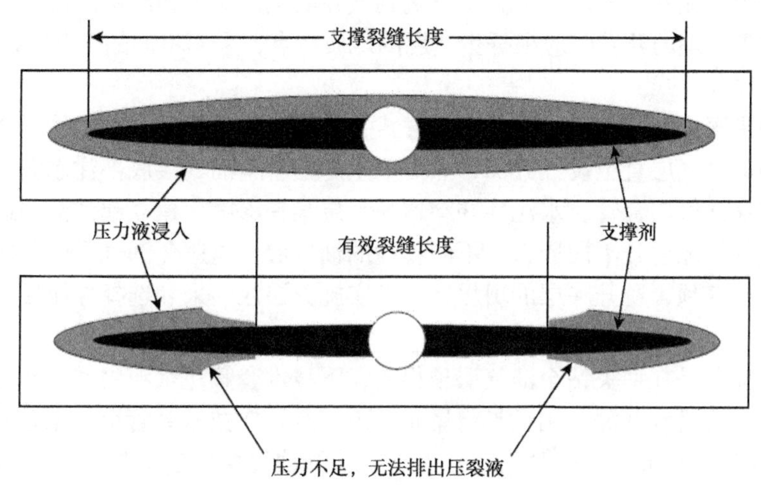

图 4.17　压裂作业中压裂液返排示意图

没有适当的支撑剂传输（通常是由于低水平的质量控制），将达不到支撑剂的均匀导流能力，从而导致低裂缝导流能力。

苏南项目中选择的支撑剂超过了必要的强度要求。频繁的关井和开井，会导致支撑剂反复施加和释放应力，导致其强度降低。因此，应该尽量限制开关井次数。

4.3　苏里格南国际合作区气井完井工艺

完井通常是对油气层与井眼间的连通状况及其结构特点而言的，针对不同的油藏与气藏的地质和开采条件，完井方法不同。完井方式的选择是完井工程的重要环节之一，目前完井方式有多种类型，但都有其各自的适用条件和局限性。只有根据油气藏类型和油气层的特性去选择最合适的完井方式，才能有效地开发油气田，合理的完井方式应满足以下要求：

（1）油气层和井筒之间应保持最佳的连通条件，油气层所受的伤害最小；

（2）油气层和井筒之间应具有尽可能大的渗流面积，油气入井的阻力最小；

（3）应能有效地封隔油层、气层和水层，防止气窜或水窜，防止层间的相互干扰；

（4）应能有效地控制油层出砂，防止井壁坍塌，确保油井长期生产；

（5）应具备进行分层注水、注气、分层压裂、酸化等分层措施，以及便于人工举升和井下作业等条件；

（6）油田开发后期具备侧钻的条件；

（7）施工工艺简便，成本较低。

目前，国内外完井方式主要有套管或尾管射孔完井、割缝衬管完井、裸眼完井、裸眼或套管内砾石充填完井等方式。

4.3.1 油气井完井工程的主要方式

完井是指裸眼井钻达设计井深后，使井底和油层以一定结构连通起来的工艺，是钻井工作最后一个重要环节，又是采油采气工程的开端，与以后采油、注水及整个油气田的开发紧密相连。由于完井质量的好坏直接影响到气井的生产能力和经济寿命，甚至关系到整个气田能否得到合理的开发，应根据生产层的地质特点，采用不同的完井方法：

（1）射孔完井方式。

射孔完井是国内外最主要的一种完井方式，包括套管射孔完井和尾管射孔完井。套管射孔完井是钻穿油气层直至设计井深，然后下生产套管至油气层底部注水泥固井，最后射孔，射孔弹射穿油气层套管、水泥环并穿透油气层某一深度，建立起油流的通道。套管射孔完井既可选择性地射开不同压力、不同物性的油气层，以避免油气层间干扰，还可避开夹层水、底水和气顶，避开夹层的坍塌，具备实施分层注、采和选择性压裂或酸化等分层作业的条件。

尾管射孔完井是在钻头钻至油气层顶界后，下技术套管注水泥固井，然后用小一级的钻头钻穿油气层至设计井深，用钻具将尾管送下并悬挂在技术套管上。尾管和技术套管的重合段一般不小于50m。尾管射孔完井由于在钻开油气层以前上部地层已被技术套管封固，因此，可以采用与油气层相配伍的钻井液以平衡压力、欠平衡压力的方法钻开油气层，有利于保护油气层。此外，这种完井方式可以减少套管重量和油井水泥的用量，从而降低完井成本。目前，较深的油井和气井大多采用此方法。

（2）裸眼完井方式。

裸眼完井方式有两种完井工序：一是钻头钻至油气层顶界附近后，下技术套管注水泥固井，水泥浆上返至预定的设计高度后，再从技术套管中下入直径较小的钻头，钻穿水泥塞，钻开油气层至设计井深完井。有的厚油气层适合于裸眼完井，但上部有气顶或顶界邻近又有水层时，也可以将技术套管下过油气界面，使其封隔油气层的上部分然后裸眼完井。必要时再射开其中的含油段，国外称为复合型完井方式。裸眼完井的另一种工序是不更换钻头，直接钻穿油气层至设计井深，然后下技术套管至油气层顶界附近，注水泥固井。固井时，为防止水泥浆伤害套管鞋以下的油气层，通常在油气层段垫砂或者替入低失水、高黏度的钻井液，以防水泥浆下沉；或者在套管下部安装套管外封隔器和注水泥接头，以承托环空的水泥浆防止其下沉。这种完井工序在一般情况下不采用。

裸眼完井的最主要特点是油气层完全裸露，因而油气层具有最大的渗流面积。这种井称为水动力学完善井，其产能较高。裸眼完井虽然完善程度高，但使用局限很大，砂岩油、气层，中、低渗透层大多需要压裂改造，裸眼完井无法进行。

（3）割缝衬管完井方式。

割缝衬管完井方式也有两种完井工序：一是用同一尺寸钻头钻穿油气层后，套管柱下端连接衬管下入油气层部位，通过套管外封隔器和注水泥接头固井封隔油气层顶界以上的环形空间。由于此种完井方式井下衬管损坏后无法修理或更换，因此一般都采用另一种完井工序，即钻头钻至油气层顶界后，先下技术套管注水泥固井，再从技术套管中下入直径小一级的钻头钻穿油气层至设计井深。最后在油气层部位下入预先割缝的衬管，依靠衬管顶部的衬管悬挂器，将衬管悬挂在技术套管上，并密封衬管和套管之间的环形空间，使油

气通过衬管的割缝流入井筒。

割缝衬管完井方式是当前主要的完井方式之一。它既起到裸眼完井的作用，又防止了裸眼井壁坍塌堵塞井筒，同时在一定程度上起到防砂的作用。由于这种完井方式的工艺简单、操作方便、成本低，所以在一些出砂不严重的中粗砂粒油气层中使用，特别在水平井中使用较为普遍。

（4）砾石充填完井方式。

对于胶结疏松出砂严重的地层，一般应采用砾石充填完井方式。它是先将绕丝筛管下入井内油气层部位，然后用充填液将在地面上预先选好的砾石泵送至绕丝筛管与井眼或绕丝筛管与套管之间的环行空间内，构成一个砾石充填层，以阻挡油气层砂流入井筒，达到保护井壁、防砂入井的目的。砾石充填完井一般都使用不锈钢绕丝筛管而不用割缝衬管。其原因主要包括如下几个方面：割缝衬管的缝口宽度由于受加工割刀强度的限制，最小为 0.5mm，因此，割缝衬管只适用于中、粗砂粒油气层，而绕丝筛管的缝隙宽度最小可达 0.12mm，故其适用范围要大得多；绕丝筛管是由绕丝形成一种连续缝隙，流体通过筛管时几乎没有压力降。绕丝筛管的断面为梯形，外窄内宽，具有一定的“自洁”作用，轻微的堵塞可被产出流体疏通，其流通面积比割缝衬管大；绕丝筛管以不锈钢丝为原料，其耐腐蚀性强，使用寿命长，综合经济效益高。为了适应不同油气层特性的需要，裸眼完井和射孔完井都可以充填砾石，分别称为裸眼砾石充填和套管砾石充填。

① 裸眼砾石充填完井方式。在地质条件允许使用裸眼而又需要防砂时，就应该采用裸眼砾石充填完井方式。其工序是钻头钻达油气层顶界以上约 3m 后，下技术套管注水泥固井，再用小一级的钻头钻穿水泥塞，钻开油气层至设计井深，然后更换扩张式钻头将油气层部位的井径扩大到技术套管外径的 1.5~2 倍，以确保充填砾石时有较大的环形空间，增加防砂层的厚度，提高防砂效果。一般砾石层的厚度不小于 50mm 扩眼工序完成后，便可进行砾石充填工序。

② 套管砾石充填完井方式。套管砾石充填的完井工序是：钻头钻穿油气层至设计井深后，下油气层套管于油气层底部，注水泥固井，然后对油气层部位射孔。要求采用高孔密（30 孔 /m 左右）、大孔径（20mm 左右）射孔，以增大充填流通面积，有时还把套管外的油气层砂冲掉，以便于向孔眼外的周围油气层填入砾石，避免砾石和油气层砂混合增大渗流阻力。由于高密度充填紧实，充填效率高，防砂效果好，有效期长，故当前大多采用高密度充填。虽然有裸眼砾石充填和套管砾石充填之分，但二者的防砂机理是完全相同的。充填在井底的砾石层起着滤砂器的作用，它只允许流体通过，而不允许地层砂粒通过。

（5）其他防砂筛管完井方式。

① 金属纤维防砂筛管。不锈钢纤维是主要的防砂材料，由断丝、混丝经滚压、梳分、定形而成。它的主要防砂原理是：大量纤维堆集在一起时，纤维之间就会形成若干缝隙，利用这些缝隙阻挡地层砂粒通过。其缝隙的大小与纤维的堆集紧密程度有关。通过控制金属纤维缝隙的大小（控制纤维的压紧程度）达到适应不同油气层粒径的防砂。此外，由于金属纤维富有弹性，在一定的驱动力下，小砂粒可以通过缝隙，避免金属纤维被填死。砂粒通过后，纤维又可以恢复原状而达到自洁的作用。在注蒸汽开采条件下，要求防砂工具具备耐高温（360℃）、耐高压（18.9MPa）和耐腐蚀（pH 值为 8~12）等性质，不锈钢纤维材质特性符合以上要求。

② 陶瓷防砂滤管。陶瓷防砂滤管的过滤材料为陶土颗粒，其粒径大小由油气层砂中值及渗透率高低而定。陶粒与无机胶结剂配成一定比例，经高温烧结。形成圆筒形，装入钢管保护套中与防砂管连结，即可下井防砂。该滤砂管具有较强的抗折、抗压强度，并能耐高矿化度水、土酸、盐酸等腐蚀。

③ 多孔冶金粉末防砂滤管。这种防砂滤管是用铁、青铜、锌白铜、镍、蒙乃尔合金等金属粉末作为多孔材料加工而成的。它具有以下特点：可根据油气层砂粒度中值的大小，选用不同的球形金属粉末粒径（20~30μm）烧结，从而形成孔隙大小不同的多孔材料，因而其控砂范围大，适用广；一般渗透率在 10D 左右，孔隙度在 30% 左右。不仅砂控能力强，对油井产能影响较小；一般多数采用铁粉烧结，因而成本低；用铁粉烧结的防砂管，其耐腐蚀性较差，应采取防腐处理。

④ 多层充填井下滤砂器。多层充填井下滤砂器是由基管、内外泄油金属丝网、3~4 层单独缠绕在内外泄油网之间的保尔（Pall）介质过滤层及外罩管所组成。该介质过滤层是主要的滤砂原件，它是由不锈钢丝与不锈钢粉末烧结而成的。因此可根据油气层砂粒度中值，选用不同粒径的不锈钢粉末烧结，其控制范围广。

（6）化学固砂完井方式。

化学固砂是以各种材料（水泥、酚醛树脂等）为胶结剂，以轻质油为增孔剂，以各种硬质颗粒（石英砂、核桃壳等）为支撑剂，按一定比例拌和均匀后，挤入套管外堆集于出砂层位。凝固后形成具有一定强度和渗透性的人工井壁，防止油气层出砂。或者不加支撑剂，直接将胶结剂挤入套管外出砂层位，将疏松砂岩胶结牢固防止油气层出砂。还有高温化学固砂剂，主要是在注蒸汽井上使用，可以耐温 350℃以上。化学固砂虽然是一种防砂方法，但在使用上有其局限性，仅适用于单层或薄层，防砂油气层一般以 5m 左右为宜，不宜用在大厚层或长井段防砂。

4.3.2 水平井完井的主要方式

从完井目标看，水平井完井要达到 5 个目标：一是油气层和井筒间应保持最佳的连通条件，油气层所受的伤害最小；二是油气层和井筒间应具有尽可能大的渗流面积，油气入井的阻力最小；三是能有效地封隔油层、气层和水层，防止气窜或水窜，防止层间的相互干扰；四是能有效地控制油气层出砂，防止井壁坍塌，确保油井长期生产；五是应具备进行分层注水、注气、分层压裂、酸化以及堵水、调剖等井下作业措施的条件。国外在水平井分段完井工具方面开展的研究比较早，经过多年的整合，相关的技术基本垄断在少数公司手里，例如哈里伯顿公司、斯伦贝谢公司、贝克 - 休斯公司、威德福公司等。

按照完井工艺分类，目前国内外常用的水平井完井方式主要有 5 种：裸眼完井、筛管完井、管外封隔器 + 筛管 + 套管组合完井、固井射孔完井和砾石充填防砂完井。每一种完井方式都有自身的优点和缺点，在选择完井方式时要注意结合地质构造、储层性质、钻井目的和工艺、测井方法和能力、人工举升方法和能力、井下作业方法和能力、增产措施、经济综合评价等因素来选择不同完井方式。

（1）裸眼完井。

裸眼完井适用于碳酸岩及其他不易坍塌的砂岩地层，特别是一些垂直裂缝地层。水平井钻井工艺简单、费用低。但单纯的裸眼完井容易引起气、水窜流，修井困难，无法进行

油气层改造。在裸眼完井基础上，通过技术发展，目前的水平井裸眼封隔器分段完井技术已比较成熟，斯伦贝谢公司、贝克－休斯公司、威德福公司均拥有不同类型、不同工具的水平井裸眼封隔器分段完井技术，并在国外不同油田实施多口井，效果良好。国内的安东石油技术（集团）有限公司拥有水平井裸眼封隔器分段完井分段改造技术，已在国内实施多口水平井的裸眼封隔器完井分段改造，取得较好效果。水平井裸眼封隔器分段完井技术是由尾管悬挂器 + 裸眼封隔器 + 投球滑套对裸眼水平段进行分段完井，利用投球换层可进行分段压裂等油气层改造措施的一种先进的分段完井技术，解决了以往裸眼完井水平井无法进行油气层改造的难题，是目前国内外比较先进的水平井裸眼分段完井、分段改造的一种完井 + 储层改造技术，代表了水平井完井方式发展的新趋势。

（2）筛管完井。

筛管完井适用于有气顶、无底水、疏松砂岩地层，这种完井方式成本相对较低，且储层不受水泥浆的伤害，可防止井眼坍塌。目前水力喷射分段压裂技术可对筛管完井水平井进行分段压裂改造，但受喷嘴工具性能限制，目前只能对水平井实施分二段改造，多段压裂改造技术还有待于进一步优化改进。2008 年，苏里格气田的苏 10-30-38H 水平井实施了单点水力喷射压裂改造，取得一定效果和认识。

（3）管外封隔器 + 筛管 + 套管组合完井。

管外封隔器 + 筛管 + 套管组合完井，属于水平井选择性完井与固井技术相结合起来的一种固完井技术，弥补了单纯筛管完井的一些缺陷，如可以进行选择性的增产增注作业及生产控制，依靠管外封隔器实施层段分隔，可以在一定程度上避免层段之间的窜通。

（4）固井射孔完井。

固井射孔完井可以进行最有效的层段分离，完全避免层段之间的窜通，可以进行有效的生产控制。但套管完井水平井存在钻井速度慢、套管尺寸大、成本高等问题，可采用水平井封隔器 + 桥塞逐层改造技术和连续油管分段压裂技术进行分段改造，但施工工序比较繁杂，施工周期长，苏南项目采用的小井眼进行固井射孔完井为一种低成本开发策略。

（5）砾石充填防砂完井。

砾石充填防砂分为裸眼砾石充填防砂和套管内砾石充填防砂两种。裸眼砾石充填防砂方法虽然比较经济，但由于受井壁稳定性、筛管居中性、充填液的漏失等因素的影响，实施难度大，风险高。套管内砾石充填防砂的技术关键是砾石的携带以及保证砾石在水平段不提前滞留形成砂桥或砂丘，进而保证水平段上侧充填密实。水平井砾石充填防砂技术与常规的悬挂滤砂管防砂技术相比具有防砂效果好、工作寿命长等优点，国外出砂油藏的水平井多采用砾石充填防砂完井。在国内，由于其工艺复杂，目前用的较少。

4.3.3　不同完井工艺在苏里格气田的适应性分析

（1）不同工艺方法对不同油气井的适应性分析。

不同类型的水平井适合采用不同的分段完井压裂工艺，同理，各种分段完井压裂工艺对不同类型的水平井也有针对性。固井滑套分段压裂工艺可以应用于油井和气井，该工艺具有长期封隔各压裂段的特点，并且可以选择性打开和关闭，但由于工艺较复杂，更适合在有出水层段的油井应用。

机械桥塞分段压裂工艺和连续油管喷射、环空压裂工艺均存在对于高压气井井控比较困难，施工控制较困难的缺陷，因此，这两种工艺主要应用于低压（压力系数小于1）的油井。连续油管喷射、环空压裂工艺均受到井深的限制，一般而言，只能应用于井深不超过4500m的油井。油管不动管柱水平井喷射压裂工艺没有封隔器的有效封隔，受地层应力差异的影响，当某一段储层的延伸压力大于另一段的破裂压力时，延伸压力大的层段将不能被成功压裂，压裂裂缝的位置将得不到有效控制，压裂施工容易失败，因此，该技术只能应用于应力比较均匀的水平井，应用受到一定的限制。

遇液封隔器裸眼水平段分段压裂改造工艺及液压坐封式机械封隔器水平段分段压裂具有较强的适应性，这两种封隔器在套管内及裸眼段均可以达到较高的耐压差指标，因此在各类油气井中均可以应用。但这两种工艺均存在滑套不能重复开关的不足，因此，不能应用于可能有出水层段的油气井。如前节所述，遇液封隔器胶筒需要在井内停留较长时间（一般需要7天以上）才能膨胀起到密封作用，作业周期长，并且如果遇液封隔器胶筒膨胀不到位，没有其他的补救措施来提高它的密封性，因而该工艺不能成为水平井分段压裂完井的主导技术。

（2）水平井裸眼封隔器分段完井工艺在苏格里储层适应性分析。

在众多的水平井分段完井压裂技术当中，液压坐封式机械封隔器水平段分段压裂工艺具有较强的适应性，液压坐封式机械封隔器一般采用液压坐封的裸眼封隔器，这种封隔器针对不同的井径耐压差的能力一般在50~70MPa，下面就苏里格气田的特点进行分析。

① 工具压力级别。

苏里格气田山西组和石盒子组储层埋深最深约3700m，破裂压力梯度一般不超过2.0 MPa/100m；破裂压力 =2.0×37=74MPa；压裂液密度按1.0g/cm^{3}计算；压裂施工时封隔器需要承受的最大压差为74−37=37MPa；因此，裸眼封隔器能满足苏里格气田加砂压裂的要求。

② 井眼轨迹条件。

狗腿度：裸眼封隔器分段完井压裂管柱要求井眼轨迹狗腿度一般不超过100/30m，最大可以适应150/30m；

井斜度：裸眼封隔器分段完井压裂管柱要求井斜度原则上不大于100°；

井眼直径：裸眼封隔器要求井眼井径控制在153~172mm。

对于目前的钻井技术而言，完全能做到控制狗腿度小于100/30m，井斜小于100°，井径控制在153~172mm。因此，裸眼封隔器分段完井压裂管柱能完全适应苏里格气田的井眼轨迹条件。

③ 井身结构条件。

裸眼封隔器分段完井压裂管柱采用回接后的生产管柱进行加砂施工，套管不需要承受施工时的高压，采用中等强度的套管就能满足加砂压裂的需要。

④ 流体性质。

苏里格气田不含硫化氢气体，常规材质的井下工具就能满足长时间生产的需要。裸眼封隔器分段完井压裂管柱提供的井下工具均为P110材质，完全能满足苏南项目区块分段压裂完井的需要。

⑤ 温度条件。

苏里格气田埋深3700m，地层温度不超过1100℃，裸眼封隔器分段完井压裂管柱提供的井下工具耐温均超过 1750℃，因此该工艺能满足苏里格气田工作温度的需要。

裸眼封隔器分段完井压裂工艺不需要在水平段下套管完井，完钻后 4~5 天就能完成井筒处理、下工具及回接等工序，施工周期短，能有效地缩短建井周期，节约钻井和完井的综合成本。通过以上分析可以看出，裸眼封隔器分段完井压裂工艺能完全满足苏南项目区块分段完井压裂的需要，并且施工工序简单，建井周期短，可以节约建井的综合成本。

4.3.4　苏里格南国际合作区气田水平井完井的实践

水平井完井技术是整个水平井技术中至关重要的部分，一口井具体的完井方式必须与产层地质特性相匹配，必须满足长期生产过程中的各种工程要求。几乎所有应用于直井的各种完井方式，在水平井上都有成功的例子。苏南项目自 2009 年就提出水平井先导性试验方案：水平井段长度为 1500m，采用裸眼封隔器分段压裂工艺。苏南项目区块水平井开发方案，充分考虑了三种水平井工艺技术试验效果和成本等综合因素，通过优化水平井完井方式和改造方案（水平段长度、压裂段数等），并在水平井改造射孔、起下钻、压裂及投产过程中严格按道达尔公司井下作业井控规范执行，作好井控工作。

苏南项目区块盒 $_8$ 段的特点是纵向上呈层状不稳定分布，平面上单砂体呈条带状分布。这种气藏的储层分布特点决定了储层水平段的轨迹比较复杂，并不是严格的一个水平井段，而是根据纵向上砂体的分布需要调整井眼轨迹。正是由于这种水平段的井眼轨迹特点，对于穿越的泥岩层段，其井壁是不利的，对于层理性的泥页岩，井壁容易沿着层理面剪切滑移而堵塞井眼，尤其是在生产情况下，井筒内压力低于地层压力 2~4MPa，井眼容易发生破坏，因此不宜采用裸眼完井。2010 年重点开展三种水平井工艺适应性评价，从实施井初步分析来看，三种工艺各有其特点。

而苏南项目区块由于“三低”储层的特点，经过改造措施才有产能，这就要求对水平井的完井方式选择要紧密结合储层改造进行分析研究，经过现场两年的试验，初步优选了适合苏南项目区块水平井的三种完井方式。

（1）套管不固井完井。

该完井方式是在 6in 井眼下 $4\frac{1}{2}$ in 套管，不固井完井，然后采用水力喷砂不动管柱分段压裂工艺进行改造作业。$4\frac{1}{2}$ in 套（筛）管水力喷射分段压裂工艺对井眼要求低，成本低。其原理是 $4\frac{1}{2}$ in 套管完井，通过一次性下入 $3\frac{1}{2}$ in+$2\frac{7}{8}$ in 压裂管柱，第一段直接射孔压裂，后续各段依次投球打开喷射器滑套射孔压裂，实现一次分压 5 段，如图 4.18 所示。

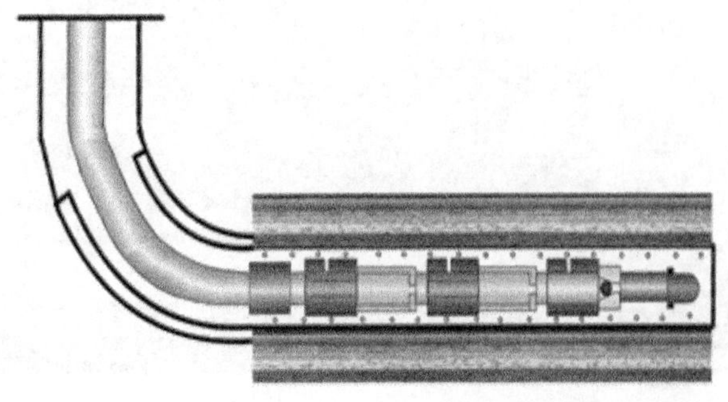

图 4.18　套管不固井完井水力喷砂不动管柱分段压裂示意图

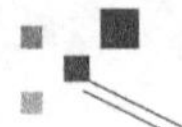

（2）6in 裸眼水平井裸眼封隔器完井。

6in 裸眼封隔器分段压裂技术对入井工具、对井眼要求高，工序复杂，配套工具多，成本较高。该完井方式是在 6in 井眼中利用钻杆下入裸眼封隔器工具管串，悬挂丢手后再下入试气管柱对接，工具管串的下入对斜井段以及水平段井眼轨迹质量要求高。其压裂原理是采用封隔器与滑套配合分段压裂。封隔器同时坐封，依次投球打开滑套压裂，实现多段改造工艺，如图 4.19 所示。

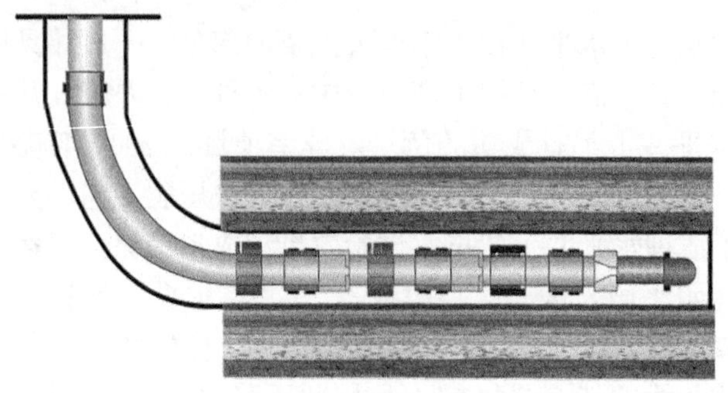

图 4.19　6in 裸眼水平井裸眼封隔器完井示意图

（3）套管固井完井。

该完井方式是在 6in 井眼下 $4^1/_2$ in 套管，固井完井。压裂时回接 $4^1/_2$ in 套管至井口，采用 $4^1/_2$ in 套管注入实施压裂，用液体将带射孔枪的桥塞泵入水平段指定封隔位置，射孔与桥塞封堵联作，逐级下入，逐级压裂，改造后用连续油管钻磨桥塞，合层排液投产。该项改造针对长水平段 10 段以上压裂工艺具有优越性，该工艺固井质量和最优的井身结构是关键技术，完井方式如图 4.20 所示。套管固井条件下射孔 + 水力桥塞分段压裂工艺则压裂段数较多，适合长水平段水平井。

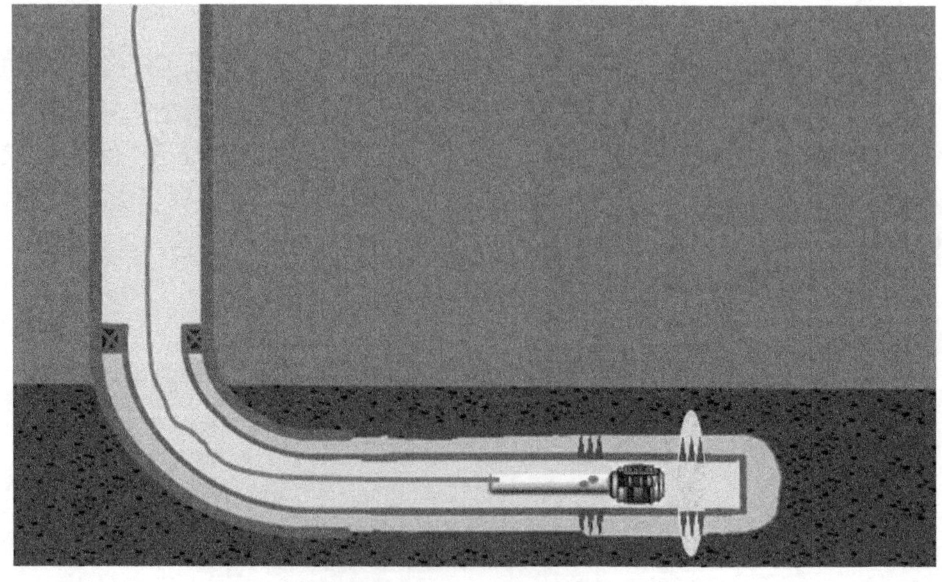

图 4.20　套管固井 + 水力桥塞压裂完井示意图

长庆气田在苏南项目区块作业过程中未出现出砂问题，2007 年和 2008 年道达尔石油公司在苏南项目作业活动中未出现过出砂问题，也未发生过套管坍塌。根据预测，今后这些井的生产压差不会高于 2007 年和 2008 年的生产差压，预测不会出现出砂问题。另外，地层砂的杨氏模量很高，说明发生出砂和套管坍塌的风险都不高。但是，气井在作业期间的开采阶段将处于连续监测状态。如果监测到有出砂现象，这些井需要降低生产压差或采取防砂措施。

4.4　苏里格南国际合作区气井快速求产工艺

苏南项目区块于 2011 年正式进入开发阶段，将传统方法与国际油服公司的方法相结合，经过多年的实践探索，形成了求产成本低、求产周期短、作业效率高的符合区块特征的快速求产工艺，不仅有效发挥了苏南项目“工厂化”作业模式的优势，而且有效提高了整个试气作业的效率。

4.4.1　苏里格南国际合作区气井求产技术的发展

2011 年苏南项目区块正式进入开发阶段，按照开发阶段的不同目的，气井求产技术工艺也有所不同，主要分为以下三个阶段：

第一阶段为 2011 年概念评价阶段，主要开展常规试井资料采集工作，采用不同流动和压力恢复工作制度获得储层信息和测试求产，在流程中安装常规测试的卧式三相分离器，对油、气、水三相分离，利用不同测试流量及孔板式在线计量，流动测试求产，并对产生的油、水进行计量。

第二阶段为 2012—2013 年资料采集阶段，在此阶段开始使用斯伦贝谢公司（SLB）的 Vx 多相流量测量装置测试求产，如图 4.21 所示。

图 4.21　SLB　Vx 多项流量测量装置现场测量

流量测量装置主要采用文丘里流量计，装线探测器，以测量总的质量流量及气、油、水的持率。多项流量计的压降比常规分离器要低很多，能在接近实际生产条件下对气井进行测试，在线实时测量油、气、水产量，通过区块内高压物性分析（PVT）数据输入转化为标况下油、气、水产量，能够快速求产。

2014 年进入工业开发阶段后，为有效降低开发费用，节约测试求产成本，苏南项目气藏工程人员深化研究，并对前期采集的 Vx 多相流量测量装置计量的产量资料数据对比分析，利用斯伦贝谢公司经验公式图版快速求产，能够满足测试求产技术条件要求。该方法主要利用地面节流管汇安装的固定油嘴（尺寸）+ 地面压力计采集压力数据，结合经验公式法计算产量，能够在压裂液返排阶段进行快速求产，有效减少测试求产周期，提高作业效率，也充分发挥了苏南项目工厂化作业模式的优势。

4.4.2 气井求产条件

苏南项目在概念评价阶段和资料采集阶段，采用常规传统的试井方法进行资料采集，对求产、稳定无阻流量计算方式依然保持了常规试井求产方法。在此阶段，为更好对比长庆油田苏里格地区气井求产方法，也采用苏里格地区上古储层“一点法”无阻流量计算经验公式，求取无阻流量，保持了与苏里格气田基本的一致性。无阻流量计算结果如图 4.22 所示。

$$q_{\mathrm{AOF}}=\frac{2(1-\alpha)q_{\mathrm{g}}}{\alpha\left[\sqrt{1+4\left(\dfrac{1-\alpha}{\alpha^{2}}\right)p_{\mathrm{D}}}-1\right]}$$

$$q_{\mathrm{AOF}}=\frac{0.439q}{\sqrt{1+1.07p_{\mathrm{D}}}-1}$$

$$\alpha=0.82\text{（长庆油田取值）}$$

															Low. Paleo. DTOC 30.9 Mpa		Low. Paleo DTOC 30.9 Mpa	Up. Paleo. DTOC 30.9 Mpa	Up. Paleo. SSOC 30.9 MPa	
Date	Time	Needle Valve	Ptub Mpa	Pannu Mpa	Up P Mpa	??? Mpa	UpT °C	Temp °C	z	Dencity	d	Res. P MPa	pwf MPa	qg sm3/d	qaof(6Q) sm3/d	PD	qAof(12Q) sm3/d	qAof(0.439Q) sm3/d	qAof(0.439Q) sm3/d	SSOC/DTOC AOF %
11/10/2011	16:00-24:00	1/3	24.00	24.10	12.42	1.12	291	18	0.97	0.6	18	30.9	29.884	57537	347393	0.06	392170	774167	742366	96
12/10/2011	00:00-08:00	1/3	24.00	24.00	13.24	1.20	293	20	0.97	0.6	18	30.9	29.76	61106	337863	0.07	378750	732063	705478	96
	08:00-16:00	1/2	23.50	23.50	26.70	2.52	298	25	0.97	0.6	18	30.9	29.14	122206	492842	0.11	538665	953688	932155	98
	16:00-18:00	1/2	23.50	23.50	25.58	2.41	296	23	0.97	0.6	18	30.9	29.14	117466	473727	0.11	517773	916700	895999	98
13/10/2011	00:00-08:00	1/2	23.20	23.30	26.59	2.51	295	22	0.97	0.6	18	30.9	28.892	122357	450513	0.12	488850	840831	824464	98
	16:00-24:00	1/2	22.60	22.10	24.56	2.31	291	18	0.97	0.6	20	30.9	27.404	140429	360482	0.21	380549	574836	569018	99
14/10/2011	00:00-08:00	1/2	22.40	22.10	24.25	2.28	293	20	0.97	0.6	20	30.9	27.404	138206	354774	0.21	374523	565734	560010	99
	08:00-16:00	1/2	22.10	22.20	25.37	2.39	296	23	0.97	0.6	20	30.9	27.528	143864	377677	0.20	399354	608542	602104	99
	16:00-18:00	1/2	22.10	22.20	25.17	2.37	294	21	0.97	0.6	20	30.9	27.528	143192	375913	0.20	397489	605700	599291	99
15/10/2011	18:00-08:00	1/2	21.10	22.10	25.58	2.41	295	22	0.97	0.6	20	30.9	27.404	145266	372898	0.21	393656	594634	588617	99

图 4.22　SN0×××-05 井无阻流量计算结果

综合考虑项目经济性，2012 年苏南合作区对每个丛式井丛 9 口井中选择 1 口代表性井进行试井，井丛内其他 8 口井开始利用洗井阶段接入斯伦贝谢公司 SLBVx 多相流量测量装置进行短时间测量，快速评价气井产能，要求气藏工程师在快速求产方面需要探索新方式，并保持资料应用的可靠性。

对比气井不同油嘴工作制度情况下，发现气井返排流通后，对应压力与产量关系，开井 8h 以上相同时间 IPR 流入曲线基本为同一曲线。不同产能气井开井生产使用不同的油嘴，不影响无阻流量的计算。

对比分析了苏南项目多口试井（流动时间最长的达到 144h）流动达到拟稳态生产条件的资料表现特征。利用 2011—2012 年试井资料计算拟稳态条件下的无阻流量，通过这些已试井“ AOF/AOF initial”（AOF—绝对无阻流量；AOF initial—初始绝对无阻流量）比值与流动时间建立相关图版。

图版可以利用洗井期间 Vx 测量数据，推算压裂后返排洗井期间短时间 Vx 测量井的拟稳态条件下的拟稳定无阻流量。随后应用于固定油嘴 + 地面压力计经验公式快速求产计算产量与拟稳定无阻流量同样适用。

综上所述，在苏南项目压裂返排快速求产条件下，结合实际作业过程中考虑受各种因素影响，初步确立必须满足单井单次连续返排时间不少于 8~12h，整个气井返排时间不低于 72h，尽可能消除返排洗井不彻底影响，以最后一次返排数据资料作为拟稳态无阻流量计算数据。使用 Vx 测量阶段要满足井口压力不低于 2.5MPa，以消除测量精度对无阻流量计算的影响。在上述条件基础上计算的拟稳定无阻流量结果在苏南项目区块的配产应用中能够符合现场生产实际。

4.4.3　苏里格南国际合作区气井快速求产过程

常规传统的试井方法按照不同流动和压力恢复工作制度，通过常规三项分离器测量出气、油与水生产数据，计算出拟稳定无阻流量。

2012 年在 SN0×××-××× 井同时使用常规三相分离器和 SLBVx 多项流量测量装置进行了测量，对比不同测量方式采集的数据资料，数据一致性相对较好，确定采用现场简便易安装操作的 Vx 替代常规三相分离器进行试井和测试。

利用 Vx 多相流量测量装置采集的返排洗井采集的实时数据，分别计算“一点法“无阻流量和 AOF/AOF initial 比值与时间关系图版推算拟稳态无阻流量。

2014 年利用 SLB 节流方程的经验公式图版，对比 Vx 测量数据，分析数据对应的相关性，通过对比，计算的产量相关性较好，能够满足气产量的简易求产条件，从而简化了返排测试数据资料采集方式，取消了三相计量，进一步降低开发成本。

苏南项目气井生产阶段配产主要采用计算的拟稳定无阻流量的 1/4~1/2 为配产依据，井拟稳定无阻流量计算与配产。

根据气井产能、3.5in 油套管无环空生产特点和气井的临界携液流量，并考虑初期生产有利于压裂液彻底排出等因素，利用流入（IPR）、流出（VLP）曲线初步确定产量，再利用节流方程，给出适合的节流嘴尺寸。目前苏南合作区使用的节流嘴尺寸有 6.35mm，4.37mm，3.96mm 和 3.18mm。

第5章 苏里格南国际合作区采气工艺和技术

苏南项目具有低产低压、自然稳产期短、初期压力下降快、关井压力恢复缓慢等特点，同时由于井口压力较低，且气井伴有水合物和凝析油的产生，对区块采气作业措施的设计和施工需要和生产进行紧密的跟进。为了充分利用地层能量和井筒压降最小化原则，主要采用泡沫排水采气作业和速度管柱排水采气作业工艺。然而，由于目前采用井下节流工艺、中低压集气模式，若安装速度管柱，需要论证生产工艺改变对气井产量、生产压差和系统压力的影响，因此有必要对苏南合作区现有的生产工艺进行分析评价，对开展不同油管尺寸的临界流速和临界流量进行研究，并且需要分析在泡沫排水采气和速度管柱排水采气作业相结合的工艺下的井筒流态特征和积液情况。

5.1 苏里格南国际合作区排水采气主要工艺和技术

苏南项目气藏主要目的层为石盒子组盒$_8$段及山西组山$_1$段砂体，气藏埋深3400~3750m。开发井网采用3km×3km的9井丛式井组+水平井混合井网开发模式。完井采用88.9mm（3½in）无油管完井；88.9mm（3½in）油套管带太普阀的投球分级压裂；88.9mm（3½in）油套管井下节流生产。气井生产时，井筒内气体能够连续携液的最低流量称为气井携液临界流量。当气井的产气量小于携液临界流量时，液体不能完全被带出井筒，同时以混合气柱的形式滞留在井筒中形成积液。截至2016年7月底，苏南项目全气田共投产气井335口，日均开井数210口左右。苏南项目气井生产4~6个月后，产量大多低于$3\times10^4m^3/d$，日产曲线表现往复性波动，出现积液生产特征。目前单井日均产量为$1.65\times10^4m^3$，90%气井存在不同程度的积液现象。依据单井日产、累计产量动态对气井进行动态分类，结合气井积液井情况，制订动态压力恢复关井制度，以此提高气井生产效率。但关井压力恢复影响气井开井时率；积液严重气井易发生积液回灌地层，造成近井地带水锁；长时间关井，井筒易腐蚀；频繁激动，储层裂缝易坍塌；关井易使段塞流态和环雾流态的液体沉降，进一步增加液柱高度。关井压力恢复不利于气井的长期有效生产，需要探索和研究适应苏南项目气井工艺特点的排水采气工艺和技术。

5.1.1 排水采气工艺基本原理和主要方法评价

当前我国多数气藏受水侵的现象严重，气井井底出现了大量的积液，增加了气井排水采气的难度，降低了气井的生产能力，需要最大程度发挥排水采气技术的功能，以清除井底积液，提高气井的生产力。

（1）气井出水原因。

由于气藏产水，对气井的生产造成严重的危害，产量急剧递减，水淹停产井逐年上升。如何治水、排水，已成为气藏生产的突出矛盾。一般情况下，较多气藏都有边水和底水存在，气井产水多半是边水、底水及少部分外来水。因此，气井产水主要有以下几点原因：气井生产工艺制度不合理；气井产量过大，使边水、底水突进，形成“水舌”或“水锥”，特别是裂缝发育的高渗透区，底水沿裂缝上升更容易形成“水锥”；气井钻在离边水很近的区域，或有底水的气藏气井开采层段打开过深，接近气水接触面；气水接触面已推近到气井井底，不可避免地要产地层水。

（2）气井出水对生产的影响。

气井产水对生产的影响和危害，主要表现在以下几个方面：气藏出水后，在气藏产生分割，形成死气区，加之部分气井过早水淹，使最终采收率降低；气井产水后，降低了气相渗透率，气层受到伤害，产气量迅速下降，递减期提前；气井产水后，由于在产层和自喷管柱内形成气水两相流动，压力损失增大，能量损失也增大，从而导致单井产量迅速递减，气井自喷能力减弱，逐渐变为间歇井，最终因井底严重积液而水淹停产；气井产水将降低天然气质量，增加脱水设备和费用，增加了天然气的开采成本。

（3）有水气藏的排水采气工艺技术。

提高有水气藏的采收率，如何设计有水气藏的排水采气工艺技术是国内外油气企业长期以来所致力研究和解决的重要课题之一。国内一些油气企业通过一次开采的“三稳定”（产量稳定、压力稳定、气水比稳定）带水采气制度，针对有水气井不同的生产类型和特点，优选使气水两相管流举升效率最好的井口角式节流阀开度，在合理的工艺制度下把流入井筒的水全部带出地面，从而使气井的产气量、产水量、井口流压和气水比保持相对稳定。而在有水气藏二次开采开发的中、后期，根据不同类型气水井特点，采用相适应的人工或机械的助喷工艺，排除井筒积液，降低井底回压，增大井下压差，提高气井带水能力和自喷能力，确保产水气井正常采气的生产工艺。因此，有水气藏二次开采技术即为排水采气工艺技术。

（4）各种排水采气工艺方法的评价。

目前排水采气工艺主要有：优选管柱排水采气、泡沫排水采气、气举排水采气、柱塞气举排水采气、游梁抽油机排水采气、电潜泵排水采气、射流泵排水采气。对给定的一口产水气井，究竟选择何种排水采气方法，需要进行不同排气采气方式的比较。排水采气工艺对井的开采条件有一定的要求，如含砂量适应程度、高气液比适应程度、地层水结垢适应程度以及腐蚀性适应程度等，如果不注意地质、开采及环境因素的敏感性，就会降低排水采气装置的效率，甚至失败。因此，除了井的动态参数外，其他开采条件，如产出流体性质、出砂、结垢等，也是需要考虑的重要因素。而最终考虑因素是经济因素，经济因素包括工艺成本、投资回收期以及最短作业周期等，对经济因素的优化需要注意的有：对有一定自喷生产能力但带水不畅的气井，应选择管柱技术；对有自喷能力且工艺措施只起诱喷复活手段的气井，应选择气举技术；对井底压力过低，对排液量要求高的气井，应该选择电潜泵技术。必须进行综合和对比分析，最后确定采用何种排水采气工艺。

5.1.2 泡沫排水采气工艺和技术分析

泡沫排水采气工艺，是向井内注入某种能够遇水产生大量泡沫的表面活性剂，当井底积水与化学药剂接触后，随着井内气流的不断搅动，会形成大量质量较轻的稳定水泡沫，大大降低了水的表面张力。借助于天然气流的搅动，把水分散并生成大量低密度的含水泡沫，从而改变了井筒内气水流态，降低井筒的能量损失，减少液体的“滑脱”，提高气井的携液能力，达到排出井筒积液目的。这样在地层能量不变的情况下，提高了出水气井的带水能力，把地层水举升到地面。因此，泡沫排水采气工艺具有设备简单、施工容易、投资小、见效快等优点，其主要适用于具有一定自喷能力，产水量不大的气井。泡沫剂的助采作用是通过下述效应来实现的。

5.1.2.1 泡沫排水采气工艺的机理分析

泡沫排水采气工艺是往井里加入表面活性剂的一种注排工艺。这种工艺适用于弱喷及间歇喷产水气井的排水，一般情况下，排水量不超过 $100m^3/d$。

（1）泡沫效应。

泡沫药剂首先是一种起泡剂，它只需要在气层水中添加 100~200mg/L，就能使油管中气水两相垂直流动状态发生显著变化，使气水两相介质在流动过程中高度泡沫化，其结果使密度几乎降低 10 倍。如果说以前气流举水至少需要 3m/s 的井底气流速度话，此时只需要 0.1m/s 的气流速度就可能将井底积液以泡沫的形式带出井口。

（2）分散效应。

在气水同产井中，无论什么流态，都不同程度地有大大小小的液滴分散在气流中，这种分散能力，取决于气流对液相的搅动、冲击程度。搅动越猛烈，分散程度越高，液滴越小，就越易被气流带至地面。气流对液相的分散作用，是一个克服表面张力做功的过程，分散得越小，比表面就越大，做的功就越多。而泡沫助采剂也是一种表面活性剂，它只需在产层水中下入 30~50mg/L，就可将其表面张力从 30~60mN/m 下降到 16~30mN/m。由于液相表面张力大幅度下降，达到同一分散程度所做的功将大大减少。或者说，在同一气流冲击下，水相在气流中的分散大大提高。这就是助采药剂的分散效应。

（3）减阻效应。

减阻的概念起源于“在流体中添加少量添加剂，流体可输性的增加”。减阻剂主要是一些不溶的固体纤维、可溶的长链高分子聚合物及缔合胶体，而且主要应用于湍流领域里。然而，开采过程中，天然气流对井底及井筒里液相的剧烈冲击和搅动，所形成的正是一种湍流混合物，既有利于泡沫的生成，也符合减阻助剂的动力学条件。

（4）洗涤效应。

泡排药剂通常也是一种洗涤剂，它对井底附近地层孔隙和井壁的清洗，包含着酸化、吸附、润湿、乳化和渗透等作用，特别是大量泡沫的生成，有利于不溶性污垢包裹在泡沫中被带出井口，这将解除堵塞，疏通流道，改善气井的生产能力。

5.1.2.2 泡沫排水采气工艺实施办法

泡沫排水的主要对象环雾流以下的气泡流、段塞流和过渡流，其中尤以段塞流态助采效果最佳。影响合理使用浓度的因素有：气体流动速度、产水量、井深以及助采剂类型。只能依各井的具体情况而定。施工中具体做法是：助采剂的日用量应根据施工井日产水量来计算，并建议按推荐的浓度值加入。对于气水比小的井，可取其上限值，然后再视其带水情况进行增减；对于非生产井的重新投产，助采剂的初始加入量应过量一些；总之，以

达到既能正常带水，不影响气水分离为原则，并尽量少采取消泡措施。纯气井（只是有些凝析水，或产地层水）宜采用间歇排水方式，助采剂加入周期每隔数天、数月一次即可。地层水产量 $q_w > 30m^3/d$ 的这类井，泡沫助采剂需不间断地进行，助采剂在这些井上的加入周期越短则越均匀、越好，最好是连续注入，尤其是对大水量井效果更较明显。但实际上因涉及工作量问题，一般每日加2~3次即可维持气井的正常生产。

为减少泡沫在分离器里聚积，特别是起泡剂用量过剩或泡沫过于稳定时，这种现象尤为严重，其结果将使大量泡沫被带到集输管线，产生二次起泡，引起阻塞，导致输压升高。应筛选相应的消泡剂。消泡剂用量按配方推荐浓度确定，通常间歇注入，以分离器出水中不积泡为原则。

5.1.2.3　泡沫排水采气应用条件

对泡排工艺而言，该技术适用于低压、产水量不大的气井，尤其适用于弱喷或间歇自喷气水井，日排液量在120m以下，井深一般不受限制。此种工艺管理、操作极为方便，且投资少效益高，易推广，是一种非常经济、有效的排水采气技术。

泡沫排水采气技术的选井原则如下：井底温度要小于150℃，井深不大于4000m；气井井底油管鞋处气流的速度要大于0.1m/s，产水量小于150m³/d；二氧化碳含量要不大于86g/m³、地层水总矿化度不大于50000mg/L、含凝析油不大于45%、硫化氢含量要不大于23g/m³；油管鞋必须在气层的中部段，因如果距离中部较远的话，井底的积液过高，泡沫剂一流到油管鞋处就会被气流冲走，达不到排除积水的效果。选井的好坏将直接影响泡沫工艺质量以及能否获得成功，有下列条件之一的气水井不宜选作泡排井。

（1）油管下得太浅的气水井。

如果油管鞋没有下到气层中部，泡沫剂不易流到井底，在油管鞋末就被气流所带走，难以达到消除井底积液的目的。

（2）气井油套管互不连通或油管串不严密的气水井。

如果油套管本身不连通，起泡剂无法流入井底，不能消除井底或井筒积液。当油管串不严密或密封不好，将发生泡沫剂短路而流不到井底，达不到泡排目的。对这类气井应进行修井作业后方可进行泡排作业。

（3）水淹停产气井。

由于泡排工艺只是一种助喷工艺，本身不能增加气井能量，因此，要对这类气井进行泡排作业必须先进行辅助作业（如气举、液氮举升等排水方法）。

（4）水气比大的气水井。

当气井的水气比过大（$> 60m^3/10^4m^3$）时，气井举水所要求能量也大，可能使带水失败。因此，对水气比大的气水井最好不采用泡排工艺。

5.1.2.4　泡沫排水采气工艺设计

泡沫排水采气工艺的原理是通过套管（用油管生产的气井，占多数）或油管（用套管生产的气井）注入表面活性剂（称为泡沫排水起泡剂，简称起泡剂），在天然气流的搅动下，气液充分混合，形成泡沫。随着气泡界面的生成，液体被连续举升，泡沫柱底部的液体不断补充进来，直到井底水替净。起泡剂通过分散、减阻、洗涤（包括酸化、吸附、润湿、乳化、渗透）等作用，使井筒积液形成泡沫，并使不溶性污垢如泥沙和淤渣等包裹在泡沫中随气流排出，起到疏导气水通道、增产、稳产的作用。泡沫排水工艺流程如图5.1所示。

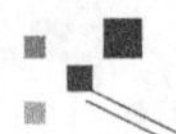

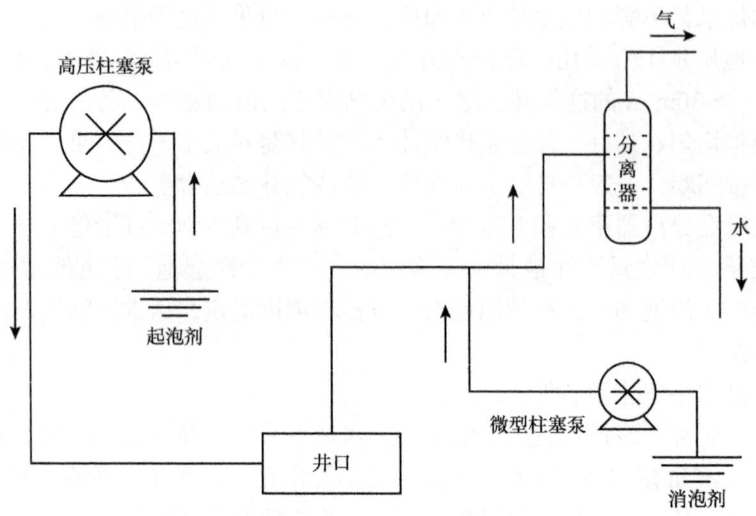

图 5.1　泡沫排水采气工艺流程示意图

泡沫助采剂由井口注入，即用油管生产的井，从套管环形空间注入；由套管生产的井，则由油管注入。对于棒状助采剂，由井口投药筒投入。消泡剂的注入部位一般是分离器的入口，与气水混合物一起进入分离器，达到消泡和抑制泡沫再生的目的，便于气水分离。泡沫排水采气工艺设计步骤简介如下：（1）选择泡排药剂；（2）选择药剂的合理浓度；（3）根据产水量确定药剂的用量；（4）确定药剂的注入周期；（5）确定药剂的注入方式；（6）施工准备。

该技术适用于低压、水产量不大的气井，尤其适用于弱喷或间歇自喷气水井，日排液量在 $120m^3$ 以下，井深一般不受限制。此种工艺管理和操作极为方便，且投资少，效益高，易推广，是一种非常经济、有效的排水采气技术。对泡排工艺而言，选井的好坏将直接影响泡沫工艺质量以及能否获得成功。在选井时应注意：油管鞋应下到气层中部；套管之间要畅通；气井不能水淹停产；选水气比小于 $60m^3/10^4m^3$ 的气井。泡沫排水工艺对井的产能和井内流体也有一定要求：气井必须有一定的产能，一般气速大于 3m/s 时，泡排效果较好；地层温度不宜过高，总矿化度应低于 $1.2\times10^5mg/m^3$，凝析油含量应低于 30%。

5.1.2.5　气举排水采气工艺

气举排水采气是利用高压气井的能量或压缩机为气举动力，借助于井下气举阀的作用，向产水气井的井筒内注入高压天然气，降低管柱内液柱的密度，补充地层能量，提高举升能力，排除井底积液，恢复气井的生产能力的一种助喷工艺。气举排水采气按气举方式分，可划分为连续气举和间歇气举。

连续气举是将产层高压气或地面增压气连续地注入气举管内，给来自产层的井液充气，使气、液混相，以降低管柱内液柱的密度，提高举升能力。当井底压力降至足以形成生产压差时，就造成类似于自喷排液的势头，在井内液柱被卸载后，井可望达到所需的生产工作制度要求。连续气举具有注入气和地层产出气的膨胀能量可充分利用、注气量和产液量相对稳定、排液量较大的显著优点。

柱塞气举属于间歇气举，其动力来源于气井本身所产出的气体动能。柱塞气举排水采气是将柱塞作为井筒内的机械界面，利用开井时柱塞上下部产生的压差，把柱塞和井内液体举升到地面。在举升过程中，柱塞起到一定密封作用，防止气体窜流及减少液体滑脱，提高举升效率。在具体的柱塞举升过程中，柱塞充当气液之间的固体界面，由此减小了液体的滑脱损失。柱塞气举排水采气工艺相比一般的间歇气举采气工艺，可以最大限度地利用气体的膨胀能量，提高举升效率。

（1）连续气举排水采气工艺。

气举排水采气工艺是依靠从地面注入井内的高压气体与油层产出流体在井筒中汇合，利用气体的膨胀使井筒中的混合液密度降低，以将其排出地面的一种举升方式。气举运用的是 U 形管顶替井液的流动原理。在气井的卸载阶段，当注入气进入油套环空时，预先调试定压的气举阀在注入气压力的作用下被打开，气体经阀进入油管，卸载阀以上的液柱被顶替至地面。这一过程从顶阀开始，自上而下依次打开各卸载阀，直至工作阀露出液面为止。连续气举地面工艺流程如图 5.2 所示。

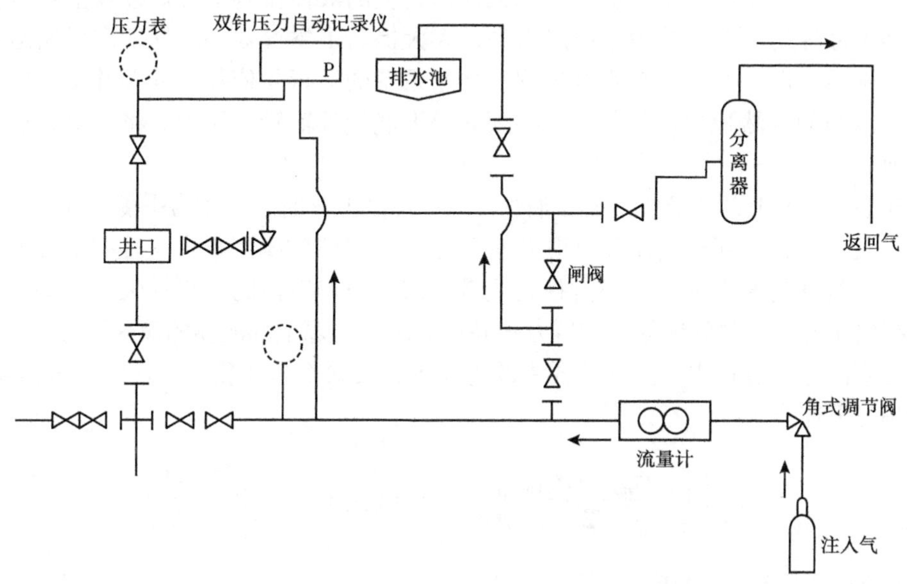

图 5.2　连续气举地面工艺流程示意图

连续气举设计的一般步骤如下：建立气井的有关资料和数据；预测井的最大举液量和产气量；用作图法确定阀的分布，即各级阀的下入深度及其间距；选择阀座孔径尺寸；计算阀的地面调试压力；选择采用何种装置类型：开式、半闭式或闭式；作出设计结果总表。连续气举排水采气工艺适用于弱喷、间歇自喷和水淹气井。排量大，日排液量可高达 300m^3，适宜于气藏强排液；适应性广、不受井深、井斜及地层水化学成分的限制；适用于中、低含硫气井。该工艺设计、安装比较简单，易于管理，是一种少投入、多产出的先进工艺技术。

根据气举工艺多年来的实施情况，可总结出如下选井条件：单井控制储量大于 $0.5\times10^8m^3$，剩余开采储量大于 $0.1\times10^8m^3$；被选井完钻后投产初期产量大，稳定状况好，气井不产水或气井产少量水，并且带水稳定，单井供给储量大，连通范围广，目前井底静压力较高，见水后气水同产期产量大幅度递减的气水同产井均可列为气举工艺实施井；气水同产因“水锥”或者“水窜”造成对气藏的水封或者切割，使微细裂缝和基质孔隙中的气体无法流出或者流动困难，造成气井间歇或者停产的水淹井；新区新井：刚完钻投产即出水的井，造成水淹的“假死”，且酸化、泡排效果不理想，为了排液找气，可采用气举工艺诱喷试采；气井位于气藏水侵区内，气藏边水或底水不活跃，需要进行强排液的出水气井或水淹井，可列为气举工艺实施井；气藏深度 1000~3000m。

（2）柱塞气举排水采气工艺。

柱塞气举排水采气工艺是低压气井常用的排水采气工艺之一，在苏里格气田等都有广泛应用，由于川东地区石炭系气藏气井井深，多为组合管柱（油管结构多为 ϕ88.9mm+ϕ73mm），限制了该工艺的应用。近年油管材质优化后，油管强度可以在川东地区石炭系一部分上气井实现单一管柱结构，满足了柱塞气举工艺对管柱的要求，在川东地区石炭系气藏低压气井上可以试验应用柱塞气举工艺。

柱塞气举是在油管内投放一个柱塞，形成人为的气液之间的机械界面，由地层和套管积蓄的天然气推动柱塞从井底上行，把柱塞之上的液体排到地面。柱塞上行时，由于柱塞阻挡了液体的下沉，减少了滑脱损失，大大提高了举升效率。柱塞重新回落到弹簧承接器顶部后，即开始下一个举升过程。柱塞系统的运行是依靠气井关井（未生产）期间气井内压力的自然积累。关井压力必须高于天然气外输管线压力，将柱塞和液体负载举升至地表。

当柱塞和柱塞上部的液柱一起在油管内某一深度上升时，其压力平衡公式为：井口套压 + 环空气柱压力 - 环空气体摩阻损失 = 柱塞下部气体的摩阻损失 + 柱塞下部的气体的气柱压力 + 柱塞的摩阻损失 + 举升柱塞重量所需压力 + 液体的摩阻损失 + 柱塞上部气体的摩阻损失 + 柱塞上部气体的气柱压力 + 井口油压 + 柱塞下部液体的液柱压力。

在柱塞的上行过程中，上述公式中的绝大多数因素都是变化的，这些因素相互作用，但都能满足下述公式：

$$\overline{p_{\mathrm{c}}}=\left(1+\frac{p_{\mathrm{cmax}}-p_{\mathrm{cmin}}}{2}\right)\left[p_{1}+p_{2}+\left(p_{3}+p_{4}\right)L\right]\left(1+\frac{D}{K}\right)$$

式中 p_{c}——井口套压，MPa；

p_1——举升柱塞重量所需要的压力，MPa；

p_2——最下井口油管压力，MPa；

p_3——举升 1 升液体所需要的压力，MPa；

p_4——每升液体的摩阻损失，MPa；

L——每周期举升的液体载荷，m^3；

D——举升油管深度，m；

K——常数。

对于一定的井况来说，柱塞的工作套压有较大的选择范围，但只有采用尽可能低的工作套压，才能得到最大的产液量。井底工作套压是井口套压的直接函数，按平均套压考虑，并带入天然气的摩阻损失的近似值，则可得平均井口套压。

柱塞每个工作周期的用气量可以认为是以下几部分气量的总和：井口油管阀门打开之前，油管内的气量；柱塞上升过程中从柱塞和液柱之间滑脱的气量；柱塞到达地面至控制器关闭期间的产气量。油管内的气量等于最大油管恢复压力下的气量。在实际工作中，控制器在柱塞到达地面后几秒钟之内就关闭，因此气量值很小，可以忽略不计。

5.1.2.6　优选管柱排水采气工艺

一般来说，油管直径越大，气井产量越高。但是，这种油管有可能不能连续携液。油管直径越小，由于会提高天然气的流速，举升液的效率也越高，一般可以考虑通过更换小尺寸油管实现其连续携液，这种工艺方法就被称为优选管柱排水采气。

优选管柱排水采气工艺是在有水气井开采的中后期，重新调整自喷管柱，减少气流的滑脱损失，以充分利用气井自身能量的一种自力式气举排水采气方法。在设计自喷管柱之前，只有通过应用相关的数学模式，确定出临界流量与临界流速，才能确保连续排液。随着气流沿着自喷管柱举升高度的增加，为了确保连续排出流入井筒的地层水，在井底自喷管柱管鞋处的气流流速必须达到连续排液的临界流速；当气流沿着自喷管柱流出时必须建立合理的最大可能压力降，以保证井口有足够的压能将天然气输进集气管网和用户。优选合理管柱涉及两个方面的内容：对流速高，排液能力较好、产水量大的气井，应增大管径生产，以达到减少阻力损失、提高井口压力、增加产气量的目的；对于中后期的气井，井底压力及产量均降低，排水能力差，则应采用小油管生产，以提高气流带水能力，排除井底积液，使气井正常生产。

优选管柱的应用设计程序如下：根据所给的气井自喷管柱尺寸、井深尺寸、产量、井底流压和天然气的相对密度等值，计算出气井连续排液的流量与对比参数 Q_r 值；当 Q_r 不大于 1 时，气井不能连续排液，通过计算重新优选自喷管柱直径，使得 Q_r 不小于 1，保证气井在新自喷管柱的情况下，能够实现稳定生产；检验求出的自喷管柱工作时，气井井口压力能否大于输压以确保能将天然气输进采气管网和用户。利用多相流关系式从井底计算出井口压力，若井口压力大于输压条件，则求出的直径可以采用，否则应重新优选大一级别的油管进行生产。

优选管柱排水采气工艺的关键在于确定气井的产量使之满足于气井连续排液的临界流动条件。产水气井在气水产量较大的开采早期，宜优选一合宜的小尺寸油管生产；同时，精选施工井也是优选小尺寸油管柱排水采气工艺获得成功的重要因素之一，应用时的选井要求如下：气井水气比不超过 4%；气流的对比参数小于 1，井底有积液；井深适宜（一般为 2000~3100m），符合下入的油管强度要求；对采用油管公称直径不超过 60mm 进行小油管排水采气的工艺井，最大排液量 $50m^3/d$，油管强度制约油管下深。

5.1.2.7　机抽排水采气工艺

机抽排水采气是气田进入中后期维持气井生产的重要措施之一。其工作原理与抽油相同，区别是从油管排水、油套环空采气。在需要排水的气井中，首先将有杆深井泵连接在油管上、下到井内适当的深度，将柱塞连接在抽油杆下端，通过安装在地面的抽油机带动油管内的抽油杆不停地作往复运动。上冲程，泵的固定阀打开，排出阀关闭，泵的下腔吸入液体，油管向地面排出液体。下冲程，固定阀关闭，排出阀打开，柱塞下腔吸入的液体转移到柱塞上面进入油管。这样，抽油机装置不停地将地层和井筒中的液体从油管排到地面，井筒中的液面将逐渐下降，降低井筒中液体对气层的回压。产层气则向油套环形空间聚积、升压，当套压超过输压一定值后，即可将套管内的天然气通过地面气水分离器进入输气干线到用户，这样就实现了气井抽油机排水采气的目的。

气井排水采气的工艺流程包括油管内排水的流程和油套环形空间采气的流程。常规有杆泵排水采气工艺流程如图 5.3 所示。

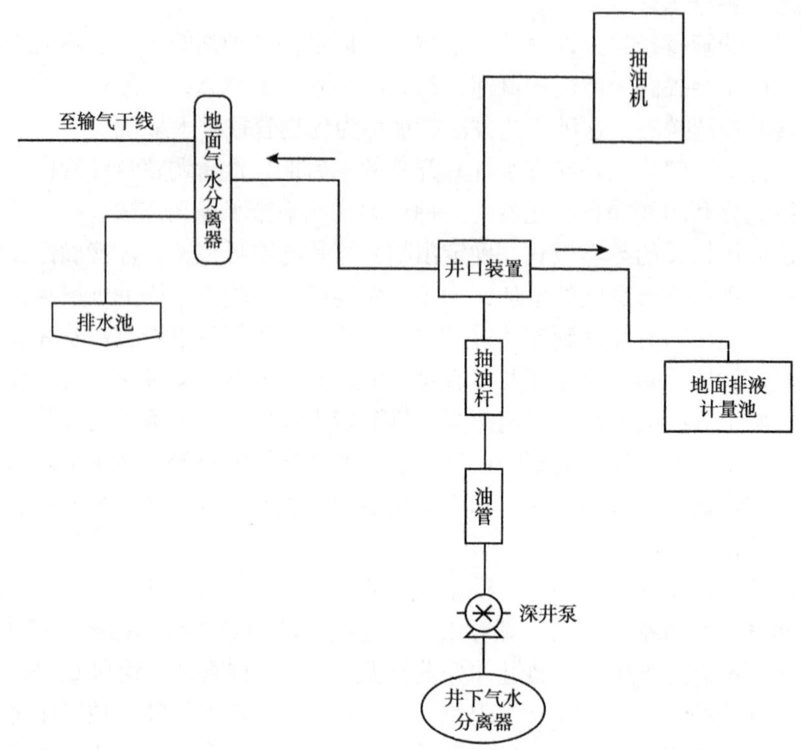

图 5.3　常规有杆泵排水采气工艺流程示意简图

机抽排水采气工艺主要技术参数包括：抽油机排量、泵效、泵挂深度、抽油杆组合、抽汲参数等。其工艺设计步骤简介如下：计算驴头最大载荷、曲柄轴最大扭矩；抽油机理论排量及泵效的计算；确定抽油杆组合并进行强度校核；确定下泵深度；确定抽油机及抽汲参数；计算电动机功率。

机抽排水采气工艺是针对一定产能，动液面较高，邻近无高压气源或采取气举法已无经济性的水淹井，采用井下分离器、深井泵、抽油杆、脱节器和抽油机等配套机械设备，进行排水采气的生产工艺。其适用范围如下：适用于水淹气井和间喷井；日排水量 10~100m^3；泵挂深度小于 1500m 左右；产层中部深度小于 4000m；目前地层压力 2.4~26MPa、变产后套管压力 1.5~20MPa；温度小于 100℃；矿化度（或 Cl^- 含量）小于 90000mg/L；二氧化碳含量小于 115g/m^3；硫化氢含量小于 300g/m^3。

5.1.2.8　电泵排水采气工艺

电潜泵是一种最早用于采油的人工举升设备，它是采用多级离心泵下入井底，启泵后将油管中积液迅速排出井口，以降低回压，使气藏采收率提高的一种排水采气工艺技术。电潜泵排水采气的工作原理是地面电源通过变压器、控制屏和电缆将电能输送给井下电动机，电动机带动多级离心泵叶轮旋转，将电能转换为机械能，把井液举升到地面。电潜泵排水采气的工艺流程如图 5.4 所示。

在“变频控制器”的自动控制下，电力经过变压器、接线盒和电力电缆使井下电动机带动多级离心泵作高速旋转。井液通过旋转式气体分离器、多级离心泵、单流阀、泄流阀、油管、特种采气井口装置被举升到地面排水管线，进入卤水池计量并处理；井恢复生

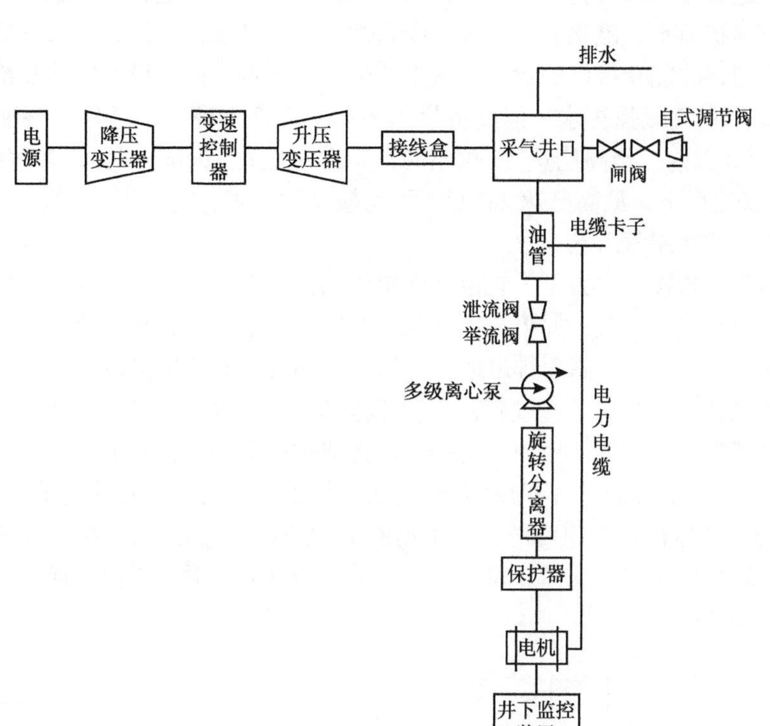

图 5.4 电潜泵排水采气工艺流程简图

产后，气水混合物经油套环形空间、井口装置、高压输气管线进入地面分离器，分离后的天然气进入输气管线集输。其地面流程如图 5.5 所示。电潜泵排水采气工艺设计的主要步骤简介如下：在已知产液量的条件下，确定泵的最大排量；确定泵的下泵深度；确定泵的有效扬程；选择泵型；以设计频率选择电潜泵机组的最大排量和扬程；选择变频电动机；选择电缆、变频控制器、变压器、井口装置及附属部件。

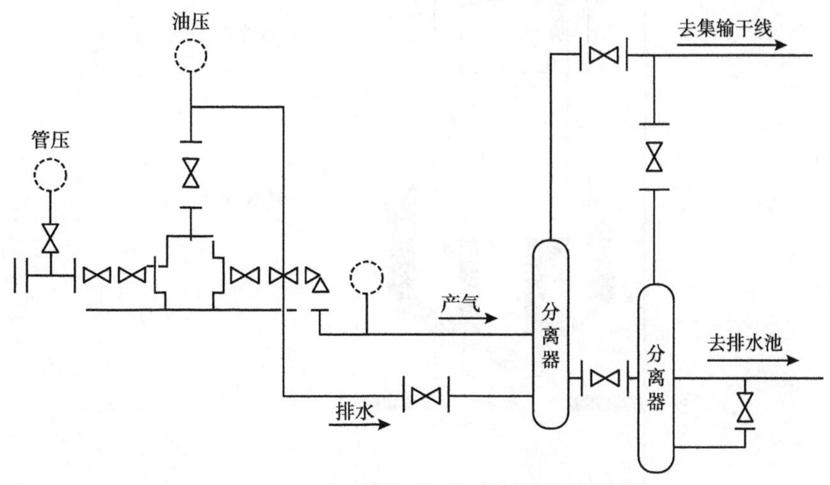

图 5.5 电潜泵排水采气地面流程简图

用电潜泵进行排水采气会遇到一些在采油中没有的特殊问题，工艺难度大。只有选择耐高温、高压，抗卤水、硫化氢、二氧化碳腐蚀，电缆气蚀性能好，气水分离器效率高的变速电潜泵机组，才能获得好的效果。该工艺的参数可调性好、设计安装及维修方便，适用于水淹井复产和气藏强排水。但经济投入较高，对高含硫井不适用。潜油电泵的产量一般在 4100m^3/d 以内，最高已达 15000m^3/d，井深一般在 3000m 以内，最深已达 4572m，井温一般在 120℃以下，最高已达 242℃，平均检泵期 2 年左右。

5.1.2.9　射流泵排水采气工艺

射流泵是一种特殊的水力泵，它由地面提供的高压动力液通过喷嘴把其压能转成高速流束，在吸入口形成低压区，井下流体被吸入与动力液混合，在扩散管中，动力液的动能传递给井下流体使之压力增高而排出地面（地下水和气被同时排出地面）。

水力射流泵装置的泵送是通过两种运动流体的能量转换来达到的。地面泵提供的高压动力流体通过喷嘴把其位能（压力）转换成高速流体的动能；喷射流体将其周围的井液从汇集室吸入喉道而充分混合，同时动力液把动量传给井液而增大井液能量，在喉道末端，两种完全混合的流体仍具有很高的流速（动能），此时，它们进入一扩散管通过流速降低而把部分动能转换成压能，流体获得的这一压力足以使其从井下返出地面。水力射流泵的结构原理图如图 5.6 所示。

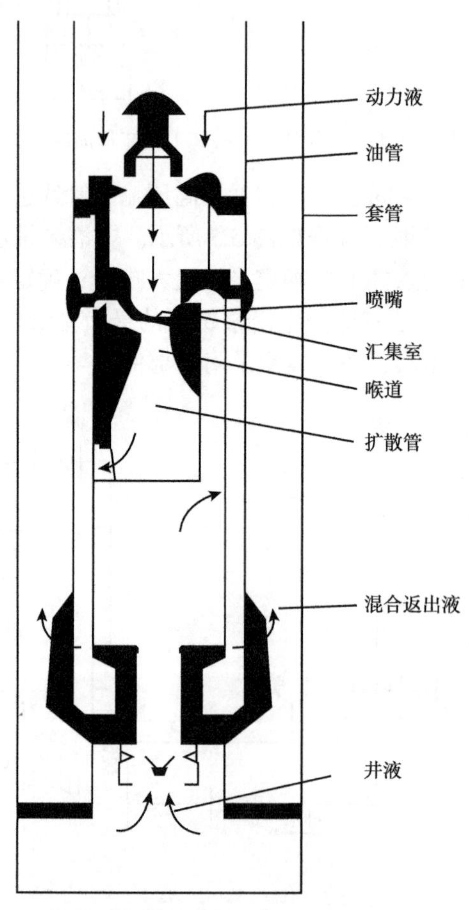

图 5.6　水力射流泵结构原理示意图

水力射流泵排水采气系统是一独立井场动力站系统，由地面动力装置和地面净化装置组成，设备主要包括多缸泵、电动机、动力液罐、气液分离器和固体分离器。从地面动力泵出来的动力液从油管进入井下，在井下泵内与井内流体混合后，从套管返出地面后进入一级气水分离器，分离后的液体进入地面净化系统的立罐，再通过旋风分离器将大颗粒固体去掉后进入卧罐，作为地面动力液供给地面泵，立罐和卧罐中多余的液体可通过差压阀和回压阀进入二级分离器后排入污水池。从一级分离器出来的气体在二级分离器中再次分离，气体进入输气管线外输，少量液体排入污水池。井口控制阀可方便地改变动力液进入井下的通道，即从套管进入油管返出，将井下泵返出地面。其工艺流程如图 5.7 所示。

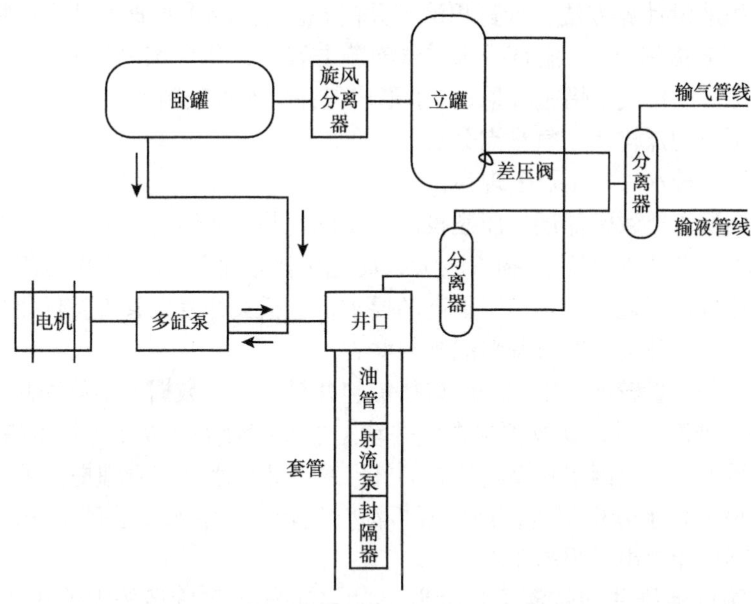

图 5.7　水力射流泵排水采气工艺流程示意简图

水力射流泵排水采气的工艺设计步骤如下：计算地面泵在最高工作压力下能提供的动力液量；根据多相流关系式，由井口压力向下计算喷嘴上游压力；计算在预计排水量下的井底流压；由井底流压从下向上根据多相流关系式计算泵的吸入压力；计算出射流泵的喷嘴面积，根据计算数据选择标准喷嘴；计算出泵的最小气蚀面积，并计算出喷嘴与孔道的面积比；选择标准孔道，可得到孔道面积与喷嘴孔道面积比；假定吸入压力；计算井的产水量；计算泵的气蚀流量和泵的吸入功率；计算实际动力液量和喷嘴上游压力；计算泵的吸水量和流体返出压力；比较和预先假定产量是否接近，直至迭代误差在允许范围之内；最终确定排水量，计算地面泵的实际需求功率，计算泵效等。

射流泵排水采气没有运动部件，适合于处理腐蚀和含砂流体；结构紧凑适合于倾斜井和水平井；自由投捞作业，安装方便，维护费用低；产量范围大，控制灵活方便；能处理高含气流体，适用于高温深井，不受举升深度限制。但是它的初期投资较高，为了避免气蚀，还必须有较高的吸入压力，腐蚀和磨损会使油嘴损坏，而且泵效较低。其适用范围为：总排液量为 16~1900m^3/d；举升高度为 450~3050m；地面泵功率为 22~460kW；射流泵在使用时还要注意作好优化设计，选择合理的喷嘴和喉道组合以防止气蚀；对于地层水结垢或产腐蚀性介质的井应向动力液中加入防垢剂和防腐剂。停机时井下泵不能长久停留于井内。

5.1.3 苏里格南国际合作区泡沫排水采气工艺实践

气田排水采气工艺技术都有其优点与局限性。不同的气井条件采用合适的排水采气方法；同时，排水采气工艺技术研究又是系统的科学技术发展工程。针对不同条件积液气井应采取不同或多种工艺的组合技术，在优选排水采气工艺技术上还有待进一步的研究。通用的“7 步法”也同样适用于苏南项目排水采气工艺技术的选择，即：(1) 通过气井积液判识方法，确定积液气井；(2) 利用气井液面测试方法，确定积液气井的积液位置；(3) 利用井筒积液量计算方法，计算积液气井的积液量；(4) 根据气井生产特征，选择合适的排水采气工艺措施；(5) 制订排水采气实施方案，优化和调整工艺参数；(6) 根据措施前后生产情况，评价气井措施效果；(7) 形成气井生产管理制度。

5.1.3.1 苏南项目泡沫排水采气难点分析

苏南项目泡沫排水采气难点表现为：

(1) 该区属低渗透致密储层，压裂投产后初期气井产能尚可，但地层储层特点决定地层流体供给不足，近井地带压力损失较大，而泡沫排水采气要求气井具备一定的携液能力，因此对泡沫排水工艺实施提出了更高的要求，包括关井复压管理、优化加注制度和加注量、动态跟踪气井井况并实时调整泡排制度。

(2) 目前气井产量较低，根据 100 口待措施井最新生产数据，多数气井井底气相流量已低于气井临界携液流量，现场须根据气井动态情况结合关井复压等技术措施进行排水，降低井筒液柱压力，释放因水相圈闭的封隔气，对泡沫排水动态管理提出了更高的要求。

(3) 根据该区块水分析报告，该区凝析油含量较高，油水比达到 4∶10，凝析油含量较高，对起泡剂性能提出了很高要求。

(4) 所实施的泡排井均较深（井深为 3800~4000m）且管径较大（3½ in 生产管柱），此类井泡沫排水效果较其他井差，主要因为较深、较粗的生产管柱增加了井筒摩阻，消耗了更多的能量，加大了排液难度；同时，由于气泡在井内滞留时间延长，从而气泡更易破裂回落井底造成积液，因此深井泡沫排水采气工艺对起泡剂的稳泡性能有很高要求。

(5) 由于该区气井均安装了井下节流器，导致油压不真实，井筒积液情况难以判断；另外，井下节流器的存在导致从管柱加注起泡剂效果不佳，增大了工艺实施难度。

5.1.3.2 苏南项目排水采气工艺适应性分析

苏南项目的开发特征表现为以下几点：一是目前区块气田主要采用 3½ in 生产管柱，由于管径较大，携液产气困难，主要采用关井复压手段带液产气，影响气井生产效率；二是已开发的主力储层有 2 个层位，即石盒子组和山西组。从开发动态特征分析虽然目前各单井属于开发初期，但部分生产井已表现出井筒附近压降损失较快，地层储层特点决定地层流体供给不足；三是该区储层为气液同层特征明显，表现为气井开发初或早期见水（油），且液量不大；四是该区块已投产的 420 口井生产过程显示，单井产气量和产水量下降较快，出现积液往复波动现象，井筒积液特征明显。

因此，苏南项目区块气水同层，气井开发见水较早，水量较小。在开发早期能量充足、井底流压较高、产气量较大，气井可依靠自身能量携液；生产一段时间后，由于井筒附近压降损失较快，地层供给不足，造成井筒积液明显，表现为井口压力及产气波动较

大；随着近井地区压力进一步衰减，气井明显已不能靠自身能量携液，导致产气量和产水量下降较快，部分井须依靠关井复压间歇生产，且关井复压周期逐渐增大、压力恢复缓慢，复压开井后产气量和产水量都较低，此时应立即采取排水采气工艺措施，以协助气井携液，稳定或增加气井产量。

与此同时，苏里格气田各区开发管理均采取“低成本”战略的思路，同时考虑到该区气井产水量不大，表 5.1 中选取优选管柱（速度管柱）排水采气、泡沫排水采气、连续油管排水采气、气举、螺杆泵、复合排水采气等各种排水采气工艺技术的特点和工艺适应性，以及各种排水采气工艺的适应条件、同类型气田应用效果进行了对比。不同排水采气方式的特点对比见表 5.1。

表 5.1　排水采气方式的特点对比表

举升方法对比项目	优选管柱	泡排	柱塞气举	连续油管	机抽	电潜泵	水力射流泵	喷射气举
排液量（m^3/d）	＜100	＜120	＜1000	＜200	＜100	＜1200	＜300	＜200
排深（m）	＜4300	＜5000	＜5000	＜5000	＜2800	＜3000	＜4500	＜4500
井底温度（℃）	不限	＜120	不限	不限	＜120	＜120	＜120	不限
地层水矿化度适应性	好	差	好	好	中	中	好	好
酸性气田适应性	好	中	差	好	很差	很差	差	差
高气液比适应性	好	好	中	好	差	差	中	中
出砂适应性	好	好	好	好	中	中	好	好
结垢适应性	中	中	好	中	差	差	中	中
斜井适应性	好	中	好	好	差	差	好	好
运转效率高适应性	好	好	好	好	中	中	中	中
维修管理方便适应性	好	好	好	好	中	好	好	好
费用适应性	好	好	中	中	差	差	差	中
无电源适应性	好	中	差	好	差	很差	差	差
恶劣自然环境适应性	好	中	中	好	差	中	中	中
低地层压力适应性	中	中	差	中	中	中	好	好

结合各种排水采气工艺的设计结果以及气井的相关数据信息，根据排水采气经济指标、工艺技术计算公式，将各种排水采气工艺的技术指标即产气量、产水量、举升效率和经济指标即工艺成本、投资回收期、最短作业周期等分别进行计算（天然气价格按 1.50 元 /m^3，进行计算），其计算结果见表 5.2。

表 5.2 苏南项目气井排水采气经济指标表

工艺＼指标	工艺成本（元/m^3）	投资回收期（a）	最短作业周期（d）	产气量（$10^4m^3/d$）	产水量（m^3/d）	举升效率（%）
优选管柱	0.335	0.32	285	2.314	3.39	52.31
泡沫排水采气	0.22	0.232	—	2.154	4.48	56.23
气举	0.263	0.265	350	1.97	4.69	56.62
复合排水采气	0.36	0.317	296	2.506	4.40	50.37
连续油管	0.4	0.926	342	3.393	4.74	58.94
螺杆泵	0.32	0.375	272	2.292	4.20	61.32

根据苏南项目生产情况，认为经济指标比技术指标对工艺优劣的影响稍强。从各种对比来看，应用成熟、成本低、设计操作简单的泡沫排水工艺无疑是苏南项目气田排水采气工艺的首选；其次是优选管柱（速度管柱）、连续油管排水等两种接替泡沫排水采气的工艺措施；对于产水量较高的气井考虑采用柱塞气举工艺，对于积液井考虑采用小直径管（速度管柱等）泡沫排水；对于后期生产中水淹井可考虑采用常规气举、螺杆泵等工艺进行水淹复产。苏南项目区块排水采气方式优选结果详见表 5.3。

表 5.3 苏南项目区块排水采气方式优选结果

序号	排水采气方式	苏里格南作业区推荐排水采气方式
1	泡沫排水	推荐采用
2	优选管柱	推荐采用
3	连续油管排水	推荐采用
4	复合排水	可考虑采用
5	小直径管泡沫排水	可考虑采用
6	柱塞气举	可考虑采用
7	常规气举	后期产水量大时可考虑采用
8	螺杆泵	后期产水量大时可考虑采用
9	球塞气举	不采用
10	气体加速泵	不推荐采用
11	机抽	不采用
12	电潜泵	不采用
13	水力射流泵	不推荐采用
14	同井回注技术	不采用

5.1.3.3　苏南项目块排水采气工艺技术选择

根据泡排工艺自身特点，结合苏南项目区块实际情况，确立以下选井原则：气井测试情况较好，地层出现早期出水现象且井筒存在积液情况的生产井；具备一定地层能量，能够连续或间开带液生产；油压下降较快，且随着油压下降，产气量和产水量均大幅下降的气井；油压和产气量呈锯齿形周期性波动，二者呈相反变化趋势。以油压和产气量波动幅度超过 20% 为判断标准。生产 6~8 个月后产气量由 2.0×10^4~$6.0\times10^4m^3/d$ 下降至 0.5×10^4~$1.0\times10^4m^3/d$，生产油压往复波动较大，油压和产气量波动幅度均超过 100%，说明该井井筒积液较多，严重影响该井正常生产，可以实施泡排施工。

苏南项目气井预测产量低，初期产量下降快，直井 1 年后由初始产量 $3.0\times10^4m^3/d$ 下降为 $1.37\times10^4m^3/d$；水平井 3 年后由初始产量 $10.0\times10^4m^3/d$ 下降为 $1.53\times10^4m^3/d$；根据临界携液流量预测，无论采用 2⅞ in 油管 +5½ in 套管，还是采用 3½ in 套管无油管结构，生产管柱自然携液生产期比较短，之后需要采用排水采气措施。

2⅞ in 油管 +5½ in 套管结构主要采用井下节流、泡沫排水提高气井的携液能力，随着气井产量和压力的下降，排水采气是面临的一大难题。

3½ in 套管无油管结构，通过下入速度管柱可以有效提高气体在管柱中的流速，提高气体的携液能力，表 5.4 给出了不同压力条件下，不同管径的临界携液流量。可以看出，对于 3½ in 套管，当气井产量 1.8×10^4~$2\times10^4m^3/d$，需要下入速度管柱提高气井携液能力。1¼ in 速度管柱临界携液流量为 $0.3\times10^4m^3/d$ 左右，根据水平井产量预测，整个生产周期气井产量均大于 $0.3\times10^4m^3/d$，不需要采用其他排水采气措施。当气井产量低于 $0.3\times10^4m^3/d$，也可以通过泡沫排水采气。

表 5.4　临界携液流量分析表

井口压力（MPa）	井底流压（MPa）	管径（内径）[in（mm）]	临界携液流量（$10^4m^3/d$）
2.5	5.5	3½（76）	2.0
		2⅞（62）	1.38
		1½（32）	0.37
		1¼（27）	0.27
5	7	3½（76）	2.66
		2⅞（62）	1.73
		1½（32）	0.47
		1¼（27）	0.33

应用速度管柱提高气井携液能力是苏里格南后期一种有效的排除井筒积液的方式，另外通过计算分析，1½ in 和 1¼ in 速度管柱的气体通过能力均能够满足生产要求。

（1）冲蚀流量分析。

1½ in 和 1¼ in 速度管柱在井口压力 2.5MPa 和 5.0MPa 条件下，发生冲蚀的最小流量见表 5.5。发生冲蚀的最小流量为 $3.6\times10^4m^3/d$，由于速度管柱是在产量降到 $1.8\times10^4m^3/d$ 开始下入，所以速度管柱不会发生冲蚀。

表 5.5　1½in 和 1¼in 速度管柱冲蚀流量分析表

井口压力（MPa）	管径（内径）[in（mm）]	冲蚀流量（$10^4m^3/d$）
2.5	1½（32）	5.1
	1¼（27）	3.6
5	1½（32）	7.4
	1¼（27）	5.3

（2）摩阻分析。

随着生产管柱直径的减小，相同条件下，生产过程中管柱的压力损失增大。速度管柱生产过程中，管柱压力损失见表 5.6 和表 5.7。

表 5.6　1½in 和 1¼in 管柱压力损失流量分析表（p_{wh}=5.0MPa）

产气量（$10^4m^3/d$）	管径（内径）[in（mm）]	压力损失（MPa）
2.0	1½（32）	2.5
	1¼（27）	3.9
1.0	1½（32）	1.8
	1¼（27）	2.3
0.5	1½（32）	1.7
	1¼（27）	1.9

表 5.7　1½in 和 1¼in 速度管柱压力损失分析表（p_{wh}=2.5MPa）

产气量（$10^4m^3/d$）	管径（内径）[in（mm）]	压力损失（MPa）
2.0	1½（32）	2.7
	1¼（27）	4.5
1.0	1½（32）	1.4
	1¼（27）	2.1
0.5	1½（32）	1.0
	1¼（27）	1.2

当产量低于 $1\times10^4m^3/d$，生产过程的压力损失小于 2.5MPa，且随着产量的降低，不同管径的压力损失差异变小。当气井产量小于临界携液流量，即气井存在带液困难时，采用 1½ in 和 1¼ in 速度管柱解决排液采气问题。当气井产量降低到 $0.3\times10^4m^3/d$ 以下，辅助泡沫排水采气。速度管柱采用不压井方式下入井中，从而避免由于压井损坏井筒和降低气井产能。速度管柱悬挂器及其上方的所有过流部件在气井整个寿命期内都要进行防腐蚀保护。短悬挂器用含有 13%Cr 的材料制造。

5.1.3.4 苏南项目区块气井泡沫排水采气工艺优化及应用

（1）苏南项目区块气井泡沫排水采气前期优化。

2014 年，苏南项目区块选取 HY-3 系列高抗油性泡排剂在苏里格南区块进行了 14 口积液气井泡沫排水采气现场试验。在所选气井积液严重、产能较低甚至停喷的情况下，成功将各井积液排出，各井的气产量得到了较大提高，效果显著。根据 2014 年试验结果，结合试验井动静态等资料，并参考苏里格其他区块排水采气经验，建立试验工艺井初始加注制度，不断摸索优化泡排工艺制度，并于 2015 年泡沫排水采气 1705 井次，其中 73 口井施工后产量大幅增加，效果突出，有 36 口井泡排后产量有所回升，效果明显，27 口井尚未见效，工艺有效率达 80%。

通过分析 2014—2015 年泡沫排水采气工艺在苏南项目气田的试验应用情况和实施效果，基于苏南项目气田积液影响井具有产气量低、产液量低的实际情况，选择泡沫排水采气工艺作为解决苏南项目气田井筒积液问题的主要工艺手段是科学、合理和有效的；可以进一步开展适合苏南项目高凝析油液柱的泡排剂室内比选研究；通过对泡排工艺井运行情况及泡排参数的连续监测，重点分析泡排不明显井形成的原因，提高泡排工艺的针对性；适时开展泡排 + 连续油管和泡排 + 增压复合排水采气工艺试验，进一步提高泡排工艺的有效性。

（2）苏南项目区块气井泡沫排水采气工艺应用效果。

苏里格气田南区具有低产低压、自然稳产期短、初期压力下降快、关井压力恢复缓慢等特点，截至 2017 年 1 月 20 日，苏里格气田南区投产气井 415 口，开井率较低，仅为 67.47%，并且日产气量小于 $1.0\times10^4m^3/d$ 的气井占总井数的 53%，平均井口压力为 2.96MPa，井口压力较低，且气井伴有水合物和凝析油的产生，对区块采气作业措施的设计和施工需要和生产进行紧密的跟进。

针对苏南项目气田的实际情况，做出以下简化：生产管柱统一使用 3½ in，天然气相对密度 $\gamma_g=0.6$，液体密度 $\rho_l=1074kg/m^3$，无起泡剂时取界面张力 $\sigma=60\times10^{-5}N/cm$，若选择 HY-3K 起泡剂时取界面张力 $\sigma=20\times10^{-5}N/cm$，根据截至 2017 年 1 月 20 日的生产资料，对苏南项目气井（共计 415 口，计算 336 口井，其他井数据资料不全无法判断）进行临界携液流速和流量计算，并对井筒积液状态和工艺有效性进行判断。如表 5.8 所示，在目前使用 3½ in 生产管柱条件下使用 HY-3K 泡沫排水采气井数后，积液井数减少 11.61%，使用后未积液气井增加 39 口井，增加 11.61%。

此外，为了充分利用地层能量和井筒压降最小化原则，目前主要采用泡沫排水采气作业和速度管柱排水采气作业工艺。在泡沫排水采气作业方面，主要采用 HY-3 系列起泡剂，从泡排周期分类试验井的效果来看，气井产气量大于 $4\times10^4m^3$ 气井泡排效果较好，低于 $4\times10^4m^3$ 气井由于泡排周期拉大且泡排棒携液能力较弱，泡排有效率较低。产量小

于 $1\times10^4m^3$ 的气井，采用起泡剂、投棒结合关井复压开井等相结合的工艺措施和制度。在速度管柱排水采气作业方面，由于生产气井普遍采用 3½ in 生产管柱，导致携液临界流量较高为 $3.8\times10^4m^3/d$，采用速度管柱作业后将生产管柱调整为 1½ in，降低携液临界流量，提高排液效果。但是由于目前采用井下节流工艺、中低压集气模式，若安装速度管柱，需要论证生产工艺改变对气井产量、生产压差和系统压力的影响，因此有必要对苏里格南现有的生产工艺进行分析评价，对开展不同油管尺寸的临界流速和临界流量进行研究，并且需要分析在泡沫排水采气和速度管柱排水采气作业相结合的工艺下的井筒流态特征和积液情况。

表 5.8　苏南项目 336 口气井泡排前后积液井和未积液井变化及所占比例

内容	未积液井		积液井	
	井数（口）	比例（%）	井数（口）	比例（%）
泡排前	68	20.24	268	79.76
泡排后	107	31.85	229	68.15

目前，苏南项目所采用的泡沫排水采气及速度管柱工艺技术都有明显的效果，应继续对泡排剂泡沫持续时间、不同井径举升时间效果和受高凝析油含量影响的效果评价及对速度管柱井位、下入时机进行优选。同时，加强气井运行情况及其运行参数的监测和分析，对气井今后可能遇到的问题作出合理的预测，并进行对策研究，加强对排水橇等国内外排水采气新技术及其应用情况的跟踪调研，在此基础上，拓宽小产水量井实施排水采气的技术思路，增加排水采气工艺技术的多样性。

5.2　苏里格南国际合作区速度管柱排水采气工艺和技术

速度管柱排水采气工艺原理是在井筒安装较小管径的生产管柱，在一定程度上降低临界携液流速，增大井筒中气体流速，从而提高气井携液能力。随着苏里格气田的不断开发，低产气井逐年增多，能量衰减严重，携液能力进一步减弱，井底积液量不断增多，对生产工艺提出了更高的要求。速度管柱排水采气技术以其无需辅助排水措施、携液能力强等优点已在苏里格气田多口气井得到了广泛应用。

5.2.1　速度管柱排水采气的机理分析

就新完钻井而言，必须要求完井速度管柱设计合理，实现对气井原始流量和压力的有效控制。在开采过程中，为了应对气井产量和地层压力的不断下降，要在确保地层能量能够正常维持气井正常生产的基础上，充分考虑气井流入和流出规律，对生产管柱尺寸进行调整或采取一系列增产措施。虽然保持现有完井管柱对单井实施酸压或压裂改造能够在短期内提高气井产量，但是这种做法却存在作业成本高、返排不彻底、工作液破胶和井底积液等弊端，极大地降低了气井持续生产的安全性。而更换完井生产管柱这一措施，不仅会增加成本费用，而且还会受井筒老化的影响，致使在气井作业过程中时刻面临“落鱼”的

风险，与此同时一旦出现井底积液，还必须实施强化排液的相关措施，进而增加了改造难度。由此可见，上述措施存在较大的操作风险，并且气井完井的成本较高，而速度管柱完井可以有效弥补这些弊端。速度管柱是利用小直径管柱充分发挥其对井下流体的节流增速作用，由井筒悬挂装置或地面悬挂器悬挂于井筒或生产油管内部，充当完井生产管柱。在地层流体受天然能量的作用流入速度管柱的情况下，根据变径管流体力学理论可知，因过流面积小于生产油管，因此会增加较小过流截面上的流体速度。速度管柱排水采气工艺具有以下特点：

（1）非节流生产。

速度管柱工艺要求在下入小管径油管前将气井原有的节流器捞出，从而改变了苏西区块气井原有的井下节流生产模式，气井由节流生产转变为非节流生产，原节流生产时井底积蓄的压力气量随节流器的捞出得到释放，从而使气井产能提高。

（2）具有一定产能。

通过增加气体流速、降低气井临界携液流量，达到提高携液能力效果，在相同气井产能条件下，油管内径越小，天然气流速越大，气井携液能力越强。

（3）速度管完井管柱一般会采用小直径挠性管。

现阶段CT（Coiled Tubing）连续管逐步成为充当速度管的首选，其完井管柱外径可在6.35~73.025mm范围内选择，最高屈服强度为800MPa。由于井下存在大量的CO_2，可采用Cr16材质的CT或Cr13材质的配套井下CT工具，以适应这种腐蚀性环境下的作业需求。

对于一次完井作业而言，受气井产量变化大、地层能量衰竭快以及边低水气藏活跃等因素的影响，如果使用小流速的方式采气，不仅会造成开采时间较长，还会不断恶化地层生产条件。因此，在对完井初始设计时，应当将速度管柱直接悬挂于套管内，以达到提高采气速度的目的。这种做法既能够满足气井正常生产需要，也可以在气井产水的初始阶段，充分发挥高速气流对产出液的携持作用，进而大幅度减慢气井见水的时间；对于二次完井作业而言，在对部分地层能量衰竭井或老井积液设计速度管柱时，应当充分考虑利用地层能力以达到强化排液采气的目的。一般情况下，应当确保连续油管为小直径速度管，而后根据气井生产情况，既可以选择生产油管与连续油管环空排液的完井生产方式，也可以选择连续油管排液的完井生产方式。

5.2.2　苏里格南国际合作区速度管柱排水采气技术的具体应用

5.2.2.1　速度管柱排水采气实施时机

（1）安装节流嘴气井速度管柱水合物生成温度预测。

根据气井初期投产情况，苏南项目气藏新井投产产量一般在$2\times10^4m^3/d$以下，假设气井井底流动温度为100℃，油管直径为3½in，天然气相对密度为0.59，气层中部取深度3000 m，井口常年平均气温根据气井所在地平均温度（乌审旗位于鄂尔多斯盆地的中部，年平均气温为5.3~8.7℃，1月平均最低气温为 -10~13℃，7月平均气温为21~25℃。冬季最低气温为 -19℃左右）选取，在给定产量下井口流动温度及水合物生成温度见表5.9。

由表5.9可以看出，在不同的节流压力、产量（对应气井的不同生产阶段）和不同季节下，生产水合物温度不同，因此，是否采用井下节流工艺或地面加热工艺，需要根据气井的生产动态及具体的气候及其他条件具体决定。根据苏里格南区气井的生产动态，生产初期采用井下节流技术或地面加热技术（即使在夏季）防止水合物是必要的，随着生产压力的下降，在夏季可以不采用水套炉加热或井下节流技术，在冬季，特别是管线埋深和保温未达标的情况下，必须采取相应的防止水合物措施，特别是产水气井更为重要。

表 5.9 井口流动温度及水合物生成温度预测结果

节流后压力（MPa）	产量（$10^4m^3/d$）	井口流动温度（℃）	水合物生成温度（℃）	是否生成水合物	备注
5.5	2	9.239	11.19	是	井口平均气温取 7℃
	1.5	8.686	11.19	是	
	1.0	8.124	11.19	是	
	0.5	7.563	11.19	是	
2.0	2	9.239	2.45	否	
	1.5	8.686	2.45	否	
	1.0	8.124	2.45	否	
	0.5	7.563	2.45	否	
5.5	2	24.853	11.19	否	井口平均气温取 23℃
	1.5	24.393	11.19	否	
	1.0	23.93	11.19	否	
	0.5	23.466	11.19	否	
2.0	2	24.853	2.45	否	
	1.5	24.393	2.45	否	
	1.0	23.93	2.45	否	
	0.5	23.466	2.45	否	
5.5	2	3.871	11.19	是	井口平均气温取 1.5℃
	1.5	3.282	11.19	是	
	1.0	2.69	11.19	是	
	0.5	2.096	11.19	是	
2.0	2	3.871	2.45	否	
	1.5	3.282	2.45	否	
	1.0	2.69	2.45	否	
	0.5	2.096	2.45	是	

根据苏南项目气井的生产参数，取井底流压为 15MPa，井底流动温度为 100℃，速度管柱内径为 31.8mm，天然气相对密度为 0.59，气层中部取深度 3000m，利用井筒流体分析理论，得到如图 5.8 所示水气比对井筒的压力分布的影响。

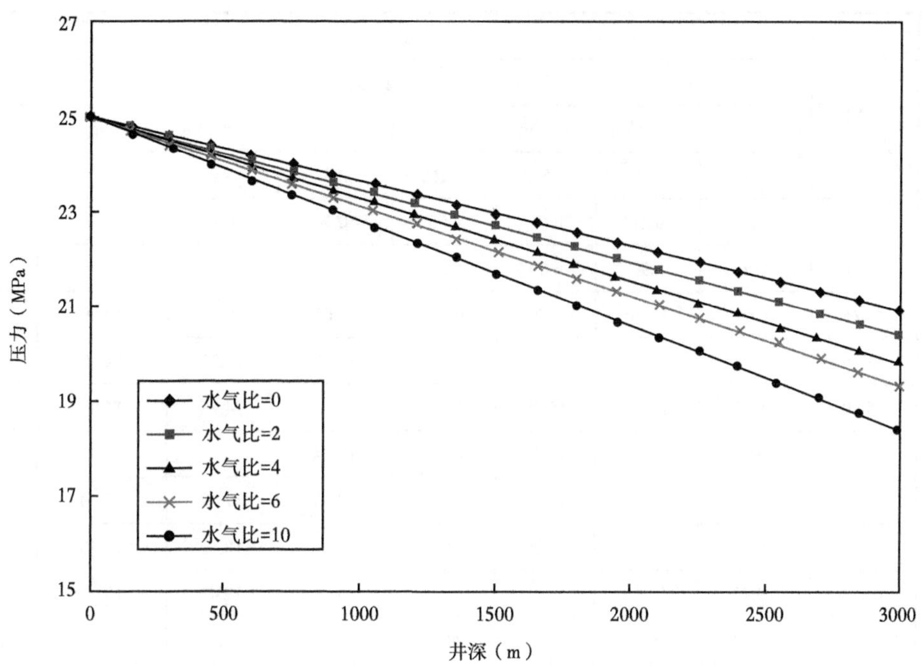

图 5.8 不同水气比下井筒压力分布规律曲线

从图 5.8 可以看出，水气比对井筒的压力分布具有显著影响，水气比越大，压降越大，可见，水的存在改变了整个井筒的压力分布。压力的变化改变了水合物的形成条件，表 5.10 给出了不同天然气相对密度和压力下的水合物生成温度，在相同密度（天然气组分相同）下，水合物生成温度随压力的升高而升高；在相同压力下，随着天然气密度增大，水合物生成温度降低。因此，在气井生产的不同阶段和季节，必须结合工艺流程实际配套对应的生产工艺和防冻措施，确保气水分离和集输工艺的正常运行。

表 5.10 水合物生成温度预测

天然气相对密度	水合物生成温度（℃）						
	25（MPa）	20（MPa）	15（MPa）	10（MPa）	5（MPa）	2（MPa）	1（MPa）
0.56	24.56	22.98	20.88	17.79	12.24	4.57	−1.21
0.57	23.12	21.48	19.31	16.16	10.54	2.87	−2.88
0.58	20.24	19.98	17.75	14.53	8.85	1.18	−4.56
0.59	21.68	18.48	16.18	12.89	7.15	−0.52	−6.23

（2）未安装节流嘴气井速度管柱水合物生成温度预测。

未安装节流嘴气井速度管柱水合物生成温度预测参数取值与安装节流嘴气井速度管柱水合物生成温度预测参数值一致，只是不考虑节流嘴的影响，计算结果见表 5.11。水合物生成温度变化曲线如图 5.9 至图 5.11 所示。

表 5.11 苏南项目气井水合物生成温度预测表

压力（MPa）	水合物形成温度（℃）								
	未加抑制剂	加抑制剂							
		乙二醇流量（kg/10⁴m³）				甲醇流量（kg/10⁴m³）			
		3.3	4.4	5	5.2	3.3	4.4	5	5.2
1	0.54	0.22	0.11	0.06	0.05	−0.14	−0.33	−0.44	−0.48
2	7.38	7.06	6.95	6.89	6.87	6.77	6.56	6.45	6.41
3	11.25	10.91	10.80	10.74	10.72	10.61	10.41	10.29	10.26
4	13.86	13.53	13.41	13.35	13.33	13.22	13.01	12.90	12.86
5	15.80	15.45	15.34	15.28	15.26	15.15	14.93	14.82	14.78
6	17.30	16.96	16.84	16.77	16.75	16.64	16.42	16.31	16.27
7	18.51	18.15	18.04	17.97	17.95	17.84	17.62	17.50	17.46
8	19.50	19.14	19.02	18.96	18.94	18.83	18.60	18.48	18.44
9	20.33	19.97	19.86	19.79	19.77	19.65	19.43	19.31	19.27
10	21.04	20.68	20.56	20.50	20.47	20.36	20.13	20.01	19.97
11	21.66	21.29	21.17	21.11	21.09	20.97	20.74	20.62	20.58
12	22.20	21.83	21.71	21.65	21.62	21.51	21.29	21.16	21.12
13	22.68	22.31	22.19	22.12	22.10	21.99	21.76	21.63	21.59
14	23.11	22.75	22.62	22.56	22.53	22.42	22.19	22.06	22.02
15	23.51	23.14	23.02	22.95	22.93	22.81	22.58	22.45	22.41
16	23.87	23.50	23.38	23.31	23.29	23.17	22.94	22.81	22.77
17	24.21	23.84	23.71	23.65	23.62	23.51	23.27	23.15	23.10
18	24.52	24.15	24.03	23.96	23.94	23.82	23.58	23.46	23.42
19	24.82	24.45	24.32	24.25	24.23	24.11	23.88	23.75	23.71
20	25.10	24.73	24.60	24.53	24.51	24.39	24.16	24.03	23.99
21	25.37	24.99	24.87	24.80	24.78	24.66	24.42	24.30	24.25
22	25.62	25.25	25.12	25.06	25.03	24.91	24.68	24.55	24.51
23	25.87	25.49	25.37	25.30	25.28	25.16	24.92	24.79	24.75
24	26.11	25.73	25.60	25.54	25.51	25.39	25.16	25.03	24.96
25	26.33	25.96	25.83	25.76	25.74	25.62	25.38	25.26	25.21
26	26.55	26.18	26.05	25.98	25.96	25.84	25.60	25.47	25.43
27	26.77	26.39	26.26	26.19	26.17	26.05	25.82	25.69	25.64
28	26.97	26.60	26.47	26.40	26.38	26.26	26.02	25.89	25.85
29	27.17	26.80	26.67	26.60	26.58	26.46	26.22	26.09	26.05
30	27.37	26.99	26.87	26.80	26.77	26.66	26.42	26.29	26.25

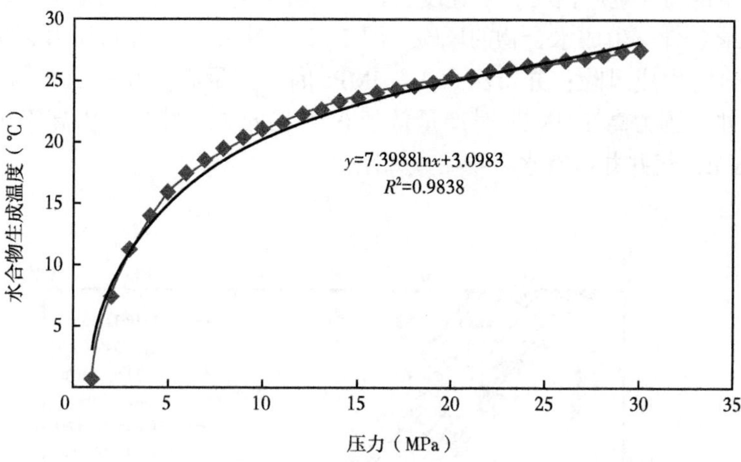

图 5.9　苏南项目气井水合物生成温度变化曲线

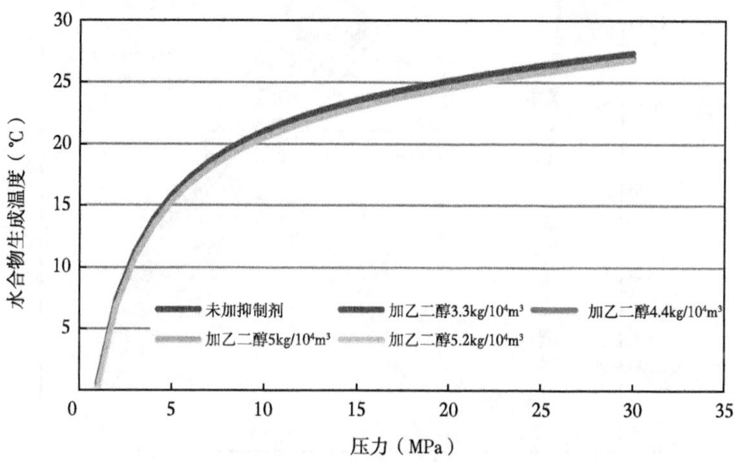

图 5.10　苏南项目气井水合物生成温度变化曲线（加乙二醇）

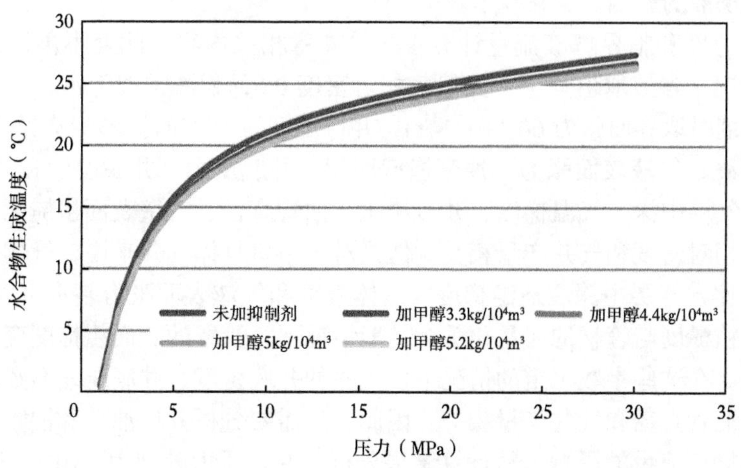

图 5.11　苏南项目气井水合物生成温度变化曲线（加甲醇）

根据苏南项目气井生产情况，对速度管柱分别计算井口压力 2.5MPa，3MPa，3.5MPa，4MPa 和 4.5MPa 条件下生成水合物的风险（图 5.12 至图 5.16）。井口压力 2.5MPa 时，速度管柱气井无水合物生成风险；井口压力 3~3.5MPa 时，产量高于 $0.3\times10^4m^3/d$，气井无水合物生成风险；井口压力高于 4MPa 时产量低于 $0.3\times10^4m^3/d$、井口压力高于 4.5MPa 时产量低于 $0.5\times10^4m^3/d$，气井井口有水合物生成风险。

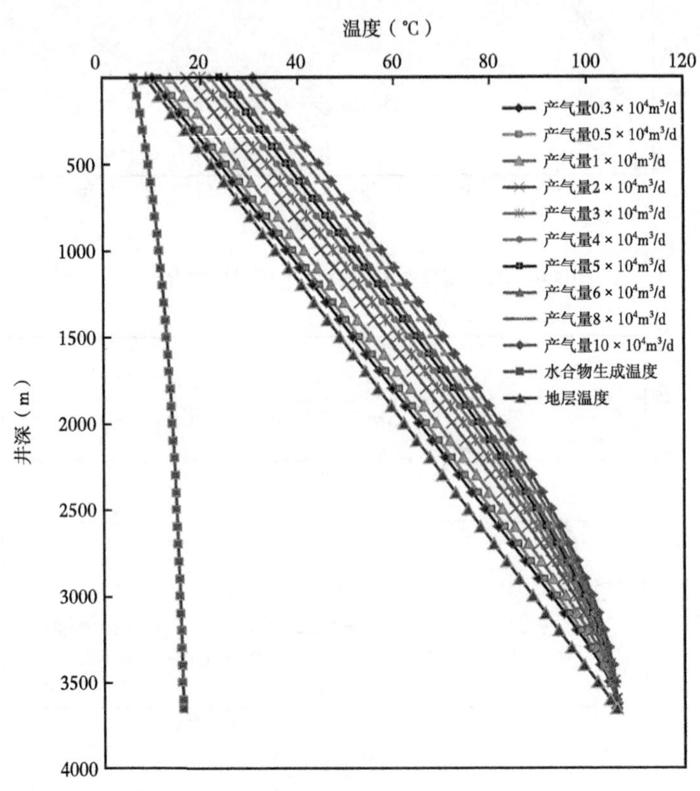

图 5.12　苏南项目速度管柱水合物生成预测图（井口压力 2.5MPa）

（3）考虑携液的影响。

临界携液速度和临界携液流量计算参见第 4 章相关内容，此处不再详述。苏南项目气田的实际情况，参数取值如下：天然气相对密度 0.6，积液类型为水，液体相对密度为 1074，无起泡剂时取界面张力 $60\times10^{-3}N/m$，井口温度为 10℃时。影响临界流量的参数有：气液混合物密度、气液表面张力、油管横截面积、井底压力、井底温度和井底压缩系数，井底压力又与气层中深、气温梯度、井口流压、油管直径、管壁表面粗糙度、液气比、气体类型、气体相对密度和气井产量相关。但是对于一口具体气井来说，气体类型、气体相对密度、液气比、气层中深、地温梯度、液体密度和气液表面张力基本可以认为是定值，而管壁的表面粗糙度与管材的质量相关，一般情况下，管壁的表面粗糙度变化不大，也可以认为是定值。在这些参数一定的情况下，气井的井底密度、井底压缩系数和井底压力只与井口油压、油管直径和气井产量相关。因此，只需要分析井口油压和油管直径对临界携液流速和临界携液流量的影响。从计算结果分析，井口压力分别为 2MPa，3MPa 和 4MPa 时对应的临界携液流量分别为 $0.378\times10^4m^3/d$，$0.467\times10^4m^3/d$ 和 $0.545\times10^4m^3/d$。在目前

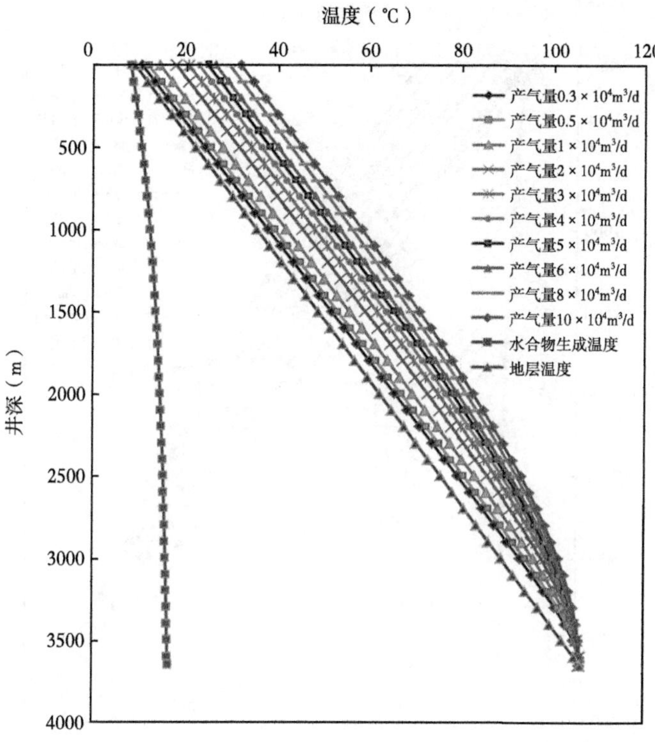

图5.13 苏南项目速度管柱水合物生成预测图（井口压力3MPa）

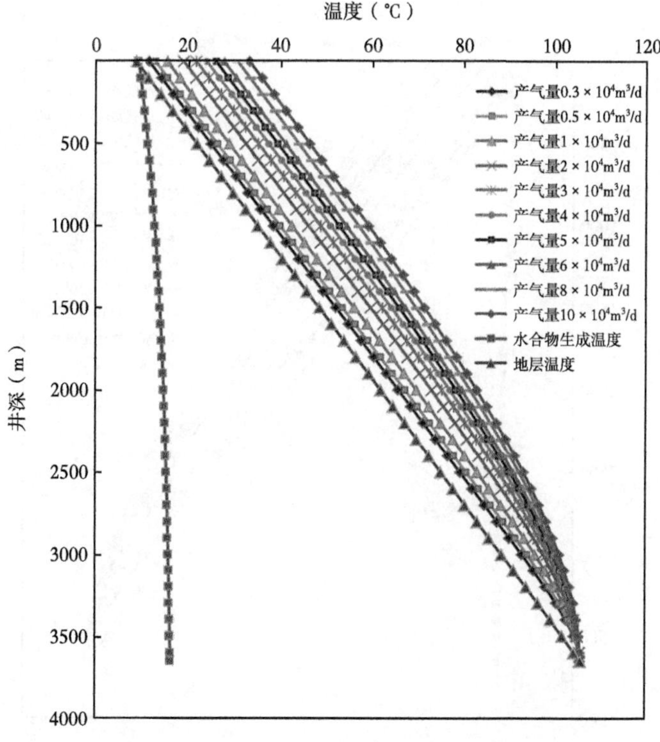

图5.14 苏南项目速度管柱水合物生成预测图（井口压力3.5MPa）

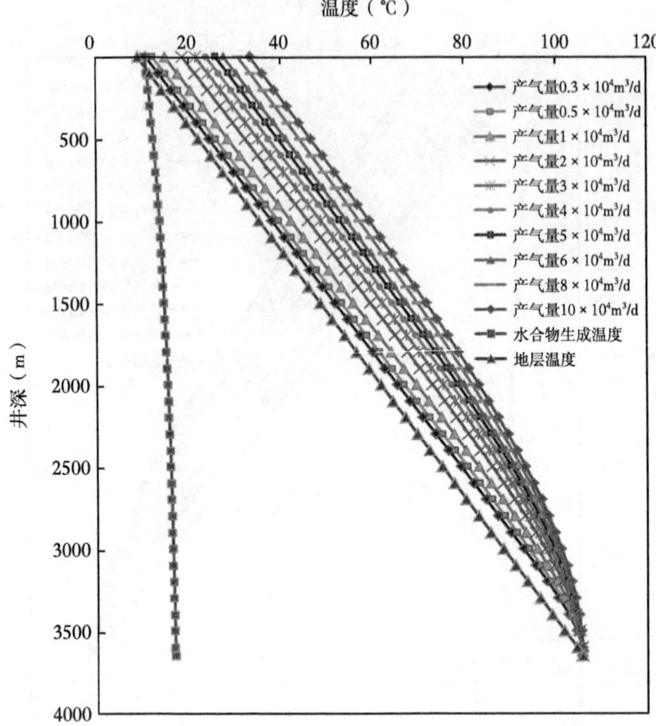

图 5.15　苏南项目速度管柱水合物生成预测图（井口压力 4MPa）

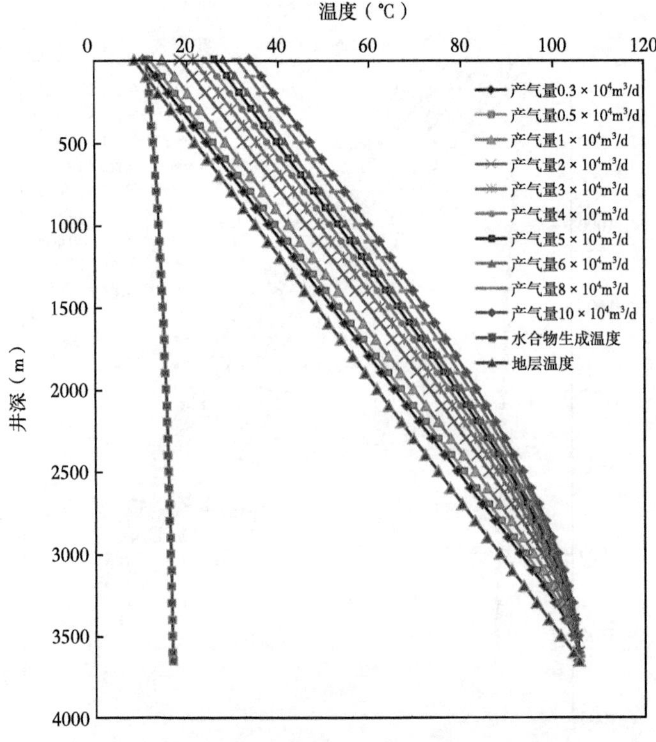

图 5.16　苏南项目速度管柱水合物生成预测图（井口压力 4.5MPa）

生产条件下，苏南项目速度管柱气井产量高于 $0.54\times10^4\text{m}^3/\text{d}$ 时，生产一般较平稳，不会产生井底积液现象。

随着苏里格气田开发年限的增加，气井积液正逐渐成为其面临的最棘手的问题之一。为了准确识别积液气井，选择气井的临界携液流量作为研究切入点。如何使这些产水气井正常生产是每个气田所面临的问题。产水气井在正常生产时流态为环雾流，液体以液滴的形式由气体携带到地面，当气相流速太低，不能提供足够的能量使井筒中的流体连续流出井口，这样液体就在井底聚集，形成积液。井筒积液将增加对气层的回压，限制井的生产力。井筒积液量太大，可使气井完全停喷，这种情况经常发生在大量产水的低压井中。

气井开始积液时，井筒内气体的最低流速称为气井携液临界流速，对应的流量称为气井携液临界流量。当井筒内气体实际流速小于临界流速时，气流就不能将井内液体全部排出井口，井底就会产生积液。所以，为了保证气井不积液，则气井配产必须大于携液临界流量，准确地确定气井的携液临界流量，对于气井的配产有很大的指导意义，而携液临界流量和携液临界流速沿井筒的分布规律对携液临界流量的准确确定起着很关键的作用。

气井中液体来源有两种：一种是地层中的游离水或烃类凝析液与气体一起渗流进入井筒，液体的存在会影响气井的流动特性；二是地层中含有水汽的天然气流入井筒，由于热损失使温度沿井筒逐渐下降，出现凝析水。目前气井积液判断模型的选取主要是以下几种模型：杨川东模型、动能因子模型、Turner 模型、李闽模型、球帽模型和井筒压降（基于 Hagedorn&Brown 模型）积液法模型。

（4）防冲蚀的影响。

冲蚀是指材料受到松散的流动粒子冲击时表面出现破坏的磨损现象。造成冲蚀的粒子通常比被冲蚀材料的硬度高，但流速高时，软粒子也会造成冲蚀。高速气体在管内流动时会发生冲蚀，产生明显冲蚀作用的流量称为冲蚀流量：

$$q_{\text{e}}=5.164\times10^4 A\left(\frac{p}{ZT\gamma_{\text{g}}}\right)^{0.5}$$

式中　q_{e}——产生明显冲蚀时的产气量，m^3/d；

A——连续油管内截面积，m^2；

p——连续油管管内压力，MPa；

T——连续油管管内温度，K；

Z——井底状况下的天然气压缩因子；

Y_{g}——天然气相对密度，取0.65。

根据苏南项目气井基本完井参数，常规油管内径为 74.2 mm，速度管柱内径为 31.8mm，井底流压为 6~17MPa，井口流动温度为 −3~25℃，天然气相对密度为 0.6，天然气临界压力和临界温度分别为 4.6456MPa 和 191.26K，天然气偏差因子为 0.8725~0.9310，按照理论模型计算的速度管柱气井井底压力 4MPa 条件下最大冲蚀产量为 $6.24\times10^4\text{m}^3/\text{d}$。苏南项目气井产量普遍较低，大部分气井产量在 $2\times10^4\text{m}^3/\text{d}$ 左右，速度管柱生产气井不会产生冲蚀。苏南项目不同井底流压下最大冲蚀产量见表 5.12。

表 5.12　不同井底流压下最大冲蚀产量表

内径（mm）	井底流压（MPa）	偏差系数	冲蚀临界产量（$10^4m^3/d$）
74.2	12	0.8725	52.69
	11	0.8791	50.26
	10	0.8872	47.70
	8	0.8965	45.02
	6	0.9069	42.20
	4	0.9184	39.23
	2	0.931	36.07
31.8	12	0.8725	8.38
	11	0.8791	7.99
	10	0.8872	7.59
	8	0.8965	7.16
	6	0.9069	6.71
	4	0.9184	6.24
	2	0.931	5.74

5.2.2.2　速度管柱排水采气技术的配套设备及其作用

速度管柱的悬挂作业一般是在带压条件下进行，为能够安全地拆除上部的封井器，实际工作中常采用开操作窗的方式进行过渡，这有利于油管密封悬挂、切管以及采气等作业的开展。实现速度管柱在采气树上的密封悬挂是速度管柱排水采气技术的核心。根据气井采气树实际现状，可采用两种方案：方案一是利用带卡瓦闸板的封井器悬挂，这种方案施工简单，但不利于长期悬挂生产；方案二是利用专用悬挂器悬挂速度管柱，该方案工艺可靠，但需要配备过渡操作窗完成悬挂和恢复生产。具体做法是：先在井口主阀上依次安装悬挂器、操作窗和封井器，然后利用速度管柱作业车进行下管作业；当下到预定深度后，采用方案二将速度管柱悬挂在井口，并且将原有油管和速度管柱间的环形空间密封。在合适的位置切断速度管柱，拆去操作窗，恢复井口主阀上的原有连接装置。速度管柱排水采气装置的配套设备主要包括以下几种：

（1）悬挂器。悬挂器的主要作用是将连续油管悬挂于井口，这样便可以使之成为永久性生产管柱。

（2）操作窗。操作窗是负责剪断连续油管，并拆除封井器及其上部连续油管作业装置的井口部件。

（3）堵塞器。堵塞器的作用主要是在下入前封堵连续油管头部，确保整个作业过程以及切断连续油管时管内无流体产出。

（4）固定器。固定器主要用于紧固成功悬挂剪切后的连续油管。

5.2.2.3　速度管柱排水采气技术在苏南项目的应用

基于井筒两相流和最小携液流量理论，通过在井口悬挂较小管径的油管作为生产管柱，提高气体流速，降低临界携液流量，以增强气井携液生产能力，达到排水采气目的。速度管柱排水采气具有理论成熟、施工较容易、后期维护管理方便、适用于井筒雾状流气井等特点。

2014 年底，苏南项目进行了首轮 5 口井速度管柱先导性试验，此次速度管柱提产技术应用于 ϕ88.9mm 油管在整个大苏里格区块尚属首例。下入速度管柱前日均产气量为 $8.073\times10^4m^3$，应用速度管柱后初期产气量为 $12.039\times10^4m^3/d$。到 2016 年 6 月初生产 545 天，气量缓慢下降，目前日均产气量为 $6.306\times10^4m^3$。

根据递减趋势变化对比 5 口井实施速度管柱前后的可采储量变化，实施速度管柱前平均可采储量为 $2749\times10^4m^3$；实施后可采储量为 $3757\times10^4m^3$；平均增量 $1008\times10^4m^3$。截至 2016 年 6 月底，速度管柱措施井完成安装 7 个井丛 57 口井。速度管柱措施生产后气井积液生产特征得到明显改善，上半年速度管柱增产 $3427\times10^4m^3$，平均单井增产 $0.55\times10^4m^3$。鉴于 ϕ88.9mm 油套管生产临界携液流量大，9 井丛适于工厂化作业的特点，速度管柱具有临界流量小、携液能力强、工厂化作业周期短等优势，应在苏南项目推广应用。同时速度管柱也有管壁薄和被冲蚀与腐蚀风险大的缺点，建议速度管柱选井应结合地质动态监测数据，合理选择下速度管柱时机，避免增产效果不明显，或增产周期较短，同时也要避免因速度管柱本身的最大产量限制，过早下入影响气井产能的发挥；应同时考虑气井速度管柱寿命之间的关系。按照目前情况，开发井的寿命大都在 20 年以上，而速度管柱寿命往往由于各种原因，出现腐蚀加快及速度管柱的滑脱等现象；速度管柱下放后有环空，有条件更好地实施泡排作业，当采用速度管柱也不能很好地排水时，可尝试泡排助采。

5.2.2.4　苏南项目速度管柱和泡排复合工艺优化

速度管柱 + 泡排复合工艺是将速度管柱排水采气工艺和泡沫排水采气工艺相结合的一种复合工艺措施，即在井筒安装较小管径的生产管柱，在一定程度上降低临界携液流速，增大井筒中气体流速的同时添加起泡剂，进一步降低气液表面张力，从而进一步提高气井携液能力。依据苏南项目的实际情况，做出以下简化：天然气相对密度 $\gamma_g=0.6$，液体密度 $\rho_l=1074kg/m^3$，选择 HY-3 系列起泡剂时取界面张力 $\sigma=20\times10^{-5}N/cm$，使用 ϕ31.8mm 的速度管柱工艺，并根据截至 2017 年 1 月 20 日的生产资料，对苏南项目气井（共计 415 口，计算 336 口井，其他井数据资料不全无法判断）进行临界携液流速和流量计算，并对井筒积液状态和工艺有效性进行判断。如表 5.13 所示，在目前使用 ϕ31.8mm 度管柱 + 泡排复合工艺生产后，积液气井进一步减少，未积液井数增加到 255 口，提高了占比 4.46%，积液井较少 15 口。

表 5.13　苏南项目气井速度管柱 + 泡排复合工艺前后积液井和未积液井变化

内容	未积液井		积液井	
	井数（口）	比例（%）	井数（口）	比例（%）
1.5 寸	240	71.43	96	28.57
1.5 寸 +HY-3	255	75.89	81	24.11

通过基于井筒压降最小化原则，对苏里格南区336口气井开展泡沫排水采气工艺、速度管柱排水采气工艺和速度管柱＋泡排复合工艺等三种目前使用的工艺研究后发现，在生产作业制度和排水采气工艺的情况下，生产井的排水采气作业主要分为5个方面。

（1）正常携液井。

正常携液井，井下节流器没有影响，井筒整段为雾状流。该类井特点是配置3½in生产管柱，其产量高于管柱的临界携液流量，井筒流态为整段为雾状流，一般情况下无需增加排水采气作业。共计68口、占总井数20.24%的气井无需增加排水采气作业，气井的产气量明显高于对应的临界携液流量。在对以上气井的生产数据特征进一步分析显示，井口压力最大值为4.9MPa，最小值为2.28MPa，平均值为3.21MPa，井口压力处于中等水平；井口温度最大值为29.83℃，最小值为9.11℃，平均值为16.7℃，井口温度较高，对照“水合物生成温度预测表”，无水合物生成，井筒内的流动为气液两相流；产量最大值为12.92×$10^4m^3/d$，最小值为2.38×$10^4m^3/d$，平均值为4.66×$10^4m^3/d$，临界流速最大值为12.92m/s，最小值为2.38m/s，平均值为4.66m/s，临界流量为最大值为3.29×$10^4m^3/d$，最小值为2.18×$10^4m^3/d$，平均值为2.59×$10^4m^3/d$，日产气量大于临界携液流量，井筒内不产生积液，井筒内为整段雾状流，无需增加排水采气作业，详见表5.14。

表5.14　无需增加排水采气作业气井的生产特点

项目	压力（MPa）	温度（℃）	产量（$10^4m^3/d$）	临界流速（m/s）	临界流量（$10^4m^3/d$）
最大值	4.9	29.83	12.92	1.69	3.29
最小值	2.28	9.11	2.38	1.12	2.18
平均值	3.21	16.7	4.66	1.43	2.59

（2）普遍井底积液。

①井筒积液，在3½in生产管柱条件下，产气量小于临界携液流量，普遍井底积液，少量井中有水合物生成，井下节流器对流态有影响，流态为段塞流、泡状流和雾状流三者或二者相结合，推荐泡沫排水采气作业，最佳井筒流态为泡沫流和雾状流。该类井特点是配置3½in生产管柱，其产量低于管柱的临界携液流量，井下节流器对流态有影响，流态为段塞流、泡状流和雾状流三者或二者相结合，应该开展排水采气作业，目前普遍使用的泡沫排水采气作业和速度管柱排水采气作业，二者相比较，泡沫排水采气作业成本相对较低，故推荐泡沫排水采气作业，起泡剂选用HY-3系列，作业后最佳井筒流态为泡沫流和雾状流。共计38口、占总井数11.31%的气井需增加泡沫排水采气作业，气井的产气量明显低于对应的临界携液流量，流态为段塞流、泡状流和雾状流三者或二者相结合，起泡剂选用HY-3系列的泡沫排水采气作业后井筒流态为泡沫流和雾状流。

在对以上气井的生产数据特征进一步分析显示，井口压力最大值为4.18MPa，最小值为2.3MPa，平均值为2.88MPa，井口压力处于中等水平；井口温度最大值为18.01℃，最小值为-4.09℃，平均值为12.77℃，井口温度分布跨度较大，对照《水合物生成温度预测表》，部分井筒中有水合物生成，相应井筒内的流动为气、液、固三相流，只是水合物体积较小不影响排液作业；产量最大值为4.13×$10^4m^3/d$，最小值为1.83×$10^4m^3/d$，平均值为2.43×$10^4m^3/d$。泡沫排水采气作业后，临界流速最大值为1.68m/s，最小值为0.85m/s，平均值为 1.46m/s；临界流量为最大值为 $3.29\times10^4m^3/d$，最小值为 $2.18\times10^4m^3/d$，平均值为 $2.59\times10^4m^3/d$。速度管柱排水采气作业后，临界流速最大值为 1.27m/s，最小值为 0.65m/s，平均值为 1.11m/s，临界流量为最大值为 $3.21\times10^4m^3/d$，最小值为 $1.67\times10^4m^3/d$，平均值为 $1.94\times10^4m^3/d$，井筒内为过渡流和雾状流相结合，详见表 5.15。

表 5.15　需增加泡沫排水采气作业气井的生产特点

项目	压力（MPa）	温度（℃）	产量（$10^4m^3/d$）	泡沫排水采气作业		速度管柱排水采气作业	
				临界流速（m/s）	临界流量（$10^4m^3/d$）	临界流速（m/s）	临界流量（$10^4m^3/d$）
最大值	4.18	18.01	4.13	1.68	3.29	1.27	3.21
最小值	2.3	−4.09	1.83	0.85	2.18	0.65	1.67
平均值	2.88	12.77	2.43	1.46	2.59	1.11	1.94

② 井筒积液，在 3½ in 生产管柱条件下，产气量小于临界携液流量，普遍井底积液，部分井中有水合物生成，井下节流器对流态有影响，流态为段塞流、泡状流和雾状流三者或二者相结合，推荐 1½ in 速度管柱排水采气作业，最佳井筒流态为泡沫流和雾状流。该类井特点是配置 3½ in 生产管柱，其产量低于管柱的临界携液流量，井下节流器对流态有影响，流态为段塞流、泡状流和雾状流三者或二者相结合，应该开展排水采气作业，泡沫排水采气工艺无法完成排水采气作业，故推荐速度管柱排水采气作业，生产管柱尺寸选用 1½ in，作业后最佳井筒流态为泡沫流和雾状流。占总井数 11.31% 的气井需增加速度管柱排水采气作业，气井的产气量明显低于对应的临界携液流量，流态为段塞流、泡状流和雾状流三者或二者相结合，起泡剂选用 HY-3 系列的泡沫排水采气作业后井筒流态为泡沫流和雾状流。

在对以上气井的生产数据特征进一步分析显示，井口压力最大值为 4.33MPa，最小值为 2.3MPa，平均值为 2.87MPa，井口压力处于中等水平；井口温度最大值为 28.47℃，最小值为 −17.79℃，平均值为 10.76℃，井口温度分布跨度非常大，对照《水合物生成温度预测表》，部分井筒中有水合物生成，相应井筒内的流动为气、液、固三相流，只是部分井中水合物体积可能影响排液作业；产量最大值为 $2.44\times10^4m^3/d$，最小值为 $0.47\times10^4m^3/d$，平均值为 $1.19\times10^4m^3/d$，采用 3½ in 生产管柱临界流速最大值为 1.68m/s，最小值为 0.88m/s，平均值为 1.46m/s；临界流量最大值为 $4.12\times10^4m^3/d$，最小值为 $2.2\times10^4m^3/d$，平均值为 $2.56\times10^4m^3/d$；速度管柱作业后临界流速最大值为 1.68m/s，最小值为 0.88m/s，平均值为 1.46m/s；临界流量最大值为 $0.76\times10^4m^3/d$，最小值为 $0.4\times10^4m^3/d$，平均值为 $0.47\times10^4m^3/d$；井筒内为泡沫流和雾状流相结合，详见表 5.16。

表 5.16　需增加速度管柱排水采气作业气井的生产特点

项目	压力（MPa）	温度（℃）	产量（$10^4m^3/d$）	3½ in 生产管柱		1½ in 速度管柱	
				临界流速（m/s）	临界流量（$10^4m^3/d$）	临界流速（m/s）	临界流量（$10^4m^3/d$）
最大值	4.33	28.47	2.44	1.68	4.12	1.68	0.76
最小值	2.3	−17.79	0.47	0.88	2.2	0.88	0.4
平均值	2.87	10.76	1.19	1.46	2.56	1.46	0.47

③ 井筒积液，在 $3\frac{1}{2}$ in 生产管柱条件下，产气量小于临界携液流量，普遍井底积液，部分井中有水合物生成，井下节流器对流态有影响，流态为段塞流、泡状流和雾状流三者或二者相结合，单一排水采气工艺无法解决积液，推荐速度管柱 + 泡沫复合排水采气作业，最佳井筒流态为泡沫流和雾状流。该类井特点是配置 $3\frac{1}{2}$ in 生产管柱，其产量低于管柱的临界携液流量，井下节流器对流态有影响，流态为段塞流、泡状流和雾状流三者或二者相结合，应该开展排水采气作业，HY-3 系列泡沫排水采气工艺和速度管柱排水采气作业无法独立完成排水采气作业，故推荐 $1\frac{1}{2}$ in 速度管柱 +HY-3 系列泡沫复合排水采气作业，作业后最佳井筒流态为泡沫流和雾状流。占总井数 4.46% 的气井需增加速度管柱 + 泡沫复合排水采气作业，气井的产气量明显低于对应的临界携液流量，流态为段塞流、泡状流和雾状流三者或二者相结合，$1\frac{1}{2}$ in 速度管柱 +HY-3 系列泡沫复合排水采气作业后井筒流态为泡沫流和雾状流。

在对以上气井的生产数据特征进一步分析显示，井口压力最大值为 2.9MPa，最小值为 2.59MPa，平均值为 2.74MPa，井口压力处于中等水平；井口温度最大值为 11.72℃，最小值为 -2.92℃，平均值为 6.64℃，井口温度分布跨度较大，对照《水合物生成温度预测表》，部分井筒中有水合物生成，相应井筒内的流动为气、液、固三相流，只是部分井中水合物体积可能影响排液作业；产量最大值为 $1.19\times10^4m^3/d$，最小值为 $0.35\times10^4m^3/d$，平均值为 $0.5\times10^4m^3/d$；$1\frac{1}{2}$ in 速度管柱临界流速最大值为 1.56m/s，最小值为 1.05m/s，平均值为 1.36m/s，$1\frac{1}{2}$ in 速度管柱临界流量为最大值为 $1.49\times10^4m^3/d$，最小值为 $0.43\times10^4m^3/d$，平均值为 $0.58\times10^4m^3/d$，$1\frac{1}{2}$ in 速度管柱 +HY-3 系列泡沫复合排水采气作业后临界流速最大值为 1.19m/s，最小值为 0.8m/s，平均值为 1.03m/s，临界流量为最大值为 $0.48\times10^4m^3/d$，最小值为 $0.33\times10^4m^3/d$，平均值为 $0.39\times10^4m^3/d$，井筒内为泡沫流和雾状流相结合，详见表 5.17。

表 5.17　$1\frac{1}{2}$in 速度管柱 +HY-3 系列泡沫复合排水作业气井的生产特点

项目	压力（MPa）	温度（℃）	产量（$10^4m^3/d$）	$1\frac{1}{2}$in 速度管柱临界流速（m/s）	$1\frac{1}{2}$in 速度管柱临界流量（$10^4m^3/d$）	$1\frac{1}{2}$in+HY-3 临界流速（m/s）	$1\frac{1}{2}$in+HY-3 临界流量（$10^4m^3/d$）
最大值	2.9	11.72	1.19	1.56	1.49	1.19	0.48
最小值	2.59	-2.92	0.35	1.05	0.43	0.8	0.33
平均值	2.74	6.64	0.5	1.36	0.58	1.03	0.39

④ 井筒积液，在 $3\frac{1}{2}$ in 生产管柱条件下，产气量小于临界携液流量，普遍井底积液，节流工艺失效，部分井中有水合物生成，井下节流器对流态有影响，流态为段塞流、泡状流和雾状流三者或二者相结合，$1\frac{1}{2}$ in 速度管柱 +HY-3 系列泡沫复合排水采气作业后仍然无法解决积液，推荐在施工中采取以下措施：首先，将油管中节流器取出，注入起泡剂关井复压，随后开井大压差生产，通过施工使气水同产井产量恢复后，再酌情投放节流器。若上述方法仍无法激活气井，则应考虑安排泡沫助排与井口放空提液相结合，待气井激活后再实施泡排维护。然后，调整采气生产工作制度，对井口有水合物生成的气井进行井下节流工艺设计研究。

该类井特点是配置 3½ in 生产管柱，其产量低于管柱的临界携液流量，节流工艺失效，井下节流器对流态有影响，流态为段塞流、泡状流和雾状流三者或二者相结合，应该开展排水采气作业，但是即使是 1½ in 速度管柱 +HY-3 系列泡沫复合排水采气作业后均仍然无法解决积液，推荐在施工中采取以下措施：先将油管中节流器取出，注入起泡剂关井复压，随后开井大压差生产，通过施工使气水同产井产量恢复后，再酌情投放节流器。若上述方法仍无法激活气井，则首先应考虑安排泡沫助排与井口放空提液相结合，待气井激活后再实施泡排维护。其次是调整采气生产工作制度，对井口有水合物生成的气井进行井下节流工艺设计研究。共计 15 口、占总井数 4.46% 的气井在 1½ in 速度管柱 +HY-3 系列泡沫复合排水采气作业后仍积液，由于水合物的生产和节流油嘴的存在导致，井筒流态较为复杂，井筒下部和上部流态不同，井下节流工艺失效，井口并有水合物生成。

在对以上气井的生产数据特征进一步分析显示，井口压力最大值为 17.2MPa，最小值为 2.1MPa，平均值为 3.14MPa，井口压力处于较高水平；井口温度最大值为 17.47℃，最小值为 -18.03℃，平均值为 0.67℃，井口温度分布跨度达到最大程度，对照《水合物生成温度预测表》，大部分井筒中有水合物生成，相应井筒内的流动为气、液、固三相流，只是部分井中水合物体积影响排液作业；产量最大值为 $0.4102\times10^4m^3/d$，最小值为 $0.0044\times10^4m^3/d$，平均值为 $0.1413\times10^4m^3/d$，1½ in 速度管柱 +HY-3 系列泡沫复合排水采气作业后临界流速最大值为 1.33m/s，最小值为 0.37m/s，平均值为 0.92m/s，临界流量为最大值为 $0.96\times10^4m^3/d$，最小值为 $0.29\times10^4m^3/d$，平均值为 $0.44\times10^4m^3/d$，由于水合物的生产和节流油嘴的存在导致，井筒流态较为复杂，井筒下部和上部流态不同，井下节流工艺失效，井口并有水合物生成，详见表 5.18。

表 5.18　1½in 速度管柱 +HY-3 系列泡沫复合排水作业仍积液气井参数

项目	压力（MPa）	温度（℃）	产量（$10^4m^3/d$）	1½in 速度管柱 +HY-3 临界流速（m/s）	1½in 速度管柱 +HY-3 临界流量（$10^4m^3/d$）
最大值	17.2	17.47	0.4102	1.33	0.96
最小值	2.1	-18.03	0.0044	0.37	0.29
平均值	3.14	0.67	0.1413	0.92	0.44

5.2.3　苏里格南国际合作区速度管柱排水采气工艺实践

速度管柱是气井常用的排水采气工艺，低产老井安装速度管柱可降低气井携液临界流量，通过排出井筒积液提高产量。苏南项目由于存在水合物生成风险（特别是冬季）、携液临界流量和冲蚀产量，为速度管柱的下入时机和选井提供了理论依据和指导。

（1）苏南项目速度管柱气井生产动态分析。

速度管柱即对井下流体起节流增速作用的小直径管柱，由地面悬挂器或井筒悬挂装置悬挂于井筒（或生产油管内部）充当完井生产管柱。当地层流体在地层能量的驱动下进入速度管柱时，由于过流面积比常规生产油管小，基于变径管流体力学原理，使得较小过流截面上的流体速度有所增加，改善了气井携液能力，减少了井底积液现象。根据苏南项目钻采方案，气井以 3½ in 套管完井投产后，随着气井能量的衰减，气井产量急剧下降，气流携液能力降低，井底积液无法排出，影响气井连续平稳生产。经过在 3½ in 套管内安装内径 1¼ in 速度管柱，以 1¼ in 速度管柱为生产管柱，该管径条件下，气井临界携液流速远低于气井目前配产，气井重新恢复可以携液生产的状态，井下、井筒积液能够被气流连续携出地面，气井恢复平稳生产。

（2）速度管柱技术在苏里格南的试验进展。

根据《苏里格南气田开发总体开发方案之地学分册》中描述：气井以 3½ in 套管完井，无油管采气，产气量降到 $1.8\times10^4m^3/d$ 之后采用 1¼ in 速度管柱生产。2014 年，为了摸索低产气井稳产技术，同时试验速度管柱安装作业可行性，苏南公司启动了速度管柱先导性试验，在 C138 井丛筛选了 5 口单井下入了 1½ in 速度管柱；2015 年为了获取更多典型井速度管柱生产数据，进一步总结速度管柱作业适用性，在 C136，C104 和 C055 三个井丛共安装 25 套 1½ in 速度管柱；2016 年和 2017 年为速度管柱工业化推广阶段，其中 2016 年累计在 23 个井丛安装 192 套 1½ in 速度管柱；三年累计安装 222 套速度管柱，其中在 C012 和 C015 两个新井丛安装 18 套速度管柱。2017 年安装 184 口速度管柱，其中 45 口新井、老井 139 口，基本覆盖了剩余所有井丛中的产量适当的气井，迄今，已完成速度管柱安装 94 口，其中老井 70 口、新井 24 口，后续还将在其他新井丛及老井丛继续安装速度管柱。

2014 年，根据前期投产的气井生产动态及变化规律，苏南公司启动了速度管柱先导性试验，在 C138 井丛优选了不同配产的 5 口气井，捞取井筒节流器，安装速度管柱并恢复生产。从统计数据来看，2014 年 5 口速度管柱先导性试验井，平均生产时间近 3 年左右，累计产量由约 $800\times10^4m^3$ 提升至 $2000\times10^4m^3$ 左右。

气井安装速度管柱后，生产状况得到大幅度改善，安装速度管柱之前，气井产量因井筒反复积液而反复大幅度波动，安装速度管柱后，气井连续稳定携液生产，生产状况得到明显改善。

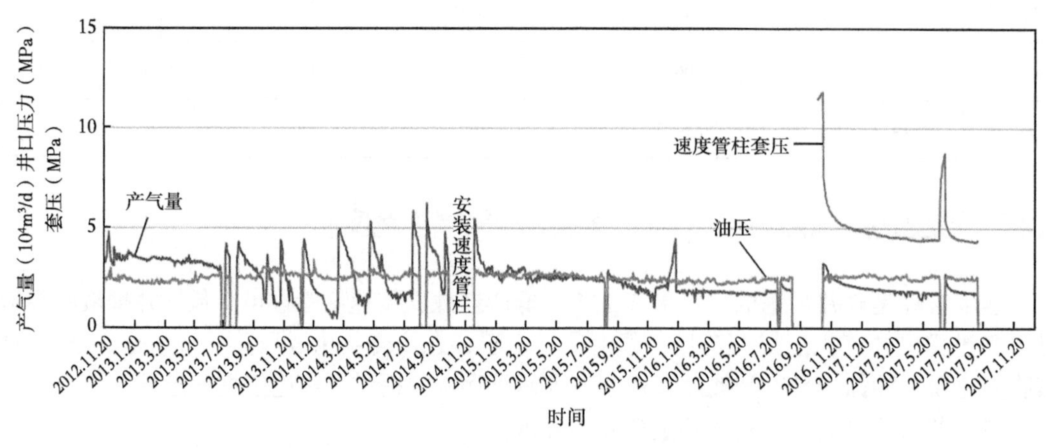

图 5.17　苏南项目 SN0138-08 井采气曲线图

SN0138-08 井采气曲线如图 5.17 所示，该井投产前下入 3.18mm 的节流嘴，配产 $3.1\times10^4m^3/d$，生产比较稳定；生产 10 个月后，产量开始迅速递减，气井无法达到临界携液流量，井筒开始积液，反复出现产量大幅波动现象。2014 年 10 月份关井安装速度管柱，

12月份重新开井，产气量基本稳定在$2\times10^4m^3/d$以上；目前产量基本稳定在$1.8\times10^4m^3/d$，累计产气量$3920\times10^4m^3$。

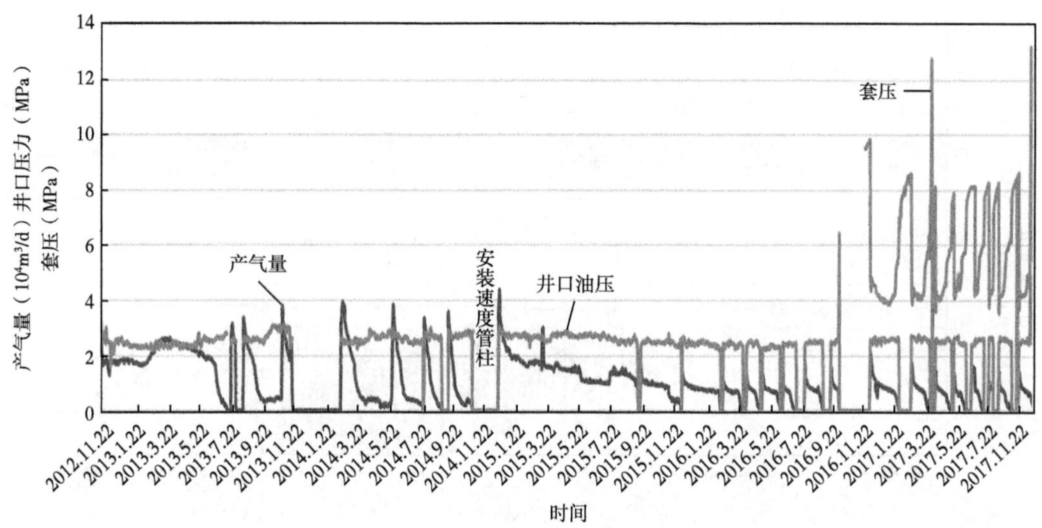

图5.18 苏南项目SN0138-06井采气曲线

SN0138-06井采气曲线如图5.18所示，该井产能较低，投产前下入1.91mm的节流嘴，配产$1.1\times10^4m^3/d$，生产比较稳定；生产6个月后，产量开始迅速递减，气井无法达到临界携液流量，井筒开始积液后无法稳定生产。2014年10月关井安装速度管柱，12月重新开井，产气量以$2\times10^4m^3/d$逐渐递减；目前需要定期关井压力恢复来实现间歇生产，累计产气量$1670\times10^4m^3$。

表5.19 苏南项目5口气井进行速度管柱增产情况表

序号	井号	二次投产时间	措施前日均产气量（10^4m^3）	措施后日均产气量（10^4m^3）	增产幅度（%）	措施后累计产气量（10^4m^3）	备注
1	SN0138-02	2014.12.7	1.61	1.65	2.33	420	措施前采取泡排措施
2	SN0138-03	2014.12.7	2.51	2.74	9.05	698	措施前采取泡排措施
3	SN0138-04	2014.12.8	2.45	2.11	-14.05	537	措施前采取泡排措施
4	SN0138-06	2014.12.7	0.37	1.69	357.61	432	
5	SN0138-08	2014.12.8	2.11	2.78	31.63	708	措施前采取泡排措施

（3）苏南项目区块典型井生产阶段划分。

气井在生产过程中，一般分为无水采气阶段和气水同产阶段。由于苏里格南气田气藏含水饱和度高，因此苏南项目气井自投产开始就一直处于气水同产状态。气水同产阶段又分为稳产阶段、递减阶段、低压生产阶段、排水采气阶段。下面就苏南项目典型井的生产阶段进行划分，并以此提出不同阶段的管理措施。

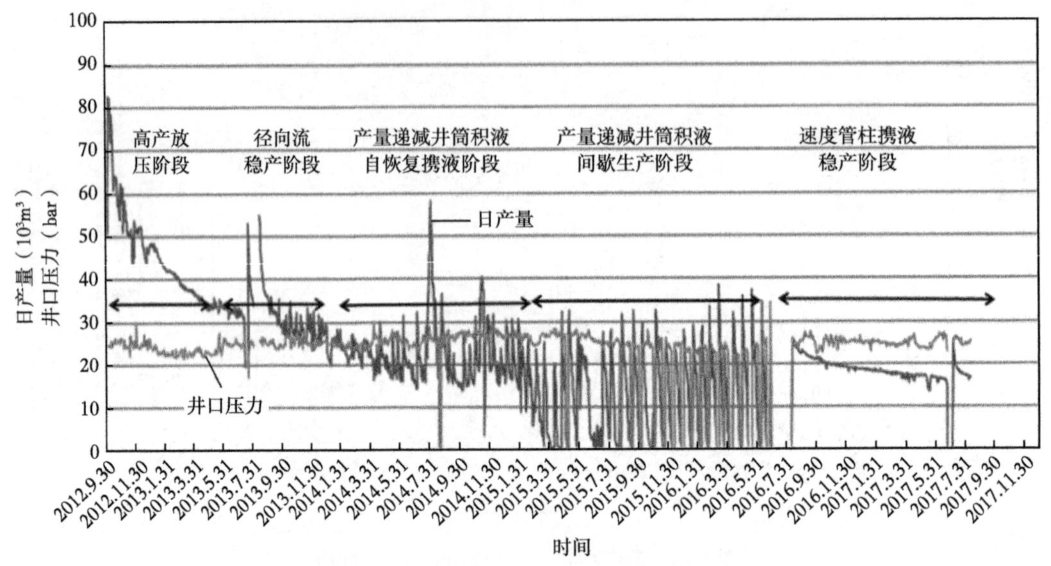

图 5.19　苏南项目 SN0116-09 井生产动态曲线

图 5.19 显示的是苏南项目一口典型气井的生产动态曲线，气井生产过程基本可以划分 5 个阶段。从动态曲线可以看出，苏南项目气井初期采用井下节流定井口压力模式生产。该模式的特点是，气井初期日产量较高，但受储层整体低渗透大背景的影响，高产量阶段持续时间较短，初期日产量曲线基本以近乎直线方式递减，反映出近井眼地带压力降低而带来的生产压差急剧下降而导致的产量急剧递减。同时储层含水饱和度较高，日产水量较大，但此阶段气井流量大于 3½ in 管柱最小临界携液流量，地层水基本能够被大量携出井筒。第二阶段是径向流稳产阶段，此阶段持续时间极短，很短时期内出现气井稳产，大量中低产井基本观察不到此阶段。第三阶段是气井产量递减，间断性流速低于临界携液流速，造成井底聚集一定量的液体，但由于地层压力相对充足，气井产量在临界携液流量上下波动，气井短期出现积液后会依靠自身能量排通。此阶段气井产量波动较大并伴有间歇出液。随着井底连通区域内的地层压力进一步降低，气井产量递减到一个更低阶段，需要通过关井恢复压力间歇生产来实现能量恢复举通井筒。此时气井安装速度管柱后，由于当前气井产量大于内径为 1¼ in 的速度管柱最小临界携液流量，气井重新恢复到依靠自身能量携液的状态，气井重新进入自主携液的小产量稳产阶段，只要气井仍具有一定产能，气井能够在较长时期内长期携液稳定生产，部分井在此阶段产能进一步降低，需要通过定期关井压力恢复来实现间歇生产。

（4）苏南项目气井安装速度管柱时机分析。

根据苏南项目气井生产规律和生产阶段划分来看，速度管柱安装时机与气井产能与气井稳产状况相关性较强。如果气井在 3½ in 套管下生产稳定，可以适当延缓速度管柱下入；如果气井产能比较差，开井后几乎无法稳定生产，此类气井可以在压裂完井后直接下入速度管柱投产。考虑砂岩气藏储层敏感性方面原因，建议气井初期配产要相对控制，使气井

压力缓慢递减，有一个相对较好的稳产期，在气井无法携液之后，仍有一定产能水平，即可安装速度管柱。

（5）苏南项目速度管柱排水采气实施效果。

苏南项目3½ in生产管柱适应性：生产管径较大，携液产气困难，根据苏南项目气井井口压力情况，理论计算气井自身能力携液需要超过$2.2\times10^4m^3/d$。采用3½ in油套管作为生产管柱，管径偏大，气井所需携液临界流量大；实际生产中，绝大多数气井4~6个月后或产量低于3×10^4~$3.5\times10^4m^3/d$生产一阶段后，日产曲线表现出明显积液特征。无油套环空，无压差显示，积液预兆判断困难。气井压降速率掌握困难，气举排液措施无法实施；3½ in油套管生产，在井下节流器无法提取或井筒存在落鱼时无法处理时，对后期生产造成严重影响，制约气井产能的发挥。

① 苏南项目速度管柱排水采气增产效果评价。

2014年底针对气井投产较早、地层压力下降明显的SN0138井丛中5口气井进行速度管柱作业（图5.20），效果明显。

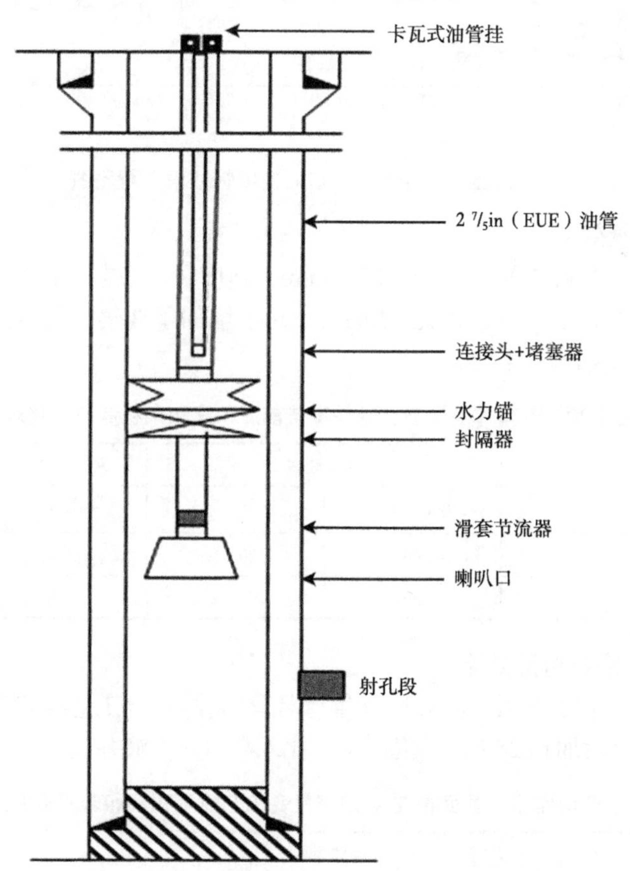

图5.20 苏南项目速度管柱井筒示意图

SN0 138井丛5口井速度管柱措施井于2014年12月开井复产，累计生产263天，气井生产趋势平稳，措施效果明显（图5.21）。速度管柱措施后累计生产$2795\times10^4m^3$；目前日产$9\times10^4m^3$，单井日均$1.8\times10^4m^3$；平均套压降为0.003MPa。

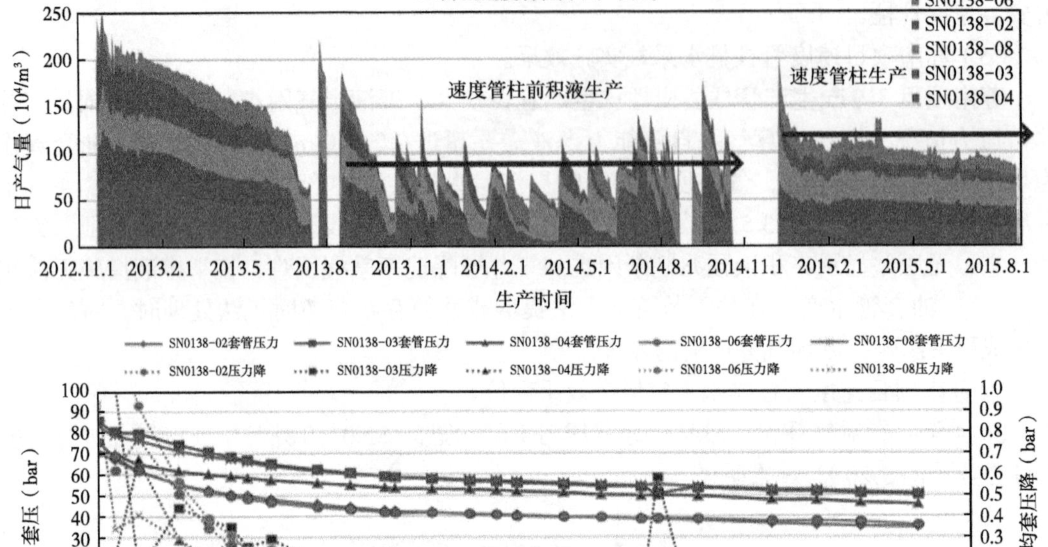

图 5.21　SN0138 井丛 5 口井速度管柱增产对比图

② 速度管柱携液效果。

如表 5.20 所示，在目前使用 1½ in（31.8mm）速度管柱工艺生产后，积液气井明显减少，未积液井数增加到 240 口，占比 71.43%，几乎增加了 3 倍，排水采气效果显著，工艺有效井为 172 口，占比 51.19%。

表 5.20　苏南作业区速度管柱工艺前后积液和未积液井变化表

内容	未积液井		积液井	
	井数（口）	比例（%）	井数（口）	比例（%）
采用 3½in 油套管	68	20.24	268	79.76
采用 1½in 油套管	240	71.43	96	28.57

③ 速度管柱 + 泡排携液效果。

如表 5.21 所示，在目前使用 1½ in 速度管柱 + 泡排复合工艺生产后，积液气井进一步减少，未积液井数增加到 255 口，提高了占比 4.46%，积液井较少 15 口。

表 5.21　苏南作业区速度管柱 + 泡排复合工艺前后积液和未积液井变化表

内容	未积液井		积液井	
	井数（口）	比例（%）	井数（口）	比例（%）
采用 1½in 油套管 +HY-3	255	75.89	81	24.11

（6）苏南项目气井配产方面的建议。

苏里格气田自前期评价及投入开发以来，关于气井配产策略方面的研究从未停止过。

初期利用通过简易“一点法”测试求得气井相对无阻流量，参考单井无阻流量来确定气井配产，配产强度较高，气井开井后产量即开始递减。后来结合静态资料及动态测试资料，对气井按照储层参数、压后排液资料等总结了一定规律，对气井进行分类配产。

气田大规模开发后，尤其是推广水平井开发后，气井配产相对较高，部分气井出现在试气排液阶段出砂现象，配产策略以“携液、防砂、能稳产”为原则配产。并通过对气流携砂产量进行了分析研究，制定了防砂产量高限，实现了气井携液防砂稳定生产。苏南项目气井整体配产较高，气井投产后产量急剧下降，基本观察不到径向流稳产阶段，导致个别井从年初投产，年底即无法携液，需要安装速度管柱后生产。加之气井配产高，产量递减幅度大，导致区块供气能力波动较大，导致区块达产 $30\times10^8m^3$ 的目标拖延。

5.3 苏里格南国际合作区采气工艺选型及相关配套技术

由于压力会随着天然气田的开发而逐渐下降，因此会出现气井积液等问题，这些问题对天然气生产有重要影响，轻则造成产气量下降，重则造成气井生命周期严重缩短。因此，需要采用配套采气工艺将气井积液排出，提高天然气生产效率，有效延长气井的生命周期，同时缓解天然气藏量逐渐下降的问题。

苏里格气田气井普遍具有低压、低产、小水量的特点。近年来，在前期大量研究及试验的基础上，初步形成适合苏里格气田地质及工艺特点的气井排水采气技术系列。在产水气井助排方面形成了以泡沫排水为主，速度管柱排水、柱塞气举为辅的排水采气工艺措施；在积液停产气井复产方面形成了压缩机气举、高压氮气气举排水采气复产工艺。各项排水采气工艺措施的实施，有效确保了产水气井的连续稳定生产。

5.3.1 苏里格南国际合作区排水采气工艺选型

苏南项目排水采气工艺优选方法主要选择了层次分析法（AHP）。层次分析法是将一个需要决策的问题看作是一个大系统，这个系统受到多种因素影响，而这些与决策相关的因素是相互联系、相互制约的，可以按照其内在的逻辑关系，以评价指标为代表将这些影响因素构成一个有序的层次结构，将与决策有关的元素分解成目标层、准则层和方案层等来进行定性和定量分析。

5.3.1.1 层次分析法（AHP）的基本原理和特点

层次分析法主要利用排序的原理，将各个影响因素排出优劣次序，用来作为决策的依据。层次分析法运用专家的经验、知识、信息和价值观，对每一层的指标进行两两比较，建立判断矩阵。通过对判断矩阵的特征权重向量和最大特征值的计算，得出该层各指标对于该准则的权重，并进行层次单排序和一致性检验。在此基础上，进行层次总排序和总排序的一致性检验。该方法的实质是在对复杂决策问题的本质、影响因素及其内在关系等进行深入分析的基础上，利用较少的定量信息使决策思维过程数学化，从而为多目标、多准则或无结构特性的复杂决策问题提供简便的决策方法。层次分析法主要有以下几个特点：

（1）原理简单。AHP 的原理是建立在实验心理学和矩阵论的基础上的，所以它比较容易被大多数领域的专家所接受，而且 AHP 原理清晰、简明，使研究和应用 AHP 方法的学者无需花大量时间便会很快进入研究角色。

（2）结构化、层次化。AHP 能够将复杂的问题转化为诸多具有结构和层次关系的简单问题求解。

（3）理论基础扎实。AHP 是建立在严格矩阵分析之上的，所以它具有扎实的理论基础，同时也给研究者提供了进一步研究的平台和应用的基础。

（4）定量与定性方法相结合。大部分复杂的决策问题都同时含有许多定性与定量因素，AHP 正好可以满足人们对于这类决策问题进行决策的需要。层次分析法一般包括以下几个步骤：选取评价指标构造层次结构模型、构造成对比较阵、进行层次单排序和一致性检验、进行层次总排序及其一致性检验，从而确定各指标权重及分配模型。从层次分析的步骤上可以看出层次分析法的求解过程体现了决策思维的基本特征，即分解—判断—综合，可以使人们对复杂问题判断、决策的过程得以系统化、数量化。层次分析法结构如图 5.22 所示。

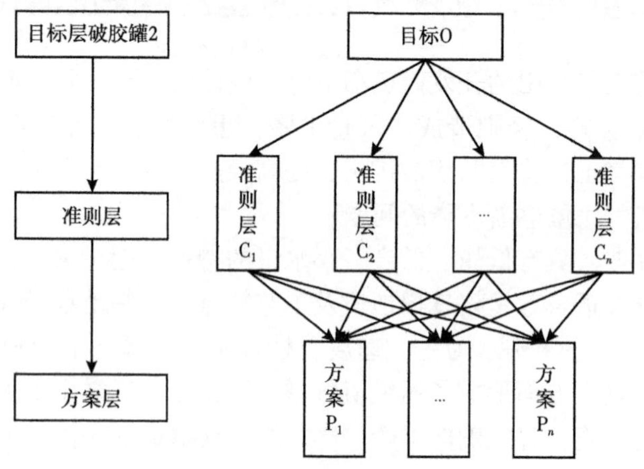

图 5.22　层次分析法结构示意图

5.3.1.2　排水采气工艺优选模型的建立

现有优选管柱排水采气工艺、泡沫排水采气工艺、气举排水采气工艺、游梁式抽油机—深井泵排水采气工艺、电潜泵排水采气工艺和射流泵排水采气工艺 6 种排水采气工艺可供选择，且每一种工艺方法均有 6 项评价指标，排水采气工艺优选模型的层次结构如图 5.23 所示。

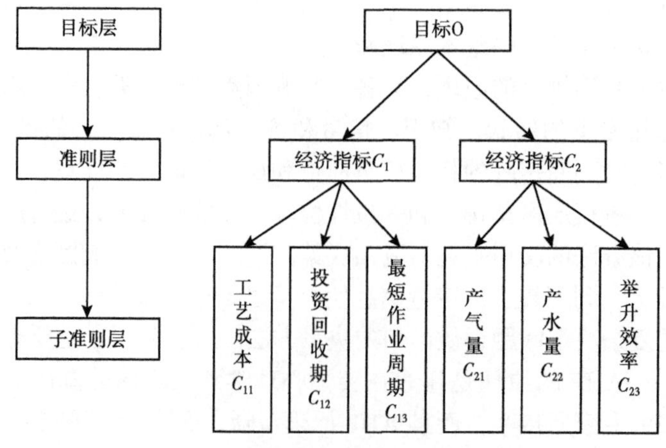

图 5.23　排水采气优选模型的层次分析结构图

$$A=\begin{bmatrix} a_{11} & a_{12} & \cdots & a_{16} \\ a_{21} & a_{22} & \cdots & a_{26} \\ \vdots & \vdots & \ddots & \vdots \\ a_{61} & a_{62} & \cdots & a_{66} \end{bmatrix}$$

首先，令第 i 个排水采气工艺的第 j 个指标值为 a_{ij}，则建立指标值矩阵

其次，利用效用函数法对有量纲的每个指标进行归一化处理，其处理方法如下：

（1）希望的指标值越大就越好，其效用函数的计算为：

$$b_{ij}=\frac{a_{ij}}{\max\left[a_{ij}\right]} \qquad (i=1,2,\cdots,n;\quad j=1,2,\cdots,n)$$

（2）希望的指标值越小就越好，其效用函数的计算为：

$$b_{ij}=1+\frac{\min\left[a_{ij}\right]-a_{ij}}{\max\left[a_{ij}\right]} \qquad (i=1,2,\cdots,n;\quad j=1,2,\cdots,n)$$

（3）希望指标以某一 r^* 中值，靠 r^* 越近越好时，其效用函数的计算为：

$$b_{ij}=\begin{cases} \dfrac{a_{ij}}{r^*} & a_{ij}\in\left\{\min\left[a_{ij}\right],r^*\right\} \\ 1+\dfrac{r^*-a_{ij}}{\max\left[a_{ij}\right]} & a_{ij}\in\left\{r^*,\max\left[a_{ij}\right]\right\} \end{cases}$$

由此可得到效用函数矩阵 $\boldsymbol{B}$：

$$\boldsymbol{B}=\left[b_{ij}\right]_{m\times n}$$

最后，利用层次分析法得到子准则层 C 对目标层 A 的组合权向量计算各方案的综合效用值。按照 6 种排水采气工艺下 6 个指标的值的计算方法，优选模型采用 6 个指标的效用函数和子准则层对目标层的权向量计算各方案的综合效用值：

$$E_i=\sum_{j=1}^{n}b_{ij}\omega_j \qquad (i=1,2,\cdots,m)$$

依据综合效用值的大小判断工艺的优劣顺序。

5.3.1.3　排水采气工艺适应性分析

苏里格南区块的开发特征表现为以下几点：目前区块气田主要采用 3½ in 生产管柱，由于管径较大，携液产气困难，主要采用关井复压手段带液产气，影响气井生产效率。已开发的主力储层有 2 个层位，即石盒子组和山西组。从开发动态特征分析虽然目前各单井属于开发初期，但部分生产井已表现出井筒附近压降损失较快，地层储层特点决定地层流体供给不足。该区储层为气液同层特征明显，表现为气井开发初或早期见水（油），且液量不大。该区块已投产的 420 口井生产过程显示，单井产气量和产水量下降较快，出现积液往复波动现象，井筒积液特征明显。

因此，该区气水同层，气井开发见水较早，水量较小。在开发早期能量充足、井底流

压较高、产气量较大，气井可依靠自身能量携液；生产一段时间后由于井筒附近压降损失较快，地层供给不足，造成井筒积液明显，表现为井口压力及产气波动较大；随着近井地区压力进一步衰减，气井明显已不能靠自身能量携液，导致产气量和产水量下降较快，部分井须依靠关井复压间歇生产，且关井复压周期逐渐增大、压力恢复缓慢，复压开井后产气量和产水量都较低，此时应立即采取排水采气工艺措施，以协助气井携液，稳定或增加气井产量。

苏里格气田各区开发管理均采取"低成本"战略的思路，同时考虑到该区气井产水量不大，因此对比了各种排水采气工艺的适应条件、同类型气田应用效果，选取6种排水采气工艺进行优选［优选管柱（速度管柱）排水采气工艺、泡沫排水采气工艺、连续油管排水采气工艺、气举排水采气工艺、螺杆泵排水采气工艺、复合排水采气工艺］。

5.3.1.4 运行层次分析法优选排水采气工艺

结合各种排水采气工艺的设计结果以及气井的相关数据信息，根据排水采气经济指标、工艺技术计算公式，将各种排水采气工艺的技术指标即产气量、产水量、举升效率和经济指标即工艺成本、投资回收期和最短作业周期等分别进行计算（天然气价格按1.50元/m^3进行计算），苏南作业区气井参数见表5.22，苏南作业区气井排水采气经济指标计算结果见表5.23。

表5.22 苏南作业区气井参数表

参数	数据	参数	数据
气层深度（m）	3820	油管深度（m）	3760
产气量（$10^4m^3/d$）	1.47	产水量（m^3/d）	1.28
地层压力（MPa）	15	井底流压（MPa）	10
气相相对密度	0.637	液体相对密度	1.01
排驱半径（m）	200	井眼半径（m）	0.086
临界压力（MPa）	4.67	井斜角（°）	1
有效渗透率（mD）	0.55	井口、井底温度（℃）	10℃、73℃
油管内径（mm）	62	气体体积系数	0.001
临界温度（℃）	−80	产层厚度（m）	8.1

表5.23 苏南作业区气井排水采气经济指标表

工艺	工艺成本（元/m^3）	投资回收期（a）	最短作业周期（d）	产气量（$10^4m^3/d$）	产水量（m^3/d）	举升效率（%）
优选管柱（速度管柱）排水采气工艺	0.335	0.32	285	2.314	3.39	52.31
泡沫排水采气工艺	0.22	0.232	—	2.154	4.48	56.23
气举排水采气工艺	0.263	0.265	350	1.97	4.69	56.62
复合排水采气工艺	0.36	0.317	296	2.506	4.40	50.37
连续油管排水采气工艺	0.4	0.926	342	3.393	4.74	58.94
螺杆泵排水采气工艺	0.32	0.375	272	2.292	4.20	61.32

根据苏南作业区生产情况，认为经济指标比技术指标对工艺优劣的影响稍强，按层次分析法形成对比较阵：

$$A=\begin{bmatrix}1 & 3\\ \frac{1}{3} & 1\end{bmatrix}$$

计算该成对比较阵 $\boldsymbol{A}$ 的特征根 $\lambda=2$，归一化的特征向量 $\boldsymbol{w}^{(2)}=(0.75,\ 0.25)^{\mathrm{T}}$（计算用的是简便算法——幂法）。由于 $\boldsymbol{A}$ 为 2 阶一致阵，其特征向量可作为准则层对目标层的权向量。同理，得到子准则层的成对比较阵：

$$\boldsymbol{B}_1=\begin{bmatrix}1 & 2 & 3\\ \frac{1}{2} & 1 & 2\\ \frac{1}{3} & \frac{1}{2} & 1\end{bmatrix},\quad \boldsymbol{B}_2=\begin{bmatrix}1 & 2 & 5\\ \frac{1}{2} & 1 & 3\\ \frac{1}{5} & \frac{1}{3} & 1\end{bmatrix}$$

故由子准则层的成对比较阵 $\boldsymbol{B}_k$ 计算出权向量 $\boldsymbol{w}_k^{(3)}$，最大特征根 λ_k 和一致性指标 CI_k，结果列入表 5.24。

表 5.24　优选模型子准则层的计算结果

k	1	2
$wk^{(3)}$	0.539	0.581
	0.297	0.309
	0.164	0.110
λ_k	3.009	3.004
CI_k	0.005	0.002

由前述理论得 $n=3$ 时随机一致性指标 $RI=0.58$，所以上面的 CI_k 均可以通过一致性检验。子准则层对目标层的组合权向量：$\boldsymbol{w}^{(3)}=\boldsymbol{w}^{(3)}\boldsymbol{w}^{(2)}$。其中

$$\boldsymbol{w}^{(3)}=\begin{bmatrix}0.539 & 0\\ 0.297 & 0\\ 0.163 & 0\\ 0 & 0.581\\ 0 & 0.309\\ 0 & 0.110\end{bmatrix}$$

则：

$$\boldsymbol{w}^{(3)}=[0.404\quad 0.223\quad 0.123\quad 0.145\quad 0.077\quad 0.028]^{\mathrm{T}}$$

由于子准则层的一致性指标为 $CI_1^{(3)}=0.005$，$CI_2^{(3)}=0.002$，随机一致性指标为 $RI_1^{(3)}=0.58$，$RI_2^{(3)}=0.58$，则：

$$CI^{(3)}=\left[CI_1^{(3)},CI_n^{(3)}\right]\boldsymbol{w}^{(2)}=\left[0.005\quad 0.002\right]\begin{bmatrix}0.75\\0.25\end{bmatrix}=0.00425$$

$$RI^{(3)}=\left[RI_1^{(3)},RI_n^{(3)}\right]\boldsymbol{w}^{(2)}=\left[0.58\quad 0.58\right]\begin{bmatrix}0.75\\0.25\end{bmatrix}=0.58$$

则子准则层的组合一致性比率为：

$$CR^{(3)}=\frac{CI^{(3)}}{RI^{(3)}}=\frac{0.00425}{0.58}<0.1$$

通过组合一致性检验。由前面的计算可知：

$$CR^{(2)}=0$$

则子准则层对目标层的组合一致性比率为：

$$CR^{*}=CR^{(2)}+CR^{(3)}<0.1$$

子准则层对目标层的组合权向量通过一致性检验。

根据各种排水采气工艺技术和经济指标，建立的指标值矩阵 $\boldsymbol{B}_{6\times6}$（泡排的最短作业周期理论上不存在，但为方便计算，取一个比其他工艺的最短作业周期大一个数量级的值 1000）：

$$\boldsymbol{B}_{6\times6}=\begin{bmatrix}0.335 & 0.320 & 285 & 2.614 & 20.36 & 52.31\\0.220 & 0.232 & 1000 & 2.354 & 26.87 & 46.23\\0.263 & 0.265 & 350 & 1.970 & 28.12 & 56.62\\0.360 & 0.317 & 296 & 2.506 & 26.37 & 50.37\\0.400 & 0.926 & 342 & 3.393 & 28.43 & 58.94\\0.320 & 0.375 & 272 & 2.292 & 25.17 & 61.32\end{bmatrix}$$

根据归一化的数学思想，将各指标值处理成为（0，1）之间的值（工艺成本值越低，方案越优；投资回收期越短，方案越优；最短作业周期越长，方案越优；产气量越大，方案越优；产水量越大，方案越优；举升效率越高，方案越优），为各项指标的计算提供基础。同时，根据归一化处理结果建立效用函数 $\overline{\boldsymbol{B}}_{6\times6}$：

$$\overline{\boldsymbol{B}}_{6\times6}=\begin{bmatrix}0.713 & 0.905 & 0.029 & 0.770 & 0.716 & 0.853\\1 & 1 & 1 & 0.694 & 0.945 & 0.754\\0.893 & 0.035 & 0.035 & 0.581 & 0.989 & 0.923\\0.650 & 0.030 & 0.030 & 0.739 & 0.928 & 0.821\\0.550 & 0.034 & 0.034 & 1 & 1 & 0.961\\0.750 & 0.027 & 0.027 & 0.676 & 0.885 & 1\end{bmatrix}$$

根据 $E_i=\sum_{j=1}^{n}b_{ij}w_j$（$i=1,2,\cdots,n$）可计算出各排水采气工艺的综合效用值，计算结果见表 5.25。

表 5.25 排水采气工艺的综合效用值

工艺名称	泡沫排水采气工艺	连续油管排水采气工艺	优选管柱排水采气工艺	气举排水采气工艺	螺杆泵排水采气工艺	复合排水采气工艺
综合效用值	0.945	0.689	0.766	0.64	0.531	0.673

通过表 5.26 所得出的优度值计算结果可以看出该井的最终推荐排序为：第 1（最优）选择是泡排；第 2（次优）选择是优选管柱；第 3 选择是连续油管；第 4 选择是复合排水采气；第 5 选择是气举；第 6 选择是螺杆泵。

表 5.26 排水采气工艺方法优选顺序结果

方案排序	1	2	3	4	5	6
工艺名称	泡沫排水采气工艺	优选管柱排水采气工艺	连续油管排水采气工艺	复合排水采气工艺	气举排水采气工艺	螺杆泵排水采气工艺

从各种对比来看，应用成熟、成本低、设计操作简单的泡沫排水采气工艺无疑是苏南气田排水采气工艺的首选；其次是优选管柱（速度管柱）排水采气工艺、连续油管排水采气工艺等两种接替泡沫排水采气的工艺措施；对于产水量较高的气井考虑采用柱塞气举工艺，对于积液井考虑采用小直径管（速度管柱等）泡沫排水；对于后期生产中水淹井可考虑采用常规气举排水采气工艺和螺杆泵排水采气工艺等进行水淹复产。

5.3.2 苏里格南国际合作区排水采气相关技术

对天然气田的配套采气技术进行了详尽的分析，主要有优选管柱技术、射流泵技术、机抽排水采气技术以及小油管排水采气技术、化学排水采气技术和气举排水采液技术，根据气井的实际情况，灵活使用这些技术，能够有效提高气井产能，创造更大的经济效益。

（1）天然气连续循环气举技术。

天然气连续循环气举技术是在气井生产过程中利用压缩机或气源井将天然气作为补充能量沿气井油套环空注入井中，注入的天然气与产气混合，提高井筒天然气流速，实现连续稳定排水采气目的。苏南项目气井采用 9 井井丛设计，对速度管柱井丛可以选择地层压力足够但产量较小的井关井不生产，一旦速度管柱井产量低于其携液临界流量时，通过接入注醇管线或简单站内流程改造，即可满足同站高压井气举排水采气工艺条件。高低压井互联气举排水采气主要借鉴天然气连续循环技术，井场现有注醇管线可直接作为高压注气管线，相较车载式压缩机或橇装压缩机等井口连续气举工艺，其工艺流程简单，操作管理方便，实施费用较低，投入产出比较高。

（2）同步回转泵压缩机排水采气技术。

同步回转泵压缩机作为地面增压装置，是集气体压缩机和液体泵为一体的多相增压装置，与常规压缩机的最大不同在于实现地面气、液两相混输。其排水采气的基本原理是，一方面回转式压缩抽吸降低井口压力，短时间内增加井筒压差，提高气井的举液能量，同时降低临界携液流量，提高气流带液能力；另一方面增大气井生产压差，提高地层供给产量。通过同步回转多相混输泵的抽吸，降低井口压力，增大生产压差，提高气体流速和携液能力，在满足外输压力的情况下，可提高气井的产气量和生产时间。

（3）撬式排水采气技术。

排水橇通过地面专用设备将抽子下到液柱下方，上提抽子，抽子上移时，上端口袋张开帖扶油管内壁，使井下液体随着抽子上移排出。排水橇入井介质采用 8mm 高强度单根弹簧钢丝，设计提升速度 40m/min，上提力可达 4~5ft，在 3½ in 油管中一次可排液柱 1000m，井口设计了密封圈，静密封压力可达 30MPa，动密封压力可达 15MPa，配合地面流程开井排液（卸压），施工过程安全可控。施工机架采用液压系统自动伸缩安装搭建，设计操作台，施工简单，井下工具具备防上顶、防卡、脱手功能，保证井下作业过程安全。适用于井下管柱简单，积液较严重气井。

（4）排水采气技术。

随着天然气开采时间的延长，气顶和气田均会出现不同程度的水淹现象，天然气采出和地层压力下降，井筒及井底积液对气井影响较大，因此要使气田中后期开发保证稳定，提高采收率，就必须利用先进的排水采气技术，才能有效保证天然气田的采收率，经过技术人员的研究，形成了以小油管排水采气技术、化学排水采气技术、气举排水采气技术、抽油机排水采气技术、加清防蜡剂排采气技术等为主的排液采气技术。

① 小油管排水采气技术。

其他条件如果相同，气井自喷带液能力和管内径是反比例关系，这是根据动能因子理论和垂直管流理论得到的结论；结合油气田的实际情况，采用管柱油管结合的方法，完全能够满足需求，可以有效恢复老井产能。

② 化学排水采气技术。

化学排水采气技术主要是运用发泡剂，这种发泡剂能够减小水的密度，从而能够通过气体将水带至地面，达到排水的目的。发泡剂的适用性和质量对排水效果有决定性影响，通过在油气田运用发泡剂，达到了增加产量的目的。

③ 气举排水采气技术。

如果气井的能量不足，就有可能产生带水困难的问题，严重则会停产，气举排水主要是通过注入液氮或者其他气体，通过增加气量和压力达到带液能力的一种技术，目前，气举排水采气技术在我国的油气田中有广泛应用。如果气井压力不高，产水量较大，一般采用气举技术，而如果地层出液量较大，而且气井能量比较高，一般采用氮举技术。

④ 抽油机排采气技术。

对于储层物性较好，产水量大的气井，停产后用其他排水方式无法实现连续排液，不能使其恢复正常生产的井，抽油机排水采气能较好地解决这一问题。

⑤ 加清防蜡剂排采气技术。

低压、浅层气田有部分气井生产过程中产少量原油，如不及时清除，会影响气井正常生产，这些气井都采用定期向井内注入清防蜡剂的方式来排除井底原油，获得较好效果，保证了气井正常生产。

（5）优选管柱排水采气技术。

如果气井油管直径较小，携液持续性较好，效率较高；如果气井的油管直径较大，虽然产量较高，但是也会带来持续性较差的问题。所以，一般要根据气井的实际情况，选择合适直径的油管，这也是优选管柱排水采气技术的主要内容。这种技术能够将气井本身能量发挥到最大，在开采后期，通过调整油管直径，改善气体的携液效果。

要保证选择的油管直径合适，就要使用数学方法，精确的计算临界流速和流量。要保证排水的连续性，气流流速就要接近临界数值，而且管柱喷出气流时，还要保证压力足够将天然气输送至管网中。运用优选管柱排水采气技术有两个注意要点，如果气井压力小，排水效果不好，应采用直径较小的油管；如果气井产量高、流速大，应选用直径较大的油管，这样才能减少损失，提高气井产量。

（6）射流泵排水采气技术。

射流泵性质比较特殊，主要工作原理是使用液体形成低压区，也就是将压力转化为动能，将井内液体吸附到喷嘴中，最终使液体排至地面。射流泵排水采气技术不需要活动部件，这是其主要优点，这种技术用于含沙流体和腐蚀气井较为合适，也可以用于高温深井，因为射流泵能够处理高含气流体。对于水平井和倾斜井，因为射流泵的结构较为紧凑，初期安装射流泵的成本较低，并且具有灵活方便的特点，但是需要较高的初期投资。在使用射流泵进行排水采气时，应该注意腐蚀问题对射流泵的影响，也就是如果暂时不使用射流泵，应尽快收起，不能让泵在井下停留时间过长。

5.3.3　苏里格南国际合作区采气其他配套技术

苏里格气田气井含水量较高且含有一定量的凝析油和杂质，随着苏南项目块采气工艺和技术评价的不断深入和完善，以及对气田地质特点及产能更加清晰的认识，需要根据试验分析和实际生产数据，采用相应的配套工艺和技术来解决采气过程中的一些难题。

5.3.3.1　节流技术

气井生产过程中，采用井下节流技术可以防止水合物生成。关井状态下，井口具有水合物生产条件，为了消除生产初期的水合物形成风险，开井前须使用水合物抑制剂（甲醇）或为采气树加热。图 5.24 反映了Ⅰ类井在原始地层压力条件，井下节流对气井温度剖面和压力剖面的影响，以及水合物的生产曲线，图的右边反映了井底的压力和温度，左边反映的是井口的压力和温度。可以看出，Ⅰ类气井的压力和温度状况远离水合物生产风险区。

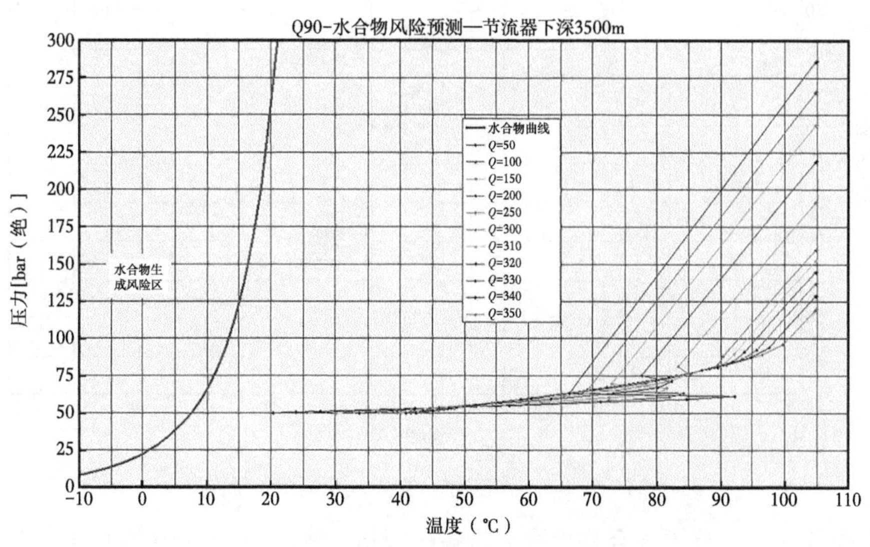

图 5.24　井下节流气井水合物生成预测图（Ⅰ类井）

图 5.25 反映了Ⅱ类井在原始地层压力条件，井下节流对气井温度剖面和压力剖面的影响，以及水合物的生产曲线。图的右边反映了井底的压力和温度，左边反映的是井口的压力和温度。可以看出，Ⅱ类气井的压力和温度状况远离水合物生产风险区。

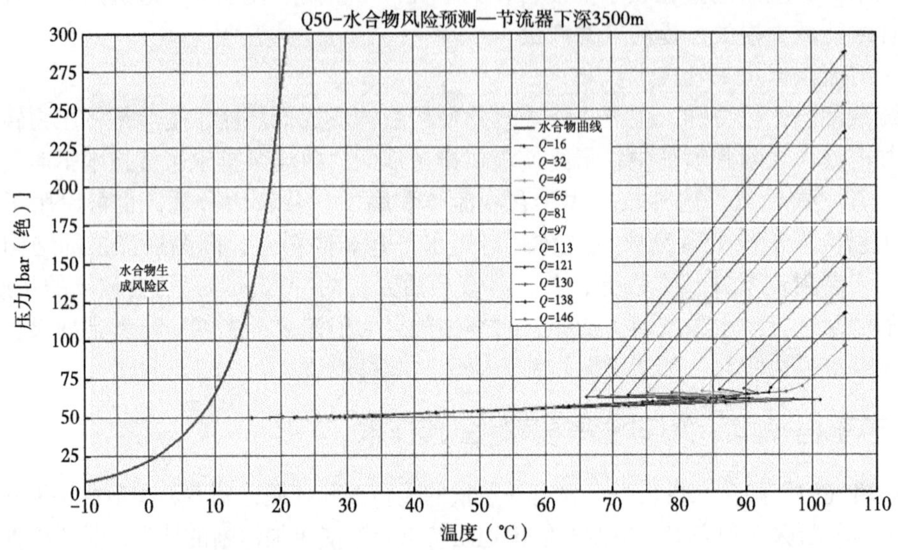

图 5.25　井下节流气井水合物生成预测图（Ⅱ类井）

图 5.26 反映了Ⅲ类井在原始地层压力条件，井下节流对气井温度剖面和压力剖面的影响，以及水合物的生产曲线。图的右边反映了井底的压力和温度，左边反映的是井口的压力和温度。可以看出，Ⅲ类气井的压力和温度状况远离水合物生产风险区。

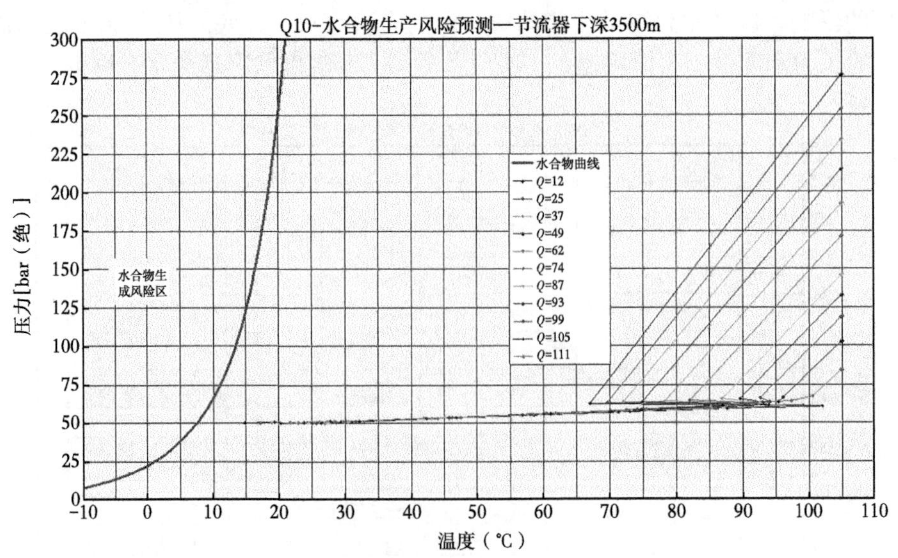

图 5.26　井下节流气井水合物生成预测图（Ⅲ类井）

以Ⅰ类井为例进行了水合物生成风险瞬时分析。图 5.21 显示的是Ⅰ类井的瞬时分析结果，采用 8 毫米井下节流器，油管头压力为 1.3MPa，地层压力与井丛采气管线压力之间的压差最大。第 80h，气井开始关井，直到稳定，在第 120h 重新开启地面阀门。从图 5.27 可以看出，采用井下节流器稳定状态无水合物形成风险。地面阀门关闭后，地面阀门的上游点 3.3h 后进入水合物形成风险带（在 24.3MPa 绝对压力下，水合物预测曲线具有 5℃的裕量）。地面阀门重新开启，流体压力立即变成 1.3MPa 绝对压力，流体立即离开水合物形成风险带。节流阀直径越小，关井后气流冷却越快，进入水合物生产风险区时间越短。对于长时间关井后开井，需要注入水合物抑制剂或对井口加热。

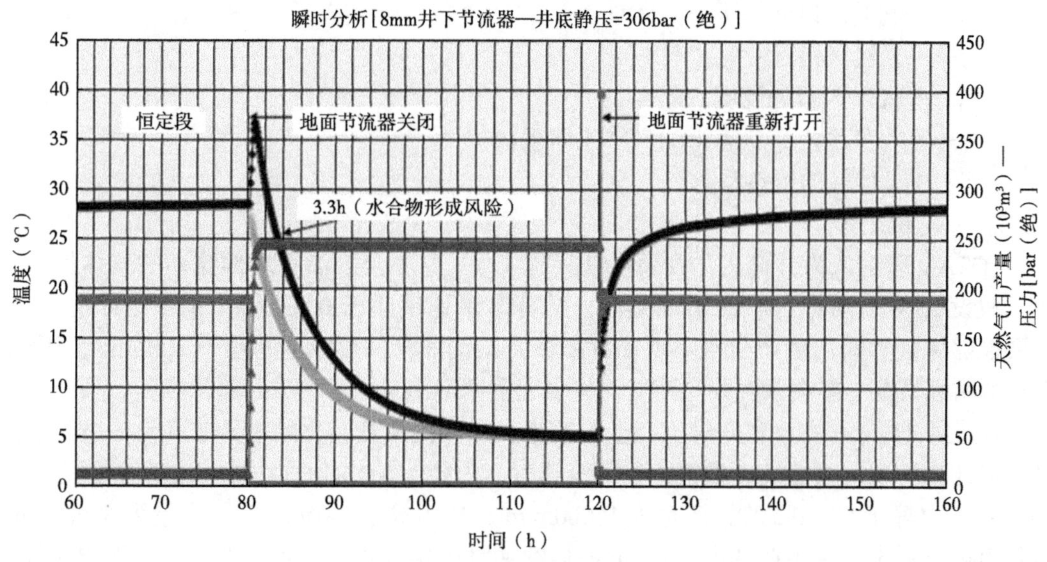

图 5.27　井下节流气井水合物生成瞬时分析预测图

苏南项目结合地面工程，采用井下节流工艺。井下节流器主要有两种类型：CQX 型井下节流器和 CQZ 型井下节流器。CQX 型井下节流器通过卡瓦将节流器卡定在生产管柱内壁的设计下入深度处；CQZ 型井下节流器需要预先在生产管柱连接坐落短节，生产前投放芯子，芯子与坐落短节微间隙复合密封。生产时投放井下节流器，节流器以 CQZ 型井下节流器为主，必要时投放 CQX 型节流器。为保证后期速度管柱的下入，井下节流器必须可打捞，同时可钻。井下节流器的下深主要取决于防止水合物的需要，水合物是否形成主要与压力和温度有关，而温度又和气嘴所在深度有关。因为井下节流工艺利用地热资源对节流后的气流加热，气嘴所在深度将直接决定气流到达井口的温度。

通过模拟计算，苏里格气田防止水合物节流器最小下入深度为 800~1300m，由于节流器以上气体的压力下降，流速加快，有利于气体携液生产，推荐 CQZ 型节流器下到气层顶部，从井下节流器工作寿命考虑，井下节流器投放位置越深，其工作环境温度越高，承受的压力也增大，对井下节流器工作寿命影响越大。推荐 CQX 型井下节流器下深 3000m 左右。

节流器下入深度可以根据实际情况进行调整，但要保证大于最小下入深度，同时开展耐高温、高压节流器研发。根据气井地质预测压力变化及稳产要求，气嘴孔径依据配产、压力确定。气嘴孔径公式如下：

$$q_{\rm sc}=\frac{4.066\times10^3 p_1 d^2}{\sqrt{\gamma_{\rm g}T_1Z_1}}\sqrt{\left(\frac{K}{K-1}\right)\left[\left(\frac{p_2}{p_1}\right)^{\frac{2}{K}}-\left(\frac{p_2}{p_1}\right)^{\frac{K+1}{K}}\right]}$$

式中 $q_{\rm sc}$——标准状态（p=0.101325MPa，T=293K）下通过气嘴的体积流量，$\rm m^3/d$；

d——气嘴直径，mm；

p_1——气嘴入口处的压力，MPa；

p_2——气嘴出口处的压力，MPa；

$\gamma_{\rm g}$——天然气相对密度；

T_1——气嘴入口处温度，K；

Z_1——在气嘴上游状态下的气体压缩系数；

K——天然气的绝热系数。

5.3.3.2 防腐蚀技术

TOTAL 理论认为井筒内的压降为 10~20MPa，井底及沿油管底部流动的气体保持干燥。假设 25% 的油管内表面出现凝液，估算凝水速率小于 0.2g/（$\rm m^2\cdot s$），在此情况下，只要能够保证井筒内的产出水不要局部积聚，碳钢油管的腐蚀速率小于 100μm/a，因此，管柱的腐蚀情况主要在于气井流速能否将水完全携带出来而不造成井筒积液。

在直径 1½~2in 的垂直立管上，上段塞流和雾环流相互转化的临界速度为 2~3m/s。通过近似计算发现，天然气产量等于以下流速时，内径 1½ in 的油管内，天然气的流速超过 3m/s：压力等于 5.0MPa 时，产量为 15000$\rm m^3$/d；压力等于 2.0MPa 时，产量为 6000$\rm m^3$/d；由数值可以看出，在生产期内，1½ in 的连续油管内出现积液的可能性很小，除非在气井生产后期。此外，连续油管还有一个重要优势，那就是没有直径变化（相对于油管接箍而言），这样就不容易积水。TOTAL 采用 Cormed* 软件预测在凝水速率较高，或者由于气体流速较慢，油管内有水积聚情况下管柱的腐蚀速率，2.0MPa 的条件与低压阶段相对应，结果见表 5.27。

表 5.27 腐蚀速率模拟计算表

压力—温度条件	pH 值	预测腐蚀速率（mm/a）
6MPa，110°C	5.1	＞1
5MPa，20°C	5.5	0.5
2.5MPa，20°C	5.7	0.3

就腐蚀而言，最严重的情况是气井生产的头 4 年腐蚀速率为 0.5mm/a（仅指首批投产井，之后投产的井腐蚀速率会小些），上压缩机后，腐蚀速率为 0.3mm/a。这样，未上压缩机前，正常生产 4 年后，油管减薄 2mm，上压缩机生产 4 年后壁厚减薄 3.3mm。在采用 3½ in 油管开采的生产阶段，薄弱点在地面，这一位置由于水泥返高仅返至顶部储层，油管处于悬浮状态，存在临界载荷。计算可得，气井 4 年后，轴向载荷安全系数为 1.70（油管破裂压力降到 5.8MPa），生产 8 年后，油管安全系数为 1.3。气井生产 8 年后，预测产

量约为5000m³/d，该产量远远低于3½in油管的合理携液产量，如果气井在此产量下仍然正常生产，就意味着产水量很低，因而腐蚀也会低微。如果气井在3½in油管条件下不能正常生产，就要关井或下入速度管柱。速度油管的下入能确保井筒不发生积液，3½in油管腐蚀也将变得轻微。

苏南项目气井腐蚀参数与其他区块基本一致，不含H_2S和CO_2是苏南项目气井井筒的主要腐蚀因素。2008—2009年，长庆油田在苏里格中区和西区开展了气井管柱腐蚀的系列研究，其研究成果和腐蚀认识可在苏南项目参考借鉴。针对苏里格气田部分区块局部富水，部分井产水量大，产出水矿化度高的特点，为了评价管柱的腐蚀状况，2009年长庆油田在苏西和苏14井区开展了4口井的内腐蚀挂片试验。井筒挂片试验表明，节流器以上位置未出现点蚀等局部腐蚀，平均腐蚀速率为0.0036~0.114mm/a，腐蚀相对轻微。

2009年长庆油田选择苏6井区2003年投产的4口老井（未下节流器）开展了带压条件下的油套管腐蚀检测。检测结果表明，全井段管柱总体上腐蚀轻微，以均匀腐蚀为主，平均腐蚀速率为0.064~0.08mm/a，但部分井的中、下井段也存在局部腐蚀，最大腐蚀速率为0.275mm/a，气井管柱腐蚀程度低于软件预测结果。

针对苏里格气田部分区块局部富水，部分井产水量大，产出水矿化度高的特点，为了评价管柱的腐蚀状况，2009年长庆油田在苏西和苏14井区开展了4口井的内腐蚀挂片试验。苏里格气田试验井基本参数见表5.28。

表5.28 苏里格气田试验井基本参数

井号	生产层位	油压（MPa）	套压（MPa）	日产水（m³）	日均产气（10^4m^3）	Cl-（g/L）	矿化度（g/L）	H_2S（mg/m³）	CO_2（%）
苏fb	盒$_8$、山$_1$	3.0	22.0	0.54（试采）	0.8831	6.02	11.39	0	1.799
苏dh-h-hb	盒$_8$、山$_1$	1.2	18.0	7.5（试气）	0.6445	—	—	0	1.053
苏dh-i-ij	盒$_8$	3.18	13.05	0.5	0.7514	—	—	0	0.538
苏ad-g-bi	盒$_7$、盒$_8$	3.7	20.00	—	1.2463	3.232	5.311	11.3	0.893

2009年，长庆油田选择苏6井区2003年投产的4口老井（未下节流器）开展了带压条件下的油套管腐蚀检测，检测工具采用SONDEX公司的MIT和俄罗斯EMDS电磁探伤检测仪，该工具在长庆气田已累计应用60余口，经过7口井现场起出管柱对比，检测结果与实际情况基本相符，满足测试要求。井筒挂片试验表明，节流器以上位置未出现点蚀等局部腐蚀，平均腐蚀速率为0.0036~0.114mm/a，腐蚀相对轻微。检测结果表明，管柱总体上腐蚀轻微，以均匀腐蚀为主，平均腐蚀速率在为0.065~0.08mm/a，但部分井的部分井段也存在局部腐蚀特征，最大腐蚀速率可达0.275mm/a。长庆油田苏里格现场试验数据表明，气井管柱腐蚀程度要低于软件预测结果，因此，壁厚7.34mm的3½in油管，在整个预期使用寿命期内，足以应对腐蚀，具体试验结果见表5.29。

表 5.29　苏里格气田试验井试验结果

井号	节流器深度（m）	挂片深度（m）	试验段温度（℃）	平均腐蚀速率（mm/a）		
				进口 N80	国产 N80	J55
苏 fb	1910	1700	55	0.0038	0.0036	0.0037
苏 dh-h-hb	2008	1800	69	0.008	0.009	0.007
苏 dh-i-ij	1488	1300	55	0.015	0.012	0.014
苏 ad-g-bi	1881	1600	63	0.114	0.048	0.051

考虑到现有苏南项目气井井数较少，气层产地层水的问题并不能完全排除，在后期应结合气藏工程和生产动态，跟踪区块地层出水及对腐蚀的影响。在气田开发和生产过程中，选择典型气井定期开展井筒腐蚀检测，评价管柱腐蚀状况，开展相应的工作。对地面生产系统以及关键设备开展腐蚀评价研究。

5.3.3.3　储层改造技术

一般的油田气藏有两个特点，即产能较低和储层低渗透致密，天然气储层物性差，自然产能低，要提高动用储量，获得较高的产能，需要根据低压、浅层气藏的特点，必须通过储层改造技术。通过改造储层来获得较高的产能，提高动用储量。例如，使用压裂技术，改造产能，压裂后使用油嘴改造，支撑剂选用高强度低密度的陶粒，返排则用气举、化学排水采气和液氮等技术，通过使用压裂技术改造储层，大幅提高天然气田的产能，同时改善了地层渗流条件。压裂技术提高气藏产量的重要方法之一，就是水力压裂，这也是目前气田改造运用较为普遍的方法。在水力压裂作业期间，为了降低地面处理压力，油管尺寸必须足够大。采用 3½ in 套管无油管结构可以满足储层改造要求，并且预留一定裕量。

表 5.30　不同注入方式不同压裂参数条件下井口压力预测表（3600m）

注入方式	参数	不同排量下的数据						
		$2m^3/min$	$2.5m^3/min$	$3m^3/min$	$3.5m^3/min$	$4m^3/min$	$4.5m^3/min$	$5m^3/min$
ϕ73.02mm 油管	摩阻（MPa）	16.8	23.1	30.6	39.4	50.7	61.5	73.2
	井口压力（MPa）	53.8	60.1	67.6	76.4	87.7	98.5	110.2
ϕ88.9mm 套管	摩阻（MPa）	7.1	11.4	14.7	20.7	24.9	29.3	37
	井口压力（MPa）	44.1	48.4	51.7	57.7	61.9	66.3	74

从表 5.30 可以看出，苏南项目采用 2⅞in 油管注入压裂，由于井口承压设备为 70MPa，压裂过程中最大排量 $3m^3/min$ 左右；如果采用 3½ in 套管压裂，压裂过程的最大排量可以达到 $4.5m^3/min$ 左右，为提高单井产量提供了更大的空间。

5.3.3.4　集输气管改造技术

苏南项目地面集输系统规划采用“井丛集气、井下节流、井口注醇、连续计量、两级增压、气液分输、集中处理”的中低压集输工艺。苏南项目区块地面集输总工艺流程如图 5.28 所示。

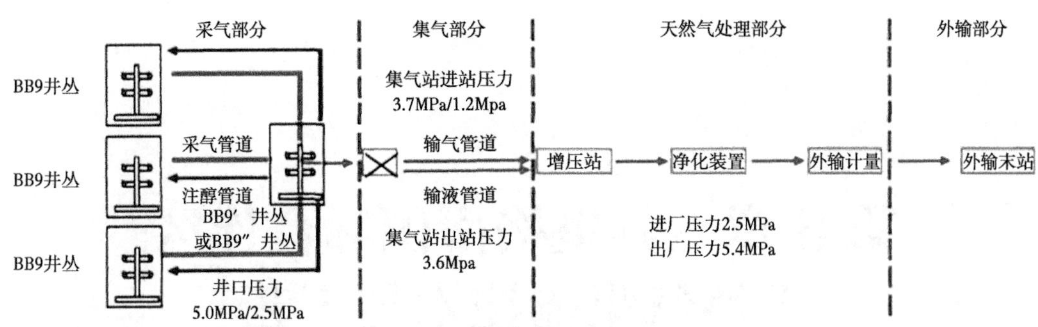

图 5.28　苏南项目区块地面集输总工艺流程

（1）采气部分：单井原料气经井下节流后，在井场通过孔板流量计连续计量，然后与该井丛其他 8 口气井的天然气汇集；井丛经采气管线进入毗邻的井丛，4 座 BB9 井丛组成 BB9′ 井丛，3 座或 2 座 BB9 井丛组成 BB9″ 井丛；BB9′ 井丛和 BB9″ 井丛经集气干管进入集气站。

（2）集气部分：开发初期，原料气在集气站经气液分离后不增压，湿气直接经集气干线输送至中央处理厂；当井口压力降至 2.5 MPa 时，经分离的原料气通过压缩机增压后与集气站中压气汇合输送至中央处理厂；集气站分离出的气田水，通过与集气干线同沟的管道输送至中央处理厂集中处理。

（3）天然气处理部分：集气站来液在中央处理厂进行净化处理，然后经增压、计量后外输。

苏南项目区块一区和二区地面集输管网系统包括集气站 2 个、处理厂 1 个、井丛 46 个、气井 415 口以及采集气管线。合理的集输管网是搞好气田开发的地面条件，如果气井储量较小，随着气田开发时间的延长，井口压力逐渐降低，控制储量较小的气井会较早出现井口压力低于管网系统压力而停产现象，最后造成停产。如果气井压力较高，个别井距远、压力高的气井，因油或水化物堵塞，仍然无法正常生产，需要通过改造集输气管解决这些问题。

（1）井口加温。

在冬季，对于长距离压力高、产原油的气井冬季生产极易发生管冻堵事故，气井保温效果不好、管线变径等问题，会严重影响生产，对于那些凝析油黏度较高、压力较高、井距长的气井，为了使其在冬季仍能正常生产，一般采用井口加温的方法，主要是在井口增加水套炉加热的方法，来保证冬季安全生产。

（2）在天然气外输前加防冻剂。

对于长距离输气管线，除采用井口加温外，还必须在天然气外输前加防冻剂，目前使用甲醇防冻剂，其原理是甲醇与天然气充分接触后能吸收天然气中的游离水分，降低水蒸气分压，破坏水化物生成条件。为达到此目的，在冬季可将大剂量间歇加药流程改为 24h 点滴加药流程，这种方式既保证了干线畅通又节约了大量甲醇，降低了天然气成本。

（3）采气工艺分期配套和气井防腐。

气井的腐蚀能够造成油管断裂脱落或者穿孔的问题，阻碍了正常生产，要解决这个问题，一般要使用缓蚀剂，能够有效降低腐蚀速率，缓解气井的腐蚀现象。由于气田的出水量和压力等指标会随着开采阶段的不同发生变化，相应的配套采气技术也应随之变化。

第 6 章　苏里格南国际合作区天然气集输技术与工艺

苏南项目在天然气集输方案设计及工程建设方面，为适应沙漠地区人烟稀少的特点，尽量考虑站、线、路结合，方便站场及线路设施的监控和管理，充分利用苏里格气田已建骨架管网，优化地面管网，完善配套设施，提高了气田的抗风险能力，确保了安全生产。

6.1　苏里格南国际合作区天然气集输

天然气从气井采出，经过降压并进行分离除尘除液处理之后，再由集气支线、集气干线输送至天然气处理厂或长输管道首站，这个过程被称为气田集输系统。当天然气中含有 H_2S 和 H_2O 时，就需经过天然气处理厂进行脱硫、脱水处理，然后输至长输管道首站。

6.1.1　天然气集输

天然气是一种清洁能源，在现代社会使用范围很广。天然气集输是油气田建设最重要的生产投资部分。它包括井口到集气站的采集管网，通过管网将天然气收集起来，在集气站或净化厂精细处理加工后，使其成为满足不同用户需求及生产单位质量要求的合格产品和气田副产品，然后外输至用户。

国内外对于气田天然气集输的工艺技术流程，主要有单井集气和多井集气两种。而集气所采用的管网主要有三种形式的：一种是树枝状的，另一种是放射状的，还有一种是环状的。国外气田使用较多的是单井集气和树枝状的集聚管网，而我国气田则是结合单井和多井集气，放射状的和环形结构组合的管网。通常根据各个气田的不同的开发状态和特点来选择最佳组合方式。一般说来，采用多种管网相结合的方式来形成组合式的管网，可以以长补短。

6.1.2　苏里格南国际合作区地质特征和开发建设难点

苏南项目单井控制储量小、稳产期短、非均质性强，属于典型的低渗透致密岩性气藏，气田初期生产压力高达 22MPa，但压力下降快。井流物中含少量重烃，不含 H_2S，微含 CO_2，需采用脱油脱水天然气净化工艺；单井稳压生产能力较强，可以较长时间利用地层压力采用定压放产的方式生产，在超过 5.0MPa 的井口压力下生产了 4 年，其后在

2.5MPa 以下的井口压力下生产，而未采用苏里格气田其他区块定产量稳产的生产方式；单井初期配产高，最高配产量为 $10\times10^4m^3/d$，平均配产量为 $3\times10^4m^3/d$，为苏里格气田其他区块单井配产量的 2~3 倍；单井产量下降快，生产 1 年后，产量下降了一半；全部采用 9 井式井丛开发，后期约一半的井丛需要加密到 18 井，地面井场数量较苏里格气田其他区块大幅度减少；采用井间与区块相结合的接替方式开发，地面集输系统庞大，投资高。

根据苏南项目的地质特征和特殊的开发方式，充分借鉴苏里格气田其他区块和道达尔公司的开发经验，创建一套全新的地面集输工艺，降低工程投资成本，提高气田开发项目的经济效益，是开发建设这一国内首个中国石油作为作业者的国际合作项目的首要任务。

6.1.3　苏里格南国际合作区设计建设规模

苏南项目年产商品气 $30\times10^8m^3$，采用丛式井，井间 + 区块相结合的接替方式开发，设计规模详见表 6.1。

表 6.1　苏南项目区块设计建设规模

位置	建设规模（$10^4m^3/d$）	
	中压	低压
单井	10	
BB9 井丛	27	13
BB9′ 井丛	72	
BB9″ 井丛	54	
GGS1	400	135
GGS2	400	163
GGS3	300	99
GGS4	250	105

注：BB9—苏里格南区块开发所采用的 9 井式井丛，该井丛后期可能加密至 18 口井。BB9′ —由另外 3 座 BB9 井丛连接到 1 个 BB9 井丛，这个汇集井丛组的 BB9 称为 BB9′ 井丛。BB9″ —由另外 2 座 BB9 井丛连接到 1 个 BB9 井丛，这个汇集井丛组的 BB9 称为 BB9″ 井丛。GGS—集气站的简称。

6.1.4　苏里格南国际合作区天然气集输总工艺流程

苏南项目区块集输系统采用井下节流，在 BB9′ /BB9″ 井丛集中注醇；中低压集气；所有 BB9′ /BB9″ 井丛单独敷设集气管道，放射状接至临近 GGS 的多井集气管网；两级两次增压，GGS 第一次，共用处理厂（简称 SPF）第二次，气液分输；集中处理的集输工艺。如图 6.1 所示。

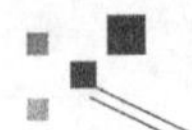

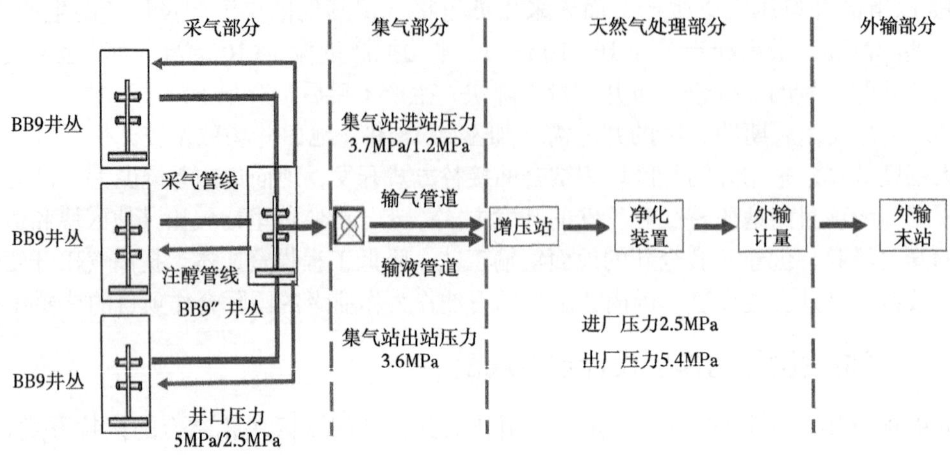

图 6.1　苏南项目区块总工艺流程示意图

单井原料气经井下节流，通过孔板流量计连续计量，与该井丛另外 8 口气井的天然气汇集后输至 BB9′ /BB9″ 井丛。

BB9′ /BB9″ 井丛 9 口气井原料气通过井下节流，通过孔板流量计连续计量，与该井丛另外 8 口气井的天然气汇集后，与附近 3 座（或 2 座）BB9 井丛输来的原料气汇合后输至本区块集气站。

集气站通过放射状的采气干管汇集本区块的 BB9′ /BB9″ 井丛来气。前期来气不增压，原料气在集气站经过气液分离后，经集气干线湿气输送至 SPF 集气装置。当井口压力降至 2.5MPa 时，经分离的原料气通过压缩机增压后，湿气输送至 SPF 集气装置。分离出来的气田采出水，通过与集气干线同沟敷设的管道单独输送至 SPF。

进入 SPF 集气装置的原料气，分别去卧式气液分离器进行分离，分离后的原料气经孔板计量后与苏西来气混合进入压缩机增压、空冷器降温至≤ 50℃后进入脱水脱烃装置。

脱水脱烃后的产品天然气进行贸易计量后通过外输管道输送至靖边末站。

在 BB9′ /BB9″ 井丛集中设置甲醇储罐、注入泵，将甲醇用罐车拉运至 BB9′ /BB9″ 的甲醇储罐内，通过与 BB9~BB9′ /BB9″ 之间采气管线同沟敷设 DN25mm 甲醇管道，将在 BB9′ /BB9″ 用注入泵加压后的甲醇输至 BB9、BB9′ /BB9″ 注入井丛各井口，注醇后的天然气进入集输系统。

生产污水经过 SPF 生产污水处理装置处理达标后回注，生活污水经生活污水处理装置处理达标后使用。

6.2　苏里格南国际合作区天然气集输方案

天然气集输系统是指天然气从井口开始，通过管网输送至集输站场，依次经过预处理和气体净化工艺，成为合格的商品天然气，最后外输至用户的整个生产过程。天然气集输系统包括集输管网、集输站场、天然气处理厂、自动控制系统以及其他辅助设施。[1]

[1] 张乃禄，肖荣鸽 . 油气储运安全技术［M］. 西安：西安电子科技大学出版社，2013. 第 138 页。

6.2.1 井位布置

根据地质与气藏工程方案，苏里格南区块井位分 4 个区块布置，如图 6.2 所示。

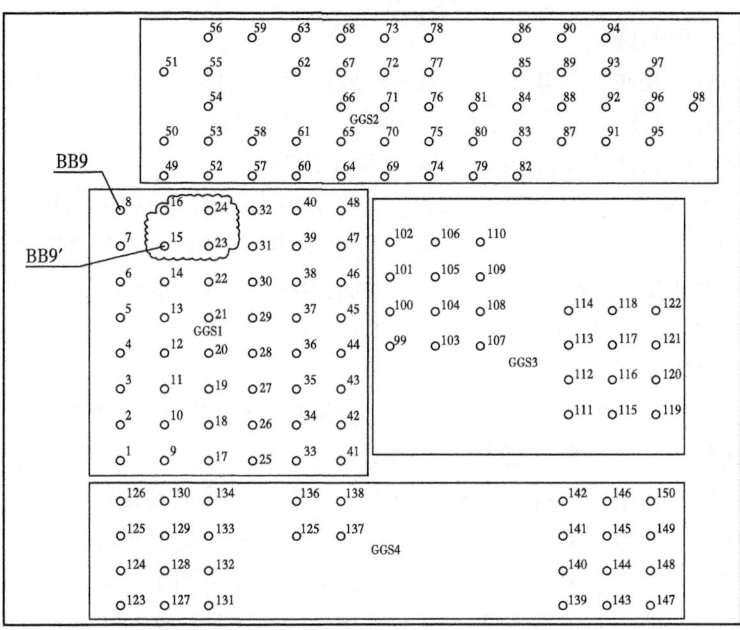

图 6.2　苏南项目区块井位布置图

各集气站井丛分布数量见表 6.2。

表 6.2　苏南项目区块井丛分布数量

集气站投产时间	所属集气站	所辖总井丛	BB9 井丛	BB9′ 井丛	BB9″ 井丛	加密井丛
2012 年	GGS1	48	36	12	—	22
2013 年	GGS2	54	39	9	6	26
2014 年	GGS3	26	20	4	2	14
2016 年	GGS4	28	21	5	2	15
合计		156	116	30	10	77

根据苏南项目区块井丛的分布，以及区块的开采顺序，可以大致设置 4 个区块。

（1）作为苏里格气田南区块第 1 个开发区块，位于区块西边，其特点是井丛数量多，且相对集中。

（2）作为苏里格气田北区块第 2 个开发区块，位于区块北边，其特点是井丛数量多，但相对分散。

（3）作为苏里格气田北区块第 3 个开发区块，位于区块东边，其特点是井丛数量少，且相对集中。

（4）作为苏里格气田北区块第 4 个开发区块，位于区块南边，其特点是井丛数量少，且相对分散。

6.2.2 集气站布局

（1）苏里格气田西区块。

该区块井丛数量相对比较集中，如果采用放射状的管网，各个井丛离 GGS1 的距离最远都不超过 10km，因此，只需建设 1 座集气站，称为 GGS1。

（2）苏里格气田东区块（GGS3）和南区块（GGS4）。

这两个区块作为整个苏里格气田南区块的最后 2 个开发区块，集气量小，分别为 $300\times10^4m^3/d$（中压）和 $250\times10^4m^3/d$（中压），因此虽然南区块的井丛距离比较分散，但井组数量少，分散建集气站将导致配套投资增加，因此推荐东区块和南区块各只设置 1 个集气站，东区块称为 GGS3，南区块称为 GGS4。

（3）苏里格气田北区块（GGS2）。

该区块作为第二个开发区块，产量和井丛数量相对较多，仅次于西区块。由于该区块开发面积大，区块东西延伸距离较长，如果只建 1 个集气站，采气干管（BB9′/BB9″—集气站）的长度较长，集气干线的管径也较大，但集气干线的长度减小；如果建 2 个集气站，虽然采气干管（BB9′/BB9″—集气站）的长度较短，集气干线的管径较小，但集气干线的长度增加，同时由于要新建 2 座集气站，又会增加公用工程的投资。

经设计论证，最终在北区块设置 1 个集气站，如图 6.3 所示。

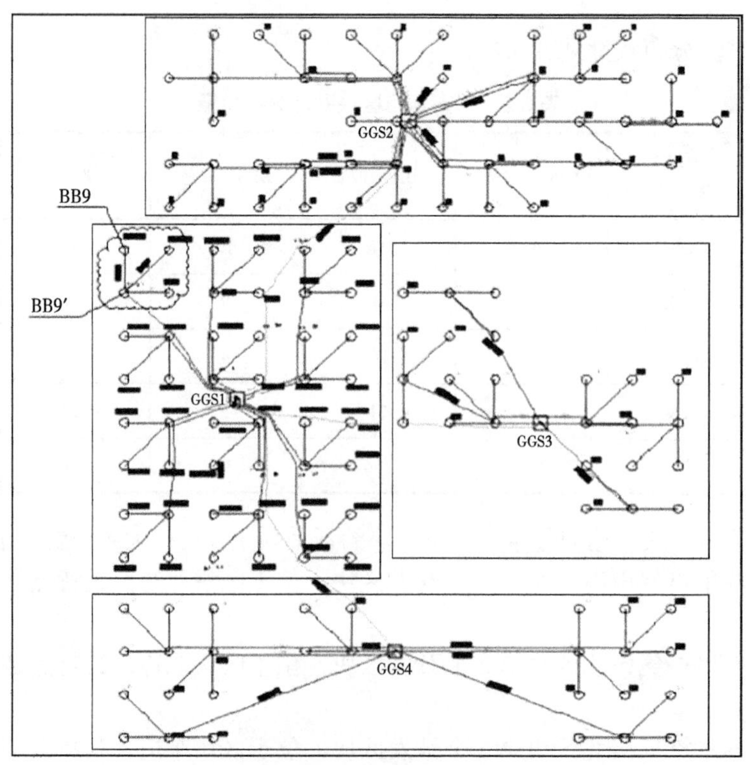

图 6.3　苏里格气田北区块建设 1 座集气站

苏南项目区块共计建集气站 4 座，总集气规模为 $1350\times10^4m^3/d$，完全满足气田最高 $958\times10^4m^3/d$ 的产量，且有较大的裕量以满足气田开发的灵活性。

6.2.3　集气管网布置方案

（1）BB9 井丛。

每 9 口井为 1 座 BB9 井丛，开发后期可能有 77 座井丛会另打 9 口加密井。井丛的初始操作压力约为 5.0MPa，运行约 4 年之后压力降到 2.5MPa 左右。每一个 BB9 井丛将湿气通过采气管线（DN100mm）输送到 BB9′ 井丛或 BB9″ 井丛。

（2）BB9′ 井丛。

BB9′ 井丛平均由 4 座 BB9 组成。由 1 根采气干管（DN200mm）将湿气输送到集气站。

（3）BB9″ 井丛。

BB9″ 井丛平均由 3 座 BB9 组成。由 1 根采气干管（DN200mm）将湿气输送到集气站。

（4）GGS。

每个 GGS 可接收多个 BB9′ 或 BB9″ 的来气。根据需要对原料气进行增压，同时输至处理厂进行集中处理后外输。集气站设计有中压和低压流程，到后期集气站中压和低压流程同时运行。

根据各区块气井分布呈长条形、井数多等特点，BB9′/BB9″ 至集气站的集气管网采用放射状集气管网，如图 6.4 所示。

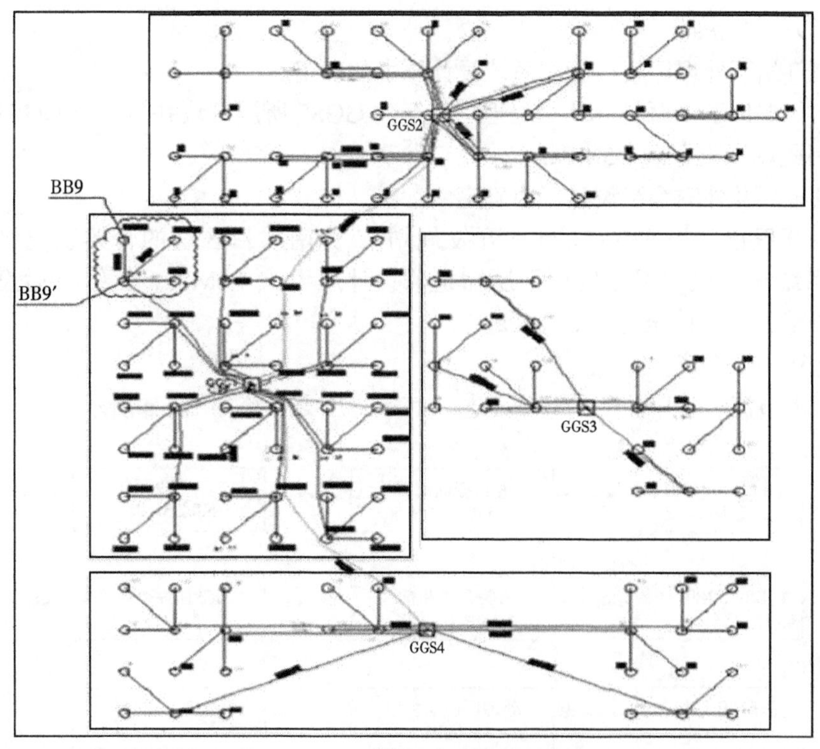

图 6.4　发射状集气管网布置方案图

6.2.4 集气方案

由于苏南项目区块地质条件好，且均采用9井式井丛（77座井丛后期加密至18口井），地面井场数量少，井丛集气量大，因此采用注醇工艺，可以降低采气管线管径，提高工艺的适应性，经济性好；井下节流可以充分利用地层能量，减少注醇量，降低了能耗和运行成本。在方案设计优选的过程中确定了“井下节流＋井口注醇”的集气工艺，充分结合了注醇工艺和井下节流工艺的优点，有效地降低了工程投资和运行费用。其主要优点是：

（1）结合了井下节流和井口注醇工艺的优点，运行费用较低，可比建设投资最低；

（2）采用注醇工艺，确保采气管线中压运行，降低了采气管线管径，适应气田开发的各个阶段；

（3）充分利用地层能量，使井口天然气为5.0MPa，注醇只需要保证输送过程中不形成水合物，降低了注醇量，减少了能耗和运行成本；

（4）推迟了集气站压缩机的设置；

（5）采气管网适应性强，可以更好地适应井位、井组产量的调整。

6.2.5 压力级制的确定

（1）集气管网系统设计压力的确定。

推荐井口截断阀前设计压力25MPa，井口截断阀后及采气管线设计压力6.3MPa，集气站设计压力4.5MPa。

（2）集气站至处理厂集气管网系统设计压力的确定。

中压运行条件下，原料气从距处理厂最远的GGS2所属区块井丛输至GGS2的压力为3.7MPa，因此设计压力为4.5MPa。

（3）处理厂及外输系统设计压力确定。

根据《苏里格气田$230\times10^8m^3/a$开发规划》，苏南项目区块的骨架系统将与苏里格气田已建系统相一致，因此处理厂压缩机前设计压力为4.0MPa，压缩机后设计压力为6.8MPa，外输管道设计压力为6.3MPa。

（4）运行压力系统。

采用井下节流、井口注醇的集气工艺，其运行压力系统如图6.5所示。

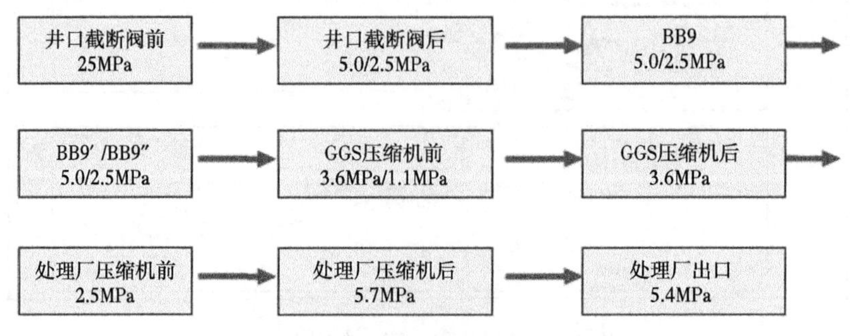

图6.5 运行压力系统示意图

6.3　苏里格南国际合作区天然气集气工艺

苏南项目单井控制储量小、稳产期短、非均质性强，属于典型的低渗透致密岩性气藏。针对该区块的地质特征和特殊的开发方式（采用井间与区块相结合的接替方式开发），形成了“中压集气、井口双截断保护、气井移动计量测试、气液分输、湿气交接计量”等一系列工艺技术，有效降低了地面工程的投资成本，提高了气田开发项目的经济效益。

6.3.1　采气与集气管道输送工艺选择

6.3.1.1　采气管道输送工艺

苏南项目原料气为含凝析油和气田水的湿天然气，原料气里含有重烃组分、甲醇，含有部分洗井水和气田水。就采气管道而言，集输工艺有污水拉运和气液混输两种方式，优缺点见表 6.3。

表 6.3　采气管道集输工艺对比

工艺	污水拉运	气液混输
优点	① 减少二氧化碳和氯离子对管道的电化学失重腐蚀；管道的安全性、可靠性较高； ② 管道内积液少，沿途压力损失减小，尤其在地形起伏地区，压损远小于两相流； ③ 清管时无段塞流进入下游站内设备，工艺设备相对简单	① 减少了井丛气液分离器的投资和运行费用，综合投资低； ② 减少了生产管理人员及管理费用； ③ 站场流程简化，降低了操作风险； ④ 集气管道长度相对较短，管道经过地段均为一级地区，人口相对较少，地形平坦，相对高差较小。通过严格施工管理、选用合理的管材，增加管壁腐蚀裕量，可以有效地降低集气管道的系统风险
缺点	① 需在井丛设置分离设备、含油污水罐等，井场流程复杂； ② 站场占地面积大； ③ 井丛数量多，一次性投资大大高于混输方式； ④ 各井丛相对分散，污水拉运工作量大，管理不便，增加了生产管理人员及管理费用	① 管道沿程摩阻相对较大，降低管输效率； ② 二氧化碳和氯离子对管道的电化学失重腐蚀比气液分输强；管道的安全性、可靠性比气液分输时差； ③ 清管时有段塞流进入下游站内设备，工艺设备相对复杂
适用条件	污水拉运一般适用于原料气含液量很大，或站场数量较少的气田	气液混输一般适用于原料气含液量不大，输送相对分散的气田

苏南项目原料气里含有重烃组分，且生产期气田水少，采用气液分输，集气管网管径并不能缩小，输送压力最大节省了 0.12MPa，而井口具有足够的压力满足各生产年度的需要；结合苏里格气田的生产实际，最终采用了气液混输式输送工艺。

6.3.1.2　集气管道输送工艺

集输工艺有气液分输、污水拉运和气液混输三种方式。其优缺点见表 6.4。根据预测，达产时气田每天产水量为 400~500m^3（包括游离水、凝析油、甲醇），由于产水量大，且较集中，集输工艺有采用气液分输工艺，可以降低运行费用，降低运行管理难度，降低安全风险，其优势明显。

表 6.4　集气管道输送工艺对比

工艺	气液分输	污水拉运	气液混输
描述	与集气干线同沟敷设污水输送管线，集气站设离心泵，将集气站分离出的污水采用管道分输至处理厂	将集气站分离出的污水拉运至处理厂统一处理，凝析油在处理厂分离、稳定	在集气站将分离出的液输回增压后的天然气，利用集气干线将采出水及原料气混输至处理厂
优点	① 运行费用低，总投资低； ② 运行管理方便；管输不受外部条件影响，运行稳定性好； ③减少车辆运输，减少了安全风险； ④ 气液单输减少管道的摩阻损失，降低了能耗	① 分期投入，前期投入低； ② 根据分期产水量不同，配置不同数量的污水车，调整灵活	① 只建 1 条管线，建设、管理难度小； ② 站场流程简单，降低了操作风险
缺点	① 需要单独建设输送管道，施工工程量大，管道同沟敷设，增加了施工难度； ② 前期投入大	① 运行费用高； ② 拉运工程量大，每日车次多，增加了安全风险； ③ 拉运受到道路、天气等条件的限制，可能影响集气站的正常的生产，可靠性较差	① 摩阻损失大，增加了压缩机组装机功率，增加了投资和能耗； ② 需要增加段塞流捕集，增加投资及运行管理难度； ③ 前期投入高

6.3.2　防止水合物生成

利用 HYSYS 软件计算井口气质条件下水合物形成压力—温度曲线，如图 6.6 所示。本工程采用防止水合物控制温度应高于水合物形成温度 3℃以上。按选定方案可以知道，中压节流后压力变为 5.0MPa，低压节流后压力变为 2.5MPa，此时如不采取任何方式将在井口形成水合物。

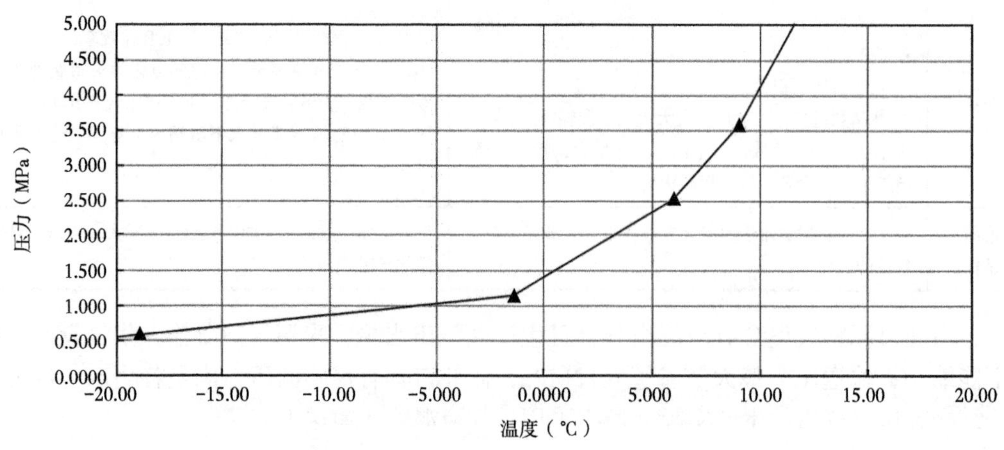

图 6.6　水合物形成压力—温度曲线

（1）防止水合物形成的方法。

为防止高压天然气在输送过程中形成水合物，应采取防止水合物形成措施。

① 井口加热节流工艺。先将井口出来的天然气进入加热炉加热，采气管线保温输送

进行外输。

② 采用加注防冻剂输送工艺。直接在每口井节流阀前注入防冻剂，进行输送，降低整个气田的水合物形成温度。

③ 水合物防止方法选择。由于苏南项目井口数量大，且为低渗透气田，如果每口井都安装水套炉工程投资巨大，且苏里格气田地处内蒙古自治区，所在区域冬季时间长，温度低，沿程温降快，加热外输需设置保温层，又增加额外的工程投资。而采用注防冻剂的工艺方式，可以保证整个气田的温度都在水合物形成温度3℃以上，防冻剂可回收，进行重复的利用，降低工程投资。

（2）注醇方法选择。

注醇方法又细分为集中注醇与分散井口注醇。

通过论证，集中注醇比分散注醇投资低。采用在BB9′/BB9″集中注醇时，BB9的地面工艺设施简化，为井丛道路、通信、电力等设施简化提供了必要条件；同时甲醇运输工作量大量减少。因此采用在BB9′/BB9″集中注醇。

（3）防冻剂的选择。

目前最普遍采用的水合物抑制剂是乙二醇和甲醇，下面将对两种水合物抑制剂选择做出比较，见表6.5。

表6.5 两种水合物抑制剂功效比较

项目	乙二醇	甲醇
优点	① 由于MEG的低挥发性，因此MEG的自然损耗低； ② 由于MEG为甘醇，无毒，不存在危害人身安全和污染环境的问题； ③ 可以减少由于甘醇挥发等因素导致的安全问题	① 由于甲醇黏度低，因此可以降低泵的功率； ② 盐不会沉积，不会额外增加盐的处理装置； ③ 在任何条件下都能启动注入装置
缺点	① 由于黏度较高，在冬天温度低的时候会增加泵的功率及降低传输效率； ② 在热交换器和蒸馏塔形成的含盐污垢将导致潜在的操作危险； ③ 由于MEG的高黏度，因此MEG在井口的低温储存将是一个很大的问题； ④ 在热交换器和蒸馏塔形成的含盐污垢将导致操作危险	① 甲醇易燃且有毒性； ② 在气相时挥发较大，需要定时补充甲醇量

根据长庆靖边气田、榆林气田、子洲—米脂气田防冻剂的使用经验，项目最终选用甲醇作为水合物抑制剂。

（4）防冻剂的加注量。

① 单井产水量。由于苏里格南气田水包括凝析水和洗井水，因此，防冻剂的注入量，需要根据各井口的压力和温度条件，结合产量大小，通过移动超声波流量计及井口压力表，控制每口井注入阀门开度来实现控制。

② 单井的甲醇注入量计算。根据甲醇注入量的计算公式，结合长庆气田注醇量的运行经验，在不考虑洗井水的情况下，单井最高注醇量为272L/d，随着气量的减少，注醇量也随着减少。通过移动超声波流量计及井口压力表，控制每口井注入阀门开度以实现控制注入量。

③ 气田的甲醇注入量计算。气田的甲醇注入量在第3年时由于气田进入稳产期，且

均在中压状态下生产，这时的凝析水和洗井水量达到最大，此时的甲醇量也达到最大，约为 130m^3/d；其后稳定生产注醇量为 80~90m^3/d，且当管道敷设处土壤温度达到 13℃及以上时，可不注醇。

6.3.3 清管工艺

由于采用湿气输送工艺，管道易积液，造成腐蚀，因此为了减少集气管道的积液和污物，同时提高管道的输送效率，分别在 BB9′/BB9″ 井丛、集气站、SPF 设置清管装置。

BB9′/BB9″ 井丛设有采气干管的清管发送装置。

集气站设有集气干线的清管接收装置，设有能适应集气干线智能清管的清管发送接收装置。

采用密闭清管工艺，减少天然气放空。

6.3.4 分离工艺

一方面，管道采用湿气输送工艺，降低管道积液，提高输送效率；另一方面，当井口压力降至 2.5MPa 时，集气站需设置压缩机，为保证气质质量，在进入压缩机前需设置分离器，因此集气站设卧式高效气液分离器。

6.3.5 计量工艺

（1）单井计量。

为了掌握各气井生产动态及向气藏管理者提供可靠依据，对每口气井的产气量和产液量应进行计量。

针对苏南合作区集输工艺，气井的计量有单井连续计量和单井轮换计量两种计量方案。方案比较详见表 6.6。

表 6.6 气井计量工艺对比

方案	方案一：单井连续计量方案	方案二：单井轮换计量方案
方案简述	每口井设 1 套简易孔板流量计，连续对单井进行天然气计量。在集气站通过对气液分离器出的液体进行计量，按各井气量大小折算各井产液量。或通过井口节流阀后采样分析，确定气井产液量	多口井在井丛内设置 1 套简易孔板流量计，每口井每隔 5~10d 测试一次产量，连续测量时间不少于 24h，目的是通过测量记录气井 24h 之内的产气量，了解产气波动情况，并计算 24h 内的瞬时产量和平均产量；具有远程切换流程的功能
优点	① 可以连续计量气井的各类参数，精度高，为生产管理积累了资料； ② 简化了井场流程，减少了倒流程操作，减少了管理点； ③ 总投资低	校验工作量小
缺点	流量计多，校验工作量大	① 不能连续计量气井的各类参数； ② 需要远程流程切换，增加了管理点、供电系统、控制系统，投资高

以上方案均采用车载橇装移动计量分离器定期对各单井进行油、气、水测试。原料气先经三相分离器进行分离，车上安装的超声波流量计对就地孔板流量计量的天然气进行对比，安装的质量流量计对液体单独计量。经比较，连续计量投资较轮换计量投资低，可以取得更准确的气井生产数据，方便生产管理和地质部门分析，也减少了操作量和管理点，最终采用了单井孔板连续计量工艺。

（2）集气站计量。

苏南项目集气站规模较大，生产平稳，考虑计量精度要求及气质条件，推荐采用高级孔板进行湿气计量。

高级孔板采用“X+1”的方式配置，确保集气站计量的连续。

6.3.6 增压工艺

根据气田开发方案，当井口压力降至2.5MPa时，需在集气站设置压缩机组对原料气进行增压。

（1）增压站站址。

为保证进处理厂压力达到天然气处理工艺要求的压力，需对天然气进行增压，天然气增压存在分散增压与集中增压两种方案。

分散增压方案：分散增压可在各井丛进行，也可在靠近注醇井丛处进行，为了尽量减少增压站数量，按照“分散布置，适当集中”的原则，初步考虑全气田在BB9′/BB9″设置增压站，每一增压站管辖多个井丛，并根据单井投产先后情况分批建设增压站。

集中增压方案：气田采用分区块集中增压（集气站第一次，SPF第二次）。

GGS1区块部分井口原料气在2016年压力降至2.5MPa，在GGS1进行一次集中增压，然后输至SPF。

GGS2区块部分井口原料气在2017年压力降至2.5MPa，在GGS2进行一次集中增压，然后输至SPF。

GGS3区块部分井口原料气在2015年压力降至2.5MPa，在GGS3进行一次集中增压，然后输至SPF。

GGS4区块部分井口原料气在2020年压力降至2.5MPa，在GGS4进行一次集中增压，然后输至SPF。

由于集气站到SPF的集气管道压降大，为了满足处理厂对天然气处理工艺所需的进厂压力，在处理厂设置增压系统对全气田天然气实行进行第二次集中增压。

根据《苏里格气田 $230\times10^8m^3/a$ 开发规划》的研究成果以及苏里格气田的开发经验，采用集气站分散增压可使集气干线管径变小，同时保证SPF进口压力稳定。在具体实践中，采用在集气站分散增压与处理厂集中增压的综合方案，即：采用两级两次增压（集气站第一次，SPF第二次）。

（2）气田压缩机选型比较。

结合处理量、压缩比以及国内外油气田天然气增压应用现状，可供集气站选用的压缩机有离心式和往复式两种，它们各有优缺点，对比情况见表6.7。

往复式压缩机是通过曲柄—连杆机构将曲轴的旋转运动转化为活塞的往复运动，依靠缸内活塞的往复运动来改变工作腔容积，借以达到压缩气体提高气体压力的目的。

其效率高，流量和压力可在较大范围内变化，并联时工作稳定，适用于气田中、后期增压。

表 6.7　离心式压缩机与往复式压缩机优缺点对比表

类别	离心式压缩机	往复式压缩机
分期实施适应性	适应性较差，气量调节范围小，不适应分期建设	适应性强，气量调节范围大，分期建设适应性好
适用范围	大流量、工况变化较小，压比较小，一般不超过 3，单台功率最大可达 30000kW	小流量、变化工况，压比较大，单台功率较小，最大在 6000kW 以下
压缩机结构	较简单	较复杂
可操作性	多台并机操作，可能出现喘震问题，配套系统可靠性较低	操作简易，可多台并机运行
维护、管理	维修工作量较小，但对维修人员的技术要求较高	维修工作量较大，但对维修人员的技术要求较低
占地面积	所需台数少、占地较小	所需台数多，占地较大
压缩机效率	压缩机效率较低（80%）	压缩机效率高（90%）

离心压缩机是利用叶轮旋转对气体做功，将气体速度能转化为压力能，借以实现气体压力的提高。适用于单机排量大，单级压比小的工况，在大口径、长距离输气管道上应用较多。

总体来说，苏里格气田增压压比高、气量变化范围大、压缩介质为简单分离的井口天然气，要求压缩机变工况能力比较强，适应未净化的天然气。往复式压缩机增压压比较高、可通过安装余隙、调整单双作用和调转速实现变工况，最小气量可达额定流量的 36%，故推荐选用往复式压缩机。

压缩机的驱动设备主要有燃气透平、燃气发动机和电动机三种。一般来说离心式压缩机采用燃气透平或电动机，往复式压缩机采用燃气发动机或电动机。三种驱动设备对比情况见表 6.8。

表 6.8　三种压缩机驱动设备对比表

项目	燃气透平	燃气发动机	电动机
主要特点	体积大，设备笨重，维修不便，噪声较大	体积大，设备笨重，维修方便，噪声较大	体积小，重量轻，操作、维修方便，噪声小
可靠性	高	中等	高
转速调节	转速可在 60%~105% 范围内调节	转速可在 40%~105% 范围内调节，对变工况适应能力较强	转速不可调（采用变频调速系统后转速可调，但投资将明显增加）
能源供应	方便利用产品天然气作燃料气，能源供应不受外部限制	方便利用产品天然气作燃料气，能源供应不受外部限制	电耗大，受当地供电条件、供电能力和供电可靠性限制
能耗	较高	较低	较高

考虑集气站采用往复式压缩机组，驱动方式仅对电驱和燃驱进行对比。

（3）供电方案。

① 燃气驱动方案。

集气站内分别设置 10kV 变电所，双回 10kV 电源分别引自总变电所（GGS1 附近的 35kV 变电所，该变电所 1 回路 35kV 来自昂素变电站，另 1 回路 35kV 来自规划的河南变电站）。单台干式变压器提供集气站内电源；10kV 及低压侧均为单母线接线形式。

② 电动机驱动方案。

集气站内分别设置 35kV 变电所，双回 35kV 电源分别引自总变电所（GGS1 附近的 110kV 总变电所，该变电所 1 回路 110kV 来自昂素变电站，另 1 回路 110kV 来自规划的河南变电站）的两段 35kV 母线。2 台 35kV/10kV 主变为有载调压油浸式变压器。35kV 与 10kV 均采用单母线分段接线形式，分段断路器为“常开”状态。2 个电源分列运行，其中一个故障，另一个电源提供全部负荷。

若采用电动机作为压缩机的驱动设备，首先要求厂址周边具备引接外电源条件，且电力供配系统除了能满足增压站大负荷用电要求外，还需解决大功率电动机启动时的系统抗冲击问题。

（4）增压工艺。

各集气站及井口压力经调解后输送至压缩机入口压力保持为低压 1.1MPa，见表 6.9。

表 6.9　集气站压缩机设计参数表

项目	进口 / 出口压力（MPa）	进口温度（℃）	总处理量（$10^4m^3/d$）
GGS1	1.1/3.6	0~20	135
GGS2	1.1/3.6	0~20	163
GGS3	1.1/3.6	0~20	99
GGS4	1.1/3.6	0~20	105

根据燃气轮机和燃气发动机的特点，影响压缩机功率的因素有海拔、最大环境温度和适当的功率余量的要求。

根据工艺计算得出的计算功率，并考虑到燃气发动机在现场的可用功率受海拔高度、最热月平均气温、进排气口压损的折减等因素来确定燃机的装机功率。考虑各集气站增压规模为 100×10^4~$170\times10^4m^3/d$，根据压缩机模块化的理念，单台压缩机处理量为 $50\times10^4m^3/d$。

选定的布置是：在 GGS1，3+0 配置压缩机；在 GGS2，3+0 配置压缩机；在 GGS3 和 GGS4，2+0 配置压缩机。这样，所有集气站的压缩装置布置相同，有利于运行、备品备件和费用的管理。

经过经济性和可靠性论证，项目采用燃驱往复式压缩机。选用卡麦隆 WH62 型分体式压缩机组；燃气驱动机选用 Caterpillar（G3606-TA），其功能为 1326.6kW。单台设计增压能力为 $50\times10^4m^3/d$，最大增压能力为 $57.8\times10^4m^3/d$。压缩机组运行参数详见表 6.10。

表 6.10 压缩机运行参数校核表

序号	进气		排气		余隙（VVP）（in）	转速（rpm）（r/min）	输入功率（Power）（kW）	电动机负荷（Load）（%）	活塞杆综合力（NRL）（kN）	活塞杆负荷（Load）（%）
	压力（p_s）[MPa（绝）]	温度（T_s）（℃）	压力（p_d）[MPa（绝）]	排量（Q）（$10^4m^3/d$）						
Ⅰ. 设计点（p_s：1.1；T_s：20；p_d：3.6）										
1	1.10	20.0	3.60	50.0	1.53	1000	887	69.9	228	73.4
2	1.10	20.0	3.60	57.8	0.00	1200	1100	80.9	228	75.0
Ⅱ. 校核点（p_s：0.7-1.5；T_s：20；p_d：3.6）										
3	0.70	20.0	3.60	29.7	0.00	1000	735	58.0	255	80.6
4	0.80	20.0	3.60	36.6	0.00	1000	827	65.2	249	80.6
5	0.90	20.0	3.60	43.5	0.00	1000	905	71.4	243	80.7
6	1.00	20.0	3.60	50.0	0.12	1000	959	75.6	237	80.2
7	1.10	20.0	3.60	50.0	1.53	1000	887	69.9	228	73.4
8	1.20	20.0	3.60	50.0	3.01	1000	822	64.8	220	69.7
9	1.30	20.0	3.60	50.0	4.57	1000	762	60.1	211	66.2
10	1.40	20.0	3.60	55.9	5.00	1000	793	62.5	204	64.8
11	1.50	20.0	3.60	64.1	5.00	1000	846	66.7	199	66.2

气田最大增压量为 $466\times10^4m^3/d$，设计增压量为 $500\times10^4m^3/d$，最大增压量为 $578\times10^4m^3/d$，机组裕量适中，调节灵活，压缩机分期分批设置，后期压缩机不需要搬迁，投资低。集气站压缩机配置及投运时间见表 6.11。

表 6.11 集气站压缩机组配置及投运时间表

序号	站场名称	机组				装机时间
		运行台数（台）	装机功率（kW）	设计增压量（$10^4m^3/d$）	最大增压能力（$10^4m^3/d$）	
1	GGS1	3	3979.8	135	173.4	2016 年建 1 台 2017 年建 2 台
2	GGS2	3	3979.8	163	173.4	2017 年建 2 台 2018 年建 1 台
3	GGS3	2	2653.2	99	115.6	2015 年建 1 台 2018 年建 1 台
4	GGS4	2	2653.2	105	115.6	2020 年建 1 台 2024 年建 1 台
5	合计	10	13266	502	578	

6.4 苏里格南国际合作区天然气集输管道

天然气集输管道作为一个复杂的系统工程，所涉及的方面非常广，对上游的气田、输气站场、管道以及下游的用户都有影响。天然气管道中任何一个环节出现问题都将会直接影响整个系统的运行，甚至会对生命财产安全造成威胁。苏南项目依据区块特征，合理布局、优化设计、科学敷设，确保了管线高效安全。

6.4.1 选线原则

根据 GB 50350—2005《油气集输设计规范》有关规定，参照 GB 50251—2003《输气管道工程设计规范》中有关条文，结合苏南项目所经地区的实际情况，线路走向选择主要遵循以下原则：

（1）线路走向应根据沿线地形、交通和工程地质等条件，结合气源点的地理位置，选择合理走向，力求线路顺直，缩短线路长度，节省钢材和投资；

（2）与气田内部及周边现有道路走向相结合，以方便管道的运输、施工和生产维护管理；

（3）选择有利地形，尽量避开施工困难段和不良工程地质地段，确保管道安全运行；

（4）线路走向应尽量考虑减少起伏，避免在管道投产后由于管道局部高差太大引起过多的液塞数量，降低输送效率；

（5）结合鄂托克前旗、乌审旗、定边县城镇规划要求，线路绕避地方规划用地；

（6）兼顾苏里格气田南区块整体规划布局。

6.4.2 线路走向设计

苏南项目天然气集输管网由采气支管、采气干管、集气干线和甲醇管道组成。由 4 个 BB9 组成一个 BB9′，3 个 BB9 组成一个 BB9″，BB9 的来气通过采气支管输至 BB9′/BB9″，各 BB9′ /BB9″ 单独建采气干管接至本区块的集气站，再通过集气干线输至 SPF。

（1）采气支管。

采气支管均起于 BB9 井丛，就近汇入邻近的 BB9′ /BB9″ 井丛。

气田区域内地形起伏较小，地势较为平坦，从 BB9 进入 BB9′ /BB9″ 的采气支管长度较短，因此均取直敷设，就近接入 BB9′ /BB9″ 。

（2）采气干管。

集气站采气干管均起于各自区块内的 BB9′ /BB9″ ，汇入临近的集气站。

从 BB9′ /BB9″ 进入集气站的采气干管，结合气田区域内地形起伏较小，地势较为平坦，均取直敷设就近接入集气站。集气站应尽量靠近区块中部，以节约干管投资。虽然对后期投产井的管道施工有一定限制和影响，但为了能重复利用道路以及减少占地，各 BB9′ /BB9″ 到集气站管道尽量同侧平行敷设，投资较高的道路较短，管道建成后的管道巡线管理工作量较少。

（3）集气干线。

根据集气站及处理厂位置，集气干线有以下三种建设方案。

方案一：将 GGS2 和 GGS3 输送至 GGS1，汇集后统一输送 SPF，GGS4 就近接入 GGS1—SPF 集气干线中，如图 6.7 所示。

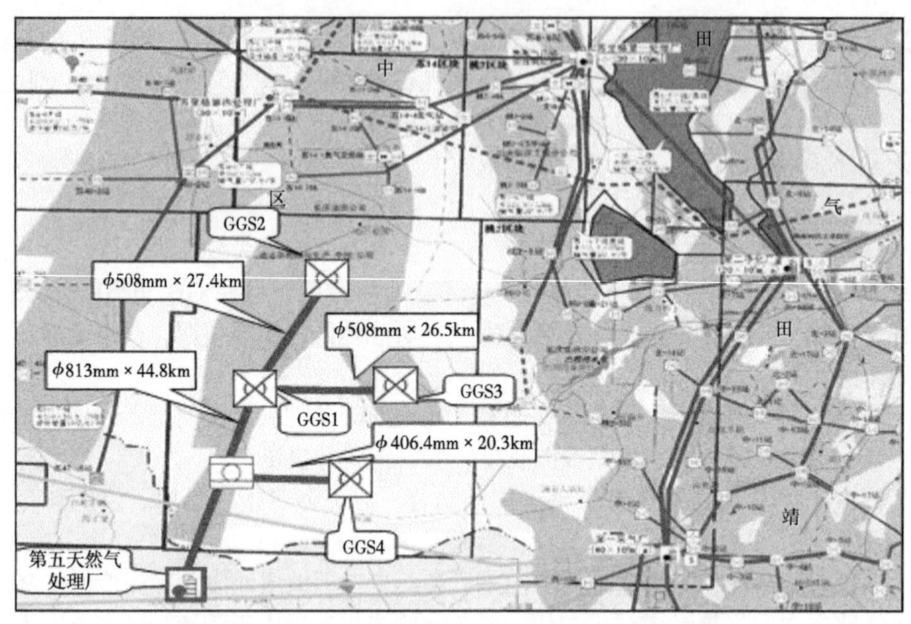

图 6.7　方案一集气干线走向示意图

方案二：将 GGS2、GGS3 和 GGS4 输送至 GGS1，汇集后统一输送 SPF，如图 6.8 所示。

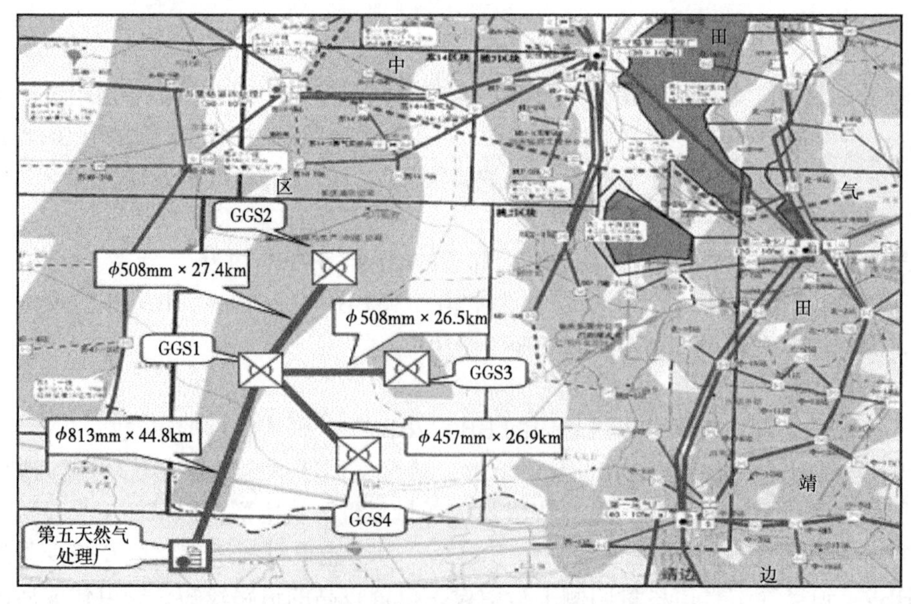

图 6.8　方案二集气干线走向示意图

方案三：建主干线两条，将 GGS2 输送至 GGS1，汇集后统一输送 SPF；将 GGS3 输送至 GGS4，汇集后单独建设集气干线输送 SPF，如图 6.9 所示。

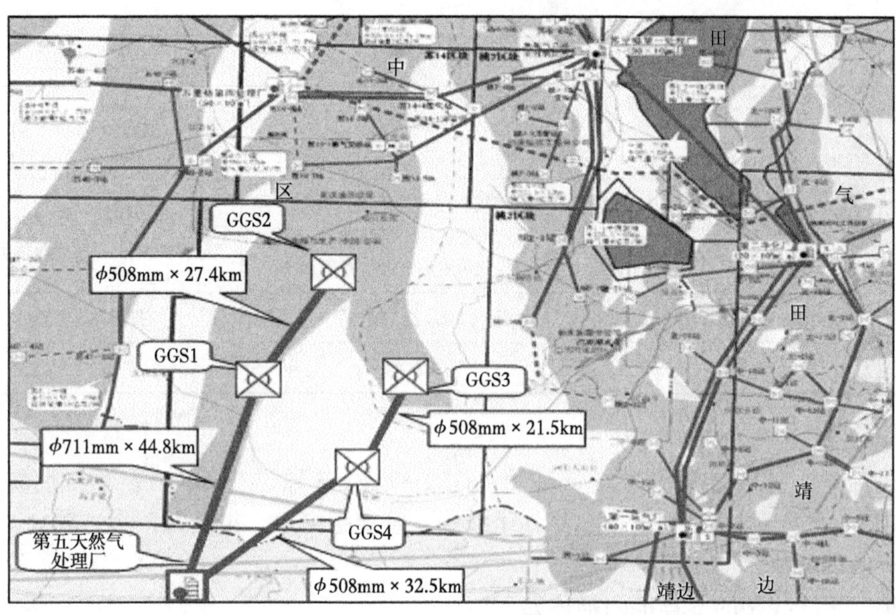

图 6.9 方案三集气干线走向示意图

方案对比见表 6.12。

表 6.12 集气干线建设方案对比表

项目	方案一	方案二	方案三
可比工程量	L360MB-ϕ813mm×8.8mm 38km L360MB-ϕ813mm×11mm 6.8km L360MB-ϕ508mm×7.1mm 45km L360MB-ϕ508mm×8mm 8.9km L360MB-ϕ406.4mm×6.3mm 17km L360MB-ϕ406.4mm×7.1mm 3.3km 共计 14223t 钢材 PN45MPa DN800mm 发送筒 1 具 PN45MPa DN800mm 接收筒 1 具 PN45MPa DN500mm 发送筒 2 具 PN45MPa DN500mm 接收筒 2 具 PN45MPa DN400mm 发送筒 1 具 PN45MPa DN400mm 清管站 1 座 PN45MPa DN800mm RTU 阀室 1 座 同沟光缆：12 芯 131km 施工便道 48km 主干线伴行路（沥青）52.2km 砂石道路升级沥青道路 25km 干线伴行路（砂石）86.1km 河流穿越 3 处 60m 沥青公路穿越 6 处 180m 砂石道路穿越 16 处 240m 防风固沙 4256a①	L360MB-ϕ813mm×8.8mm 38km L360MB-ϕ813mm×11mm 6.8km L360MB-ϕ508mm×7.1mm 45km L360MB-ϕ508mm×8mm 8.9km L360MB-ϕ457mm×6.3mm 17km L360MB-ϕ457mm×8mm 3.3km 共计 14418t 钢材 PN45MPa DN800mm 发送筒 1 具 PN45MPa DN800mm 接收筒 1 具 PN45MPa DN500mm 发送筒 2 具 PN45MPa DN500mm 接收筒 2 具 PN45MPa DN450mm 发送筒 1 具 PN45MPa DN450mm 接收筒 1 具 PN45MPa DN800mm RTU 阀室 1 座 同沟光缆：12 芯 138km 施工便道 50km 主干线伴行路（沥青）52.2km 砂石道路升级沥青道路 25km 干线伴行路（砂石）92.7km 河流穿越 3 处 60m 沥青公路穿越 8 处 240m 砂石道路穿越 18 处 270m 防风固沙 4612a	L360MB-ϕ711mm×8mm 38km L360MB-ϕ711mm×10mm 6.8km L360MB-ϕ508mm×7.1mm 70km L360MB-ϕ508mm×8mm 11.4km 共计 13709t 钢材 PN45MPa DN700mm 发送筒 1 具 PN45MPa DN700mm 接收筒 1 具 PN45MPa DN500mm 发送筒 2 具 PN45MPa DN500mm 接收筒 2 具 PN45MPa DN700mm RTU 阀室 1 座 同沟光缆：12 芯 139km 施工便道 50km 主干线伴行路（沥青）52.2km 砂石道路升级沥青道路 25km 干线伴行路（砂石）100km 河流穿越 4 处 100m 沥青公路穿越 10 处 300m 砂石道路穿越 20 处 300m 防风固沙 4920a

续表

项目	方案一	方案二	方案三
可比投资（万元）	71385	72485	78122
优点	投资低；管线短，建设周期短，减少对环境的影响	原料气、污水均汇集到GGS1后统一外输，生产管理方便；不建设独立清管站，减少管理点	建设两条干线，管径小，便于施工；调气灵活，抗风险能力强
缺点	建独立清管站，增加管理点	投资高；管线长，增加了施工周期	投资高、管线长
推荐	方案一		

①1a=100m^2。

通过上述对比，推荐方案一，即将GGS2和GGS3输送至GGS1，汇集后统一输送SPF，GGS4就近接入GGS1—SPF集气干线中，管道距离短，投资低，裕量较大，便于各集气站产量的调整。

各集气干线线路的推荐走向描述如下。

GGS2—GGS1：该段线路起点为内蒙古自治区鄂托克前旗扎日格附近的GGS2，线路出站后顺采气干管向南至巴音温都尔，折向西南经巴音西里至克泊尔，向南顺采气干管敷设，止于克泊尔二队附近的GGS1。

该段管道线路长27.4km，穿越沥青道路5次、河流1次。

GGS3—GGS1：该段线路起点为内蒙古自治区乌审旗昌黄二队附近的GGS3，经柴达木小队至乌定什泊尔二队，折向西北顺采气干管敷设，止于克泊尔二队附近的GGS1。

该段管道线路长26.5km，穿越沥青道路3次。

GGS1—SPF（苏5-2干线）：该干线起于克泊尔二队附近的GGS1，管线由北向南敷设，经乌定什泊尔一队、乌定什泊尔二队、高潮畔一队，再经章盖什里一队、章盖什里四队、羊场壕五队、吴家羊场进入陕西境内，再经王坑、喇嘛滩，止于位于安边镇西北的长茂滩林场的SPF。

该段管道线路长44.8km，穿越沥青道路5次，河流2次。

GGS4—苏5-2干线：该干线起于位于内蒙古自治区鄂托克前旗麻地梁附近的GGS4，管线由东向西敷设，经新寨则二队、黄海则大队、黄海则四队，进入位于章盖什里一队附近的清管站后接入苏5-2干线。

该段管道线路长20.3m，穿越公路3次。

（4）甲醇管道。

井丛加注甲醇工艺采用罐车将甲醇运至BB9′/BB9″，储存于罐内，集中加压后通过甲醇管道在各井场注入采气管道内。

BB9′/BB9″—BB9之间的甲醇管道基本与BB9′/BB9″—BB9之间的采气支管同沟敷设，部分就近接入采气干管的井丛从BB9′/BB9″单独敷设注醇管线至相应井丛，注醇管线全长441.8km。

6.4.3 管道工艺计算

6.4.3.1　管道压力

苏南项目推荐的集输方案为井下节流、井口注醇工艺，节流后操作压力为 5MPa，采气支管和采气干管设计压力为 6.3MPa，集气干线设计压力为 4.5MPa。

根据 GB 50350—2005《油气集输设计规范》推荐的管线计算公式：

$$q_v = 5033.11d^{8/3}\sqrt{\frac{p_1^2 - p_2^2}{\gamma ZTL}} \tag{6.1}$$

式中 q_v——气体流量（p_0=0.10325MPa，T=293K），m^3/d；

d——管线内径，cm；

p_1——计算管段起点压力（绝压），MPa；

p_2——计算管段终点压力（绝压），MPa；

Z——气体的压缩系数；

T——气体的平均输送温度，K；

L——管道的计算长度，km；

γ——气体的相对密度。

集气管网采用英国 ESI 公司开发的气体管线瞬态和稳态模拟计算软件《Pipeline Studio for Gas TGNET》(简称 TGNET 软件)。

6.4.3.2　管径选择

（1）采气支管、采气干管。

① 计算参数

BB9—BB9′/BB9″采气支管的最长距离为 4.2km，而每个单井的节流后的压力允许控制在 5MPa 左右，最大不超过 5.5MPa，因此 BB9—BB9′/BB9″管道的水力计算长度可以简化定为 4.2km，起点压力为 5MPa，温度为 -1℃，根据最大输气量（$27\times10^4m^3/d$）计算。

每个 BB9′/BB9″都是独立的，因此 BB9′/BB9″—GGS 采气干管也可以像 BB9—BB9′/BB9″采气支管水力计算一样进行简化，由于 GGS1 首先投入生产，且 GGS1 周围的 BB9′到 GGS1 的距离基本都为 9~10km，且整个气田 BB9′/BB9″—集气站集气管道平均长度为 10km，因此 BB9′/BB9″—集气站采气干管的水力计算长度可以按 10km 考虑。考虑到加密井的影响，BB9″/BB9′最大集气量都为 $72\times10^4m^3/d$。

② 计算结果。

通过计算，BB9—BB9′/BB9″采气支管选用 DN100mm 满足生产的需要，因此采气支管推荐采用 DN100mm 管径。

通过计算论证，BB9′/BB9″—集气站采气干管选用 DN200mm 满足生产的需要，因此采气干管推荐采用 DN200mm 管径。

为提高管道使用效率，降低工程投资，推荐采气支管采用 ϕ114mm 管线，采气干管采用 ϕ219mm 管线，中压时 BB9′先接入 3 座井丛，待一年后，各井丛产量下降后，再接入第 4 座井丛；低压时，管线满足 4 座井丛同时生产的需要。

通过 TGNET 软件对管径核算，中压运行时按照采气干管 BB9 最大集气量都为 $72\times10^4m^3/d$ 计算时（即共接入 3 座井丛），BB9 最高运行压力为 5.42MPa；低压运行时，BB9 最高运行压力为 2.67MPa；满足设计要求。

6.4.3.3　集气干线

根据干线走向及输量，采取了输量分段设计不同管径的方案。

根据输量分段设计不同管径，投资低；管道裕量较大，提高了气田生产的灵活性，且按输量分段设置管道，流速均匀，减少湿气输送的管道积液。管径计算见表 6.13。

表 6.13　方案一管径计算表

干线起止位置	管线长度（km）	设计输量（$10^4m^3/d$）	管径（mm）	投资（万元）
GGS2—GGS1	27.4	400	ϕ508	5562.2
GGS3—GGS1	26.5	300	ϕ508	5379.5
GGS4—苏 5-2 干线	20.3	250	ϕ406.4	3126.2
GGS1—SPF	44.8	1000	ϕ813	17651.2
合计	119	1000	/	31719.1

由于气田采用井间 + 区块相结合的接替方式进行开发，按规划气田最大产量为 $958\times10^4m^3/d$，集气管网按 $1000\times10^4m^3/d$ 进行计算，同时应考虑最不利因素时，能满足输送需要，即计算 GGS1、GGS2 和 GGS3 集气干线时，GGS1 按 $300\times10^4m^3/d$、GGS2 按 $400\times10^4m^3/d$、GGS3 按 $300\times10^4m^3/d$ 进行计算；计算 GGS4 输气集气干线时，GGS1 按 $50\times10^4m^3/d$、GGS2 按 $400\times10^4m^3/d$、GGS3 按 $300\times10^4m^3/d$、GGS4 按 $250\times10^4m^3/d$ 进行计算。

6.4.3.4　注醇管道输送工艺计算

BB9—BB9′/BB9″之间的甲醇输送工艺计算均采用 TLNET 软件进行计算。

（1）设计输量。

注醇量：从前面可知，不考虑洗井水的情况下，单井最高注醇量为 272L/d，则 BB9 最高注醇量为 2448L/d（$2.5m^3/d$）。

（2）基础数据。

① 其中最长的管道长度为 4.2km。

② 其中起、末点高差最大的管道起、末点高差大约为 50m。

计算已考虑高程差而引起液位差对管道运行的影响。

（3）水力计算结果。

输送管道起、末点有一定高差，最大为 50m，且中间无翻越高点，水力计算结果见表 6.14。

表 6.14　水力计算结果表

管径（mm）	流量（m^3/d）	长度（km）	BB9′ 出站压力（MPa）	BB9 进站压力（MPa）
32	2.5	4.2	6.63	5.8

根据以上计算，注醇管道管径选用了 ϕ32mm。

6.4.4　线路用管

6.4.4.1　防止 CO_2 腐蚀措施

集输管道接触的介质主要有凝析油和气田水。开采前期（大约 6 个月），主要为洗井水和少量冷凝水。开采半年后主要为冷凝水。

因原料气不含 H_2S，CO_2 含量 0.8313%，气田水 Cl^- 含量为 10741mg/L，集输管道内腐蚀主要应考虑凝析水环境下引起的 CO_2 腐蚀，其他形式的腐蚀不是腐蚀的主要因素。

影响 CO_2 腐蚀速率的因素很多，包括温度、CO_2 分压、流速、介质组成、pH 值和腐蚀产物膜等。

（1）温度对管道腐蚀的影响。

当温度达到 60℃，CO_2 腐蚀速率会显著增大，碳钢的最大腐蚀速率通常发生在 60~80℃，该工程原料气温度小于 60℃，温度对 CO_2 腐蚀速率影响小。

（2）CO_2 分压对管道腐蚀的影响。

CO_2 分压是腐蚀预测的基础，CO_2 分压越大，腐蚀速率越高。

对于天然气中含 CO_2 的腐蚀环境，通常按 CO_2 分压来划分腐蚀程度，API 6A《井口装置和采油树规范》划分为 3 种情况，见表 6.15。

表 6.15　CO_2 腐蚀作用划分表

CO_2 分压（MPa）	相关腐蚀性
＞ 0.21	中度至高度腐蚀
0.05~0.21	轻度腐蚀
＜ 0.05	无腐蚀

当集输管道的压力为 5MPa 时，对应的 CO_2 分压为 0.0416MPa，运行一段时间后，压力会逐渐降低，预计 4 年后压力为 2.5MPa。当压力下降到 2.5MPa 时，对应的 CO_2 分压为 0.0208MPa。根据 API 6A 中 CO_2 分压对 CO_2 腐蚀程度的划分，发生腐蚀的最小 CO_2 分压为 0.05MPa。因此，5MPa 压力管道内壁的 CO_2 腐蚀十分轻微。

（3）pH 值对管道腐蚀的影响。

当溶液的 pH 值增加到 6，腐蚀速率会发生显著下降，pH 值由 4 增加到 5，腐蚀速率下降 5 倍，当 pH 值由 5 增加至 6，腐蚀速率几乎下降 100 倍。

在开采前期，湿气管道内壁接触的水包括洗井水和冷凝水，该水的 pH 值较高（pH 值为 7.51），管道中的 CO_2 分压较低，即使溶解 CO_2 后，pH 值只能达到 6，并且输送温度低，大约 25℃，环境的腐蚀性较低。

根据对苏里格南气田内部集输管道内腐蚀评估结果，结合苏里格北区的经验，不考虑缓蚀剂，采用碳钢的方案最为经济。综合考虑安全生产性和经济性，采用碳钢的方案。

6.4.4.2 管道设计压力及腐蚀裕量

（1）设计压力。

采气支管和采气干管设计压力为 6.3MPa，集气干线设计压力为 4.5MPa。

（2）腐蚀裕量。

根据内腐蚀评估结果，结合类似气田的经验，对苏里格南气田的腐蚀裕量设计进行优化，湿气管道采用碳钢材质壁厚推荐采用 1mm 腐蚀裕量。

6.4.4.3 强度计算公式

（1）采气支管、采气干管、集气干线。

采气支管、采气干管、集气干线用管，按 GB 50350—2005《油气集输设计规范》规定的集气管道公式计算壁厚。

$$\delta = \frac{pD}{2\sigma_s \varphi F} + C \tag{6.2}$$

式中 δ——钢管计算壁厚，mm；

p——设计压力，MPa；

D——钢管外径，mm；

σ_s——钢管为最小屈服强度，MPa；

φ——焊缝系数，取 1.0;

F——强度设计系数，站内、进出站 200m、穿越为 0.5，野外地区为 0.72;

C——腐蚀裕量，采气均取 1mm，mm。

（2）甲醇管道。

按照 GB 50253—2003《输油管道工程设计规范》规定，任一处管道设计内压力应不小于该处最高稳态操作压力且不小于管内流体处于静止状态下该处的静水压力。BB9 注入点压力为最大 5.8MPa，经计算，BB9′ 最大起点压力为 6.63MPa，甲醇管道设计压力为 8MPa。

6.4.4.4 钢管类型选择

（1）原料气管道。

苏南项目原料气集气干线设计压力为 4.5MPa，采气支管和采气干管设计压力为 6.3MPa。

在国内输送天然气通常使用无缝钢管、直缝埋弧焊钢管和螺旋缝埋弧焊钢管。

由于气田集输中输送介质的特性，高频电阻焊钢管很少使用在气田集输工程中。

无缝钢管在气田集输工程中使用较多，使用的管径不大于 457mm，由于制造工艺原因，钢管壁厚较大，壁厚偏差较大，且价格高，在管道工程中大量使用不经济。

直缝埋弧焊钢管制造工艺较为复杂，钢管质量好，但价格高，在输气管道中一般用于较为重要的地段（如穿跨越、地区等级较高的地区或制作热煨弯头），由于管子采用钢板制造，壁厚偏差容易控制。

我国螺旋缝埋弧焊钢管制造业经过近几年的发展，技术成熟、质量稳定，管材已大量用于天然气长输管道，苏里格气田集气支线和集气干线均采用了螺旋缝埋弧焊钢管。

经综合比较，采气支管和采气干管管径小，输送井场原料气，气质差，采用 20 号无缝钢管；集气干线管径大，输送经过分离的湿气，采用螺旋管埋弧焊钢管。

（2）甲醇管道。

甲醇管道设计压力为 8MPa，输送压力较高、管径小，采用 20 号无缝钢管。

6.4.4.5　管材选择

（1）采气支管和采气干管。

对于采气支管和采气干管口径小（ϕ114mm 和 ϕ219mm），受最小管径壁厚的限制，提高钢管强度已不能有效降低工程投资，根据长庆气田采气管线的用管经验，选择 20 号输送流体用无缝钢管。壁厚选择见表 6.16。

表 6.16　采气管道壁厚计算成果表

钢管外径（mm）	设计压力（MPa）	设计系数	材质	壁厚（mm）	
				计算值	选取值
114	6.3	0.72	20 号	3.04	5
	6.3	0.5	20 号	3.93	5
219	6.3	0.72	20 号	4.91	7
	6.3	0.5	20 号	6.63	7

（2）集气干线。

考虑集气干线设计压力不高，为 4.5MPa，不需使用高强度钢，本工程涉及的 ϕ813mm、ϕ508mm、ϕ406.4mm 等 3 种管径在苏里格气田同工况的集气干线均有运用，根据《苏里格气田 $230\times10^8m^3/a$ 开发规划》论证结论和现场运用情况，管径≥ DN600mm 的集气干线钢级选择 L415MB，管径＜ DN600mm 的集气干线钢级选择 L360MB。集气干线壁厚计算见表 6.17。

表 6.17　集气干线壁厚计算成果表

钢管外径（mm）	设计系数	钢级	壁厚（mm）				
			计算值				选取值
			计算壁厚	腐蚀裕量	负偏差	小计	
813	0.72	L415MB	6.12	1	0.5	7.62	8.8
	0.5	L415MB	8.82	1	0.5	10.32	11
508	0.72	L360MB	4.41	1	0.5	5.91	7.1
	0.5	L360MB	6.35	1	0.5	7.85	8
406.4	0.72	L360MB	3.53	1	0.5	5.03	6.3
	0.5	L360MB	5.08	1	0.5	6.58	7.1

（3）甲醇管道。

甲醇管道设计压力为 8MPa，管径小，选用 20 号无缝钢管，经计算壁厚选择 3mm，见表 6.18。

表 6.18 甲醇管道壁厚计算成果表

钢管外径（mm）	设计压力（MPa）	设计系数	材质	壁厚（mm）	
				计算值	选取值
32	8	0.72	20 号	0.73	3
	8	0.5	20 号	1.05	3

6.4.4.6 管道刚性校核

苏南项目集输管道工程钢管选用壁厚均大于 GB 50251—2003《输气管道工程设计规范》规定最小壁厚。一般认为只有当管道直径与厚度比 $D/\delta>140$ 时，才会在管子正常运输、铺设或埋设管道的情况下出现圆截面失稳，该工程的最大径厚比 $(D/\delta)_{max}=92.4$，小于 140。

因此，钢管不会出现圆截面失稳问题。

6.4.5 管道敷设

6.4.5.1 线路工程地质条件

苏南项目线路工程管道均位于鄂尔多斯构造剥蚀高原向陕北黄土高原过渡地带，居毛乌素沙漠腹部，地形总体由西北向东南倾斜，较为平缓，海拔高度为 1200~1400m，西南部海拔在 1350m 左右，地表主要由沙地、盐碱地和草地构成，整个气田内地形平坦，草原、风沙草滩与固定、半固定沙丘交错其间，植被类型主要以低覆盖度的草滩居多。沙丘高度为 2~8m，相对高差为 3~4m，多已基本被植物固定，土壤开始发育。沿线地层以第四系松散覆盖层为主。

各管道线路工程地质条件类似，除波状沙丘和局部地段土壤有轻微盐渍化外不良地质现象不甚发育，并要注意低温和冻土对管道埋深的影响。线路工程地质条件中等复杂。

6.4.5.2 管道敷设原则

（1）管道均采用埋地敷设。为确保管道安全，不受外力破坏，平稳输送，管道应有足够的埋设深度且应埋设于最大冻土深度（一般按管顶 1.6m）以下。

（2）管道作业带宽度见表 6.19。

表 6.19 作业带宽度一览表

序号	公称直径（mm）	作业带宽度（m）
1	100	10
2	200	12
3	400	14
4	500	16
5	800	22

（3）管道穿越沥青公路和砂石道路时设钢筋混凝土保护套管。管道穿越河流段应敷设在河床稳定层以下，并采取相应的稳管措施。

（4）管道通过平坦地区尽量采用弹性敷设，在起伏的沙丘地段应尽量采用降坡措施采取弹性敷设。

（5）管道转向可采用热煨弯管或冷弯弯管等方式来实现，为满足清管器或检测仪器能顺利通过管道，热煨弯管的曲率半径应大于或等于 5DN。冷弯管的曲率半径应根据管径的不同，采用不同的曲率半径。

6.4.5.3　管道通过特殊地段的处理

（1）管线经过的大部分地区沙丘连绵分布，但局部沙丘起伏大，植被覆盖差，风蚀作用较强，属特殊工程地质地段。长期的风蚀作用将导致管道覆土厚度减小，以致裸管和冻土层底部标高下降等问题，对管道的安全造成不利影响。因此所有管道埋设深度应适当加大。施工中应尽量减少对现有植被的破坏。对施工作业带范围内的沙丘地段，应采取适当的措施固沙。

（2）管线经过陡坡或斜坡等地段时，应尽量顺坡敷设，并应砌筑堡坎和排水沟，防止回填土在汛期由于降雨集中被冲刷导致管线被破坏。应当采取妥善的工程措施，做好水土保持。

（3）管线通过水位较高的滩地和湿地时，施工采取“同时开挖、同时下沟、同时回填”的原则，管沟采用机械开挖，在开挖管沟的同时，进行排水措施，用泥浆泵将管沟内的水抽出，抽出的积水排入导流渠，在水位较高时在下沟的管线上压覆压重块，保证钢管下沟过程中不出现浮管现象，压重块 25m 一个。

（4）管线与气田其他已建管线交叉时，均从其下方穿过且垂直净距不小于 0.3m，并用绝缘物隔垫。

（5）管线与已建电（光）缆相交，均从其下方穿过且垂直净距不得小于 0.5m，在交叉点两侧各 10m 以上的管道采用最高绝缘等级。

6.4.5.4　穿越施工

（1）公路穿越。

管道穿越主干线公路（国省级公路）、专用公路及沥青、水泥路面等级公路、砂石道路均采用钢筋混凝土套管进行保护；其余乡村道路穿越采用无套管加大埋深直埋敷设。有套管穿越公路时，套管顶的埋深≥ 1.2m，套管应伸出公路边沟外 2m。无套管穿越公路时，管顶的埋深≥ 1.2m。穿越管道的用管满足设计规范的有关要求。保护套管应采用钢筋混凝土套管，并满足强度及稳定性要求。

考虑到主干公路交通繁忙，路面等级较高的特点，一般采用顶管施工；对等级较低的公路穿越经公路主管部门同意可采取大开挖施工以节省投资、加快施工进度。

管道穿越公路时，尽量在路基下穿过，以尽可能不破坏路面为原则。若因地质条件必须破坏路面路基时，应同公路管理部门协商解决，并按其要求恢复路貌。

（2）河流、冲沟穿越。

① 河流穿越方式的确定。

根据各河流穿越段的河床工程地质条件及施工条件，并结合各穿越的具体情况，管道穿越方式的确定在满足管道安全的前提下，要做到技术上可行、经济上合理、施工上方便。

中小型河流穿越常采用定向钻穿越、大开挖穿越两种方式。定向钻穿越管道对河流的影响较小、管道的安全性高，但是需要专门的大型定向钻施工设备，对河床地层条件有局限性，比较适应于平原区、防洪要求高、常年水量大、通航、河床为黏土（砂等适宜定向钻施工的地层）的大中型河流穿越。大开挖穿越一般使用在常年水量较小、管沟开挖成沟容易、河床地层稳定、定向钻穿越受地层限制无法实施或投资较高的河流穿越，一般适用于平原区的小型河流、山区的季节性中小型河流的穿越。

通过对全线管道通过的河流穿越的具体分析比较，该管道全线管道所穿越的河流均采用大开挖沟埋敷设。

② 埋管设计。

穿越管道埋设严格遵循 GB 50423—2007《油气输送管道穿越工程设计规范》的有关要求进行沟埋敷设。中型河流穿越管道管顶埋深距河床设计冲刷线≥ 1.0m，小型河流穿越管道管顶埋深距河床设计冲刷线≥ 0.5m。若河床为基岩时，穿越管道管顶埋深距基岩面≥ 0.6m（除去风化层以外的深度）。

③ 陆上连接管线。

根据所确定的穿越管道的具体设计情况，穿越段管道与两岸管道进行合理地连接（角度、埋深）。两岸连接管段管顶敷设深度≥ 1.2m。

④ 稳管措施。

部分管道穿越河流段，两岸边坡陡峭且破碎，植被覆盖率低。在此类河岸边坡均采取浆砌石做护岸等水工保护措施。

穿越管段的稳管措施严格遵循 GB 50423—2007《油气输送管道穿越工程设计规范》的有关要求进行设计。由于本次穿越设计均采用沟埋敷设，故不考虑动水浮力，只需核算抗静水漂浮的能力。

考虑到河床处管线间压重块间距过大时，会发生如下情况：

在洪水期，管线被冲出后，无压重块覆盖的部分易被洪水中夹杂的大石碰伤。

大型机械在穿越位置附近的河床上进行挖沟或清淤工作，有可能碰伤无压重块覆盖的管线。

综上所述，压重块设计尽可能选取较小的截面，使压重块间距较小而达到保证管线安全的作用，对于非法采石（砂）较严重的河流，则不考虑稳管计算结果，直接采用全线混凝土护管，以避免管线被人为破坏。

⑤ 护岸工程。

为保证管线运行安全，管道穿越河流应修筑护岸工程，采取现浇水下不分散混凝土或石笼构筑护岸基础至施工水位；水上部分采用条石浆砌护岸或卵石浆砌护坡。护坡的高度应视岸坡条件确定，一般应高出 20 年一遇洪水位且大于现有岸坡；护岸的宽度应大于被松动过的地表宽度，护岸不能凸出原河岸，并与周围自然地貌衔接。

6.4.5.5 管道抗震

根据 GB 18306—2001《中国地震动参数区划图》，气田区域地震动峰值加速度均为 0.05g，相应的地震基本烈度为 6 度（乌审旗县城抗震设防烈度为 6 度，设计地震第一组；鄂托克前旗县城抗震设防烈度为 6 度，设计地震第二组）。鄂托克前旗西部、中部地震动反应谱特征周期为 0.45s，东部和乌审旗为 0.35s，气田区域靠近乌审旗，地震动反应谱特征周期值均按 0.35s 考虑。

根据 GB 50470—2008《油气输送管道线路工程抗震技术规范》和 GB50251—1994《输气管道工程设计规范》，气田区域地震烈度为 6 度，经校核可不采取特殊的抗震措施。

6.4.5.6　线路附属构筑物

（1）管道标志桩。

线路标志包括线路标志桩和警示牌，其设置按 SY/T 6064—1994《管道干线标记设置技术规定》执行。

每处水平转角（线路控制桩）设转角桩一个；从出站开始，每公里处设一个里程桩（与阴极保护测试桩合用）；凡与地下构筑物交叉处，穿越公路两侧，等均设置标志桩。

管道通过学校等人群聚集场所、管道穿越公路处设警示牌；穿越河流设置标志桩。

（2）管道固定墩。

设置管道固定墩的目的是为了防止管道由于气温或输送介质温度的变化或压力作用下使管道产生轴向力而推挤设备、阀门、弯头等，造成破坏、过量变形或管道失稳。管道固定墩为现浇混凝土形式，在管道进出站、管道出土端两端均设管道固定墩。

（3）压重块。

在水位较高时在下沟的管线上压覆压重块，保证钢管下沟过程中不出现浮管现象。压重块每 25m 设置一个。

6.5　苏里格南国际合作区天然气集气站场

由于苏里格气田地处沙漠腹地，环境条件恶劣，无生活依托设施，井丛均按远程控制，无人操作、值守，定期巡检维护设计。

集气站按无人值守设计，压缩机组建成后根据生产需要可设值守人员，设计时考虑值守人员食宿需求。

6.5.1　站场类型

根据地质开发方案气田站场类型有：BB9 井丛、BB9′井丛、BB9″井丛、集气站和清管站。

（1）156 座井丛（BB9 井丛 116 座，BB9′井丛 30 座，BB9″井丛 10 座），其中 79 座井丛单井为 9 口井，77 座井丛后期可能打加密井。

（2）4 座集气站。

（3）1 座清管站。

6.5.2　工艺流程及平面布置

6.5.2.1　井场

（1）工艺流程。

①BB9 井丛。

井丛中单井天然气经井下节流后，从采气井口（带简易液压控制阀）采出，井口针阀式节流阀（24V 电动）前注入甲醇，到井场高低压紧急关断阀后，经简易孔板单独连续计量后与其他 8 口气井来气汇合接入采气支管输往 BB9′ 井场。井场节流阀和高低压紧急关断阀均可就地或远程关断。在外输管上安装测试闸阀，便于安装橇装移动计量分离器，对气井进行测试。

由 BB9′/BB9″ 井丛来的注醇管线，分别在每口单井的井口针阀式节流阀前注入。

考虑到气田将来开发的需要，部分 BB9 预留了 9 口加密井的场地，并在井丛汇管上为加密井预留了接头。

BB9 井丛主要有：井下节流器、井口区、24V 电动针阀式节流阀、甲醇注入系统、计量系统。

在各采气树上设有液压控制阀，在采气管线上设置有高低压紧急关断阀，阀门设置有高压、低压自动截断功能，中压运行时其高压关断压力为 5.8MPa，低压关断压力为 3.0MPa；低压运行时其高压关断压力为 3.0MPa，低压关断压力为 0.8MPa。当运行压力高于设定的高压值或低于设定的低压值时，截断阀自动关闭。阀门具有远程关断的功能，生产需要时，控制室人员可以远程开启或关闭该阀；可以确保井丛、采气管道安全、平稳运行。如图 6.10 所示。

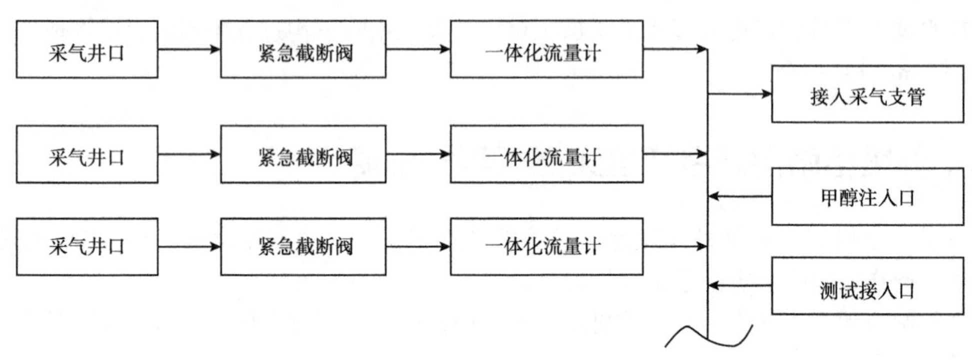

图 6.10　BB9 井丛流程示意图

②BB9′/BB9″ 井丛。

BBB9′/BB9″ 井丛站内包括 9 口生产井，站内汇管除收集站内 9 口单井的来气，还汇集附近邻近 3 座或 2 座 BB9 井丛采气支管的来气。

气井原料气经井下节流，从采气井口（带简易液压控制阀）采出，井口针阀式节流阀（24V 电动）前注入甲醇，到井场高低压紧急关断阀后，通过简易孔板进行连续计量，与该井丛另外 8 口气井的天然气汇集后，与附近 3 座或 2 座 BB9 井丛输来的原料气汇合后输至集气站。井场节流阀和高低压紧急关断阀均可就地或远程关断。在外输管上安装测试闸阀，便于安装橇装移动计量分离器，对气井进行测试。考虑到 BB9′/BB9″ 井丛到集气站之间的采气干管定期清管的需要，以提高输送效率，在井丛设置了清管操作的 DN200mm 清管阀。如图 6.11 所示。

各 BB9 来气管线（DN100mm）及 BB9′/BB9″ 清管阀旁通管线（DN200mm）均设置可远程控制的电动球阀，便于对各井丛的控制。

在 BB9′/BB9″ 井丛集中设置甲醇储罐、注入泵。用罐车将甲醇拉运至 BB9′/BB9″

的甲醇储罐内，通过与 BB9—BB9′ 之间的 DN100mm 采气支管同沟敷设 DN25mm 甲醇管道，将在 BB9′/BB9″ 用注入泵加压后的甲醇输至 BB9、BB9′ 和 BB9″ 注入井口节流阀前。

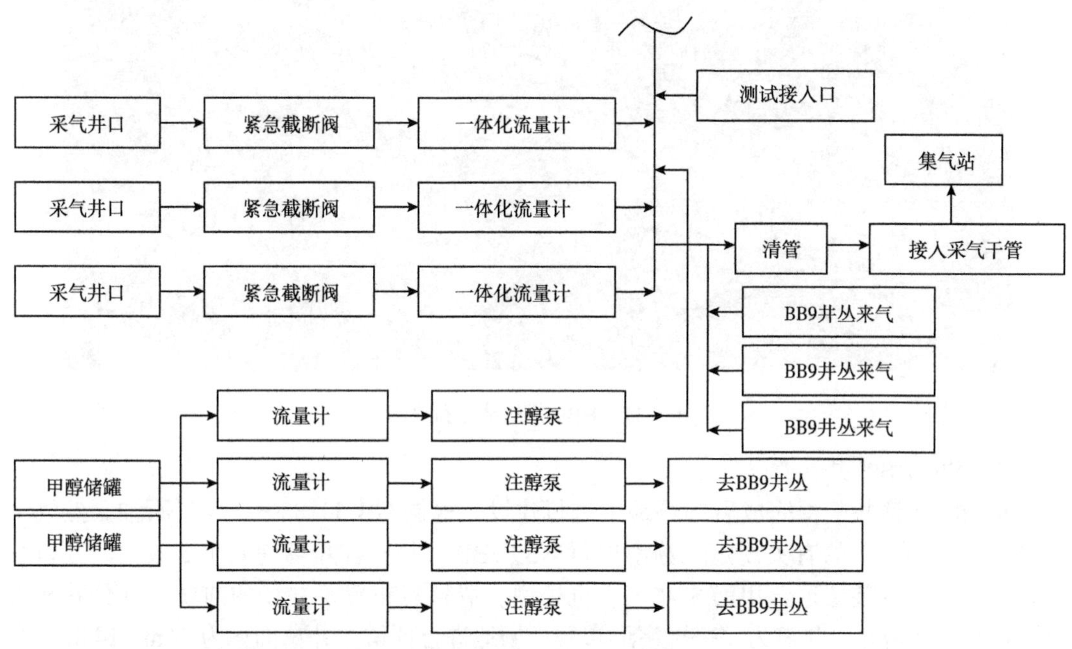

图 6.11　BB9′/BB9″ 井丛流程示意图

考虑到气田将来开发的需要，在部分 BB9′/BB9″ 预留了 9 口加密井的场地，并在井丛汇管上为加密井预留了接头。

BB9′/BB9″ 井丛设有 4 台或 3 台计量泵（每台注入泵对应 1 座 BB9 井丛）、2 台 $50m^3$ 甲醇储罐。甲醇罐设计压力为 0.3MPa，罐上安装呼吸阀，呼吸阀定压为 0.18MPa，以降低甲醇消耗。设置甲醇罐液位计，液位数据上传至集气站，低液位报警；甲醇流量计数据上传至集气站，实时监控甲醇注入量。

BB9′/BB9″ 井丛主要有：井下节流器、井口区、24V 电动针阀式节流阀、甲醇注入系统、甲醇罐区及注入泵加压集中注醇系统、计量系统、清管区。

BB9′/BB9″ 不仅设置了设有液压控制阀和高低压紧急关断阀，还在 BB9 井丛来气处和 BB9′/BB9″ 井丛出口设有电动球阀，作为进出站紧急截断用，在紧急工况下可远程开启或关闭球阀，以紧急截断气源，提高系统的安全性。

（2）平面布置。

① BB9 井丛。

井场均在钻井工程完成后的场地中进行建设。根据 GB 50183—2004《石油天然气工程设计防火规范》的有关规定，苏南项目 BB9 井丛各井场均属于 5 级站。井口装置区为 9 口井的装置区。部分井丛带有 9 口井的加密井，井口为“一”字形布置，场地进行预留。井丛面积为 28m×144m，合 6.05a。加密井丛与 BB9 平面布置、占地面积相同。如图 6.12 所示。

图 6.12　BB9 井丛平面布局图

② BB9′/BB9″ 井丛。

井场均在钻井工程完成后的场地中进行建设。根据 GB 50183—2004《石油天然气工程设计防火规范》的有关规定，苏南项目 BB9′/BB9″ 井丛各井场均属于 5 级站。井口装置区为 9 口井的装置区，甲醇泵注区、机柜棚、清管器布置于井场的前场。部分井丛带有 9 口井的加密井，井口为"一"字形布置，场地进行预留。井丛面积为 36m×144m，合 7.78a。如图 6.13 所示。

图 6.13　BB9′ / BB9″ 井丛平面布局图

6.5.2.2　集气站

（1）工艺流程。

① 天然气流程。集气站通过放射状的采气干管汇集邻近的 BB9′/BB9″ 井丛来气。由

于各井丛的开发顺序存在差异，可能存在中压和低压两种操作压力的井丛同时进入集气站，在集气站分别设置了中、低压系统，各 BB9′/BB9″ 的来气可根据操作压力倒换阀门进入中压或低压汇管。经分离器区、压缩机区（需要增压时）、计量及自用气区、外输清管区等，最后出站流向下一站场（或处理厂）。

② 燃料气系统：集气站用燃料气从站内压缩机后取气，经燃料气分离器、过滤、调压、计量后供用气点使用。

③ 放空系统：集气站内各装置区放空包括：进站截断区放空、分离器放空、压缩机放空、计量自用气放空、外输清管放空和闪蒸罐放空等，放空进入放空总管然后接入分液罐，由分液罐出口流向放空火炬。采气干管进站区安全放空（分离器安全放空、计量区、自用气、清管器发送区、压缩机安全放空）→ 放空总管 → 分液罐 → 放空火炬。

④ 排污系统：集气站内各装置区排污包括分离器排污、压缩机排污、分液罐排污等，排污进入排污总管然后接入闪蒸罐（PN25MPa，容量 $40m^3$），在闪蒸罐下设离心泵将污水通过与集气干线同沟敷设污水管线输往处理厂统一处理。清管器接收筒排污直接接入污油池，清管后及时拉运，即工艺设备（分离器、压缩机）→ 排污总管 → 闪蒸罐 → 螺杆泵 → 外输。

⑤ 集气站压缩机工艺描述：各集气站接收井丛来原料气，为保证处理厂入口压力满足 2.5MPa，原料气经过分离器分离后，进入压缩机组进行增压，增压后压力达到 3.6MPa，然后输往处理厂（或下一个集气站）。根据压缩机模块化的理念，单台压缩机处理量为 $50\times10^4m^3/d$，根据各集气站增压集气量进行分批设置。

集气站均按 4 级站场进行设计，设有消防水罐和泵房，满足消防要求；集气站进站与出站设有紧急关断和远程放空的电动球阀，在紧急情况下可远程关断气源并及时放空（进站的阀门前后均有压力变送器，检测其运行压力，待压力超过设定值时，在控制室报警，经控制室人工判断后远程操作阀门开启或关断）；分离器、压缩机等设备设置安全阀，超压自动放空；以上安全设施可以确保站场安全、平稳、可靠运行。

（2）平面布置。

集气站平面布置中各装置及建（构）筑物之间防火间距均按 4 级站场进行布局。根据石油天然气工程设计防火规范要求，集气站场设置固定消防给水系统。

平面布置根据生产性质和功能将集气站内分成两个区，即生产区和辅助生产区。两个区相对独立，在满足生产要求的前提下尽量减少对驻站人员的生活影响。如图 6.14 所示。

生产区主要包括：进站区、阀组区、分离区、闪蒸罐区、分液罐区、清管区、增压区、计量及自用气区。辅助生产区主要包括：值班室、休息室、工具间、厨房及盥洗间、工具间、配电间，消防水泵房等。其中值班室和休息室布置在集气站进站端，消防水泵房位于最远端，减少水泵的噪声影响。

考虑到生产区内压缩机组噪声较大，压缩机位于集气站内相对于辅助生产区的最远端，并设置压缩机厂房。

放空区位于全站最小频率风向的上风侧，距集气站的围墙外不小于 90m，用铁栅栏围成一个独立区域，大小为 10m×10m。

图 6.14 集气站平面布局图

（3）清管站。

在苏 5-2 干线阀室处设清管站 1 座，GGS4 来气先经清管站后接入苏 5-2 干线，站内设 DN400mm 收球筒 1 具，接收 GGS4 发送的清管器。阀室预留清管站的接入口。

清管站排污接入清管站内设置的污水罐，利用阀室放散管进行放空，放散管规格为 DN250mm，H=15m。

6.6 苏里格南国际合作区天然气集输工艺的关键技术

苏南项目根据区块的地质特征，依托合作区块的国际化视野与技术，在天然气集输技术与工艺方面做了许多创新实践，并形成了多项高效节能、安全环保的集输技术与工艺，有效保障了合作区块的天然气集输。

6.6.1 中压集气工艺技术

形成“井下节流 + 井丛集中注醇”为核心的全新的中压集气工艺技术。气井存在 5.0MPa 和 2.5MPa 两种运行工况，前期 5.0MPa 运行，约 4 年后转为 2.5MPa 运行。BB9 气井通过井下节流器把井口压力降到 5.0MPa，通过采气支管输往 BB9′/BB9″；BB9′/BB9″将周边 2~3 座 BB9 丛式井组汇集后通采气干管输送至集气站，在集气站进行气液分离后（前期不增压，当井口压力下降到 2.5MPa 生产时增压），输往处理厂处理。沿着采气支管同沟敷设注醇管线，通过注醇泵从 BB9′/BB9″井丛向各 BB9 井组注醇，使天然气在输送过程中不形成水合物，确保气田平稳运行。（BB9：指苏里格南区块开发所采用的 9 井式井丛；BB9′：由另外 3 座 BB9 井丛连接到 1 个 BB9 井丛，这个汇集井丛组的 BB9 称为 BB9′；BB9″：由另外 2 座 BB9 井丛连接到 1 个 BB9 井丛，这个汇集井丛组的 BB9 称为 BB9″）。

与苏里格气田推广的中低压集气方法相比，其特征是：

（1）井场为丛式井组；

（2）在汇集的 BB9′/BB9″ 井丛设有注醇系统，向本井组和周边的 BB9 井丛注入甲醇防止水合物生成；

（3）每个 BB9 丛式井组单独敷设采气支管至 BB9′/BB9″ 井丛；

（4）集气站前期不设压缩机，直接利用地层压力将原料天然气输送至处理厂，到生产后期，气田仍然存在井口 5.0MPa 和 2.5MPa 两种压力生产，所以气田建产规模为 $30\times10^8m^3/a$，而实际最大增压规模为 $15\times10^8m^3/a$ 左右，占总建产规模的一半。

通过井下节流器，充分利用井底温度和地层能量；降低了井筒水合物堵塞概率，提高携液能力；降低管线运行压力，保护了储层。井口注醇，确保在天然气输送中不形成水合物，使气田在中压下稳定运行，避免集气站提前设置压缩机；注醇压力由高压降为中压，降低了甲醇注入压力，减小了甲醇泵的功率；降低了注醇管线的设计压力和壁厚；与高压集气相比，大幅度降低了甲醇的注入量；可以根据生产工况调整醇的注入量，夏季温度高时可以不注入甲醇，工况适应能力强，提高了气田平稳生产的能力；管线中压运行，相同管径输气能力增加 2~3 倍，输气能力强。

苏南项目采用的将井下节流和井丛集中注甲醇相结合的中压工艺方法，相对于高压集气工艺方法简单且成本低；相对于低压集气工艺集气站前期不设置压缩机，且区块增压规模远小于整体建设规模，减少了工程投资，降低了运行、管理成本。

6.6.2　集气站布局优化简化技术

针对苏南项目全丛式井，延长集气半径，形成“大井组、长半径”集气站布局优化简化技术。根据区块形状和井位部署，区块仅建集气站 4 座，苏里格气田其他同规模区块建集气站 20 座以上，建站数量减少 80%。

6.6.3　大井组串接技术

形成了“两定一集中”大井组串接技术，定井丛数量：2~3 座基本井丛接入区域井丛，区域井丛直接进站；定管线管径：采气干管 ϕ219mm，采气支管 ϕ114mm；集中注醇：区域井丛向所辖的基本井丛注醇；如图 6.15 所示。采用该技术具有简化采气管网、方便井丛接入、订货和施工方便、管理点少等诸多优势。

6.6.4　井口双截断保护技术

形成井口高安全、无泄放的“双截断”保护技术，在各采气井口除设置苏里格气田已经广泛运用的高低压紧急截断阀之外，采气树上设置液压控制阀，两台截断阀均具有超压、失压自动截断的功能，也可以远程关闭，避免因井口超压而破坏下游管线和管线泄漏造成的事故。

6.6.5　丛式气井计量测试技术

在气田的开发过程中，需要对生产气井产气量、产水量和产油量进行准确、及时的计量，以掌握气藏状况，准确分析气井的动态，了解气层及井筒的特性，这对预测气井产能、指导气田开发、制订生产方案，具有重要的意义。

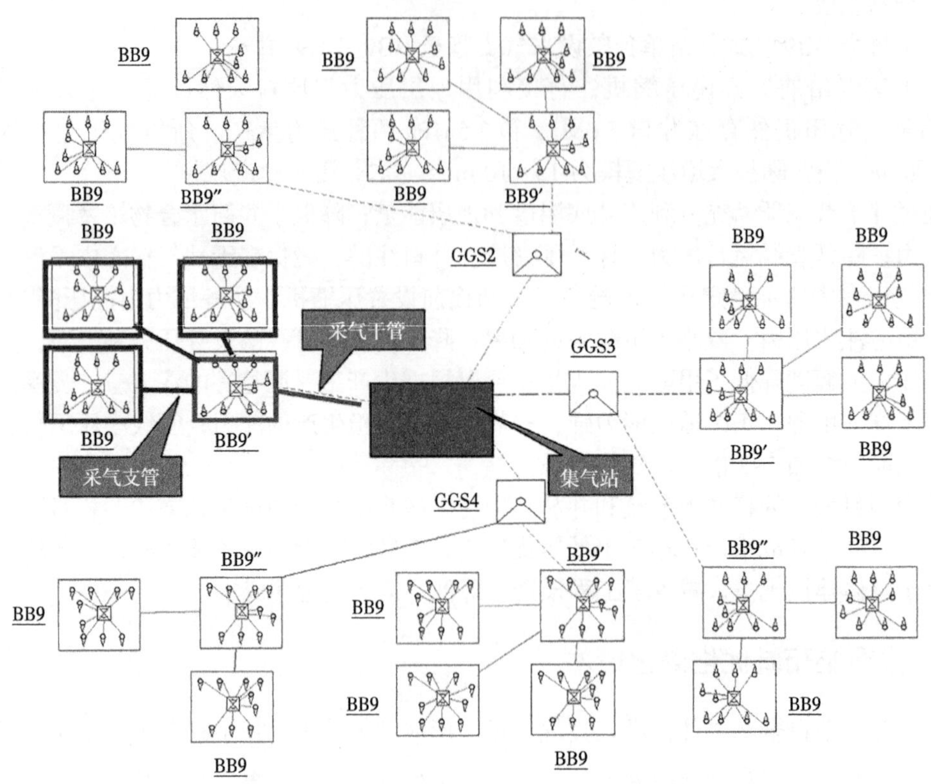

图 6.15　苏南项目区块采气管线串接示意图

采用丛式气井“不停产、密闭、移动”计量测试技术，在井丛出口管线上设置气井测试阀；配置一定数量的三相计量测试车，该测试车可将天然气进行油、气、水三相分离，并分别计量，得到气井准确的生产数据。测试时将需要测试的气井采气树顶部的测试阀与测试车进口相连，测试车出口与井丛出口的测试阀相连，实现了气井不关井测试，测试时不影响其他气井的正常生产，提高了气井的生产时率和生产效率；简化了气井测试的程序，降低了测试工作的工作强度。测试后的气、水、油再次接入原流程，避免了液体拉运和气体放空，既保护了环境，又节能降耗。

6.6.6　大规模集气站工艺技术

采用“超大”规模集气站工艺技术，完成苏里格气田最大规模集气站的设计。苏南项目集气站规模为 250×10^4~$400\times10^4m^3/d$，GGS1 和 GGS2 集气规模为 $400\times10^4m^3/d$，占地面积 23.52 亩，为苏里格气田最大规模集气站。

6.6.7　数字化集气站技术

采用了在苏里格气田已经推广运用的数字化集气站技术，采用“实时动态检测技术、多级远程关断技术、远程自动排液技术、紧急安全放空技术、关键设备自启停技术、全程

网络监视技术、智能安防监控技术、报表自动生成技术”等 8 项关键技术，实现控制中心对数字化集气站的集中监视和控制。控制中心实现“集中监视、事故报警、人工确认、远程操作、应急处理”；集气站实现“站场定期巡检，运行远程监控、事故紧急关断、故障人工排除”，提高了气田管理水平，适应大气田建设、大气田管理的需要。

6.6.8　采出水密闭输送技术

苏南项目区块位于陕西省定边县、吴起县和靖边县及甘肃省华池县境内，属黄土高原与鄂尔多斯荒漠草原过渡地带，南高北低。北部为沙漠、草地及丘陵区，地势相对平坦，南部为黄土塬区，沟壑纵横、梁峁交错，道路状况稍差。目前已建集气站 10 余座，集气站位置分散，各站采出水量约 38~150 m^3/d，总水量 566 m^3/d，各集气站到与之邻近的处理站距离 15~100km。通过对集气站分布位置、采出水量等因素的综合考虑，提出管输及罐车拉运相结合的运输方式。综合考虑集气站分布位置及采出水量等因素，采用“管道输送 + 罐车拉运”相结合等方式密闭输送方式，通过与集气支线、干线同沟敷设的采出水输送管道，将集气站分离出的采出水一次增压输送至处理厂，实现采出水的全密闭输送，形成了较为完备的采出水转运及处理系统。

（1）管道输送。

对于位置较集中、采出水量较大的集气站，采用站间串接或插输的方式管道输送至采出水处理站，工艺流程示意如图 6.16 所示。

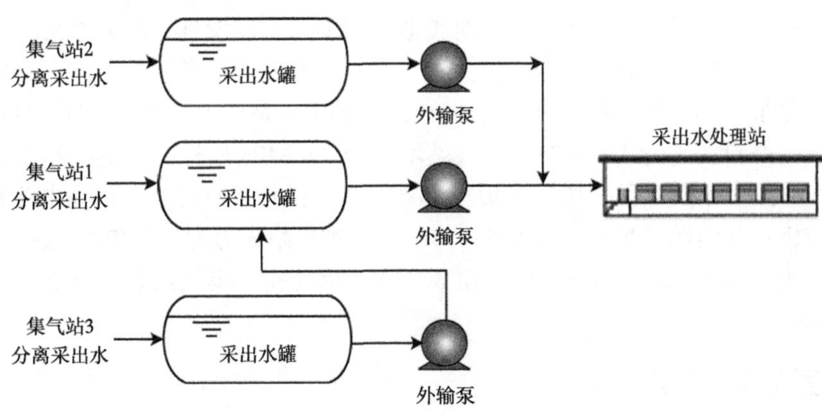

图 6.16　管输工艺流程示意图

根据外输泵排量、管径、流速及管线设计压力等因素，通过经济对比，采出水量按大于 60m^3/d 时采用管道输送，串联半径控制在 30km 以内，流速 0.6~1m/s，管线摩阻在 15m/km 以内，使管线压力等级在 2.5~6.4MPa，实现经济运行。管道输送系统中低压运行，中间缓冲运行较可靠，安全风险较低，运行成本约 1.265 元 /m^3。

（2）罐车拉运。

对于距离较偏远、水量小于 60m^3/d 的集气站采出水运输，因流量较小、管输距离过长，需选择流量小、扬程高的外输泵。管径过小不利于长距离输送，管径过大又无法保证合理流速，且难以实现连续运行，因此选择采用传统罐车拉运方式。该方式调度灵活，便于管理，但缺点在于受道路、天气影响明显，尤其是冬季雨雪天气安全风险较大，容易影响正常生产运行。同时，采出水含油和醇等污染物，事故状态对环境的污染风险高，运行成本约 1.35 元 /m^3。通过“管输 + 拉运”的运输方式，苏南合作区目前已形成较为完备的采出水转运及处理系统，设含醇采出水处理站和不含醇采出水处理站各 1 座，以这 2 座站为核心，水量较集中的苏南 18 号、苏南 19 号、苏南 21 号集气站采出水管输至不含醇采出水处理站，苏南 13 号、苏南 14 号、苏南 15 号、苏南 16 号集气站采出水管输至含醇采出水处理站，解决了该气田一直存在的罐车拉运安全风险及外协有难度的问题。

6.6.9 智能安全保护技术

形成“三级控制、三处泄放、四级截断”智能安全保护技术，确保了气田的高安全性和高可靠性。

三级控制：SCADA 中心控制系统、站控系统、井丛 RTU 控制系统；三处泄放：BB9′/BB9″ 井丛远程放空 + 安全阀泄放、集气站进站远程放空、集气站分离器远程放空 + 安全阀泄放；四级截断：井口液压控制阀紧急截断、井口高低压紧急截断阀截断、进站气动阀紧急截断、出站气动阀紧急截断。

苏南项目区块采用定压放产的方式生产，单井配产量为苏里格气田其他区块的 2~3 倍，采用全 9 井式井丛开发等有别于该气田其他区块的地质特征和开发方式，形成了一套新的、经济合理、安全可靠、调整灵活的地面集输工艺，有效降低了地面工程的投资成本，提高了气田开发项目的经济效益，对类似气田的开发建设具有借鉴意义。

苏里格气田推广使用的中低压集气方法主要特征是：井下节流、井口不注醇、集气站设压缩机；夏季中压运行，井口压力为 4.0MPa，到集气站压力为 3.6 MPa，直接外输；冬季低压运行，井口压力为 1.3 MPa，集气站增压至 3.6 MPa 后外输，集气站总增压能力与气田产能相一致。苏南项目区块中压集气主要特征是：井下节流、井丛集中注醇、集气站后期设压缩机；前期运行井口压力为 5.0 MPa，到集气站压力为 3.6MPa，直接外输；后期运行井口压力为 2.5 MPa，集气站增压至 3.6 MPa 后外输，集气站总增压能力约为气田产能的一半。

6.6.10 湿气贸易计量技术

苏南项目区块与苏里格气田其他区块共用处理厂，需要进行天然气的贸易交接计量，因厂内设置的脱油脱水、增压等工艺装置均共用，只能在处理前对原料气进行湿气计量。创新形成“湿气交接、干气分配”的特有贸易计量模式，打破国际通行的商品气贸易交接的惯例，填补国内空白，达到国际先进水平。天然气计量与分配采用“计量原料气、分配商品气”原则进行，凝析油的计量与分配采用“计算理论量、分配商品量”原则进行，实现共用第五天然气处理厂的目的，降低工程投资和运行费用。

天然气的计量与分配采用“计量原料气、分配商品气”原则进行，按照计量出的原料气（图 6.17 中的 A 和 B）的比例分配计量出的商品气（图 6.17 中的 C）。即在处理厂集气区分别就南区块和苏里格气田其他区块来气设置预分离器，经过相同的分离后采用高级孔板计量各自原料气气量，设置全组分分析仪，分析组分；混合后的原料气经脱油脱水、增压后外输，在外输出口进行商品气的计量和组分分析，根据集气区原料气的比例进行商品气的分配，并根据组分的不同进行比例的修正。如图 6.17 所示。

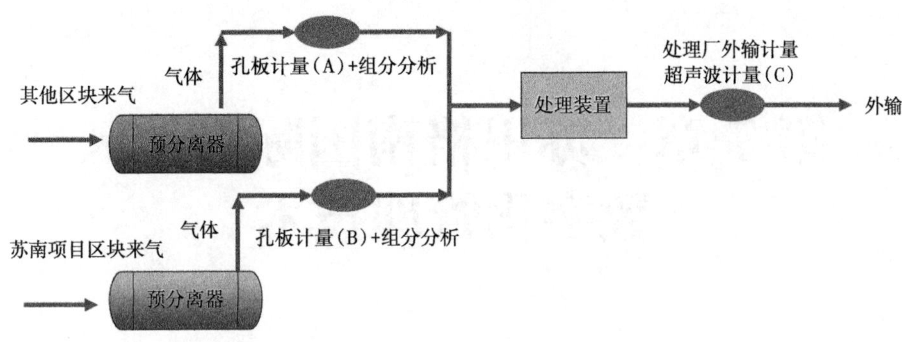

图 6.17　湿气交接计量示意图

第 7 章　苏里格南国际合作区数字化管理技术

当前，苏南项目数字化管理的应用越来越广泛，利用各种数字化应用技术来提升企业的管理效率和质量，每项管理指标都保持着稳定上升的状态。数字化技术在电力系统、通信系统、自控系统和生产运行等方面的有效应用，使得苏南项目的数字化体系更加全面化和系统化，应用效率也越来越高，数字化管理所带来的综合效益显著提升。

7.1　数字化气田管理技术

随着当今社会逐渐步入网络化、信息化时代，传统的气田管理模式已经不能适应现阶段企业发展的需求，再加上近几年国际形势的变化，使气田企业的发展面临前所未有的挑战。在这样的现状下，必须对目前气田的管理模式进行改进和完善，构建现代化、精细化的管理运行机制，通过建设数字化气田，来实现企业运行管理成本的降低和综合效益的提升。

7.1.1　数字气田概述

（1）数字气田的概念。

数字化就是将许多复杂多变的信息转变为可度量的数字和数据，再以这些数字和数据建立起适当的数字化模型，把它们转变为一系列二进制代码，引入计算机内部，进行统一处理，具有集成性、系统性、智能性和定量性的特点。

从学术的角度分析，数字气田分为广义和狭义的概念。广义上的数字气田，是全面信息化的气田，即指气田企业实现以计算机为核心全面数字化、网络化、智能化和可视化的全部过程。狭义上的数字气田，是指以数字地球为技术导向的技术系统，它是以气田为对象，以地理空间坐标为依据，具有多分辨率、海量数据和多种数据的融合，并可用多媒体和虚拟技术进行多维的（立体的和动态的）表达，具有空间化、数字化、网络化、智能化和可视化特征的技术系统。

简单地说，全面数字化了的气田，就是数字气田。数字气田是数字化的气田企业实体，以先进的经营管理理念为指导，充分发挥信息技术的支撑作用，实现从勘探、开发和生产到决策环节各类数据的适时获取、充分共享和深度应用，达到优化生产、精细化管理与量化决策的一体化运作，从而显著提升运营效率和创新能力、增强综合竞争力。数字技

术作为先进生产力的动力源泉，为气田企业寻找更多油气资源、提高采收率提供技术支持。从其定义上分析，数字气田离不开数字化管理。

数字化管理是指利用计算机、通信、网络和人工智能等技术，量化管理对象与管理行为，实现计划、组织、协调、服务和创新等职能的管理活动和管理方法的总称。通俗的讲就是让数字说话，听数字指挥，实现网络化、智能化管理。

气田数字化管理是指遵循气田生产管理特点，充分考虑人与机之间的关系，紧密围绕生产过程，把气田勘探、评价、开发和生产各个环节有机结合起来，实现信息化技术与传统气田生产工业相融合。

气田数字化管理是自动化和信息化相互结合的产物，通过各种数据信息的集成及自动控制技术，把实体的气田置于计算机和内部网络上，使整个气田可以通过计算机呈现出来。数字化气田展示了气田开发进入智能化、自动化、可视化和实时化的闭环新阶段。其管理过程将涉及气田经营的各种资产（气藏等实物资产、数据资产、各种模型和计划与决策等），通过各种行动（数据采集、数据解释与模拟、提出并评价各种选项、执行等），有机地统一在一个价值链中，形成虚拟现实表征的数字气田系统。人们可以实时观察到气田的自然和人文信息，并与之互动。

（2）数字化气田建设的必要性。

随着数字化技术的发展，数字化已经广泛应用到教育、国防、能源和服务等各个领域。以石油行业为例，国外油气公司的数字化系统建设了从开采、存储、加工到销售全面监控的自动化系统，将自动化监控系统上升到了现代管理高度。如英国石油公司建立的数字化监控系统可以根据监测到的地质情况自动控制油井的产量，保证地层原油达到最大采收率；美国部分油气田甚至将油气销售过程中的温度影响以及导致的销售差额都设置到数字化管理系统中。国内的长庆油田、新疆油田和塔里木油田等，通过油井、气井、水井生产数据管理系统与井口自动化设备的集成应用，搭建了油气生产动态管理平台，实现了数据现场采集、远程传输、自动巡井和运行自动控制。如苏里格气田利用自动巡井技术已将巡井频率由传统的平均 3 天 / 次，提高到目前的 5~10min/ 次，效率提高上千倍。

客观上，气田管理存在着一些难点：① 自然环境差，大多数气区远离城镇，地域分散，交通不便，社会依托条件差，环境相对闭塞；② 管理难度大，气田生产涉及专业面广，作业区域分散，工艺流程复杂，管理层级多，信息共享集成难度大；③ 安全环保风险高，生产场所涉及高温、高压、易燃、易爆，安全风险高，地形地貌复杂，突发性自然灾害频发，环保风险大。

在这种情况下，就必须引入信息化技术和自动化控制作业，来共同完成在生产过程中遇到的难题。因此，数字化气田管理模式应运而生。在气田管理中利用日新月异的信息技术，按照数字化集成性、系统性、智能性和定量性的特点，集成创新，形成数字化管理配套技术。积极探索与实践低成本的数字化管理建设和运行模式，实现气田发展方式的转变，助推气田管理现代化。

7.1.2　气田数字化管理的发展趋势

作为数字化企业，数字化气田的建设从低级到高级分别将经历数字化阶段、网络化阶段、可视化阶段、自动化阶段和决策智能化阶段。

第一阶段是数字化阶段：数字化阶段是在数据标准和数据模型已经成型，各种技术和保障管理体系已经初步建成的基础上，通过建立大量的专业数据库和应用系统，将气田企业积累的历史数据和现有的生产、经营管理数据按照一定的标准整理到数据库中来，这些数据包括各种资料、档案、文字、图像、语音等信息，可以满足用户的简单查询和分析。

第二阶段是网络化阶段：这个阶段是应用信息技术（特别是下一代网络 IPV6 和数据库技术）、通信技术和管理手段，将网络延伸到每口井、每个设备、每名员工，能采集到最原始的数据。将大量的专业数据库和应用系统进行集成，如 ERP 等系统的上线运行，最终实现计算机网络化、通信网络化、管理网络化和系统集成化。这个阶段将大量的专业数据库和应用系统进行集成优化，形成气田企业的集成系统，建设更加深入和完善，各种流程进一步优化和简化，业务集中处理，效率进一步提高。

第三阶段是可视化阶段：这个阶段是在数字化和网络化建设的基础上，利用各种先进可视化技术（如图像处理、计算机辅助设计和图形交互等技术），通过实时收集地上和地下数据，实现对地下情况和气藏动态的模拟，可以将气田的复杂性整体客观地展示给管理者，可以实现各种方案的优化。在地上通过各种远程监控和信息传输，可以对整个气田所有设备的运行情况进行全方位、全过程的实时展现，最终实现地上真实可视化和地下虚拟可视化。

第四阶段是自动化阶段：自动化应该是伴随整个数字气田建设全过程，在数字化、网络化和可视化阶段都有自动化技术的应用，但是是局部的，本阶段所指的自动化是气田生产全过程、全方位的自动化，一是所有生产数据的自动采集、传输和储存；二是生产的自动化控制，包括对每口气井及设备的远程控制，自动优化各种方案，包括压裂方案、钻井方案、传输方案和开发方案等；三是出现各种异常情况自动报警、自动关停。

第五阶段是决策智能化阶段：这个是数字气田建设的最高阶段，也是信息化发展的最高阶段，它是在气田开发的历史进程中，将积累大量的知识和经验转化为智慧，结合当前气田生产的实际情况，做好数据挖掘、知识管理、过程控制、人工智能，让管理者决策智能化，生产过程智能化，气田开发智能化。

数字化应用技术日新月异，气田数字化管理也将不断地更新和升级，其未来的发展趋势主要表现在三个方面。

7.1.2.1 数字化管理的知识化和智能化发展

（1）数字化管理的知识化发展。

知识管理，就是通过管理与技术手段，使人与知识紧密结合，让知识的沉淀、共享、学习应用与创新这个“知识之轮”循环转动，并通过知识共享的文化，提高企业的效益和效率，为企业创造价值，赢得竞争优势。

气田企业中涉及的知识可以划分为显性结构化知识（如各类经营数据、各类业务指标等）、显性非结构化知识（如各类工作文档、公文、规范制度等）及隐性知识（如员工所具备的业务经验及专业技能）。

通过对实践中处理的数据进行分析，能够发现气田企业日常工作中需要处理的数据，大约 20% 属于结构化数据，80% 属于非结构化数据，而这些非结构化数据是企业知识资产的重要组成部分。在建设初期，信息化建设过程中很容易只重视管理结构化数据（如 ERP 和 CRM 等），而忽视大量的非结构化数据管理。而现在，气田企业应该更加重视信

息的积淀、整合以至于知识化管理。

苏南项目数字化管理经过多年的建设与发展，已经具备了知识资产管理的基本特征。

（2）数字化管理的智能化发展。

“智能化”已成为当前和今后各学科、各领域、各部门和各行业的新方法、新技术和新产品的发展动向、开发策略及显著标志。

“智能化”在气田企业信息化建设中意味着什么？其基本内涵有两方面：

①“人工智能”与石油领域相关学科结合，产生与发展新学科及相应的新理论、新方法、新技术，用来指导科研。例如“大系统理论”与“人工智能”相结合产生与发展“大系统控制论”。

②“人工智能”应用于气田企业各技术部门，设计与构建各种新系统、新产品、新产业，以促进生产。例如“人工智能”应用于“企业资源计划”，可研究与开发各种“智能企业资源计划”新系统、新产品、发展新产业。

气田企业数字化建设的发展趋势之一是智能化，它是“信息化”的升华，是“信息化”发展的新阶段。前期“信息化”成果是“智能化”的基础，是实现“智能化”的奠基石。

苏南项目在经历了电子化管理、信息化管理两个阶段之后，必然进入智能化管理时代，有效利用一切数据，结合先进管理理论，真正代替烦琐的重复性脑力劳动。

7.1.2.2　面向 IT 治理的数字化管理的发展

关于 IT 治理，中外学者给出了很多的定义，美国 IT 治理协会给 IT 治理的定义是：“IT 治理是一种引导和控制企业各种关系和流程的结构，这种结构安排，旨在通过平衡信息技术及其流程中的风险和收益，增加价值，以实现企业目标。”中国有一种观点认为，IT 治理是描述企业或政府是否采用有效的机制，使得 IT 的应用能够完成组织赋予它的使命，同时平衡信息化过程中的风险，确保实现组织的战略目标的过程。它的使命是：保持 IT 与业务目标一致，推动业务发展，促使收益最大化，合理利用 IT 资源，适当管理与 IT 相关的风险。综合这些定义，可以得出，IT 治理就是要明确有关 IT 决策权的归属机制和有关 IT 责任的承担机制，以鼓励 IT 应用的期望行为的产生，以连接战略目标、业务目标和 IT 目标，从而使企业从 IT 中获得最大的价值。

治理和管理是两个不同的概念，它们之间的区别就在于，治理是决定由谁来进行决策，管理则是制订和执行这些决策。IT 管理是公司的信息及信息系统的运营，确定 IT 目标以及实现此目标所采取的行动；而 IT 治理是指最高管理层（董事会）利用它来监督管理层在 IT 战略上的过程、结构和联系，以确保这种运营处于正确的轨道之上。IT 治理规定了整个企业 IT 运作的基本框架，IT 管理则是在这个既定的框架下驾驭企业奔向目标。缺乏良好 IT 治理模式的公司，即使有“很好”的 IT 管理体系（而这实际上是不可能的），就像一座地基不牢固的大厦；同样，没有公司 IT 管理体系的畅通，单纯的治理模式也只能是一个美好的蓝图，而缺乏实际的内容。

对于 IT 治理来说，国际上已有许多成熟的方法和工具，形成了最佳业务实践，这些最佳业务实践是全球智慧的结晶。践行者一般不需从头创新，而是需要根据国情和组织的实际情况，对最佳实践加以理解、掌握并有效运用，从而为组织战略目标服务。

未来，气田企业 IT 治理的目的是使 IT 与业务有效融合，以企业发展战略为起点，遵循风险与内控体系，制订相应的IT建设运行的管理机制。届时，IT治理的关键要素将涵盖IT组织、IT战略、IT架构、IT基础设施、业务需求、IT投资、信息安全等，主要确定这些要素或活动中“做什么决策？谁来决策？怎么来决策？如何监督和评价决策？”。围绕着IT建设全生命周期过程，构建持续的信息化建设长效机制。也就是说，整个IT建设生命周期都将是企业IT治理的对象，包括IT组织与规划、IT建设与交付、IT运行与维护、IT评估与优化。

7.1.2.3 基于云计算的数字化管理的发展

云计算是具有深远意义的IT演进，推动了企业和社会的进步，带来了新的契机，并开启了更高效、灵活、协作的计算模式。它是一种新型的计算模式，把IT资源、数据、应用作为服务通过互联网（或者企业网）提供给用户；同时也是一种基础架构管理的方法论，大量的计算资源组成IT资源池，用于动态创建高度虚拟化的资源提供用户使用。

随着云技术的不断发展，其在石油行业也得到了广泛应用。气田企业信息管理系统中也将不断引入云技术，由此带来的影响主要体现在以下三个方面：

（1）为数据存储提供了优质服务。将企业的信息平台作为中心，对所有下属的部门进行有机联系，利用部门间不同的业务流程整合，从而实现企业信息的资源共享。如此一来，不仅可以让地域间跨部门的信息能够及时进行交换，而且也让数据互相孤立的现象得到避免；同时，云存储系统的应用使得数据的安全性进一步得到保证，并优化各部门的服务器效能。通过云技术的有机组合，在企业中不仅实现了信息资源共享，同时也使IT资源优化的配置效率得到了提升。

（2）有助于低碳理念与绿色环保的实现。云技术环境中的数个应用程序与操作系统可以实现服务器的共享，所以服务器要求的数量也会得到相应减少，不仅能够降低空间的要求，而其与之相关的污染、费用与能耗等因素也会得到有效减少，进而能够使气田企业的环境保护与成本减少实现双赢。

（3）有利于对海量数据进行分析处理。从某种意义上来说，气田企业信息管理系统存在与发展所依赖的主要条件就是信息，但数量巨大的信息又会使数据利用与深度加工的不利因素得到放大，但通过云技术中海量数据的挖掘技术，则可以使技术部门在对海量数据进行处理时的效率得到提高，发现数据间的规律，不仅能够使不同数据中的联系得到构建，而且更有利于对数据进行深度利用和精加工，进而让信息在资源的使用度中得到大幅度提升，以保证数据能够体现出其自身的商业价值。

云技术的引入，将使气田企业数字化管理的IT成本进一步降低，并提升数据利用效率。

7.1.3 长庆油田与苏里格南国际合作区在气田数字化管理方面的实践

（1）长庆油田在数字化管理方面的实践。

在油气田数字化建设过程中，长庆油田始终围绕信息化与工业化相融合的现代企业管理理念，立足油气田生产与经营管理实际，深入分析油气勘探、开发、生产的业务流程和管理流程，总结国内数字油气田发展实践，把握数字化油气田发展趋势，借鉴国外发展经验，适应油气田新的发展要求，提出“三端、五系统、三辅助”的数字化管理架构（图7.1）。

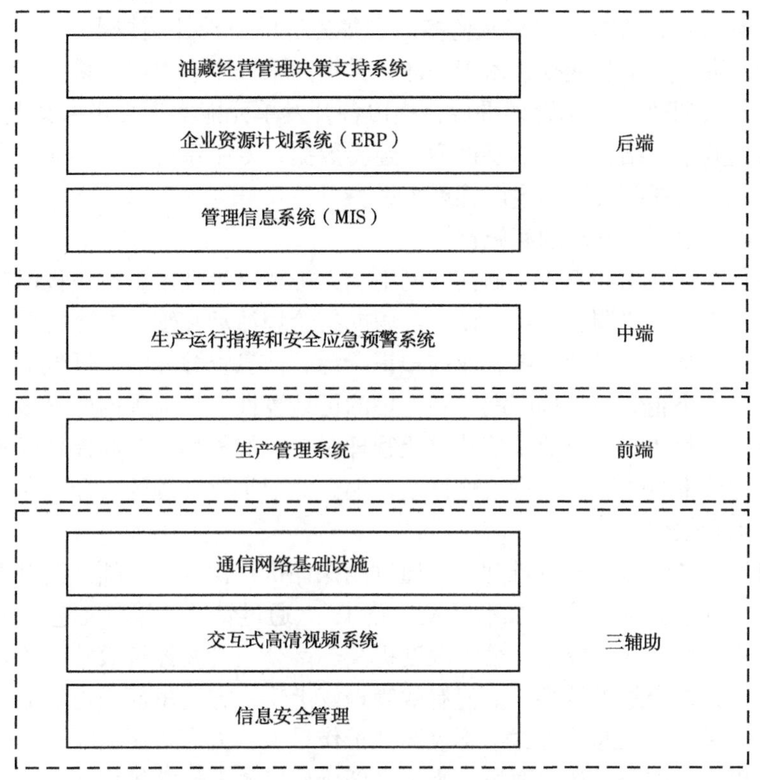

图 7.1　“三端、五系统、三辅助”数字化管理架构

前端以基本生产单元过程控制为核心，以站（增压点、集气站、转油站、联合站、净化厂 / 处理厂）为中心辐射到井，构成了基本生产单元。站控是前端基本生产单元的核心，通过数字化增压橇、注水橇、数字化智能抽油机、连续输油、自动投球等装置和设备的推广应用，使得数万口油气水井、上千座场站实现远程管理，把没有围墙的工厂变成“有围墙”的工厂。

中端以基本集输单元运行管理为核心，以联合站（净化厂 / 处理厂）为中心，辐射到站（转油站、集气站）和外输管线，构成基本集输单元。中端数字化管理涵盖生产指挥调度、安全环保监控、应急抢险等生产过程管理。利用前端采集的实时数据，构建油气集输、安全环保、重点作业现场监控、应急抢险一体化为核心的运行指挥系统，实现“让数字说话，听数字指挥”。

后端以油气藏研究为中心，辐射延伸到经营管理和决策支持，涵盖油气藏勘探、开发效益评价、开发方案部署、经营和决策的过程管理。重点是建成以油气藏精细描述为核心的经营管理决策支持系统，配套推进企业资源计划系统、管理信息系统，实现一体化研究，多学科协同。

五系统分别是：前端生产管理系统；中端生产运行指挥和安全应急预警系统；后端油气藏经营管理决策支持系统；以人事、财务、物资管理为核心的企业资源计划系统；以标准化管理体系和企业内控为核心的管理信息系统。

三辅助分别是：通信网络基础设施、交互式高清视频系统、信息安全管理系统。

长庆油田数字管理架构充分利用现代先进的科技手段对气田各个场站的各项生产指标参数和安全参数进行远程数据采集及监控。它集先进的自动控制技术、计算机网络技术、数据整合技术、数据共享与交换技术于一体，是提高采气生产力以及采气管理水平的有效手段和体现。并且通过数字化管理平台，气田各开发单元能实现真正意义上的数据分析、数据整合和数据共享，结合各种数字模型、经验数据、专家系统，对采气生产管理过程进行智能化指导，大大提高气田的生产管理水平。

（2）苏南项目数字化管理的实施背景。

管理数字化是指利用计算机、通信、网络、人工智能等技术，量化管理对象与管理行为，实现计划、组织、协调、服务、创新等职能的管理活动和管理方法的总称。一是企业管理活动的实现是基于网络的，即企业的知识资源、信息资源和财富可数字化；二是运用量化管理技术来解决企业的管理问题，即管理的可计算性。目前国内外很多企业都把管理数字化作为企业经营战略。企业坚信数字化管理对企业的长期发展和提高竞争能力至关重要，要不遗余力地推行数字化管理战略计划。加大对数字化管理的资金投入，开发支撑管理数字化的技术和软件。

苏南项目地质条件差，开发难度大，通过勘探评价认识到，必须“面对现实，依靠科技，创新机制，简易开采、走低成本开发的路子”。通过钻井、采气工艺、地面建设、管理等各方面，千方百计降低成本，最大限度提高苏南公司开发经济效益。随着产建规模的增大，苏南公司井数会越来越多，如何有效管理好上千平方公里面积内的上千口井，显得尤为重要。如果采用人工巡井方式，不仅巡井工作量大，人力资源消耗大，而且难以适应有效的监控、生产、安全、环保要求。为了降低操作成本、精简机构和人员、提高工作效率、提高生产安全性、保护草原环境、建设和谐气田需要开发一套“智能化生产管理控制平台”，实现气田管理数字化。

在产能建设的同期已将光纤延伸到每个集气站、阀室及井丛。考虑到气田后期气井间歇开井的需要，近年来通过对井口紧急截断阀的改进完善以及与井口数据自动采集、井站传输技术的集成，形成了功能比较齐备的苏南公司井口数据采集及远程开关井控制单元。这些前期的工作为苏南公司建设智能化生产管理控制平台，全面推进管理数字化奠定了基础。

迅速发展的 Internet（因特网）技术、Intranet（企业内部网）技术、Extranet（企业外部网）技术、自动控制技术、计算机软硬件技术、通信技术和人工智能技术为苏南公司建设智能化生产管理控制平台，全面推进管理数字化创造了条件。

苏南项目数字化技术的实施，将传统意义上分散的巡井模式转变为集中监控管理模式，使气田降本增效、减轻工作人员的劳动强度，减少用工人数。可以及时发现气田生产中的安全隐患，从而在安全隐患初期就采取手段予以解决，避免更严重的事故发生，从而保证气田的生产安全。

苏南项目数字化管理的建设，将密切跟踪数字化气田管理的最新发展趋势，架构自控仪表、通信系统和供电系统等基础设施，规划、设计数字化生产管理指挥平台。最终建成一套覆盖整个公司天然气生产、处理全过程数字化系统，完成数据采集、过程监控和动态分析，达到强化安全、过程监控、节约人力资源和提高效益的目标。

7.2　苏里格南国际合作区数字化管理基础设施

苏南项目数字化管理平台的实施，离不开基础设施等硬件资源的支持。基础设施建设是否科学合理，直接关系到指挥平台的运行效率。在建设过程中，主要的基础设施包括自控仪表、通信系统以及供电系统。对于每一类基础设施的构架，苏南项目都进行了充分的论证和详细的规划，确保其能高效支持数字化系统的运行。

7.2.1　自控仪表

自控仪表是由若干自动化元件构成的，具有较完善功能的自动化技术工具。它一般同时具有数种功能，如测量、显示、记录或测量、控制、报警等。自控仪表本身是一个系统，又是整个自动化系统中的一个子系统。自控仪表是一种“信息机器”，其主要功能是信息形式的转换，将输入信号转换成输出信号。信号可以按时间域或频率域表达，信号的传输则可调制成连续的模拟量或断续的数字量形式。

7.2.1.1　自动化控制系统的设计原则、目标与总体规划

自控系统设计研究范围涵盖为苏南区合作的自控系统方案、仪表设备选型、流量计量和检定方案等。

苏南项目自控系统的设计原则：充分考虑苏南合作区的生产管理需求，自控系统的选型、设置应在满足生产运行需求的同时，适应苏南合作区管理模式；采用适用、成熟的技术和设备，使自控系统的控制水平和功能设置，与所采用的生产工艺相匹配，且工程投资合理；自控、仪表系统必须适用于该气田所处的地理环境、气候环境和复杂的外部环境等，生产操作简单、实用。

苏南项目自控系统实现的目标：实现在苏里格气田前线生产指挥部（乌审旗）和苏里格南区作业基地（第五天然气处理厂倒班点）同时能对苏南合作区各天然气生产井、集气站的生产运行状况监视、调度与管理；在北京和西安苏南合作区机关对苏南合作区的生产数据的实时监视和管理；各气井和集气站外输天然气流量、温度和压力参数的自动采集并上传上位系统；为各集气站站场天然气进口与出口设置紧急关断装置，实现极端事故状况时快速关断本站；为井场和集气干线设置紧急关断装置，实现远程控制关井和切断集气干线。

结合苏南项目实际情况，设计了自动控制系统总体规划方案：为满足长庆油田公司和苏南合作区项目部同时对苏南合作区生产运行状况的调度和管理，拟在苏里格南区作业基地新建由苏南合作区项目部管理的苏南合作区块中心管理站，以完成对苏南合作区的井场和集气站生产过程参数的自动采集，集中监视、管理；扩容长庆油田已建的苏里格气田生产管理系统，以完成对苏南合作区的井场和集气站的生产数据自动采集、管理；为满足生产管理需要，在苏南合作区项目部北京和西安机关分别建设生产监视终端；集气站均设置集气站站控系统（SCS），执行站场的数据采集和监控任务，并将数据上传苏南合作区区块中心管理站和苏里格气田生产管理系统；井丛和集气干线阀室设置远程终端单元（RTU），执行井场和集气干线阀室的数据采集和监控任务，数据通过集气站控系统上传苏南合作区区块中心管理站和苏里格气田生产管理系统。

7.2.1.2　自动控制系统功能与配置

苏南项目自动控制系统包括综合控制系统、苏里格气田生产管理系统、区块中心管理站、生产监视终端、集气站自控系统、井场自控系统和集气干线 RTU 阀室。

（1）综合控制系统。

将苏南区块的井场和集气站生产数据同时上传至新建的苏南合作区区块中心管理站和已建的苏里格气田生产管理系统。分别在苏南项目区块管理中心站和苏里格气田生产管理系统均能实现对苏里格气田南区合作区的井场和集气站生产运行集中监视和管理。

为满足生产管理需要，在苏南合作区项目部北京和西安机关建设生产监视终端。综合控制系统结构示意如图 7.2 所示。

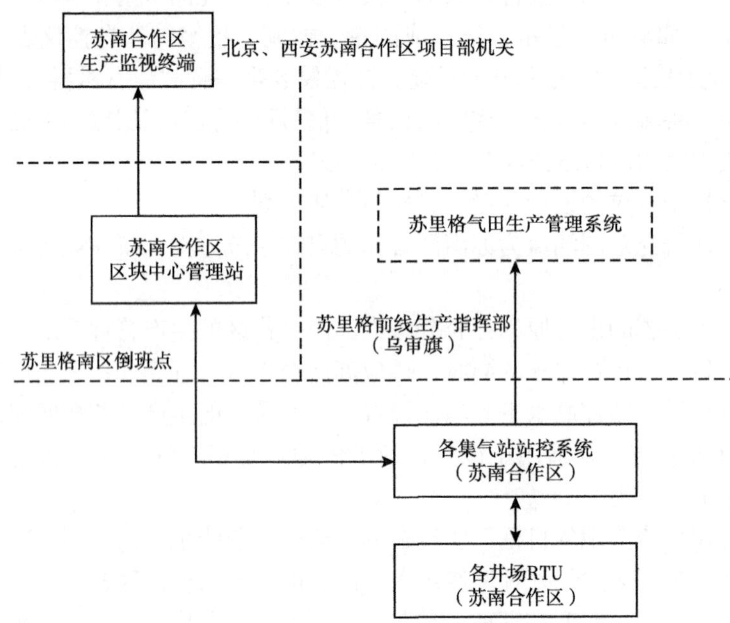

图 7.2　苏南合作区综合控制系统结构示意图

（2）苏里格气田生产管理系统。

扩容苏里格气田生产管理系统，接收苏南合作区各井丛、集气站的实时运行数据及设备运行状态信息，多画面动态模拟、集中显示各站生产系统等运行参数的工艺流程图、各站主要参数当前变化曲线图和历史趋势图等。监控各站的生产运行情况。向各井、站控制系统发送控制和调度指令等。

（3）区块中心管理站。

区块中心管理站的主要功能：汇集下辖各集气站传送的生产数据；采用动态数据图形及表格等多种方式，集中监视和管理所辖区域的气田生产运行；向下属各集气站发送调度指令。

区块中心管理站的软硬件主要配置：1 台工作站、1 台打印机、1 台服务器，以及相应的工业数据采集、处理和监控软件等。

（4）生产监视终端。

生产监视终端设置在苏南合作区项目部北京和西安机关的生产调度室内，用于所苏南

合作区的生产数据的实时监视和管理。

苏南合作区生产监视终端基本配置主要有 1 台工作站、1 台打印机以及相应的工业数据采集、处理和监控软件等。

（5）集气站自控系统。

根据生产管理的要求，在各集气站内分别设置站控系统。站控系统配置：可编程控制器、操作员站、电源、机柜、相应的计算、监控、数据传输软件等。

集气站自控系统实现的功能：采集外输天然气的流量差压、温度和压力等信号，完成天然气流量的计算、积算和存储，实时显示温度、压力、瞬时流量、累积流量等计量参数；接收压缩机控制器传送来的压缩机运行状态和故障报警信号（无源接点），对其进行显示、报警和急停控制；可燃气体浓度的集中显示、报警；集气站进站、外输总管设置紧急切断阀，当站内发生极端事故时，实现进出站天然气管路的快速切断；在紧急工况下，完成集气站的远程放空、远程排液等操作。

（6）井场自控系统。

在各井场设置 RTU 监控井场数据。井场 RTU 完成的主要功能包括：监测井口油压、套压、温度；监测注醇井场注醇管线的流量及甲醇罐的液位；采集井场天然气的流量差压等信号，通过井场 RTU 将数据上传集气站站控系统（SCS），完成天然气流量的计算、积算和存储；在所属集气站站控系统（SCS）实现井口高低压紧急关断阀（工艺设备）、24V 电动针阀式节流阀、电动球阀运行状态监视及远程手动关阀控制。

（7）集气干线 RTU 阀室。

在集气干线阀室设置 RTU。实现如下功能：执行上位系统的控制指令，远控关闭或开启工艺专业气液联动阀；向上位系统传送气液联动阀前后的压力及气液联动阀的阀位状态。

7.2.1.3　自控系统及仪表的选型

（1）选型原则。

① 仪表应根据性能安全、可靠，技术先进适宜，高性能价格比，操作简单，维护方便，及苏里格地区同类工程实际应用业绩好的原则进行选型。

② 选用无工业污染、无公害、适应沙漠地区使用的设备和检测仪表。

③ 爆炸危险区域选用相应等级的隔爆型仪表。应用于危险区的电子仪表应具有权威机构的防爆认证证书。防爆标志满足爆炸危险区域要求，防爆等级为 Exd Ⅱ BT4，室外最低防护等级要求为 IP65。

④ 可燃气体和火灾检测设备必须经当地消防主管部门的批准认可。

⑤ 现场电子仪表及电气设备的防爆等级应符合现场爆炸危险区域划分的等级要求。

⑥ 现场变送器选用符合 IEC 标准，并是全天候户外安装的智能仪表。系统采用传统仪表，输出 4~20mA DC 模拟信号。

（2）仪表选型。

计量仪表优先选择差压式测量原理的流量计，如孔板流量计。

现场远传温度测量仪表选用一体化温度变送器。

对测量范围较大、主要用于监测用的液位变送器优先选择差压式液位变送器。

按工艺条件选取合适的气动调节阀和气动截断阀，无仪表空气时选用电动执行机构。

选用适合工艺过程介质的材质，避免介质对阀门的腐蚀。调节阀的流通能力、流通特性，允许压差、材质、噪声等级、泄漏量要满足过程控制及环保要求。

可燃气体、甲醇有毒气体检测器选用具有国家消防部门的批准认证的产品；可燃气体检测器优先采用红外吸收型，甲醇有毒气体优先采用电化学型。

为保护仪表控制系统不遭到感应雷击，在仪表和控制系统的输入输出接口及现场变送器设置防浪涌保护设备。

7.2.1.4　自控仪表的安装与维护

（1）仪表安装原则。

① 所有仪表应安装在方便调校、测试和与工艺过程隔离的地方。

② 压力、差压变送传感器采取就近安装。引压管应尽量短，所有引压管道不得埋地敷设，引压管材质采用不锈钢。

③ 仪表电缆为阻燃型，屏蔽电缆。本安仪表采用本安电缆，模拟量信号推荐采用多芯电缆，直埋敷设采用铠装电缆。

④ 井丛和集气站的电缆推荐采用埋地敷设。

（2）主要工程量。

苏南项目区块主要工程量见表 7.1。

表 7.1　苏南项目区块主要工程量表

序号	项目	单位	数量	备注
一	井场			
1	井场仪表检测、控制系统	套	233	含加密井
二	集气站			
1	变送器	台	148	
2	液位计	台	20	
3	智能旋进流量计	台	8	
4	高级阀式孔板流量计	套	14	
5	电动执行机构	台	164	
6	电动球阀	台	20	
7	点型红外可燃气体探测器	台	44	
8	便携式可燃气体检测仪	台	8	
9	电缆	km	40	
10	管材	km	4	
11	防爆挠性连接管	根	600	
12	集气站站控系统（SCS）	套	4	
三	集气干线阀室			
1	变送器	台	3	
2	红外点型可燃气体变送器	台	2	

续表

序号	项目	单位	数量	备注
3	红外火焰探测器	台	1	
4	电动执行机构	台	1	
5	电缆	m	1000	
6	管材	m	50	
7	防爆挠性连接管	根	10	
8	干线阀室 RTU	套	1	
四	苏南项目区块中心管理站	套	1	
五	苏南项目监视终端	套	2	
六	苏里格气田生产管理系统扩容	套	1	

（3）控制值班室及机房。

① 各集气站内均设值班室及机柜间各一间，建筑面积为约为 65m^2。

② 在苏南作业基地，为苏南合作区区块中心管理站设生产监控室一间，建筑面积为约为 35m^2。

（4）检定与维护。

依托长庆油田天然气计量标定站，按实际管理需求，补充完善现有的压力、温度、电量等方面的工作计量标准，配备有资质的检定工作人员，全面负责起所辖区域内温度、压力（含差压）、液位和电量等常规仪表的检定、修后全校、计量系统维护等工作。

7.2.2 通信系统

苏南项目所在地域通信设施落后，乡镇稀少，各乡镇虽然已通光缆，但均距拟建站场较远，可利用条件较差。苏南项目通信系统的规划和建设，对于数字化管理将起到最根本的基础作用。

7.2.2.1 苏南项目通信现状与业务需求

（1）苏南项目通信现状。

① 苏里格气田通信网现状。

至 2010 年 6 月，苏里格气田建成苏里格第一天然气处理厂、第二天然气处理厂和第三天然气处理厂内部通信系统，以及至榆林、乌审旗和靖边第一净化厂的光缆线路，通过已建设的靖边第一净化厂到靖边通信站的光缆接入靖边通信站，实现了苏里格气田对外话音、数据、网络的接入。

目前正在建设苏里格气田第四处理厂，该处理厂通过光缆接入第一处理厂通信系统实现对外通信。苏里格气田通信对外汇接于靖边通信站，其中，位于苏里格前线指挥中心对第二天然气处理厂架设 12 芯光缆 28km，同时对第一天然气处理厂架设 12 芯光缆 35km，形成南北双向接入，实现苏里格气田第一处理厂与第二处理厂的环路。

苏里格气田内部通信网络主要包括内部光纤通信系统、井场无线数据传输系统两部分。

苏里格气田内部光纤通信系统：随着气田产建工程的逐年实施，各集气站和交接站均采用光纤通信系统，与集气管线同沟敷设 4 芯光缆，接入气田已建光纤通信系统。目前苏里格气田内部光纤通信网络已覆盖了气田各集气站和交接站。

井场无线数据传输系统：建设了以各集气站为中心，覆盖各管辖气井的无线网桥或数传电台数据传输系统，实现对气井自控数据传输、视频图像监控和语音告警等的数字化管理要求。

② 公用通信网的建设现状。

苏里格气田所在区域乡镇稀少，乡镇敷设光缆，但距各区块较远，地方通信薄弱，利用条件较差。区域内移动信号覆盖较差；当地牧民住家多采用大灵通（牧民通）。

苏里格气田所在地区地理环境为沙漠地区、南区有山丘；气候属于温带大陆性季风气候，其特点是光照充足，降雨量小，蒸发量大，干旱风多，灾害天气多，风沙频繁，多刮西北大风。主要自然灾害有寒潮、沙暴、冷雨、冰雹、暴雨等。这种气候条件对无线通信影响较大。

（2）苏南项目通信业务需求。

① 根据气田天然气集输建设工程情况，苏南项目新建集气站、井场和生产管理部门，需要提供话音、数据传输、网络、电视、视频监控等通信业务。

② 根据气田的管理机构设置以及工艺和自控等专业的系统要求，苏南项目通信业务流向为：话音为集气站和生产管理部门之间形成网状网结构；自控数据为以生产管理部门为中心与集气站、井场之间形成星形网结构。

③ 根据气田对通信业务的需求，结合通信现状情况，苏南项目对外接入可以利用现有气田通信网，实现上级主管部门上传下达生产管理指令及数据、视频信号的传输；对于公用通信网的移动通信系统，可以作为巡线及应急移动通信使用。

（3）通信系统规模及容量。

根据气田对通信业务的需求，苏南项目通信系统需提供行政、调度电话、工业监控、数据电路等业务。通信业务量需求预测表见表 7.2。

表 7.2　通信业务量需求预测表

序号	业务种类	行政电话（部）	调度电话（部）	无线电话（部）	工业监视（套）	有线电视（套）	数据电路（路）	网络端口	巡线抢险（部）	广播扩音（部）
1	集气站 4 座	8	4	4	4	4	4	12	4	—
2	井场 156 座	—	—	—	156	—	156	—	—	156
3	阀室 1 座	—	—	—	1	—	1	—	—	—
4	合计	8	4	4	161	4	161	12	4	156

7.2.2.2　苏南合作区通信系统建设技术原则

苏南合作区通信系统建设，依据以下 4 条技术原则：

（1）遵循稳定、安全、可靠的原则，确保气田生产管理和调度通信的畅通。

（2）遵循技术先进、经济合理的原则，结合工程实际选择先进、成熟、经济、适用的技术手段。

（3）遵循近期、远期需求兼顾的原则，通信系统的建设要适应气田今后技术水平的发展需要，适当留有余地。

（4）采用当今国内外先进通信技术，满足气田数字化管理的需要。

7.2.2.3　通信系统组网方案

（1）集气站通信。

集气站通信采用全 IP 以太网交换机方案，在各集气站安装双光口以太网交换机一台，实现对集气站数据传输、视频监视、IP 语音为全 IP 化的通信系统。这种全 IP 系统符合目前长庆油田数字化建设的总体思路，切合实际情况，设备投资较低。设备参数：4×RJ45 接口，2XBFOC 接口；电源电压：2×24 VDC；功率：4.2W，工作温度：-10~+60℃。

考虑到气田内部自然条件恶劣，便于光缆的施工和维护，减少线路工程的投资。光缆采用和天然气管道同沟敷设，光缆采用 GYTA53 单模型铠装光缆。按照气田通信特点，按规范要求缆芯容量应按远期考虑（包括专网），集气干线伴行光缆均按 12 芯配置。

① 光传输系统。根据通信业务需求预测，结合集气站布置情况，苏南项目针对集气站通信提出两种光传输通信系统方案，进行技术经济比较，确定推荐方案。

集气站通信方案比选见表 7.3。

表 7.3　集气站通信方案比选表

比选内容	方案一：EPON 无源光接入方案	方案二：全 IP 以太网交换机方案
主要工程量	EPON 局端设备　1 套 ONU 设备　4 套 分光器　1 台 19 英寸机柜　4 个 光缆终端盒　4 个	双光口以太网交换机　4 台 IAD 设备 4 话路　4 台 19 英寸机柜　4 个 光缆终端盒　4 个
投资	高	低
优点	电话，网络，视频业务在一个设备上提供接口；维护量小，管理方便	投资较低；设备生产厂家多，采购方便
缺点	投资较高	电话，视频业务需增加设备转换成全 IP 网络；维护量大，管理不便

由表 7.3 可知，集气站通信推荐采用全 IP 以太网交换机方案，在各集气站安装双光口以太网交换机一台，实现对集气站数据传输、视频监视、IP 语音为全 IP 化的通信系统。这种全 IP 系统符合目前长庆油田数字化建设的总体思路，切合实际情况，设备投资较低。设备参数：4×RJ45 接口，2XBFOC 接口；电源电压：2×24 VDC；功率：4.2W，工作温度：-10~+60℃。

光缆选择依据以下原则：

光缆型号——由于气田内部自然条件恶劣，便于光缆的施工和维护，减少线路工程的投资；光缆与天然气管道同沟敷设，采用 GYTA53 单模型铠装光缆。

缆芯容量——按照气田通信特点，按规范要求缆芯容量应按远期考虑（包括专网），考虑到气田开发的特点，集气支干线伴行光缆按12芯配置。

光缆结构——光缆为A护套纵包皱纹钢带PE护套光缆（GYTA53光缆），金属加强构件、松套层绞填充式、双层护套结构的通信光缆，适用直埋敷设。光缆具有很好的机械性能和温度特性，松套管材料本身具有良好的机械强度和耐水解性能，管内填充特殊的光纤油膏，对光纤进行关键性保护双层护套结构，提高光缆抗拉伸、抗侧压及抗冲击性能。采用双面涂塑铝带和双面涂塑轧纹钢带，使光缆具有很好的防潮性能。光缆空隙填充阻水材料，使光缆全截面阻水聚乙烯（PE）护套具有良好的水性能。

纤芯性能指标：

光纤类型ITU G.652单模光纤；

工作波长1510nm（干线）；1310 nm（支线）；

衰减系数≤0.36dB/km；

色散系数≤3.5ps/（nm·km）。

② 语音通信。集气站采用IAD综合语音接入设备，配合IP以太网交换机提供电话接入，在各站值班室和宿舍均安装电话出线盒和配线，用于电话安装。

③ 数据传输、网络、办公局域网。集气站数据传输网络按照提供100M的网络接入设计。

苏里格南各集气站通过光缆与第五天然气处理厂SDH光端机连接，对外通过第五天然气处理厂SDH光端机100M口接入靖边第一净化厂，实现各集气站网络对外接入。

各集气站布线采用非屏蔽超五类双绞线。每个值班室和休息室设置1个网络出线。

④ 工业电视监控。苏里格南各集气站设置工业电视视频监控系统一套，在值班室设置操作站及显示屏，工艺区和围墙四角设置防爆摄像前端。各集气站配备向上级管理部门上传视频信号的接口。

⑤ 电视接收。为丰富各集气站住宿人员的业余生活，在各集气站设置卫星电视接收系统。

在各集气站设卫星电视接收天线1面，安装卫星电视接收设备，为各集气站提供卫星电视节目。

系统由天线、卫星电视接收机、避雷器、分配器、分支器、用户盒、同轴电缆等组成。

（2）井场通信。

为提高集气站对井丛监控的可靠性，推荐井场通信采用4芯光缆通信方案。

在井场设置防爆摄像前端，摄像前端通过光纤通信系统实现井场与集气站之间的视频传输，实时监视井场环境。各集气站配备向上级管理部门上传视频信号的接口。

在井场设置扩音广播喇叭，扩音广播喇叭通过光纤通信系统实现井场与集气站之间的音频传输。在井场实现声音广播告警，警告非允许进入井场人员离开。

① 传输系统。根据通信业务需求预测，结合气田井站布置情况，苏南项目针对井场通信提出两个无线传输系统方案和一个有线传输方案进行技术经济比较，确定推荐方案，详见表7.4。

表 7.4　井场通信方案比选表

比选内容	方案一 宽带无线多媒体集群系统（McWill）方案	方案二 5.8G 无线网桥方案	方案三 光缆通信方案
主要工程量	McWill 基站 4 座；铁塔 45m 4 座；远端站网桥 156 套；网管（SAC）1 套；智能开关电源 100A·h 蓄电池 1 套	中心站网桥 4 座；中心站安装抱杆 20m 4 座；远端站网桥 156 套	光纤收发器 156 对；4 芯光缆 901km；12m 电杆 156 根
工作模式	时分双工（TDD）	时分双工（TDD）	时分双工（TDD）
投资（万元）	246	180	1428
优点	终端电源功耗较低，节省太阳能电池费用；能实现集群功能；能满足移动手持机需要；能统一管理	投资最低；设备技术成熟；生产厂家多，采购方便	传输速度快，信号稳定性好
缺点	需要建设基站，前期投入较大	终端电源功耗较高达 25W，增加了太阳能电池费用；不能实现集群功能；不能满足移动手持机需要；不能统一管理	投资高
结论	不推荐	不推荐	推荐

根据对比，为提高集气站对井丛监控的可靠性，推荐井场通信采用光缆（4 芯）通信方案。

② 数据传输。数据传输通过光纤通信系统实现井场与集气站之间的传输。

③ 工业电视监控。在井场设置防爆摄像前端，摄像前端通过光纤通信系统实现井场与集气站之间的视频传输，实时监视井场环境。各集气站配备向上级管理部门上传视频信号的接口。

④ 扩音广播。在井场设置扩音广播喇叭，扩音广播喇叭通过光纤通信系统实现井场与集气站之间的音频传输。在井场实现声音广播告警，警告非允许进入井场人员离开。

7.2.2.4　主要工程量

苏南项目井场通信主要工程量见表 7.5。

表 7.5　苏南项目井场通信主要工程量表

序号	项目	单位	数量	备注
一	传输系统			
1	双光口以太网交换机 16×10/100M	套	4	
2	19 英寸机柜	套	4	
3	光缆终端盒	个	4	

续表

序号	项目	单位	数量	备注
4	4 芯直埋光缆线路	km	901	
5	12 芯直埋光缆线路	km	130	
二	电话及信息网络			
1	电话机	部	16	
2	IAD 设备 4 话路	套	4	
3	电话网络出线盒	个	16	
4	站内电话网络配线	套	4	
三	工业电视监视			
1	视频监控防爆前端	套	20	
2	监控操作站	套	4	
3	视频服务器	套	4	
4	视频信号电源线缆配线	套	4	
四	可视对讲门铃	套	4	
五	电视接收系统	套	4	
六	井场通信系统			
1	光纤收发器 1 光 2 电	对	156	
2	以太网交换机 4 电口	台	156	

7.2.3 供电系统

鄂托克前旗属棋盘井供电区，全旗境内有 1 座 220kV 变电站，2 座 110kV 变电站及 6 座 35kV 变电站。红旗变电站为 220kV 变电站，供电电源来自乌海 500kV 变，接带敖勒召变电站及上海庙 110kV 变电站。6 座 35kV 变电站均引自敖勒召 110kV 变电站，其中上海庙 110V 变电站及马场子变电站均独立引自敖勒召变电站；毛盖图变电站“T”接于玛拉迪变电站线路上；珠和变电站“T”接于城川变电站线路上。

在井区内设 1 座 35kV 变电站，双回进线分别引自昂素变电站 35kV 侧及河南变电站 35kV 侧。变电站 35kV 及 10kV 母线均选用单母线分段形式，主变电站容量按负荷计算选择为 2×3.15MV·A。

集气站双回 10kV 进线分别引自井区内 35kV 变电站两段母线，线路互为备用，站内设 1 座 10kV 开关站，分别为站内及注醇井场供电，线径选用 LGJ–95。

BB9′ /BB9″ 井丛供电采用 10kV 线路引自集气站 10kV 开关站，就地设置 10/0.4kV 杆上变压器，低压侧设置动力配电箱，线径选用 LGJ–50。BB9 井丛采用太阳能 + 风能供电。

7.2.3.1　苏南合作区用电需求分析

（1）用电负荷和用电量测算。

苏南合作区主要用电负荷包括集气站及井场两部分。集气站数量为 4 座，其中 GGS1 设计集气规模 $400\times10^4m^3/d$，$50\times10^4m^3/d$ 压缩机 3 台；GGS2 设计集气规模 $400\times10^4m^3/d$，$50\times10^4m^3/d$ 压缩机 3 台；GGS3 设计集气规模 $300\times10^4m^3/d$，$50\times10^4m^3/d$ 压缩机 2 台；GGS4 设计集气规模 $250\times10^4m^3/d$，$50\times10^4m^3/d$ 压缩机 2 台。井场主要分为含注醇泵系统的井场（BB9′/BB9″）和普通井场（BB9）。

① 集气站。

GGS1：计算负荷为 487kW，年耗电量为 292.2×10^4kW·h。

GGS2：计算负荷为 478.9kW，年耗电量为 287.2×10^4kW·h。

GGS3/GGS4：计算负荷为 358.3kW，年耗电量为 214.9×10^4kW·h。

② 井场。

注醇井场：计算负荷为 16.2kW，年耗电量为 16×10^4kW·h。

普通井场：计算负荷为 0.4kW。

各类站场用电负荷测算见表 7.6 至表 7.10。

表 7.6　GGS1 用电负荷测算表

序号	负荷名称	电压等级（kV）	设备			功率因数	需要系数	计算负荷			备注
			单台容量（kW）	安装数量（台）	工作数量（台）			有功功率（kW）	无功功率（kvar）	视在功率（kV·A）	
1	压缩机组	0.4	160	3	3	0.75	0.8	384	268.5		
2	空压机	0.4	56	2	2	0.75	0.8	89.6	67.2		
3	自控通信等	0.4	5	1	1	0.75	0.9	4.5	3.2		
4	照明及其他	0.4	30			0.7	0.6	18	12.6		
5	给排水	0.4	30	3	2	0.75	0.6	36	25.2		
7	采暖通风	0.4	15			0.7	0.6	9	6.3		
	小计							541.1	383		
	$K\sum P=0.9$ $K\sum q=0.95$							487	363.8		
	补偿								300		
	合计							487	63.8	491.2	
1	消防	0.4	22	2	1	0.75	0.8	17.6	12.3	21.8	

注：P—有功功率；q—无功功率；K—系数。

表 7.7　GGS2 用电负荷测算表

序号	负荷名称	电压等级（kV）	设备			功率因数	需要系数	计算负荷			备注
			单台容量（kW）	安装数量（台）	工作数量（台）			有功功率（kW）	无功功率（kvar）	视在功率（kV·A）	
1	压缩机组	0.4	160	3	3	0.75	0.8	384	268.5		
2	空压机	0.4	56	2	2	0.75	0.8	89.6	67.2		
3	自控通信等	0.4	5	1	1	0.75	0.9	4.5	3.2		
4	照明及其他	0.4	15			0.7	0.6	9	6.3		
5	给排水	0.4	30	3	2	0.75	0.6	36	25.2		
7	采暖通风	0.4	15			0.7	0.6	9	6.3		
	小计							532.1	376.7		
	$K\sum P=0.9$ $K\sum q=0.95$							478.9	357.9		
	补偿								300		
	合计							478.9	57.9	482.4	
1	消防	0.4	22	2	1	0.75	0.8	17.6	12.3	21.8	

表 7.8　GGS3/GGS4 用电负荷测算表

序号	负荷名称	电压等级（kV）	设备			功率因数	需要系数	计算负荷			备注
			单台容量（kW）	安装数量（台）	工作数量（台）			有功功率（kW）	无功功率（kvar）	视在功率（kV·A）	
1	压缩机组	0.4	160	2	2	0.75	0.8	256	179		
2	空压机	0.4	56	2	2	0.75	0.8	89.6	67.2		
3	自控通信等	0.4	5	1	1	0.75	0.9	4.5	3.2		
4	照明及其他	0.4	10			0.7	0.6	6	4.2		
5	给排水	0.4	30	3	2	0.75	0.6	36	25.2		
7	采暖通风	0.4	10			0.7	0.6	6	4.2		
	小计							398.1	283		
	$K\sum P=0.9$ $K\sum q=0.95$							358.3	268.9		
	补偿								200		
	合计							358.3	68.9	364.8	
1	消防	0.4	22	2	1	0.75	0.8	17.6	12.3	21.8	

表 7.9　含注醇泵系统井丛用电负荷测算表

序号	负荷名称	电压等级（kV）	设备			功率因数	需要系数	计算负荷			备注
			单台容量（kW）	安装数量（台）	工作数量（台）			有功功率（kW）	无功功率（kvar）	视在功率（kV·A）	
1	注醇泵	0.4	5	4	4	0.75	0.8	16	11.2		
2	自控	0.22	0.1	1	1	0.75	0.8	0.08	0.05		
3	通信	0.22	0.1	1	1	0.75	0.8	0.08	0.05		
	小计							16.2	11.3	19.8	

表 7.10　普通井丛用电负荷测算表

序号	负荷名称	电压等级（V）	设备			功率因数	需要系数	计算负荷			备注
			单台容量（kW）	安装数量（台）	工作数量（台）			有功功率（kW）	无功功率(kvar)	视在功率（kV·A）	
1	自控	24	0.1	1	1	0.75	0.8	0.08	0.05		
2	通信	24	0.1	1	1	0.75	0.8	0.08	0.05		
3	电动阀	24	0.09	9	9	0.75	0.3	0.24	0.17		
	小计							0.4	0.27		

（2）负荷分级及供电要求。

根据 GB 50350—2015《油田油气集输设计规范》第 11.5.1 条相关规定，增压站设计能力大于或等于 $50\times10^4m^3/d$ 时，电力负荷为二级。因此 GGS1—GGS4 负荷等级应为二级。表 7.11 为方案负荷总表。

表 7.11　方案负荷总表

序号	工程量	负荷（kW）	总负荷（kW）
1	GGS 4 座	1682.5	2330.5
2	注醇井场 40 座	648	

集气站考虑周边井场负荷及本身运行特点，可适当提高供电等级，采用双回供电线路。

注醇井场等三级用电负荷，采用单电源供电。

集气站站控系统等特别重要的用电负荷，采用不间断电源装置（UPS）供电。

7.2.3.2　苏南项目电源方案

（1）电源现状。

苏里格气田南区位于鄂尔多斯市鄂托克前旗与乌审旗境内，其中鄂托克前旗目前共设

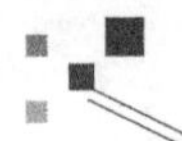

有 1 座 220kV 变电站，3 座 110kV 变电站及 10 座 35kV 变电站；乌审旗目前共设有 2 座 220kV 变电站，6 座 110kV 变电站及 13 座 35kV 变电站。两个旗的电网通过乌海 500kV 站与布日都 500kV 站之间的联络线连接。

气田内部及附近地区共有 8 个 35kV 电源点，分别为鄂托克前旗的昂素 110kV 变电站、城川 110kV 变电站、珠和 35kV 变电站、新寨则 35kV 变电站和苏坝海则 35kV 变电站，乌审旗的河南 110kV 变电站、纳林河 110kV 变电站和沙尔利格 35kV 变电站。各站详细情况如下：

① 昂素 110kV 变电站，2009 年底投产，主变电站为单台 110kV/35kV/10kV、50MV·A/50MV·A/50MV·A 三绕组变压器，110kV 及 35kV 侧均为单母线接线，备用间隔充足。

② 城川 110kV 变电站，主变电站为单台 110kV/35kV/10kV、50MV·A/ 50MV·A/50MV·A 三绕组变压器，35kV 侧为单母线接线，无备用间隔，但有预留位置。该站 2008 年投产，目前最大负荷约为 8.7MW。

③ 珠和 35kV 变电站，主变电站为单台 35kV/10kV、2MV·A 变压器，35kV 侧为单母线接线，无备用间隔及预留位置。目前最大负荷约为 1MW。

④ 新寨则 35kV 变电站，主变电站为单台 35kV/10kV、10MV·A 变压器，35kV 侧为单母线接线，无备用间隔及预留位置。目前最大负荷约为 2MW。

⑤ 苏坝海则 35kV 变电站，主变电站为单台 35kV/10kV、3.15MV·A 变压器，35kV 侧为单母线接线，无备用间隔及预留位置。目前最大负荷约为 1MW。

⑥ 河南 110kV 变电站，预计 2010 年底投产，主变电站将为单台 110kV/35kV/10kV、20MV·A/20MV·A/20MV·A 三绕组变压器，110kV 及 35kV 侧均为单母线接线，备用间隔充足。

⑦ 纳林河 110kV 变电站，主变电站为单台 110kV/35kV/10kV、20MV·A/20MV·A/20MV·A 三绕组变压器。35kV 侧均为单母线接线，无备用间隔，但有预留位置。目前最大负荷约为 19MW。

⑧ 沙尔利格 35kV 变电站，主变电站为 1 台 35kV/10kV、2MV·A 加 1 台 35kV/10kV、1.8MV·A 变压器，35kV 侧为单母线接线，无备用间隔及预留位置。目前最大负荷约为 1.5MW。

（2）供电方案。

根据上述电源现状，鄂托克前旗境内变电站总电源为红旗 220kV 变电站，红旗变电站现为单台变压器，可见鄂托克前旗境内变电站其实只能为苏南项目提供一回可靠电源；另一回电源需由乌审旗境内变电站提供。

鄂托克前旗境内可以提供电源的变电站为昂素 110kV 变电站及城川 110kV 变电站，两座变电站至苏南项目区块距离基本相当，考虑昂素变电站为新建变电站，出线位置更为理想，此次选择昂素变电站作为供电电源点之一。

乌审旗境内变电站中，纳林河变电站与河南变电站均能提供 35kV 电源，考虑纳林河变电站现有负荷较重，且出线间隔需要扩建，此次考虑在工期满足要求的情况下，选择河南变电站为供电电源点之一。河南变电站为地方规划变电站，建设时间及周期可能存在不确定性，当河南变电站时间与苏南项目建设时间不吻合时，可扩建纳林河变电站作为苏南项目的第二电源。

在区块内 GGS1 处设 1 座 35kV 变电站，双回进线分别引自昂素变电站 35kV 侧及河南变电站 35kV 侧。变电站 35kV 及 10kV 母线均选用单母线分段形式，主变电站容量按负荷计算选择为 2×3.15MV·A。

其他 3 座集气站设 1 座 10kV 开关站分别为站内及注醇井场供电。主供电源采用 10kV 线路引自 GGS1 内 35kV 变电站，另设一路备用电源。

备用电源方案一：采用 10kV 线路引自 GGS1 内 35kV 变。建成后，集气站为双回 10kV 进线，分别引自井区 GGS1 附近 35kV 变电站两段母线，线路互为备用。

备用电源方案二：采用燃气发电站作为备用。建成后，集气站为单回 10kV 进线作为主供电源，另设 1 台 0.4kV 燃气发电站作为备用，另设 0.4kV/10kV 升压变为井区注醇井场提供 10kV 电源。

表 7.12 为集气站供电方案对比。

表 7.12　集气站供电方案对比

内容	方案一：双回路 10kV 线路	方案二：备用燃气发电站
可比工程量	10kV 线路 LGJ-95/90km	燃气发电机组 700kW 3 套； 升压变压器 200kV·A 3 台； 燃气电站附属建筑及工程量 3 套
投资（万元）	2730	2557
优点	供电系统简单，运行可靠 运行成本低，维护量小	投资略低
缺点	投资略高	运行成本高，需设专业岗位； 维护工程量大，养护费用高； 供电系统复杂，事故率较高
推荐	方案一	

方案一虽然投资稍高，但供电系统简单，运行可靠，维护量小；采用燃气发电站，运行成本高，管理难度大；推荐方案一，即双回路 10kV 线路引自 35kV 变电站。

注醇井场供电采用 10kV 线路引自集气站 10kV 开关站，就地设置 10kV/0.4kV 杆上变压器，低压侧设置动力配电箱。

（3）爆炸危险区域划分及防雷防静电。

① 爆炸危险区域划分。根据 GB 50058—1992《爆炸和火灾危险环境电力装置设计规范》和 SY/T 0025—1995《石油设施电气装置场所分类》中的有关规定划分。

天然气处理露天装置以泄放点为中心半径为 7.5m 的范围内为 2 区。

通风良好的有可燃气体或液体的泵房防爆区域为 2 区。

上述区域中如遇沟坑则为 1 区。

变配电所均布置在非爆炸危险区域内。爆炸性危险区域内按爆炸介质危险程度的级别（Ⅱ B 级）和组别（T4 组）选用防爆电气设备，即不得选用防爆标识低于Ⅱ BT4 的防爆电气设备。

钢管配线的电气线路须做隔离密封，电缆进入变配电所的入口处及穿楼板等处采用防火封堵隔离措施。

② 防雷防静电。站场内变电所和控制中心等主要建筑物均按第二类防雷建筑物设防，屋面上均设避雷带，并充分利用建（构）筑物内的钢筋作为防雷引下接地装置。

工艺装置等露天设置的工艺设备，其壁厚大于4mm，不设接闪器，利用设备本体作为雷击接闪装置，但装置应可靠接地，接地点数不少于2点，间距不大于30m，接地电阻≤1Ω。

放空火炬区利用火炬本体作为雷击接闪器和引下装置，放空火炬区设单独的接地网，接地电阻≤10Ω。

站场内设联合接地网，接地网兼作防静电接地。接地装置总接地电阻≤1Ω。厂区内的各种设备的金属外壳、电缆桥架、金属管道均需做等电位连接并与接地装置可靠连接。

为保护电力及电子设备免遭受雷击及电涌过电压损害，在电源系统进线端加装电涌保护器（SPD）作为一级保护。

在自控、通信设备前端的配电箱、UPS等装置加装电涌保护器作为第二级保护，将电涌电压限制在相应设备的耐压等级范围内。

为提高接地装置的可靠性和使用寿命，接地装置采用接地模块和镀锌钢管做垂直接地极，镀锌扁钢做水平接地网，并敷设降阻剂。接地系统采用TN-S系统。

7.2.3.3 苏南项目供配电网络

（1）供配电网络结构及电压等级。

GGS1集气站内设35kV变电站1座，双回35kV线路分别引自昂素变电站及河南变电站。

在各集气站内设10kV开关站1座，双回10kV线路引自GGS1内35kV变电站，在开关站内设低压变配电变压器两台一用一备。

各井丛设单回10kV架空线路，在井场设杆上变电站作为供配电用。

（2）供配电线路。

GGS1集气站内设35kV变电站1座，双回35kV线路分别引自昂素变电站及河南变电站。单回线路长度约为55km，线路线径选用LGJ-120。

集气站10kV开关站采用双回10kV架空线路至GGS1集气站内35kV变电站，线路线径选用LGJ-95。开关站至各井场采用单回路10kV架空线路，线路线径选用LGJ-50。

（3）供配电设施。

①35kV变电站。集输系统35kV/10kV变电所建于GGS1附近；35kV侧接线方式为单母线，一进一出，10kV侧母线采用单母线分段接线。

主变容量为2×3.15 MV·A。

35kV侧配电装置采用户内间隔移开式金属封闭备；10kV侧配电开关柜设装置采用户内交流金属封闭开关设备。

变电所设置2.2m高的实体围墙，站内设4m宽消防混凝土道路，回车半径为7m，设大门一座，建物内地面标高，高出屋外地面0.3m，屋外电缆沟壁，高出地面0.1m，变电所所区空余场地进行绿化。

10kV侧装设并联电容器装置，采用就地集中补偿，使自然功率因数达$\cos\phi=0.9$，电容器装置室内布置，每段母线补偿容量为600kvar。

变压器选用35kV级SZ9型有载调压电力变压器，补偿装置采用电力电容器柜GR-1

1200kvar、GR-3。

操作电源选用直流电源，主控制室设直流屏，65A·h DC 220V。

继电保护采用全微机自动化保护设备。35V 配电装置保护、控制装置安装在 35kV 开关柜上，可就地控制也可在控制室控制；10kV 配电装置保护、控制装置安装在 10kV 开关柜上，可就地控制也可在控制室控制。

集气站综合自动化系统按有人值班设计，系统设置站控级（上位机系统）及间隔级控制和保护单元层。上、下两层通过屏蔽双绞线（或光纤）通信网络进行数据信号的传输，并通过上位机与调度系统（预留）进行通信，完成遥测、遥控、遥调、遥信等所有远动功能。

系统在上位机故障或退出运行的情况下，各间隔级保护功能不受影响；系统在通信网络出现故障时，各间隔级保护功能不受影响；系统在某一间隔级单元出现故障时，其他间隔级保护功能不受影响。

在 10kV 进出线侧设置电费计量点。

集气站与上级调度的通信支持 CDT、POLLING 和 DNP3.0 等部颁标准型及增强型规约，通信可以采用载波。系统自检通信数据流情况，并可通过远动智能通信卡自动完成与调度中心的信息交换。实时采集电流、电压、有功、无功、功率因数、频率；系统打印功能设有随机打印和定时打印两类，现场工况打印，事故、故障及操作控制项目的自动打印，负荷曲线打印，运行日志，包括日报表、月报表打印，及各种随机选择打印。

35kV/10kV 变电所短路容量为 153.35MV·A，35kV 侧短路电流为 20.34kA。

② 不停电电源。为保证集气站内的特别重要的负荷（包括自控仪表系统、通信、应急照明等），设置在线式不停电电源（UPS），并严禁其他负荷接入应急供电系统。集气站内设容量为 2×10kV·A UPS 一套，采用双机热备份方式运行。

③10kV 开关站。各集气站内设 1 座 10kV 开关站，开关站为双回路进线，10kV 侧采用环网柜，单母线分段。为站内电力变压器及井丛 10kV 线路提供电源。

站内设 2 台 10kV/0.4kV 电力变压器作为低压配电用，变压器一用一备，低压 0.4kV 采用单母线分段形式。

各集气站主变容量为 2×500kV·A。

④ 井场配电。各注醇井场均设置 1 座 10kV/0.4kV 杆上变电站作为井场变配电用，根据计算负荷，变压器容量按 30kV·A /50kV·A 考虑。就地设置 1 面动力配电箱作为配电用。

其他井场采用太阳能及风光互补发电装置作为通信及仪表供电设置。

⑤ 照明。主要工作场所的照度按 GB 50034—2004《建筑物照明设计标准》的有关规定设计。

设置正常照明、事故照明和疏散照明。

正常照明分别引自 10kV/0.4kV 变电所低压配电室的两段母线段，事故照明引自在线式不间断电源装置（UPS）。

在正常照明发生事故时、对可能引起操作紊乱而发生危险的场所（如变电所、中控室、通信机房、工艺装置区等）设置应急照明，主要工作面上的照度维持在正常照度的 10%。应急照明由在线式不间断电源（UPS）供电，UPS 的蓄电池容量按 1h 确定。

建筑物的疏散照明采用自带蓄电池的标志灯具，疏散照明的持续时间不小于 30min。

室外路灯及装置区照明采用在变电所设置石英钟或光控设备进行手动、自动控制。

爆炸和火灾危险场所的照明及其线路按 GB 50058—1992《爆炸和火灾危险环境电力装置设计规范》的有关规定设计。

泵房内照明采用防水防尘型灯具。装置区及爆炸危险环境的房间内的照明设备则根据所处的防爆场所选用相应等级的防爆设备。

插座回路设漏电保护断路器。灯具尽可能选用高效节能型。

公用照明采用 20m 投光灯塔，装置局部照明采用防爆平台灯。

⑥ 电缆和导线敷设。

站内配电系统均采用以放射式为主的配电方式。站内的电力电缆和控制电缆均采用室外电缆沟和直埋相结合的方式敷设，室内的电力电缆和控制电缆均采用穿钢管埋地方式敷设。

变配电室、控制中心等辅助设施的室内照明配线采用绝缘导线穿钢管在墙内和（或）预制板孔内暗敷，吊顶内的电缆采用穿钢管方式敷设。

装置区内的泵房的照明配线则采用绝缘导线穿水煤气钢管沿墙或钢结构明敷设。

7.2.3.4 主要工程量

供电系统工程量见表 7.13。

表 7.13 供电系统主要工程量

序号	名称	规格	单位	数量
1	35kV/10kV 变电站	2×3.15MV·A	座	1
2	35kV 线路	LGJ-120	km	110
3	10kV 开关站		座	3
（1）	开关柜	Rm6	面	8
（2）	干式变压器	630kVA	台	8
（3）	低压配电柜	抽屉柜	面	7
4	10kV 线路	LGJ-95	km	180
5	10kV 线路	LGJ-50	km	180
6	10kV/0.4kV 杆上变压器	30kV·A/50kV·A	座	40
7	井口风光发电装置		套	116

7.3 苏里格南国际合作区数字化生产管理指挥平台

苏南项目自试气生产以来，完成 1 座监控中心、1 座阀室、2 座集气站、34 座井丛、308 口单井数字化建设工程，涵盖生产数据采集、电子巡井、场站实时监控、应急管理、数据分析、数据整合和数据共享等内容，实现“同一平台、信息共享、多级监视、分散控制”。

7.3.1 苏南气田数字化管理平台的设计目标

苏南气田数字化生产管理指挥平台实现的设计目标如下：

（1）实时动态检测。

站内实时数据监测主要包括单井生产数据监测，进站干管压力监测，分离器进出口压力，进口温度监测，分离器、闪蒸分液罐液位监测，自用气运行压力监测，放空系统压力监测，集气站外输流量、压力和温度监测，污水罐液位监测，可燃气体浓度监测，生活水箱、消防水罐液位监测。

（2）全程网络监视。

根据集气站和井场平面布置，设置网络视频检测及红外对射报警系统，实现对集气站室内外、井场安全情况的实时监控和轨迹跟踪。发生紧急状态（如生人闯入、物品被盗等）时，进行自动录像并报警。

（3）多级远程关断。

事故状态下的紧急关断根据异常情况发生的不同位置分为不同的层次，主要包括单井高低压紧急截断阀远程关断、BB9′井场外输区电动阀远程关断、集气站进站干管电动执行机构远程关断、集气站出站干管电动执行机构远程关断、苏南 C1 集气站至第五天然气处理厂干线中间阀室气液联动阀远程关断。

（4）远程自动排液系统。

分离器和闪蒸分液罐除设置逻辑控制自动排液系统外，还设置远程控制的电动排液系统，以满足紧急排液的需要。紧急排液时，分离器排液系统由人工远程启动，远程控制气动执行机构及调节阀开关；恢复正常排液后，人工远程关闭电动排液系统。

（5）紧急安全放空。

按照“何处故障、何处放空”的原则，分段设置远程放空。分别对采气干管、集气站、集气支线进行紧急放空。

（6）设备自动启停。

监测外电、电力运行、发电负荷等信号，当外电断开或供电电压不足时，UPS 自动启动供电，实现集气站仪器设备连续可靠供电；螺杆泵根据闪蒸罐液位自动启停。

（7）智能安防监控。

为确保集气站安全，设智能安防系统。通过站内可视门禁系统，实现远程电磁门的开启，自动记录出入信息；通过广播示警系统，实现现场声音警告；通过夜间监测辅助系统，满足夜间监视需要。

（8）报表自动生成。

集气站监控和运行参数全部上传至中心站，实现集气站生产报表在中心站自动生成。

7.3.2 苏南项目数字化管理平台的建设与运行

苏南项目数字化管理平台的设计思路如图 7.3 所示，涵盖实际装置、工艺数据、工艺模型以及计划决策等多个应用范畴，包括自动控制系统、通信网络系统和数字化生产指挥系统等。

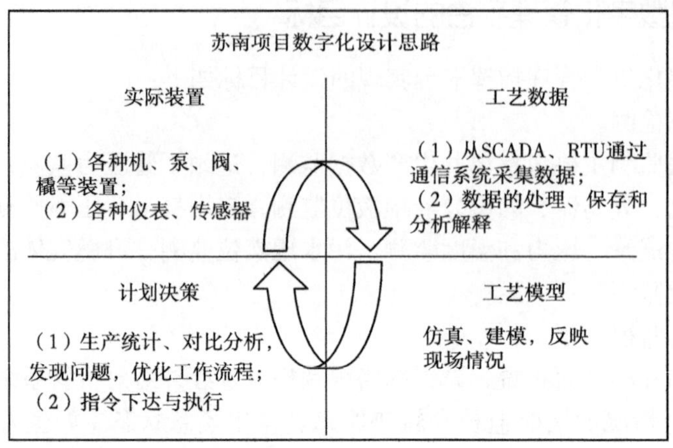

图 7.3　苏南项目数字化设计思路

7.3.2.1　苏南项目自动控制系统

苏南项目控制中心设置 SCADA（Supervisory Control And Data Acquisition）控制系统，完成整个苏里格南气田区块所属集气站、井丛和干线阀室的监视、管理和控制，建立全区块的数据库，并根据气田生产状况完成对各集气站及井丛的管理调度。除此之外，苏南项目控制中心 SCADA 控制系统还接收苏里格第五天然气处理厂集气区苏南区块来气的湿气交接计量数据和天然气组分数据，以及第五天然气处理厂配气区的产品气计量数据和天然气组分数据。SCADA 作为整个苏南项目自动控制系统核心，由两座集气站及其所辖井丛、一座中间阀室内的 CONTROL WAVE 冗余控制器组成下位机，以集气站和控制中心的 PKS 服务器为上位机，各节点间以光纤通信连接搭建。

苏南合作区自动控制系统数据流向图如图 7.4 所示。

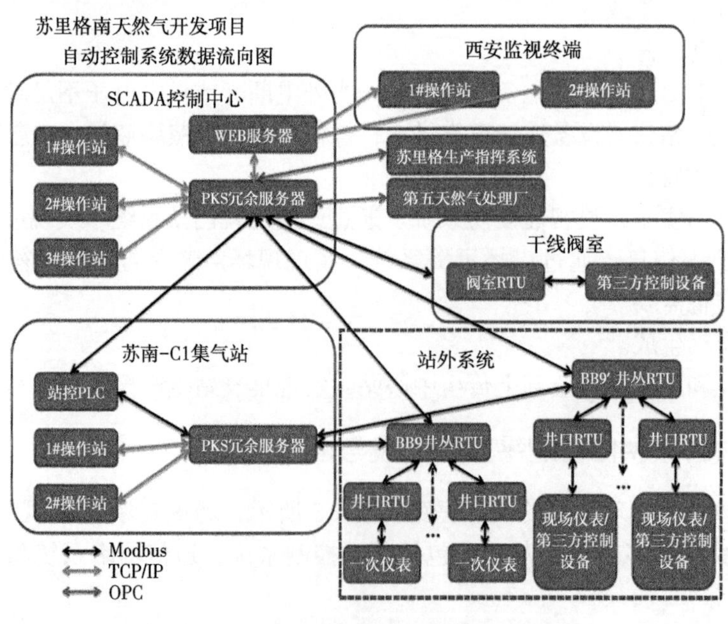

图 7.4　苏南项目自动控制系统数据流向图

苏南项目自动控制系统网络结构如图 7.5 所示。

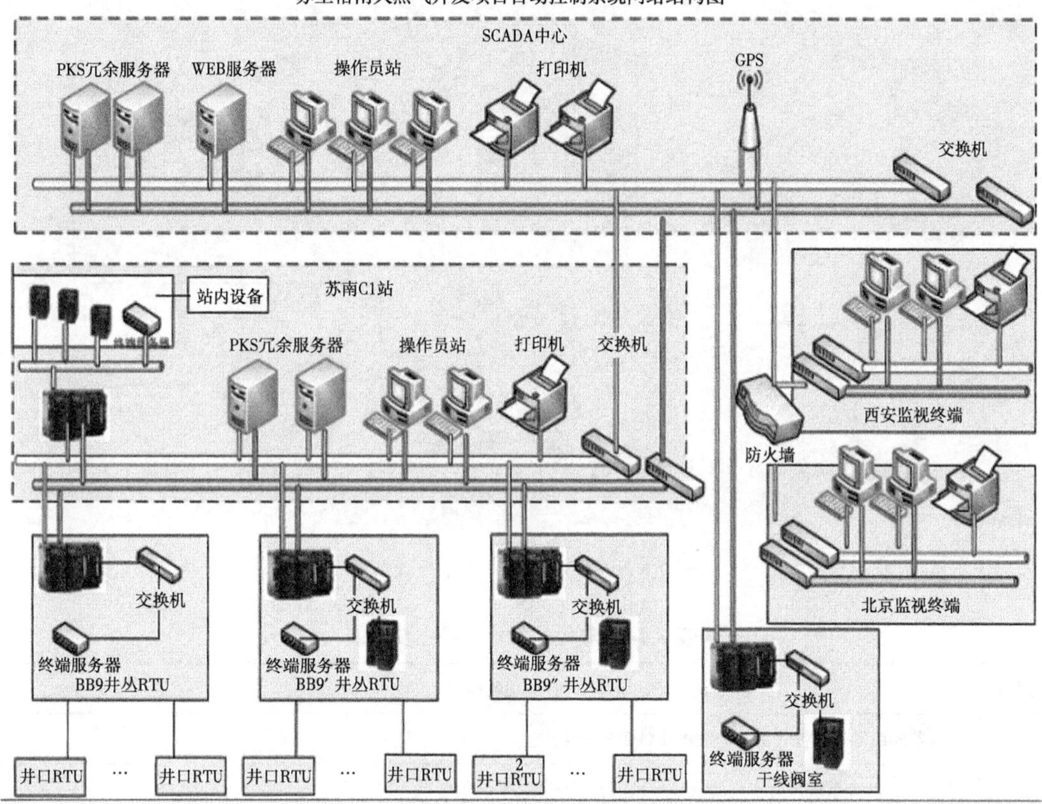

图 7.5　苏南项目自动控制系统网络结构图

7.3.2.2　苏南项目集气站站控系统

苏南 C1 集气站及苏南 C2 集气站通过设置站控系统（Station Control System，SCS），实现集气站和井丛的运行数据采集与动态监测，远程控制集气站和井丛设备。苏南 C1 集气站和苏南 C2 集气站站控系统接收所辖各井丛 RTU 上传的生产数据，同时完成集气站内主要生产过程参数的监视、控制项目报警。站控系统通过专用通信光缆，采用 RJ45 接口 TCP/IP 协议将集气站和所辖井丛的生产数据上传苏南项目区块中心管理站 SCADA 中心控制系统，并接受苏南项目区块中心管理站的 SCADA 中心控制系统下发的操作指令。苏南项目区块中心管理站 SCADA 中心控制系统将相关生产数据上传油田公司生产管理系统，油田公司生产管理系统只接受苏南项目区块的生产数据，不下发操作指令。利用工艺流程图以及管网图，可以对整个集气站所有运行设备装置状况实时监视，也可以监视单套装置。授权用户可以远程修改调整各控制点的控制参数。图 7.6 为苏南 C1 集气站站控流程图。

苏南项目集气站站控系统涵盖进站区、阀组区、分离器区、压缩机等 13 个功能区块，具备兼容性强、可扩展性、建设成本低、运行稳定等特征，实现的主要功能见表 7.14。

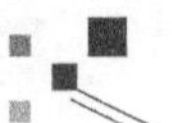

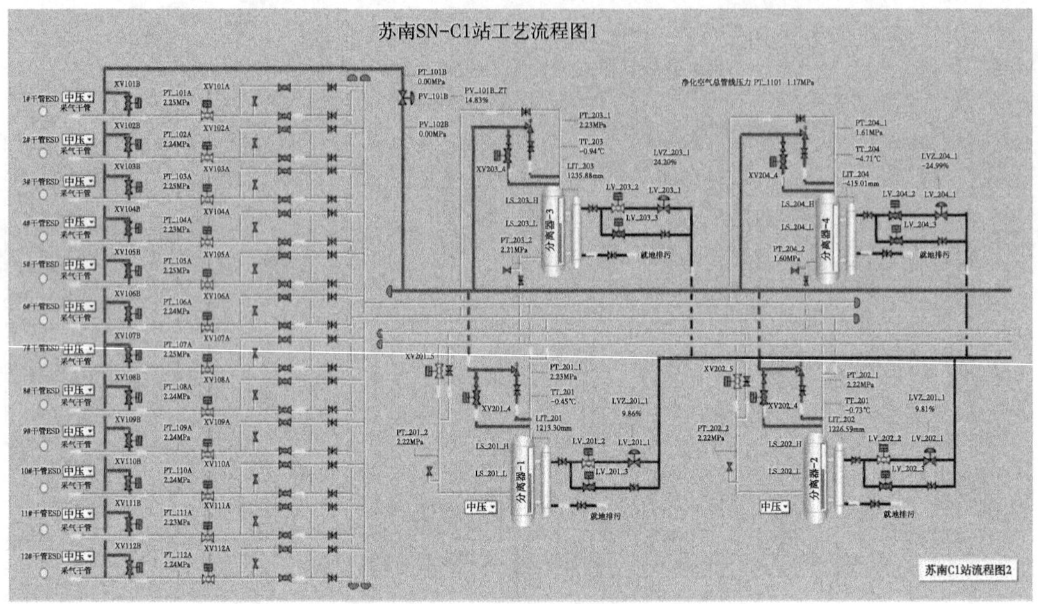

图 7.6　苏南 C1 集气站站控流程图

表 7.14　集气站站控系统主要功能

序号	功能描述
1	设置不同级别的报警级别，监测苏南气田安全生产运行
2	对上位机 PKS 系统设计不同的操作员权限，严格把控系统的各项下发指令
3	系统自动采集并生成苏南气田每日生产报表
4	检测、控制并显示进站区来气干管气动球阀状态：阀门开状态、阀门关状态，远程控制开关气动球阀
5	检测、控制并显示进站区来气干管放空气动球阀状态：阀门开状态、阀门关状态，远程开关气动球阀
6	检测、控制并显示进站区放空管线气动调节阀阀位反馈，控制阀门开度。当任意一个放空阀门打开，气动调节阀进行 PID 调压控制，使上下游压差不超过 0.03MPa，保护放空管线及下游设备安全
7	检测、控制并显示分离器相关气动球阀状态：阀门开状态、阀门关状态，远程开关气动球阀
8	分离器自动排液，采用正常排液和非正常排液两种模式，手动切换到正常排液模式，实行 PID 自动控制，保护排液管线安全，避免因液量过大造成刺漏等安全事故；如分离器液位超过逻辑程序设定值（按照设计院根据现场实际生产情况进行设定），分离器排液系统即自动切换到非正常排液模式，利用气动球阀开关控制分离器液位
9	检监测并显示外输 4 路孔板流量计所测外输天然气温度、压力、差压、瞬时流量、累计流量等参数。（瞬时流量与累计流量由 PLC 计算获取）
10	监测、控制并显示清管接收区气动球阀状态：阀门开状态、阀门关状态，远程开关气动球阀。当集气支线来气管线压力触发高限或低限报警时，苏南 -C2 集气站、苏南 -C3 集气站来气管线紧急切断阀关闭
11	监测、控制并显示清管发送区气动球阀状态：阀门开状态、阀门关状态，远程开关气动球阀。当集气支线来气管线压力触发高限或低限报警时，外输去第五天然气处理厂管线紧急切断阀关闭

续表

序号	功能描述
12	远程自动点火控制
13	监测、控制并显示分液罐气动球阀状态：阀门开状态、阀门关状态，远程开关气动球阀
14	监测、控制并显示闪蒸罐区气动阀门状态：阀门开状态、阀门关状态，远程开关气动球阀
15	两台螺杆泵远程启停，并在全场紧急停车情况下自动关停处于运行状态的螺杆泵
16	检测并显示阴极保护控制台相关运行参数
17	实现三种紧急关断程序（ESD）： ① 壁挂式按钮紧急停车（放空），联锁关断该集气站所辖井丛井口截断阀、BB9′ 井丛注醇泵停车、集气站站内进出口所有气动紧急截断阀关断、集气站站内螺杆泵停车、3~4 号分离器进口放空气动球阀打开、火炬远程点火； ②HMI 手动启动全站紧急停车（不放空），联锁关断该集气站所辖井丛井口截断阀、BB9′ 井丛注醇泵停车、集气站站内进出口所有气动紧急截断阀关断、集气站站内螺杆泵停车； ③ 站场设备紧急停车，为每个干管建立 HMI 急停按钮，联锁关断每条干管进站紧急截断阀及所辖井丛井口截断阀
18	检测、控制并显示中间阀室气液联动阀阀门状态：阀门开状态、阀门关状态、远程或就地控制状态，远程开关阀，综合故障（以第三方设备通信参数列表为准，通过通信方式实现）
19	检测、控制并显示所有 BB9′ 井丛电动阀门状态：阀门开状态、阀门关状态、远程开关阀。监测、控制并显示两台双头注醇泵每个泵的运行状态，远程关泵（需要说明 BB9′ 井丛电动阀突然断电后依然保持原状态，不会造成断电关阀导致井丛憋压情况）
20	检测、控制并显示所有井丛井口截断阀：阀门开状态、阀门关状态、远程关阀
21	检测并显示所有井丛井口智能一体化流量计所测外输天然气温度、压力、瞬时流量、累计流量等参数（以第三方设备通信参数列表为准，通过通信方式实现）
22	检测两座集气站自用气流量、温度、压力
23	检测两座集气站地埋污水罐液位
24	检测两座集气站可燃气体浓度并设浓度超限报警

7.3.2.3　井丛自动控制系统

建设一座自动化、智能化、现代化大气田，作为整个苏南项目数字化系统基础构架，前端数据采集与处理显得尤为重要。根据苏南项目 ODP 规划，各井丛、井口和无人值守的阀室设 SCADA 系统远程终端装置（Remote Terminal Unit，RTU）。各井口 RTU 完成对所在井口的数据采集、流量计算、存储和控制，而且将有关信息采用 RS485 接口 MODBUS FOR RTU 协议传送给井丛 RTU，并接受 SCADA 中心控制系统和集气站站控系统（SCS）通过井丛 RTU 下达的命令。各 BB9 和 BB9′ 井丛 RTU 接收所辖各井口 RTU 上传的生产数据，并完成对所在的井丛生产过程参数进行监视、控制、报警。同时采用 RJ45 接口 TCP/IP 协议将生产信息传送给集气站站控系统（SCS），并接受 SCADA 中心控制系统和集气站站控系统（SCS）下达的命令。干线阀室 RTU 监控干线阀室和清管站的生产数据，通过专用通信光缆，采用 RJ45 接口 TCP/IP 协议传将数据上传苏南项目区块中心管理站 SCADA 中心控制系统。

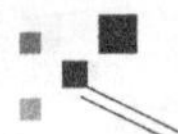

目前，苏南气田所有井丛均能实现动态生产数据实时监测、视频监控系统远程监视、功放系统正常运行、风光互补系统正常供电（BB9 井丛）、截断阀及电动阀远程切断、注醇泵远程关断等功能。图 7.7 为苏南项目单井流程示意图。

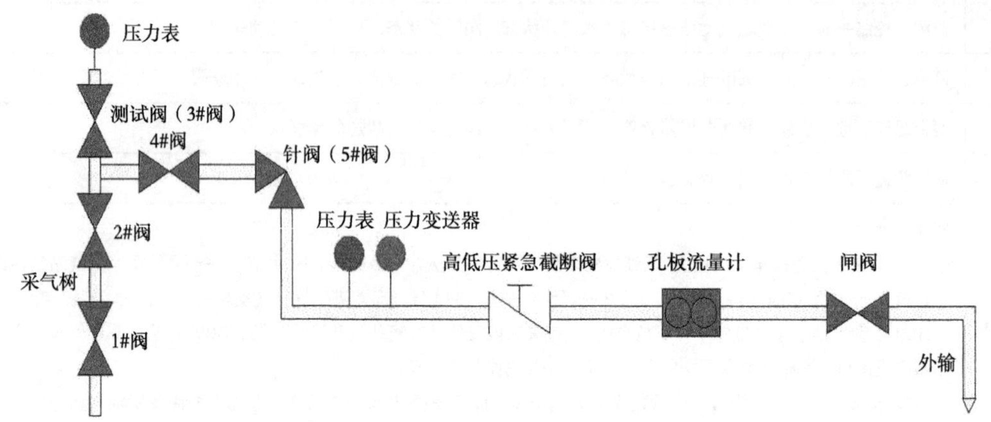

图 7.7　苏南项目单井流程图

7.3.2.4　苏南项目通信系统

（1）通信系统架构。

苏南气田数据传输全部采用光纤通信，BB9 井丛数据采集处理后，通过 4 芯光缆传输至 BB9′，再通过 BB9′ 与集气站之间的 8 芯光缆进行通信。集气站之间采用六芯光缆进行传输链接，苏南 -C1 站与控制中心之间通过 12 芯光缆进行数据传输。控制中心通过 10GSDH 与油田公司骨干环网进行链接，将生产、应急抢险、视频监控、生产报表、动态分析、车辆调度等相关数据及信息传输至油田公司数字化生产指挥系统。图 7.8 描述了苏南合作区通信网络拓扑结构。

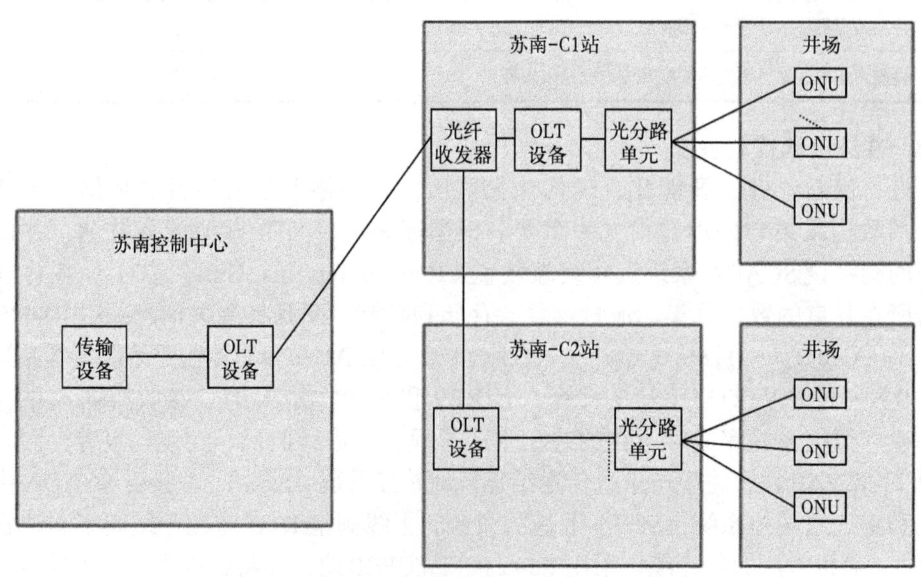

图 7.8　苏南项目通信网络拓扑结构图

（2）视频通信系统。

井丛摄像机视频信号通过同轴视频电缆上传至视频服务器，变焦控制信号通过电缆上传至视频服务器，视频服务器将信号以 TCP/IP 协议通过 RJ45 口经 ONU 通过光缆上传至苏南集气站的 OLT 终端设备，使用 EPON 无源光通信的方式实现井场数据及视频信号的传输，数据宽带≥ 10Mbit/s，实现井丛与集气站之间的通信。井场扬声器通过视频服务器的音频接口传送提醒、警告等信号。图 7.9 描述了苏南项目视频通信系统拓扑结构。

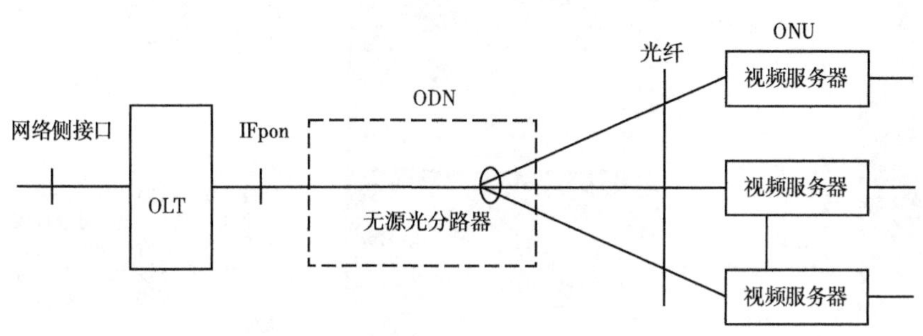

图 7.9　苏南项目视频通信系统拓扑结构图

7.3.2.5　苏南项目数字化生产指挥系统

（1）苏南项目数字化生产指挥系统架构。

苏南项目数字化生产指挥系统分为生产运行调度系统、安全环保监控系统、应急抢险指挥系统、生产辅助保障系统四大板块，测井、录井、试气、天然气生产、集输、生产日报、车辆管理、应急管理、设备台账、视频监控、场站检修等 47 个子版块，涵盖地学、钻井、地面建设、生产运行、检修技改、材料出入库等产能建设及生产运行管理内容，分为长庆油田公司、苏南公司和作业区三级生产指挥管理系统。苏南项目数字化生产指挥系统框架图如图 7.10 所示。苏南项目数字化生产指挥系统三级架构图如图 7.11 所示。

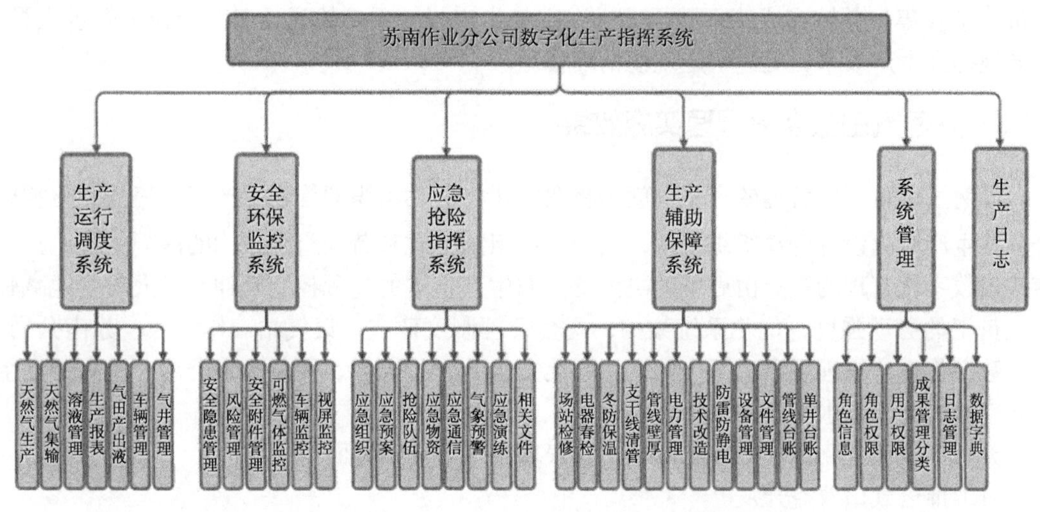

图 7.10　苏南项目数字化生产指挥系统三级架构图

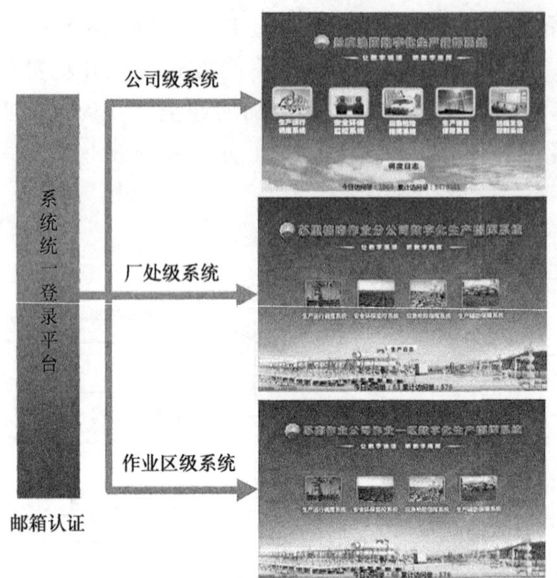

图 7.11　苏南项目数字化生产指挥系统三级架构图

（2）苏南项目数字化生产指挥系统应用现状。

苏南项目数字化生产指挥系统是按照“软件标准化、应用智能化、功能模块化、维护便捷化、决策数字化”建设思路，集油气集输、安全环保、重点作业现场监控、应急抢险、辅助生产保障为同一平台的运行指挥系统。主要负责对数字化前端传来的实时数据进行汇总、分析和处理，并将一部分实时数据转变成管理数据，提供给不同岗位的管理人员，作为苏南项目数据集散中心，并将相关数据上传至长庆油田数字化生产指挥管理系统。

目前，随着数字化建设的全面推广以及技术的日益成熟，苏南气田的数字化基础设施也具有一定规模，建设在井场、集气站以及阀室等生产现场的自动化仪器对生产的实时数据进行了收集，并转变成管理数据通过数字化生产指挥系统输送给各个岗位的管理人员，有效地提高生产效率，促进生产现场精细管理。

7.3.3　苏南气田数字化管理实施效果

苏南气田数字化管理的实质，就是将数字化与劳动组织架构和生产工艺流程优化相结合，按生产流程设置劳动组织架构，实现生产组织方式和劳动组织架构的深刻变革；把苏南气田数字化管理的重点由后端的决策支持向生产前端的过程控制延伸。最大限度地减轻岗位员工的劳动强度，优化系统架构，配套管理制度建成“集气站—作业区—苏南公司”三级数字化生产管理平台，努力实现“强化安全、过程控制、优化人力资源，提高劳动生产效率、提高安防水平”的目标。

苏南气田数字化管理的实施效果主要表现在以下几个方面：

（1）推进气田效益开发。

苏南合作区在全区域实施数字化气田建设后，相比同等规模未实施数字化的气田而

言，人力资源成本下降 40%，单位操作人员数量下降 3 人，总投资同比下降 27%，同时增加收益达 30%，有效地保障在“低油价寒冬”中苏南公司“降低成本、提质增效”战略的顺利实施，为实现公司可持续发展奠定坚实基础。

（2）加强了技防手段和安全保障能力。

在 BB9′ 井丛以及集气站的进站区、分离器区、螺杆泵区、计量区、自用气区、外输区和放空区等 7 个区，分别设置了紧急关断和放空、远程电动智能调节排污系统，实现了远程关井、干线远程放空、自用气压力监控、集气站红外对射防闯入报警等功能；同时，利用苏南项目三种不同工况下 ESD 紧急停车系统，降低了安全风险，加强了技防手段和安全保障能力。

（3）提升了管理水平。

在苏南合作区监控中心构建了数据监控、远程控制、智能安防、数据管理、异常报警等功能。监控中心不仅能实时对作业区生产数据以及生产运行进行监视和控制，还可对所辖站的各种运行参数进行预警和报警，并进行相关的管理，实现了监控中心的数字化管理。在优化流程、推进数字化管理、建立快速反应应急体系的基础上，构建了按流程管理的“作业区—集气站—单井”劳动组织模式，生产管理终端直接将监控中心延伸至气井井口，提升了苏南气田整体管理水平。

（4）提高了劳动生产效率。

苏南气田数字化建设带来的是管理模式的变革，推进了传统条件下组织劳动构架的改变。在气井巡井、井站紧急截断放空等操作中，减少了一线操作员工的用工数量和工作时间，从而减少生产定员，缓解人力资源压力，降低运行成本，大大提高了苏南气田每一个环节的管理效率，夯实“提质增效、持续稳产”基础。

7.4　苏里格南国际合作区数字化管理建设的未来发展方向

当前，气田信息化建设中最大的问题，不是技术问题，也不是资金问题，而是缺乏科学的 IT 管理理念；气田企业 IT 领导者最大的问题不是缺乏经验和能力，而是缺乏卓越的管理素质和管理方法。苏南合作区的数字化信息化建设，必须在全面规划、顶层设计的 IT 治理框架下实施。

7.4.1　IT 规划与组织战略目标融合互动

IT 规划是企业信息化建设的基础，“没有规矩，不成方圆”。没有适合企业业务需求的 IT 规划，企业的信息系统（Information System）犹如建立在沙漠上，其结果可想而知。国际上有名的 IT 规划框架和方法有：Zachman 框架、开放组体系架构框架（TOGAF）、面向服务架构（SOA）、战略对应性模型（SAM）、关键成功因素法（CSF）、企业系统规划法（BSP）、战略目标集转化法（SST）、战略网格法（SG）。这些规划框架和方法并不是适合每一个企业和组织的，苏南项目在做 IT 规划时，要结合自身的实际情况和 IT 从业人员的素质，选择适合企业业务发展需要的 IT 规划的框架和方法，为企业的 IT 建设做好基础性工作。

正确的 IT 规划管理，是在组织战略规划的驱动下进行的。首先，在充分、深入研究公司的发展远景、内外部环境、业务策略和管理基础上，形成信息化建设的愿景、信息系统的组成架构、信息系统各部分的逻辑关系，以支撑战略规划目标的达成。其次，对各信息系统的支撑硬件、软件、技术等进行计划与安排。

合理的 IT 规划，在企业战略目标实现过程中起着重要的作用，主要体现在以下 4 个方面：

（1）为组织指定行动的方向，使企业所有 IT 工作者围绕一个中心来努力。

IT 规划帮助管理层树立以组织战略为导向、以外界环境为依据、以业务与 IT 整合为重心的观念，从而正确定位 IT 部门在整个组织中的作用，保证信息系统的战略目标能够和组织业务战略目标相协调。

（2）有助于组织明确日常工作的目标与重点。

为了保障规划目标在企业内的成功推行，需要成立信息化领导小组来保证总体战略目标能自上而下贯彻执行，使决策层的意图能够贯彻到企业的执行层，并通过执行层提供决策和评估活动所需要的信息。下层在应用过程中要和企业总体目标采用相同的原则，提供评估业绩的衡量办法，从而保证信息系统目标的实现。

（3）使管理者能预见到行动的结果，减少重复性和浪费性活动，提高组织的工作效率。

信息化项目开始于规划和组织过程，该过程主要根据组织战略目标进行信息化战略规划、组织和流程的重新设计，以及从不同的角度对信息化项目进行计划、沟通和管理。项目的规划与组织过程工作对于整个项目的成功具有十分重要的决定性作用，“项目不是在结束时失败，而是在开始时失败。”这句话就说明了 IT 规划的重要性。

（4）使设立的目标和标准便于控制。

策略与流程的目标是通过最大限度的控制达到的。因此，在进行外部审计和内部管理时，必须考虑管理策略与流程。同时，策略与流程应该具有完备的文档，描述职能的范围、活动以及和其他职能的联系等。所有的策略和流程都应该被编制成标准化手册，这些手册与组织目标紧密相连。

7.4.2 有效利用信息资源

目前，宏观层面信息化投资规模大、绩效不佳是不争的事实；微观层面上信息孤岛、信息化工程超期、业务需求得不到满足、IT 平台不支持业务发展等问题较为突出。信息资源的开发和利用是信息化建设的核心任务，是信息化取得实效的关键，是衡量信息化建设水平的一个重要标志。通过 IT 治理可以对信息资源的管理职责进行有效的制度设计，保证投资的回收，并支持业务战略的发展。

（1）IT 获取与实现管理。

IT 获取与实现，对于组织实现其管理信息化、提升核心竞争力来说，是很重要的一个关键过程。它不仅涉及系统开发技术，还涉及管理业务、组织和行为，需要各方人员的协调与合作。在石油企业中，IT 的获取主要有两种形式：一种是通过自行开发，从合理配置内部资源中获得；另一种是通过项目外包，借助外力获取相应的 IT 资源。

由于信息系统的开发是一项巨大的系统工程，需要用到系统工程的方法、项目管理知识体系和工具，进行合理地安排开发过程中的各项工作，有效地管理组织各类 IT 资源。

系统开发方法学是软件开发者长期的成功经验和失败教训的理论性总结，采用的系统开发方法学能够最大限度地减少重复劳动，实现开发过程中的成果共享。采用系统开发方法学具有如下优点：形成规范化的文档，提供一致性可共享的方法应用于项目，便于项目之间的资源调配，节约开发成本。

对于外包而言，可以采纳适合的标准确保外包的质量，比如电子外包能力模型 eSCM-SP。另外，众包也是当前趋于流行的 IT 项目开发方式。众包指的是一个公司或机构把过去由员工执行的工作任务，以自由自愿的形式外包给非特定的大众网络的做法。众包的任务通常是由个人来承担，但如果涉及需要多人协作完成的任务，也有可能以依靠开源的个体生产的形式出现。外包强调的是高度专业化，而众包则反其道而行之，跨专业的创新往往蕴含着巨大的潜力，由个体用户积极参与而获得成功的商业案例不胜枚举。苏南项目在 IT 获取方面完全可以借鉴众包的做法。

（2）IT 服务管理。

IT 服务管理是指以 IT 治理为指导，以推动 IT 与业务的动态融合为出发点和归宿，以流程为导向、以用户为中心、以绩效评估为改进 IT 服务动力、以保障 IT 基础设施整体可用和为业务提供可靠服务为目标的管理体系。IT 服务管理的核心思想是，推动 IT 与业务的动态融合，保障 IT 基础设施整体可用和为业务提供可靠服务。

企业在信息化过程中，一方面试图利用信息系统实现更多功能，以支持业务运营；另一方面却不注重对信息系统本身的有效支持和维护。这种现象形成了信息化的“冰面”，由于存在这个“冰面”，信息系统不能充分发挥其应有的作用，加之信息系统本身存在的诸多问题，往往导致难以顺利实现企业目标。

IT 服务管理属于企业信息化的一部分，它的作用相当于是“破冰船”。IT 服务利用一套全新的方法，对 IT 基础架构进行全面集中的管理，并根据业务的实际需要，提供可计量成本的、可测量质量的 IT 服务，以确保业务的平稳、高效运营，实现企业目标。具体地说，IT 服务管理在企业信息化中扮演着三个重要角色：作为企业信息化过程中的“IT 后勤保障部长”、作为企业 IT 部门和业务部门之间的“客户经理”以及作为企业与第三方 IT 服务提供方之间的“仲裁员”。

苏南项目在建构 IT 服务管理模式时，可以参考国际上先进的 IT 服务管理框架及知识体系，如：ITIL、ISO/IEC 20000、ISPL、ITS-CMM 等。其中，ITIL 是国际上通行的 IT 服务管理模式，它为企业的 IT 服务管理提供了一个客观、严谨、可量化的最佳实践平台，企业的 IT 部门和最终用户可以根据自己的能力、需求以及所要求的不同服务水平，参考 ITIL 来规划和制订其 IT 基础架构及服务管理内容，从而确保 IT 服务管理能为业务运作提供更好的支持。

（3）IT 项目管理。

IT 项目管理是指以复杂的 IT 项目为对象，在 IT 项目生命周期内，通过设立临时性的项目团队对 IT 项目进行计划、组织、指导、控制和实施，以实现 IT 项目全过程的优化管理和项目目标的实现。

当前，在加快推动信息化过程中，信息系统项目建设风险较大，其中 IT 项目的管理水平是项目成败的关键。所以，加强 IT 项目管理的研究与应用具有相当重要的意义，通过有效的项目管理体系来实施项目管理，可以避免并减少潜伏在项目中的各种失控风险，提高项目的成功率，进而增强组织在更大范围内的竞争优势和发展潜力。

这就提出了一项要求，苏南项目的 IT 管理者、运行维护人员，必须了解、学习和掌握现今在国际上通用的 IT 项目管理方法，将其应用到工作实践中来，帮助公司达到更高的管理水平，创造更多的商业价值。全球公认的用于 IT 项目管理的知识体系及最佳实践框架有 PMBok、IPMP、PRINCE2 和 MSP 等。

7.4.3 强化 IT 质量与风险管理

由于企业越来越依赖于信息技术和网络，新的风险不断涌现，例如，新出现的技术缺乏适当管理、不符合现有法律和规章制度、没有识别对 IT 资产的威胁等。IT 治理强调风险管理，通过制订信息资源的保护级别，强调关键的信息技术资源，有效实施监控和事故处理。IT 治理使企业适应外部环境变化，为内部实现对业务流程中资源的有效利用，达到改善管理效率和水平的重要手段。

（1）IT 质量管理。

IT 质量管理，不仅包含软件产品的开发质量、IT 项目质量管理，更主要的是包含整个信息化全生命周期各个阶段的 IT 质量管理。

传统行业经过多年的发展，已经形成了规范的质量管理体系和质量标准，而作为新兴事物的信息技术，IT 质量管理在这方面还很不完善。

复杂的商业环境和激烈的市场竞争，使苏南项目的 IT 系统需要具有更快的反应速度和更高的稳定性、可靠性，以解决 IT 系统的质量问题，减少业务应用系统的不可用事件的发生，降低相关问题产生的不利影响。进而需要组织开发和研究 IT 质量管理的理念和方法，制定相关 IT 开发和应用的质量标准和规范，推行有效的 IT 质量控制和质量评价、质量保证手段，以确保企业信息化的安全、稳定运行，并为企业的业务发展，提供强大的支持作用。

（2）IT 风险管理。

IT 风险管理是指在规划与组织、开发与建设、运行与维护、监控与评价的信息化全生命周期中融合风险管理的基本流程，包括风险管理策略制订、风险识别、风险评估，进而选择适当的处理方法加以控制和处理，从而为业务战略目标的实现提供保障的整体过程。

在国内，IT 风险管理手段基本停留在制度检查层面，缺乏基础技术支撑和基础数据支持，无法全面地了解组织的 IT 风险状况。事后查出问题较多，事前预防作用有限，事中控制更难。

总的来说，苏南项目应该加快对 IT 风险的清晰认识，抓紧建立统一的 IT 风险管理手段。因此，树立和培养 IT 风险意识，规划落实好 IT 风险管理，是与企业信息化可持续发展密切相关的重要大事。实践中可参考的模型有 COSO-ERM、M_o_R、CobiT 等。

（3）信息安全管理。

企业对于信息网络系统依赖程度的逐步提高，其安全性显得越来越重要，一旦信息网络系统遭到破坏，会对企业造成非常严重的损失。与此同时，伴随信息技术发展而产生的计算机病毒、计算机盗窃、服务器的非法入侵和黑客等非法行为已变得日益普遍和错综复杂。任何企业的信息网络系统都可能面临着包括黑客入侵、阴谋破坏、火灾、水灾等诸多方面的安全威胁。因此，如何通过科学的信息安全管理方法，建立起可靠的信息安全管理

体系，对于苏南项目而言，具有十分重要的意义。

近年来，我国高度重视信息安全保护工作，中华人民共和国公安部等四部委联合签发的《信息安全等级保护管理办法》明确了信息安全等级保护制度的基本内容、流程及工作要求，苏南项目可以以之作为参照基础，同时参考国际上知名的信息安全管理体系标准，如 ISO 27001（源自英国标准 BS 7799）、ISO/IEC 13335、CC 等。

7.4.4　构建信息化可持续发展的长效机制

当前，我国的信息化发展主要依靠合规的强制要求、上级领导部门和“一把手”的重视，缺乏内生的动力机制。根据中国 IT 治理研究中心的理论研究和实践，充分发挥好信息化绩效评估的“指挥棒”作用，就可以构建信息化可持续发展的长效机制。即在信息化全流程风险管理控制体系与核心 IT 能力框架评价体系的基础上，通过严格的绩效评估和评估结果的透明披露，靠“问责”的制度化来实现信息化可持续发展的长效机制。

（1）IT 绩效评价。

所谓信息化绩效评价，是指对照统一的标准，建立特定指标体系，运用数理统计、运筹学等方法，按照一定的程序，通过定量定性对比分析，对一定经营期内的信息化过程和信息化结果作出客观、公正和准确的综合评判。

在苏南项目实施 IT 绩效评价，对信息化建设具有重要意义。主要表现在：突破企业信息化建设与应用瓶颈，在科学管控的基础上让 IT 资源发挥应有作用；信息化管控体系与绩效评价体系能保证 IT 投资与业务战略目标相一致，能构筑企业的核心竞争力，形成良好的公司治理和 IT 治理；企业信息化评价从企业引进 IT 的目的和战略出发，考察 IT 应用给企业经营带来的影响，从而为信息化建设“导航”，保障信息化战略有效实施；规范信息化管理控制，加强信息化项目管理。

（2）核心 IT 能力框架及其评价体系。

核心 IT 能力就是具有一定约束条件的，能使企业从 IT 应用中获得可持续竞争优势的 IT 能力。这些约束条件就是价值性、稀缺性、不可模仿性和不可流动性。

IT 投资本身不能给企业带来可持续竞争优势，作为 IT 投资和企业绩效之间中间变量的核心 IT 能力是企业从 IT 投资中获得可持续竞争优势的来源。“没有评价，就没有管理”，核心 IT 能力评价是企业认识和提升核心 IT 能力的前提基础。

苏南项目在信息化建设过程中，必须建立自己的核心 IT 能力框架与评价体系。它不但在观念上为业务和 IT 部门指明企业利用 IT 着重努力的方向，而且为企业从 IT 投资中获得可持续竞争优势提供了标杆。

第 8 章　HSE 管理体系的实施及成果

作为中国石油陆上首个国际石油合作作业者，近年来苏南项目在不断总结的基础上，确立了以“HSE 体系建设为主线”的安全工作方针，认真落实中国石油、长庆油田公司的相关安全管理工作部署，积极吸收国际先进的安全管理方法，结合工作实际，从转变观念、养成习惯、提高能力、运用科技、狠抓落实上下功夫，探索和总结了适合中外合作项目管理特点的 HSE 管理方法，逐步形成了全员推动、全员执行的良好态势。全面推进 HSE 管理系统，强化风险管控，努力探索合作区块 HSE 管理的新方法，良好地实现了天然气安全生产与环境保护的和谐发展。

8.1 HSE 管理体系介绍

8.1.1 HSE 管理体系的内涵

HSE 管理体系是国际石油天然气行业实施健康、安全、环境管理的通行做法和有效实践。HSE 管理体系是指一个组织在其自身活动中，对 HSE 风险采取管理措施，以减少可能引起的人员伤害和环境破坏，最终实现企业 HSE 目标的一种系统管理思想和文化。

HSE 管理体系由健康（Health）、安全（Security）、环境（Environment）这三个要素构成。HSE 管理体系的内容涵盖面十分广泛，包括：管理机构的构成，员工的各项责任，企业人力、物质和生产技术资源，规章规范和操作手册等内容。HSE 管理体系是现代企业管理构成中不可或缺的要素。

HSE 管理体系中，健康（Health）指的是企业员工没有因为生产、施工和销售等工作导致产生心理、生理和精神方面的疾病，保持着健康、完好的心态，企业劳动者的健康与否是评判一个企业最重要、最基础的标准。安全（Security）指的是在生产、施工和销售等企业的活动中，管理者必须不断提高员工生产、施工环境，发现和排除生产安全隐患，尽一切可能降低生产安全事故的产生，确保员工在心理、生理和精神健康以及安全的保证的条件下，开展各项生产、施工和销售等正常企业活动。环境（Environment）指的是企业正常活动所涉及的周边各种自然因数，以及对企业和员工会产生的影响的各种自然因素的总和，形成人、企业和自然的有机关系整体。

HSE 管理体系模式具有结构严密、程序规范、文件体系化和人员整体化的特点。HSE 管理体系分成了策划、实施、检查和处置 4 个阶段，这 4 个阶段使得企业基层工人、管理者和企业决策层都全部包括在 HSE 管理体系当中。HSE 管理体系同时管理着整个企业的

各项生产、施工活动。在 HSE 管理体系管理企业的全过程中，管理人员根据符合企业自身实际的评价体系，评价企业在生产、施工和销售等各个环节中可能存在的安全隐患，对这些隐患进行鉴别和确定，从而根据 HSE 管理体系相关的预案进行排除，确保企业在安全和稳定的情况下进行生产、施工和销售活动。

HSE 管理体系已经成为国内外石油行业认可的、普遍采用的动态管理体系，通过制订评价体系和进行监察考核，可以及时发现、排查和处置生产、施工和销售等环节的安全隐患，以达到安全生产的目的，确保企业和员工的安全以及利益。同时，HSE 管理体系为避免在生产、施工和销售等环节出现危险所导致的工作人员生理和心理上受到损害，以及避免企业和个人经济上的损失和环境污染，规定企业必须成立相应的管理部门，制订相应的预案、应急处理措施和方法，进行应急演练，界定各个人员的职责和相应的制度规范，在此基础上确立和实现企业的 HSE 管理体系。

HSE 管理体系主要体现的思想是安全为重心，预防为主体，全员参加，不断提高和完善管理效果，使国内石油企业逐渐跟上国际先进石油企业的管理理念，更好加入国际市场的竞争中。现代企业先进管理理念的重要特征就是以生产安全为第一要务，以人为本，重视人的生理、心理健康，重视企业生产活动对环境的影响，这些要素构成了现代的企业管理体系。

此外，HSE 管理体系已经得以在全世界各地企业长期运行，这充分证明了 HSE 管理体系得到世界上多数公司的认可，是一种先进的管理模式。HSE 管理体系也是基于管理科学理论知识延展而来，具有合理性、规范性和严格性等特性。HSE 管理体系不仅可以降低生产安全事故，增加企业利润，还可使企业员工在思维意识上规范生产与施工操作，在此基础上企业建立对员工的奖励措施，在管理上形成长期稳定的机制。

8.1.2　HSE 管理有关理论

（1）戴明 PDCA 循环。

PDCA 循环是美国质量管理专家戴明博士首先提出的，所以又称戴明环。全面质量管理的思想基础和方法依据就是 PDCA 循环。PDCA 循环的含义是将质量管理分为 4 个阶段，即计划（PLAN）、执行（DO）、检查（CHECK）、处理（ACT）。在质量管理活动中，要求把各项工作按照作出计划、计划实施、检查实施效果，然后将成功的纳入标准，不成功的留待下一循环去解决的工作方法，这是质量管理的基本方法，也是企业管理各项工作的一般规律（图 8.1）。

戴明 PDCA 循环过程分为 6 个环节，即：

① 分析质量问题中各种影响因素。

② 找出影响质量问题的主要原因。

③ 针对主要原因，提出解决的措施并执行。

④ 检查执行结果是否达到了预定的目标。

⑤ 把成功的经验总结出来，制定相应的标准。

⑥ 把没有解决或新出现的问题转入下一个 PDCA 循环去解决。

处理阶段是 PDCA 循环的关键。因为处理阶段就是解决存在问题，总结经验和吸取教训的阶段。该阶段的重点又在于修订标准，包括技术标准和管理制度。没有标准化和制度化，就不可能使 PDCA 循环转动向前。

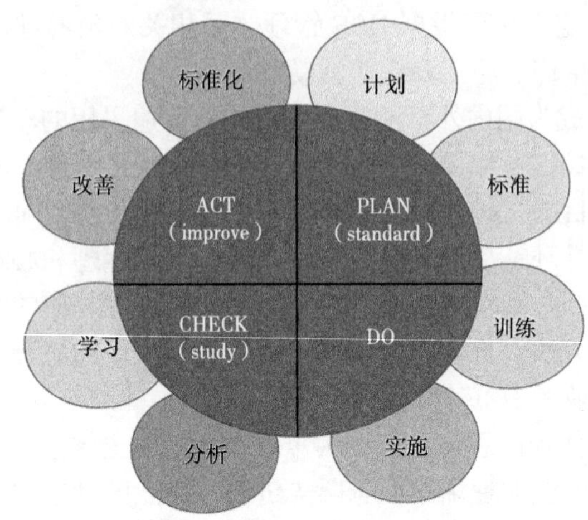

图 8.1　戴明 PDCA 循环图解

（2）预防与控制理论。

HSE 管理的核心问题是预防和控制各类健康、安全与环境事故。在 HSE 管理中，运用了“风险管理”和“应急管理”两个手段来实现“预防为主、防治结合”的目标。“风险管理”解决的是“如何才能不让事故发生”的问题，“应急管理”解决的是“发生了事故或突发事件怎么办”的问题。

事故控制原理共归纳为 13 项，前 8 项是系统原理、整分合原理、反馈原理、封闭原理、能级原理、人本原理、动力原理、弹性原理等现代管理科学原理，它们是安全生产管理的依据。后 5 项分别为：安全目标管理原理、对人的安全管理原理、设备和物质的安全管理原理及机械设计时安全要求、作业环境安全原理以及强调管理者安全责任的事故致因理论——管理失误主因论。

它把安全管理的对象看作是一个系统，用系统分析和系统工程等科学方法管理和控制这个系统。针对管理对象处在各个层次的系统之中的统一整体的特点，进行充分的系统分析，在分析和解决问题时，把重点放在整体效应上。

管理者的职责在于从整体要求出发，制订明确的目标，进行科学的分解。这里分解是关键，因为没有分解的整体构不成有序的系统，只有分解正确，分工才会合理。没有合理的分工，也就无所谓协作，分工是协作的前提。只有在合理分工的基础上进行严密有效的协作，才能进行现代化的企业管理，才能搞好安全生产。

企业为实现安全生产，制订总体安全目标值，并展开总目标，发挥下属单位、领导和职工的主观能动性，以自我控制为主实现安全目标的一种管理制度。

（3）质量管理标准体系理论。

以 ISO 质量体系为核心，通过建立标准的质量体系，控制质量和生产过程。ISO 是国际标准化组织（International Organization for Standardization）名称的英文缩写。国际标准化组织是由多国联合组成的非政府性国际标准化机构。迄今，ISO 有正式成员国 140 多个，我国是其中之一。每一个成员国均有一个国际标准化机构与 ISO 相对应。国际标准化组织

1946 年成立于瑞士日内瓦，负责制定在世界范围内通用的国际标准，以推进国际贸易和科学技术的发展，加强国际间经济合作。

质量管理体系标准理论的重点是以过程为基础的质量管理，该方法以顾客（安全目标）为出发点，形成管理要求，通过过程控制和有效的信息流，实现质量管理的持续改进，进而输出质量产品，完成目标。质量管理体系标准理论的基本逻辑如图 8.2 所示。

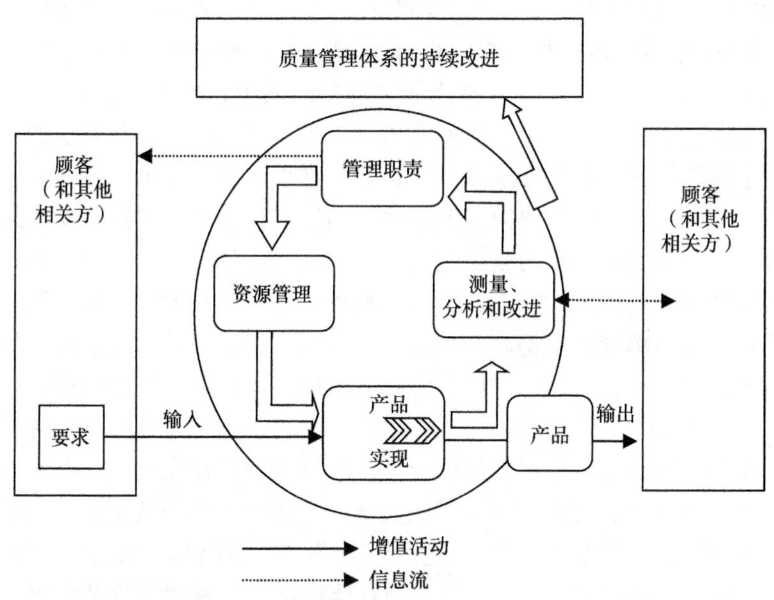

图 8.2 以过程为基础的质量管理体系模式

（4）HSE 绩效评价理论。

国外企业对 HSE 的绩效管理研究较多，尤其是行业协会、跨国公司，其研究成果模型相对成熟，百花齐放，各具风格。

美国工业卫生协会（AIHA）对 HSE 绩效的评估包含了损失工时、安全行为百分比、事故发生数、员工建议与批评的接受性、法定安全卫生训练实施百分比、完成校正性行动所需平均日数、暴露监测结果、员工听力损失、劳工补偿损失、其他客观指标等 10 项。

美国国际损失控制协会的国际安全评分系统包括有 20 项的项目，分别是领导与管理、管理阶层训练、定期检查、作业分析及步骤、事故调查、作业观察、紧急应变、组织规则、事故分析、员工训练、个人防护、健康控制、方案评估系统、工程控制、个人沟通、团体会议、一般倡导、雇用与配工、采购控制及下班后安全等。

BP 公司评估年度绩效包括 7 项：死亡（雇员和承包商分开报告）、离岗工伤、离岗工伤率、可记录事件、可记录事件率、工时数、油品泄漏。

杜邦安全绩效评估指标有 3 项：可记录伤害和职业病、重大事件、毒物释放。

通常国外石油公司 HSE 绩效指标基本一致，相对全面，但其中损失工时事件、可记录事件、交通事故等指标是目前多数国内企业没有统计的安全绩效指标；温室气体排放、火炬燃烧气体、可挥发烃（VOCs）排放、泄漏等指标也没有被国内企业列为环境绩效指标。

8.1.3 HSE 管理的产生和发展历程

20 世纪后期，国际形势由冷战时期进入到和平发展时期。和平与发展成为国际政治经济生活的主题，世界经济得到快速的发展，经济全球化的格局已经形成。与此同时，经济的发展也带来了一些全球性问题，如各类工业事故居高不下、能源短缺、环境污染加剧等。这些问题迫使各国政府积极地通过法律手段调整经济秩序，以遏制各类工业事故的发生。一些国际性团体也积极呼吁，要求各国政府、企业采取积极的管理手段，以保证劳动者的健康、保护环境、减少事故。如 1987 年前挪威首相布伦特兰夫人领导的环境与发展委员会在《我们共同的未来》中正式提出了“可持续发展”的概念，在 1992 年召开的联合国环境与发展大会上，又将这一概念阐释为“人类应享有以与自然和谐的方式过健康而富有生产成果生活的权利，并公平地满足今世后代在发展和环境方面的需要，求取发展的权利必须实现。”“可持续发展”成为全世界的共同追求和指导人类社会发展的共同纲领。

在此形势下，企业面临的压力越来越大，一方面是市场竞争的压力，另一方面是政策压力。作为国际性竞争及高风险行业，石油天然气工业更是如此。全球各石油天然气生产商都积极地通过改善内部管理来提高公司在员工健康保护、事故预防、环境保护方面的业绩，以提高公司的社会形象，以赢得社会各界的支持，赢得更多的市场机会。

就安全管理工作来说，经历了以下的过程：20 世纪 60 年代以前，主要是从装备上不断改善对人们的保护。如利用劳动保护加强对人员的保护，利用自动化控制手段使工艺的安全性能得到完善；70 年代，注重了对人的行为研究，考察人与环境的相互关系，取得了一些成果；80 年代以后，逐渐发展形成了一系列安全管理的思路和方法，一系列制度出台。

1987 年，国际标准化组织发布了 ISO 9000 族标准，这种通过规范管理方式提高组织质量保证能力的做法获得了巨大成功，“体系管理”的思想被众多组织所接受。

在 HSE 管理体系产生与发展的过程中，众多石油石化公司起到了很好的推动作用。壳牌公司（Shell）是最早推行 HSE 管理的公司，持续积极地改进 HSE 管理，作用突出。

此外，石油工业国际勘探开发论坛（即 E&P Forum）也积极推动石油石化行业建立完善 HSE 管理体系。该组织成立于 1974 年，有 60 多个国际成员，1999 年 9 月 1 日更名为油气生产者国际协会（简称 OGP），在 HSE 管理体系的形成过程发挥了重要作用，它组织了专题工作组，从事健康、安全与环境管理体系的开发。

进入 20 世纪 90 年代以来，一系列 ISO 管理标准的出台为企业管理创新、管理增效和企业管理水平的整体提升提供了支持和依据，一些发达国家的企业在质量管理标准化成功经验的启发下，率先开展了健康、安全、环境管理标准化活动，如美国杜邦公司、荷兰壳牌公司等都制定了一整套健康、安全与环境管理标准，其他一些大公司也相继制定了这方面的标准，这一系列标准得到了国际社会的认可，并在不断改进和完善的基础上形成了 HSE 管理体系。

如今，HSE 管理体系已经是国际石油界的通行做法，并成为石油和石化企业进军国际市场的入场券。目前 HSE 管理体系在国内石油石化行业也得到了广泛应用。

8.1.4 国际重大事故与 HSE 管理的强制推行

20 世纪 80 年代后期，国际上几次重大事故以血的教训推动了 HSE 管理工作的不断深

化和发展，促进了“一体化管理”思想的形成。所谓“一体化管理”就是将健康、安全与环境这三个要素纳入一个管理体系实施管理，这一思想促进了 HSE 管理体系的产生。如 1988 年英国北海油田的帕玻尔·阿尔法（Piper Alpha）平台事故以及 1989 年的埃克森石油公司（Exxon）Valdez 油轮触礁溢油事件都引起了国际工业界的普遍关注，大家都深深认识到必须进一步采取更有效更完善的管理措施，以避免重大事故的再次发生。

从以上事故可以看出，事故的直接原因无非是人的不安全行为和物的不安全状态，只有通过严格的、系统的管理，杜绝原因，才能避免事故发生。对于石油、石油化工这些高风险行业来说，一起事故不光造成人员伤亡，还有财产损失、环境污染。因此，将健康、安全与环境一体化管理是非常必要的。

8.2 HSE 管理体系的发展及国内外企业实践经验

8.2.1 HSE 管理体系的发展历程

纵观企业对安全管理工作重视演变过程，已经可以理出一条清晰的脉络。20 世纪 60 年代前后，企业主要是通过改善企业生产和施工的硬件条件，例如使用自动化操作工艺降低员工直接参与到危险的操作过程，从而达到保护员工的目标；到 20 世纪 70 年代左右及以后，企业重视从员工的行为对生产安全的影响，同时关注企业与环境之间的关联；从 20 世纪 80 年代，企业开始将各个之前的研究和措施进行整合，渐渐得到涵盖全面、科学和合理的管理体系，HSE 管理体系正是在这样的背景下诞生的。

（1）HSE 管理体系的开端。

壳牌公司在 1985 年第一次在石油生产的项目上要求进行对生产安全进行强化管理的设想和一些基本操作方法。第二年，对生产安全进行强化的管理为纲要，将这些思路，操作规范和流程以文字的方式规范化，这就形成了 HSE 管理体系的最初版本。

（2）HSE 管理体系的开创期。

在 20 世纪 80 年代以后，全球范围内接连发生重大的石油生产安全事故，这些事故促使 HSE 管理体系不断改进、完善和优化。在 1987 年，瑞士石油企业发生极为严重的火灾，第二年英国著名的北海油田的石油平台也发生了事故。等到 1989 年埃克森石油公司的石油生产项目发生了严重的泄漏事故，导致世界范围内的重视，越来越多的专家学者将石油行业定义为高风险行业，应该不断修改、提高、完善和优化已有的 HSE 管理体系减少安全事故发生频率。等到 1991 年，荷兰有关公司开会讨论石油生产、开发过程中生产安全、健康和环境保护的内容，HSE 管理体系从此得到了广泛的认同。会议以后越来越多的公司制定了企业自身的 HSE 管理体系，例如：壳牌公司在 1990 年就已经按照企业自身实际推行了安全管理体系，等到 1991 年正式在安全管理体系的基础上制定出 HSE 管理体系的方针政策。第二年，正式发行了 HSE 管理体系标准规范，两年以后，壳牌公司推出了 HSE 管理体系的指导手册。

（3）HSE 管理体系的发展期。

20 世纪 90 年代，由石油工程师协会组织的石油会议在亚洲举行，这次会议得到国际石油工业协会以及多方石油协会和专家支持和指导，会议影响非常巨大，此后，越来越多的石油公司加入其中，促进 HSE 管理体系在全球的铺开。1996 年 1 月，在国际范围内制定通过了《石油和天然气工业健康、安全与环境管理体系》，这是 HSE 管理体系发展过程中重大事件，使得 HSE 管理体系逐渐开始高速发展阶段（图 8.3）。

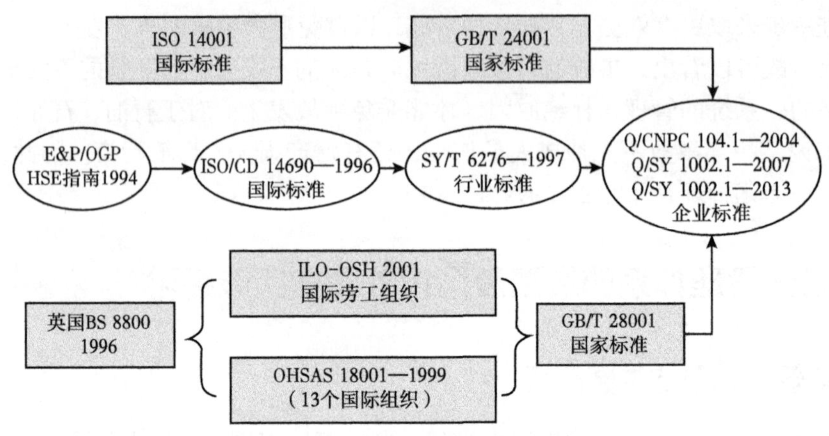

图 8.3　HSE 管理体系标准的形成过程

（4）HSE 管理体系的发展趋势。

21 世纪，HSE 的管理体系也逐渐完善，产生了 HSSE 管理体系。HSSE 代表涉及安全的 4 个主要方面的管理工作：健康（H）、安全（S）、安保（S）和环境（E）。这一体系要求在健康、安全、安保与环境上采取系列管理措施，以求不断提高“统一”的管理和运营效果，注重社会效益与和谐发展。在此基础上的安全保障措施为的是让整个管理体系有一个良好的运行条件，其中包括政府、法律和社会环境的保障。HSSE 的最终目标是让“安全存在于每个人、每个时刻、每个地方”。

8.2.2　国外大型石油石化公司的 HSE 管理特色

（1）壳牌公司。

壳牌公司是世界著名的大型跨国石油公司，主要从事石油上、下游以及化工业务，在世界 100 多个国家和地区拥有 2000 多个子公司，公司总部设在荷兰海牙和英国伦敦。壳牌公司位列 2005 年世界 500 强第 4 位。

壳牌公司是国际上最早尝试推行 HSE 管理的公司之一，目前其 HSE 管理水平堪称世界一流。壳牌公司 HSE 管理体系中有一个非常著名的“危害和影响管理程序（Hazards&Effects Management Process，HEMP）”。壳牌公司认为，HEMP 是帮助公司就其生产经营活动对人员、财产、环境和声誉的危害和风险进行管理的关键过程，是整个 HSE 管理体系的核心。

按照领导层的承诺所制定的 HSE 方针和战略是通过 HEMP 的不断循环来实现的，而环境评价（包括社会影响评价）则是实施 HEMP 的工具。

围绕 HEMP 的整体要求，环境评价主要分为以下 4 个阶段：识别生产经营活动对自然、社会环境的危害和影响；评价危害和影响的范围以及程度；提出并开展控制危害和影响的方法；提出并开展恢复废弃物对环境影响的方法。

对环境危害和影响的识别、评价、控制和恢复的综合分析及其定量描述，构成了环境评价报告的主要内容。由此可见，环境评价与 HSE 管理体系是通 HEMP 的实施而有机地结合为一体的。

此外，壳牌公司在废弃物管理方面所采取的分级政策和记账政策颇具特色，两者相辅相成，使 HSE 管理体系的运行更为切实有效。分级政策是指对生产经营活动中可能产生的废弃物进行合理的分级，并尽可能采取级别较高的管理措施（ 如废弃物循环利用、防止废弃物产生等），只对实在难以处理的废弃物才采用达标排放。此项政策的实质是改变“ 先污染、后治理”的传统观念，鼓励企业开发新工艺、新技术，不断提高废弃物管理级别，最终实现“ 零污染”的目标。

记账政策是指对公司生产经营活动中产生的废弃物，采用类似会计工作的方法建立账目报表和报告制度，并编制废弃物分类目录，将废弃物的化学组成、数量、产生源、去向、处理方式以及处理费用分摊等相关信息登记，作为日后进行管理和考核的依据。记账政策奠定了 HSE 管理目标量化考核和审计的基础，也为分级管理提供了必要的数据，在实际应用中收到了很好的效果。

1984 年 1 月，壳牌公司在咨询当时世界上安全管理技术和表现业绩最佳的杜邦公司（Dupont）的基础上，首次在石油勘探开发领域提出了“强化安全管理（Enhance Safety Management）”的 11 条原则。

1986 年，在强化安全管理的基础上，形成手册，以文件的形式确定下来。

1987 年，壳牌公司发布了环境管理指南（EMG），并于 1992 年修订再版。

1989 年，壳牌公司颁发了职业健康管理导则（OHMG）。

1994 年 7 月，壳牌公司为勘探开发论坛（E & P Forum）制定的“开发和使用健康、安全、环境管理体系导则”正式出版。

1994 年 9 月，壳牌公司 HSE 委员会制定的“健康安全和环境管理体系”经壳牌公司领导管理委员会批准正式颁布。

（2）埃克森美孚石油公司。

埃克森美孚公司是世界上最大的跨国石油公司之一，总部设在美国得克萨斯州爱文市，是世界第一大炼油商、润滑油基础油生产商及成品润滑油的主要生产商，位列世界 500 强第 3 位。

埃克森美孚石油公司所采取的 HSE 管理体系是整体运作管理体系（Operations Integrity Management System，OIMS），成型于 20 世纪 90 年代中期。采用 HSEMS 以后，埃克森美孚石油公司的事故发生率锐减。

HSEMS 的 4 项指导原则是安全原则、健康原则、环保原则和产品安全原则，该体系使用“ 事故时间损耗率（Lost- Time Incident Rate）”这一指标来评估员工的安全生产，考察的对象是员工因工作导致的疾病和工伤所耽误的工时，评估的基准是 20 万个工时，相当于 100 名员工每周工作 40h、持续工作一年。

2000 年以来，埃克森美孚石油公司的事故时间损耗率平均每年下降 22% 左右，可见该指标在事故管理和控制方面是非常科学和有效的。埃克森美孚石油公司还有一套适用于紧急情况的应急管理体系（Security Management System），该系统更注重于在社会震荡等不可抗拒事件发生时，在恶劣环境下保护企业生产设备和工作人员人身安全。

（3）雪佛龙公司。

雪佛龙公司是美国第二大石油公司，也是最具国际竞争力的大型能源公司之一，总部设在美国加利福尼亚州旧金山市，业务遍及全球 180 个国家和地区，位列 2005 年世界 500 强第 11 位。“环境和社会影响评估（Environment& Social Impact Assessments，ESIA）”是雪佛龙公司 HSE 管理体系的重要特色。ESIA 程序被用来预测和评价新项目的潜在环保风险，以及项目公司如何采取管理措施来削减和控制危害。

当有特殊法律要求或在环保问题敏感地带动工时，雪佛龙公司都会采用 ESIA 程序。通常情况下，下属分公司在 ESIA 中的表现将成为政府机构、当地社区和公司股东决定项目审批的关键。

2002 年，雪佛龙公司在尼日利亚德尔塔州的 Escravos 液化气设备项目和西非天然气管线项目中就采用了 ESIA 程序，由于事先对可能出现的环保问题进行了预测和评价，使得项目设计得到了及时的修正，承包商也被要求预先提出解决方案，从而避免了可能出现的负面影响。

雪佛龙公司将自己的使命描述为“ 致力于保护大众的安全、健康和环境，以对社会负责的态度和合乎道德的标准来发展事业。公司的目标是，在保护大众的安全健康方面领先于同行，在环境保护方面拔尖于世界”。在这样的指导原则下，雪佛龙公司投入巨资用于持续改进安全、健康和环保业绩。

根据美国石油协会公布的数据，雪佛龙公司 2002 年用于环保的开支超过 13 亿美元，占公司当年运行总费用的 11.8%，其中 3.99 亿美元是环境资本支出，9.25 亿美元用于削减和控制当前项目的风险和危害。

（4）康菲石油公司。

康菲石油公司是一家综合性的跨国能源公司，总部设在美国得克萨斯州休斯顿市，业务遍布全球。康菲石油公司是美国第三大石油公司，也是全球第四大炼油商，位列世界 500 强第 12 位。

在 20 世纪 80 年代，康菲石油公司在北海的海上员工公寓和休斯顿化工厂曾经发生过严重的安全事故，造成了重大伤亡，这两起灾难对康菲石油公司以后的安全工作有着极大的影响。

现在，康菲石油公司的员工无论在何时何地都把《健康、安全和环保管理体系政策和程序》当作圣经，按照最高的标准来贯彻执行，公司从最高领导到普通员工，在每个层面上都进行持续的安全意识灌输和强化。安全环境创优计划是康菲石油公司 HSE 管理体系的一大特色。

康菲石油公司的 HSE 体系强调，要把对所有项目、产品和施工的安全和环保问题终生负责的理念融入 HSE 管理中去，通过实施安全环境创优计划来进一步确保 HSE 管理体系的实施，确保 HSE 行为的不断优化和 HSE 业绩的持续提升。

环境创优计划是一个旨在对健康、安全与环境危险进行管理控制的工作过程，只有将这个过程贯穿到整个公司的全部工作中去，而不是把它片面地理解为一种“ 特殊”的工作，这个过程才能充分发挥其效力。同其他各项工作一样，最高管理层的领导和承诺是成功的重要保障，安全环境创优计划中的每个要素都建立在这种承诺的基础之上，这些要素中的每一级都包括一些具体的要求。只有满足了所有这些要求，才能进入该要素中的更高

一级，通过控制每一级要素的完成质量来实现 HSE 表现的不断优化。

康菲石油公司非常重视对社区的安全和环保投入，并且热心于公益性的安全和环保活动。康菲石油公司组织的“房屋火灾安全（Fire Safety House）”行动，在过去 14 年间教育过 100 多万名美国儿童在发生火灾时如何保护自己和家人；康菲石油公司与红十字协会合作开展了一系列教育合作项目，例如在阿拉斯加州，康菲石油公司为全州所有的学校提供免费的灾难教育教材。“9·11”事件发生后，康菲石油公司曼哈顿附近炼油厂的员工积极参与献血行动并捐献应急设备，其搜救队帮助世贸大楼附近的居民撤离事故现场，并参与了事后废墟现场的疏通和清理工作，另外康菲石油公司还先后为受害者家属捐赠 400 多万美元。

（5）英国石油（BP）公司。

BP 公司是世界上最大的石油石化公司之一，总部设在英国伦敦，BP 公司的近 11 万名员工遍布全世界，在百余个国家从事生产和经营活动。BP 公司位列 2005 年世界 500 强第 2 位，欧洲 500 强之首。

BP 公司的核心价值观是业绩驱动、创新、进步和绿色，绿色就是指环保理念。BP 公司把环保理念作为公司核心价值观的 4 个方面之一，生产经营过程的每一个环节都充分考虑环保。BP 公司的 HSE 基本理念是不发生事故、不造成人员伤害、不破坏环境。BP 公司承诺：不管在何处，为 BP 工作的每一个人都有责任做好 HSE 工作。

优良的 HSE 业绩，全体员工的健康劳动和人身安全，与企业的成功息息相关。BP 公司的 HSE 管理体系包括了详细的安全操作手册，其中最重要的内容就是其“安全黄金定律”，黄金定律涵盖了以下 8 个方面：工作许可、高空作业、能源隔离、受限空间作业、吊运操作、变更管理、车辆安全和动土工程。

黄金定律能够提供最基本的安全指导，包括作业过程中可能存在的风险及相应的防范措施，必需的检查事项，以及从长期实践中提炼出的推荐做法等，BP 公司要求每一位员工都要熟知其黄金定律，并且随时随地坚持高标准地遵循这些定律。

（6）拜耳公司。

拜耳公司是世界第 4 位、德国第 3 位的以化工业务为主体的大型跨国化工公司，总部位于德国西部的勒沃库森，在六大洲的 200 多个地方建有 700 多家生产厂，高分子、医药保健、化工以及农业是公司的四大支柱产业。拜耳公司位列 2005 年世界 500 强第 124 位。

拜耳公司的目标是环保、安全、质量和效率，为了达到这些富有挑战性的企业目标，拜耳公司开发了综合 HSE 交流和管理体系，它将国际标准与拜耳公司的政策、原则相结合，促进沟通，保证透明度，确保该体系的有效运行。

拜耳公司承诺，在全球范围内保护自然资源、确保工厂安全运行，并最大限度地减少对环境的影响。拜耳公司在其“责任关怀—环境保护与安全指导原则”中阐明“全面的环境保护、最佳的安全条件、良好的产品质量和最优的商业效益是与达到公司目标同等重要的 4 个因素”，该指导原则适用于所有的拜耳机构，对于拜耳公司来说，全球承诺即意味着全球责任。

在环保和安全领域，拜耳公司要求每个员工都要负责地运用其专业知识和技术，同时遵守“责任关怀”这一化工界倡议的原则，它意味着自愿地承诺在环保和安全方面进行实质性的不断改善。

8.2.3 国内大型石油石化公司的 H S E 管理特色

（1）中国石油的 HSE 管理。

随着石油工业跨国合作机会的增多，原中国石油天然气总公司逐步认识到了开展 HSE 管理的重要性。1994 年油气勘探开发的健康、安全与环境国际会议在印度尼西亚雅加达召开，中国石油天然气总公司作为会议的发起者和资助者派代表团参加了会议。通过会议，中国石油天然气总公司与国际石油组织、全球各大石油公司和服务商进行交流，建立了良好的沟通渠道。密切关注国际上 HSE 管理体系标准制定的发展动态，并开始在中国石油天然气总公司及其下属企业全面推行 HSE 管理。从 1996 年 9 月开始，中国石油天然气总公司组织人员对 ISO/CD14690 草案标准进行了等同转化，于 1997 年 6 月 27 日正式颁布了 SY/T 6276—1997《石油天然气工业健康、安全与环境管理体系》，自 1997 年 9 月 1 日起实施。同期颁布的标准还有 SY/T 6280—1997《石油地震队健康、安全与环境管理规范》、SY/T 6283—1997《石油天然气钻井健康、安全与环境管理体系指南》，于 1997 年 11 月 1 日实施。

1999 年 12 月，中国石油天然气集团公司（以下简称中国石油集团）在经过石油、炼化企业广泛试点的基础上，编写了《中国石油天然气集团公司健康、安全和环境管理体系管理手册》，并于 2000 年 1 月 29 日发布，标志着中国石油天然气集团公司 HSE 管理体系的全面推行。

SY/T 6276—1997《石油天然气工业健康、安全与环境管理体系》标准由 7 个一级要素要素 26 个二级要素构成。要素之间关系可以描述为动态的螺旋桨叶轮片形象。“领导和承诺”是建立和实施 HSE 管理体系的核心，是螺旋桨的轴心。叶轮片为顺序排列的其他关键要素，整个螺旋桨围绕轴心循环上升，表明中国石油集团致力于持续改进其 HSE 管理体系和表现的决心（见图 1-1CNPC 健康、安全与环境管理体系）。

目前，中国石油集团几乎所有的下属企业都实施了 HSE 管理。随着 HSE 管理在中国石油集团的推广、深入，东西方管理理念的碰撞使人们对HSE管理有了深入的理解，也出现了一些新问题。2004 年，根据中国石油集团 HSE 管理实际，考虑到 HSE 管理标准与国家标准 GB/T 24001《环境管理体系：规范和使用指南》、GB/T 28001《职业健康安全管理体系 规范》兼容的需要，并参照 GB/T 19001《质量管理体系 要求》标准有关要求，中国石油集团对 SY/T 6276 标准进行了修订，颁布了 Q/SY 1002.1—2007 标准《健康、安全与环境管理体系 第 1 部分：规范》，2004 年 7 月 29 日颁布，2004 年 10 月 1 日实施。2007 年 8 月，中国石油集团在 Q/SY 1002.1—2007 的基础上，又颁布了新标准 Q/SY 1002.1—2007《健康、安全与环境管理体系 第 1 部分：规范》。2007 年 8 月 20 日发布，2007 年 8 月 20 日实施，代替 Q/SY 1002.1—2007，新标准采用了 GB/T 24001 标准的结构，整合了环境管理体系、职业健康安全管理体系有关要求，具有更强的通用性，标志着中国石油集团 HSE 管理进入了新的阶段。管理体系整合的目的是为了避免一个组织内存在多个管理体系带来的不利问题。体系整合还在继续，QHSE 管理体系已经在有些公司建立并运行。这些有益的探索将不断提升集团公司的管理水平。

（2）中国石化的 HSE 管理。

中国石油化工集团公司（以下简称中国石化集团）于 2001 年 2 月 8 日正式发布了中

国石油化工集团公司安全、环境与健康（HSE）管理体系标准（Q/SHS 0001.1—2001）。另外还颁布了 4 个规范和 5 个指南，4 个规范是指《油田企业 HSE 管理规范》《炼化企业 HSE 管理规范》《施工企业 HSE 管理规范》《销售企业 HSE 管理规范》；5 个指南是指《油田企业基层队 HSE 实施程序编制指南》《炼油化工企业生产车间（装置）HSE 实施程序编制指南》《销售企业油库、加油站 HSE 实施程序编制指南》《施工企业工程项目 HSE 实施程序编制指南》和《职能部门 HSE 职责实施计划编制指南》。《中国石化集团公司安全、环境与健康（HSE）管理体系》规定了安全、环境与健康管理体系的基本要求。

4 个 HSE 管理规范是中国石化集团 HSE 管理体系的支持性文件，是中国石化集团直属企业实施 HSE 管理的具体要求和规定，描述企业的安全、环境与健康管理的承诺、方针和目标以及企业对安全、环境与健康管理的主要控制环节和程序。其中，《油田企业 HSE 管理规范》适用于中国石化集团各勘探局、管理局及所属二级单位；《炼化企业 HSE 管理规范》适用于中国石化集团各炼油企业、化工企业；《销售企业 HSE 管理规范》适用于销售企业、管输公司及所属二级单位；《施工企业 HSE 管理规范》适用于中国石化集团各施工企业和油田企业、炼化企业分离出来的施工单位。

HSE 管理体系由十要素构成，各要素之间紧密相关，相互渗透，不能随意取舍，以确保体系的系统性、统一性和规范性。

（3）中国海油的 HSE 管理。

中国海洋石油集团公司（以下简称中国海油集团）于 1993 年开始关注 HSE 问题，1994 年提出实施建议，1996 年立项研究，1997 年颁布了《安全管理体系原则（1997）》和《安全管理体系文件编制指南》，2000 年推出 安全管理体系及认证办法。2001 年，中国海油集团颁布了《中国海洋石油有限公司 HSE 管理体系》《中国海洋石油有限公司钻完井 HSE 管理体系》，2002 年，中国海油集团已全面建立了勘探、开发作业 HSE 管理体系。2005 年，公司各所属单位均建立了各自的管理体系并正式发布实施。整个体系覆盖了生产、经营等所有活动。

中国海油集团建立并实施 HSE“持续改进计划”，将企业 HSE 工作涉及的主要问题进行归纳和分解，确定了 15 个要素，并对各要素对应的 10 个级别的标准进行了详细的描述，然后由各单位结合企业自身情况和侧重点，在要素和级别档次上进行有效测评，级数越高表明企业的 HSE 工作做得越好，以此来直观地判断企业的 HSE 状况。

其后还颁布了《生产经营型投资活动健康安全环保管理规定》，落实各投资企业 HSE 管理形式，明确职能定位和工作界面。2004 年中国海油集团根据海上石油作业处于恶劣的海洋环境，易发生突发事件，且海上救援困难修订并发布了《中国海洋石油总公司危机管理预案（2004）》，对危机管理组织机构、应急组织职能、相应程序作了明确规定。同年颁布了《重大安全责任事故行政责任追究制度》。2005 年，中国海油集团各单位都取得了《安全生产许可证》，在国内的各生产企业中属于第一批接受政府审查并取证的。

中国海油集团实行全方位、全过程的安全管理。所谓全方位，即实行海上油气生产设施的安全由作业者负责，第三方检验把关，政府监督管理；所谓全过程，即从海上油气田的总体开发方案（ODP）开始，到基本设计、详细设计、建造、运输、安装、试运行及投产后的生产过程，废弃平台，实施全过程的安全监督管理。

8.3 苏里格南国际合作区 HSE 管理体系的实施

苏南公司自成立以来，始终牢固树立“发展是第一要务，安全是第一责任，和谐是第一使命”的理念，以“标准化设计、模块化建设、数字化管理、市场化运作”方针为指引，以产能建设为中心，以外协突破为保障，以安全环保为基础，以队伍建设为支撑，攻坚啃硬、拼搏进取，努力开创气田开发建设新局面，呈现出了外协攻关持续突破、产能建设高效运行、员工队伍和谐稳定、各路工作有序推进的良好发展态势。

苏南公司建立“部门负责、业务主导、项目引导”的管理模式，进一步搞好发展规划，细化实施方案，逐步形成完整、系统、全覆盖、全过程的管理体系。在质量管理方面，严格遵循质量方针，着力完善质量管理体系，推进体系认证，推广先进质量管理方法；在标准化工作方面，按照“共性为主、源头入手、面向国际、注重实效”的要求，推进各业务领域重点标准的修订和优化整合；在流程管理方面，按照强化基础、拓展延伸的思路，规范、梳理、简化业务流程，切实提高运行效率；在制度建设方面，加强制度体系的顶层设计和分级维护，保持制度的先进性、选用性和科学性，强化制度的执行力。切实从根本上强化公司的基础管理工作。

为了确保苏南公司的各项业务活动符合相关的 HSE 法律法规要求，并且以健康、安全和环保的方式进行，确保人员的健康与安全得到保障，能够将对环境的影响降低到最低程度，贯彻执行苏南公司的 HSE 政策、管理方针和承诺，实现公司 HSE 管理战略目标，公司建立了 HSE 管理体系。

8.3.1 苏里格南国际合作区 HSE 管理目标

苏南项目在开发之前，严格按照《苏里格南区块总体开发方案（地面工程）》《苏里格南区块总体开发方案（地质与气藏工程）》《苏里格南区块总体开发方案（钻采工程）》编制了 HSE 专题报告，报告内容涉及安全、环境、职业健康三个方面，对安全方面的危险、有害因素，环境影响要素，职业健康有害因素进行了全面、细致的分析，并有针对性地提出了对策措施和建议。

公司将 HSE 管理目标进行明确的层级划分，分为战略目标和具体目标。

HSE 管理的战略目标是按照“推体系、控风险、强过程、抓监管”的工作思路，依靠系统科学的管理方式、专业的技术方法及信息化的管理手段，逐级落实 HSE 责任，通过全面的过程控制，强化执行力，力求达到：使公司的健康、安全、环境管理业绩达到国内同行业领先水平，零伤害、零污染、零事故，在健康、安全与环境管理方面达到国内同行业领先水平。

在战略目标的指引下，结合苏南项目的实际情况以及长庆油田公司年度下达指标，将 HSE 管理的具体目标确定为：

（1）杜绝井喷失控事故，杜绝较大及以上火灾爆炸事故；

（2）杜绝较大及以上油气泄漏事故；

（3）杜绝一般 B 级事故，减少其他一般事故；

（4）杜绝交通死亡事故；

（5）杜绝较大及以上环境污染和生态破坏事故；

（6）杜绝一般及以上职业病危害事故；

（7）三废（废水、废气、固体废物）全部实现规范处置，达标率 100%；

（8）职业健康体检率 100%，职业病危害因素检测率 100%。

为了保证目标的实现，公司将 HSE 目标和指标均以年度 HSE 工作要点方式予以了明确，并以安全环保责任书和绩效合同的形式，量化分解下达给所属部门、单位和岗位。这样的做法将企业管理目标落到了实处，有利保证了 HSE 管理按既定目标前行。

8.3.2　苏里格南国际合作区 HSE 管理体系实施原则和方法

为了成功地领导和运作一个企业，需要采用一种系统和透明的方式进行管理，针对所有相关方（包括顾客、员工、社会各界）的需求，实施并保持持续改进其业绩的管理体系，从而使企业获得成功。苏南项目策划建立、实施运行、持续改进 QHSE 管理体系过程中遵循了以下原则：一是以“高严精细”（高标准、严要求、精细化、重落实）的 HSE 管理理念为引领；二是以 HSE 管理体系为载体；三是以“依法合规”为主线；四是以“标准化、精细化”生产现场为核心的管理模式。

在HSE管理体系建设过程应用了“过程方法”。为使公司各项生产经营活动有效运行，必须识别和管理许多相互关联和相互作用的过程。通常，一个过程的输出将直接成为下一个过程的输入。系统地识别和管理企业所应用的过程，特别是这些过程之间的相互作用，称为“过程方法”。

HSE 管理体系是建立在“所有事故都是可以避免的”这一管理理念上的，即：如果我们能够预先识别特定的一种危害因素，就能够通过管理和发挥我们的技能来避免事故发生或是设法使人、环境和财产免受损害，即能够对风险进行控制。因此，实施 HSE 管理体系的第一步就是进行危险和有害因素分析。

根据现代安全管理理论，危害指可能造成人员伤亡、疾病、财产损失、作业环境破坏或其组合的根源或状态。由上述定义可知，危害是事故（事件）发生的原因。这种“根源或状态”来自作业环境中 物、人、环境和管理 4 个方面。

（1）物（设施）的不安全状态：使事故能发生的不安全的物体条件或物质条件。包括可能导致事故发生和危害扩大的设计缺陷、工艺缺陷、设备缺陷、保护措施和安全装置的缺陷等。

（2）人的不安全行为：违反安全规则或安全原则，使事故有可能或有机会发生的行为。包括不采取安全措施、误动作、不按规定的方法操作、制造危险状态，包括生理、心理、意识、能力等方面。

（3）有害的作业环境，包括物理的（噪声、振动、湿度、辐射），化学的（易燃易爆、有毒、危险气体、氧化物等）、生物因素及气象条件。

（4）管理缺陷，包括安全监督、检查、事故防范、应急管理、作业人员安排、防护用品缺少、工艺过程和操作方法等的管理。

在 HSE 管理体系的实施中，苏南项目运用了科学的识别和判断方法进行危险和有害因素识别（图 8.4）。

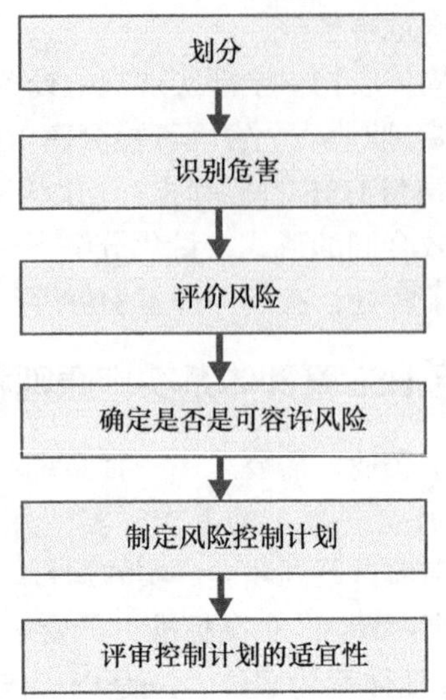

图 8.4　苏南项目 HSE 危险和有害因素识别过程

通过这个部分的工作，得到了苏南合作区自然灾害因素和有害物质的分析结果，并在此基础上设计了完善的管控措施。

8.3.3　苏里格南国际合作区 HSE 管理重点解决的问题

苏南公司的 HSE 管理严格按照中国石油的统一规定实施，在实施中针对重点问题进行了安全管控。

第一个重点问题是生产场站逐年增加，设备设施日常管理难度增大。

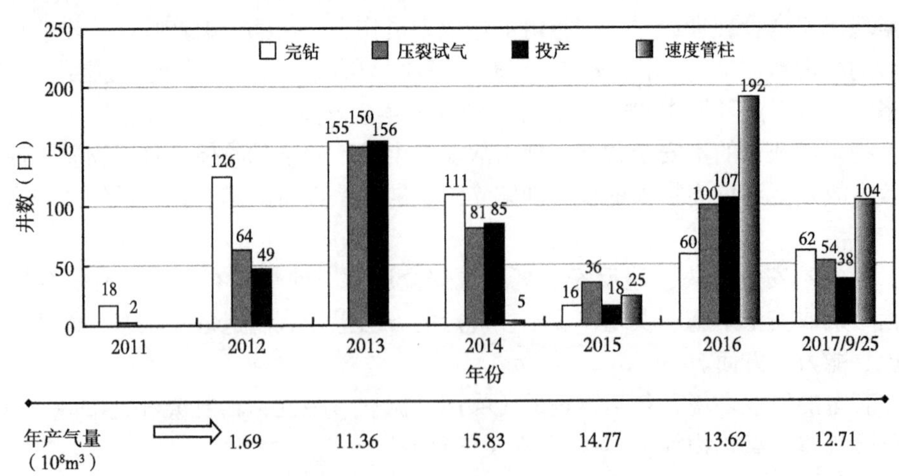

图 8.5　苏南项目历年来产建情况

2011—2017 年（截至 9 月 30 日）苏南累计完钻井 548 口，压裂井 487 口，投产井 489 口，实施速度管柱井 326 口，历年累计生产天然气 $70.93\times10^8m^3$。随着开发规模的增大，管理问题也凸现出来，需要更强有力的安全管控。

第二个需要重点解决的安全问题是承包商的安全管理。承包商队伍资质、安全管理水平和人员素质参差不齐，一线施工作业人员文化水平普遍不高，没有经过产业工人的专门训练，缺乏正确的作业习惯，对安全重要性的认识不足。部分规模较小的承包商安全管理松散、现场标准低下、自身安全意识淡薄，难以满足苏南日益提高的HSE管理标准。

第三个重点解决的问题是承包商作业点多面广、安全监管难度大。承包商作业点多面广，施工作业现场在监管人员未旁站情况下，存在侥幸心理，经常会出现一些习惯性违章行为，如：动火、登高、动土、临时用电、进入受限空间等作业虽然办理了审批手续，但对作业现场风险辨识不到位，安全设施不到位等。由于部分监管及监护人员无法全程履行HSE现场监督职责，所有这一切，与作业现场安全监管不到位直接相关，使得承包商的施工安全管理处于不安全状态。

第四个要解决的问题是制度、标准一线人员现场应用中风险识别不到位。目前苏南公司安全管控的系统文件已经非常完善，管理文件基本能涵盖所有的作业场所和作业种类，对基本的作业活动做到了全覆盖。但是，从生产现场的各种安全检查情况来看，违章行为和安全隐患依然存在。说明这些规章制度并没有被很好地执行，其中也有文件、制度过于繁杂，现场风险识别不到位及相关作业必须具备相应的安全知识等问题。

第五个需要重点解决的问题是HSE基础管理工作相对薄弱，安全管理专职人员较少。苏南公司作为成立时间相对较短的采气生产单位，生产一线职工安全意识和实践技能需进一步提升；随着采气生产规模的增大，HSE部门和作业区专兼职HSE管理人员较少。

8.3.4 苏里格南国际合作区HSE管理体系组织机构和职责

苏南项目现有机关职能科室9个、附属部门4个，采气生产单位2个，中外双方员工总数224人。其中，中方人员188人、道达尔员工36人、一般管理人员84人、技术人员51人、安全监管人员10人、操作人员89人。

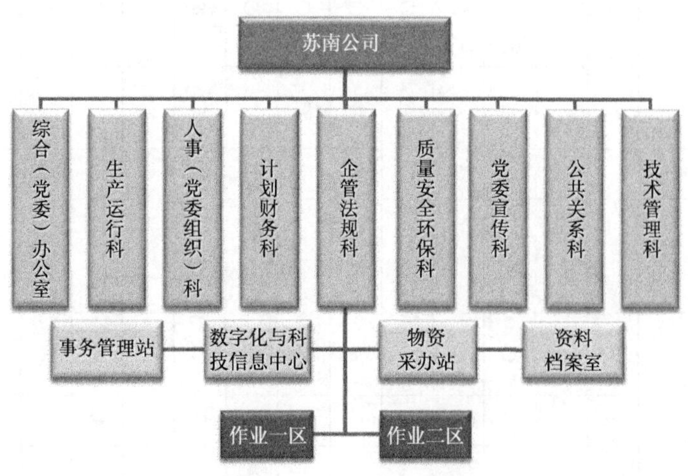

图8.6 苏南项目组织结构图

质量安全环保科是苏南公司负责 QHSE 管理职能的部门，主要负责该公司安全生产、质量及环保等工作。其工作职责包括：沟通协调上下级安全管理部门之间关系，负责指导公司安全生产管理工作，制订公司安全生产管理规章制度，建立监督管理网络；组织制度落实各部门、作业区安全生产责任制；建立安全生产工作目标管理职责，组织考核、评比、表彰；负责组织开展安全生产检查和督察工作，处理安全质量事故；负责组织开展安全生产工作的教育和培训。

表 8.1　苏南项目 HSE 管理体系部门职能分配表

HSE 管理手册要素	公司经理	党委书记	管理者代表	公司副经理	综合办公室	计划财务科	生产运行科	质量安全环保科	公共关系科	技术管理科	企管法规科	党委宣传科	人事组织科	数字化与科技信息中心	事务管理站	物资采办站	资料档案室	采气作业区
5.1 领导和承诺	★	★	★	★	●	○	○	○	○	○	○	○	○	○	○	○	○	○
5.2 健康、安全与环境方针	★		★		○	○	○	●	○	○	○	○	○	○	○	○	○	○
5.3 策划																		
5.3.1 危害因素辨识、风险评价和控制措施的确定			★		○	○	○	●	○	○	○	○	○	○	○	○	○	○
5.3.2 法律法规和其他要求			★		○	○	○	○	○	○	●	○	○	○	○	○	○	○
5.3.3 目标和指标	★				○	○	○	●	○	○	○	○	○	○	○	○	○	○
5.3.4 方案	★				○	○	○	●	○	○	○	○	○	○	○	○	○	○
5.4 组织结构、资源和文件																		
5.4.1 组织结构和职责	★	★	★	★	○	○	○	●	○	○	○	○	●	○	○	○	○	○
5.4.2 资源	★		★		○	●	●	○	○	○	○	○	●	○	○	○	○	○
5.4.3 能力、培训和意识		★	★		○	○	○	○	○	○	○	○	●	○	○	○	○	○

续表

HSE 管理手册要素	公司经理	党委书记	管理者代表	公司副经理	综合办公室	计划财务科	生产运行科	质量安全环保科	公共关系科	技术管理科	企管法规科	党委宣传科	人事组织科	数字化与科技信息中心	事务管理站	物资采办站	资料档案室	采气作业区
5.4.4 沟通、参与和协商		★	★		●	○	○	○	○	○	○	○	○	○	○	○	○	○
5.4.5 文件			★	★	○	○	○	●	○	○	○	○	○	○	○	○	○	○
5.4.6 文件控制	★		★	★	○	○	○	○	○	○	●	○	○	○	○	○	○	○
5.5 实施和运行																		
5.5.1 设施完整性			★	★	○	○	●	○	○	○	○	○	○	○	○	○	○	○
5.5.2 承包方和（或）供应方	★		★	★	○	○	●	●	○	●	●	○	○	○	○	●	○	○
5.5.3 顾客和产品				★	○	●	○	○	○	○	○	○	○	○	○	○	○	○
5.5.4 社区和公共关系					○	○	○	○	●	○	○	○	○	○	○	○	○	○
5.5.5 作业许可			★	★	○	○	○	●	○	○	○	○	○	○	○	○	○	○
5.5.6 职业健康			★	○	○	○	○	●	○	○	○	○	○	○	○	○	○	○
5.5.7 清洁生产				★	○	○	○	●	○	○	○	○	○	○	○	○	○	○
5.5.8 运行控制				★	○	○	●	●	○	●	○	○	○	○	○	○	○	○
5.5.9 变更管理				★	○	○	●	●	○	○	○	○	○	○	○	○	○	○
5.5.10 应急准备和响应			★	★	○	○	●	○	○	○	○	○	○	○	○	○	○	○
5.6 检查与纠正措施																		
5.6.1 绩效测量和监视					○	○	○	●	○	○	○	○	○	○	○	○	○	○

续表

HSE 管理手册要素	公司经理	党委书记	管理者代表	公司副经理	综合办公室	计划财务科	生产运行科	质量安全环保科	公共关系科	技术管理科	企管法规科	党委宣传科	人事组织科	数字化与科技信息中心	事务管理站	物资采办站	资料档案室	采气作业区
5.6.2 合规性评价					○	○	○	○	○	○	●	○	○	○	○	○	○	○
5.6.3 不符合、纠正措施和预防措施			★	★	○	○	○	●	○	○	○	○	○	○	○	○	○	○
5.6.4 事故、事件管理	★		★		○	○	○	●	○	○	○	○	○	○	○	○	○	○
5.6.5 记录控制					○	○	○	●	○	○	○	○	○	○	○	○	○	○
5.6.6 内部审核			★		○	○	○	●	○	○	○	○	○	○	○	○	○	○
5.7 管理评审	★				○	○	○	●	○	○	○	○	○	○	○	○	○	○

8.4 苏里格南国际合作区 HSE 管理体系建设成果和运行效果

8.4.1 形成了社会责任导向的 HSE 管理承诺、方针和理念

（1）8 项 HSE 管理承诺体现安全高于一切。

HSE 管理承诺的意义在于，领导干部应起到带头作用和充分展现自身的影响力，促进企业整体提高 HSE 的意识。企业管理者要始终坚持“安全高于一切、生命最为宝贵”的思想，遵守“谁主管谁负责”的原则，认真履行自身所在岗位的 HSE 职责。

在苏南项目，员工是企业的财富，安全是生存的条件，环保是企业的社会责任，不管在何处，为公司工作的每一个人都有责任做好 HSE 工作。苏南项目将关爱生命、保护环境作为公司 HSE 管理的核心工作，做出以下承诺：

① 在开展业务的任何区域，将始终遵循国家的法律法规及规章制度。

② 尊重当地的风俗习惯及宗教信仰，建立和谐的社区关系，为当地经济发展做贡献。

③ 把职业健康安全环保视为最优先目标，任何决策必须首先考虑 HSE 要求。

④ 提升风险管控能力，防止人身伤害及环境污染。

⑤ 强化培训，提高全员 HSE 能力，增强 HSE 意识，培育并维护企业 HSE 文化。

⑥ 在选择承包商和供应商时，首先考虑遵循本公司安全、健康、环境政策的能力。与相关方共同努力、共同提高 HSE 管理水平，致力于可持续发展。

⑦ 优化资源配置，持续提高 HSE 绩效。

⑧ 公司始终如一地坚守承诺并付诸实施。

通过 HSE 管理承诺，让各级领导理解并充分认识到建立 HSE 体系的目的和意义，发挥各级领导干部的示范力。领导干部首先自身要努力保持思想的紧迫、精神的警惕、工作的认真、行动的负责、作风的刻苦，用切实的工作对全体员工作出表率，在每一项工作中规范 HSE 责任的落实。

（2）4 项 HSE 方针凸显企业社会责任。

HSE 管理方针是一个公司对 HSE 管理工作的指导思想，苏南项目 HSE 方针是：以人为本，预防为主；全员负责，持续改进。

以人为本意味着坚守“发展决不能以牺牲人的生命为代价”的红线，时时、事业、处处维护广大员工及相关方的身体健康和生命安全。

预防为主，无论何时何地，在做什么工作之前，都应识别、防范和控制风险，及时消除事故隐患，注重事前预防。

全员负责，全体员工（包括承包商、供应商）都应积极履行 HSE 管理职责，对分管业务或属地范围内的 HSE 工作负责。

持续改进，定期组织开展 HSE 审核评估，持续改进存在的问题，创新和推广优良实践，不断提升 HSE 综合管理水平。

10 项 HSE 管理理念体现科学与合理

一个企业的 HSE 管理体系的成功，应当对国内外石油企业 HSE 的成功经验进行科学合理的归纳、总结，对企业的生产、施工安全和企业管理的问题进行细致、深入和全面的分析。在这样的基础上，树立以安全为重心，预防为主体，全员参加为基础的理念，使企业运行的 HSE 管理体系可以高效率、合理、持续改进的管理。苏南项目 HSE 管理的十大理念良好体现了科学和合理：

①HSE 管理不仅仅是经济责任、法律责任，更是社会责任；

②HSE 是一项具有战略意义的长期投资；

③ 良好的 HSE 业绩是我们事业成功的关键，它不仅能够提高生产效率、管理水平，还有助于树立良好的公司形象；

④ 员工是公司的财富，是不可再生的资源；

⑤ 将 HSE 融入生产全过程及每个工作岗位，实行属地管理，落实直线责任，谁主管、谁负责，每一位员工对 HSE 工作都负有不可推卸的责任，安全是我们共同的职业底线；

⑥ 任何情况下安全第一，必须投入足够的时间、采取有效的措施以确保安全；

⑦ 承包商管理是我们 HSE 管理的重要组成部分，将承包商的 HSE 管理纳入我们的管理体系中，执行统一的 HSE 标准；

⑧ 保护环境、节约能源、清洁生产、致力于可持续发展，是我们义不容辞的责任；

⑨ 一切事故都可能发生，通过识别、消除和控制作业场所的危害因素，所有的事故

都是可以避免的；

⑩ 事故事件是资源，管事故管不好安全，管事件管得住事故，只有不到位的执行，没有抓不好的安全。

8.4.2 建立了符合法规要求切合企业实际的 HSE 文件体系

HSE 建设的成果体现为形成 HSE 体系文件。文件的价值在于能够沟通意图、统一行动，其使用有助于：满足顾客、员工、社会及其他相关方要求和改进；提供适宜的培训；重复性和可追溯性；提供客观证据；评价管理体系的有效性和持续适宜性。

为实现苏南项目企业经营发展战略，提升苏南项目健康、安全与环境管理水平，依据中国石油天然气集团公司《健康、安全与环境管理体系第 1 部分：规范》（Q/SY 1002.1—2013）、油田公司《健康安全环境管理体系管理手册》（CQ/HSE.SC—2016）及健康、安全与环境管理相关要求，现行适用健康、安全与环境法律、法规、标准和规范，结合苏南项目现有生产经营现状，苏南项目对原 SSOC/HSEM2/0《苏里格南作业分公司 HSE 管理手册》进行换版修订，于 2018 年完成了该项工作。

修订后的手册对苏南项目的健康、安全与环境管理提出了纲领性、原则性要求，并阐述了苏南项目 HSE 方针、目标，是苏南项目开展 HSE 工作的基本准则和行动指南，是机关各部门、单位 HSE 工作的唯一依据和衡量标准，也是苏南项目对所有顾客和相关方的承诺。该手册描述了苏南项目现行健康、安全与环境管理体系的各项要求，确定了苏南项目健康、安全与环境管理体系所需的过程及其相互作用，覆盖了所有部门、场所、活动、产品和服务，是向顾客、社会、员工以及相关方证实苏南项目健康、安全与环境保证能力的证实性文件，可作为内、外部方评价苏南项目健康、安全与环境管理能力是否满足健康、安全与环境法规及标准的依据。

（1）建立了 6 项 HSE 政策。

包括个人防护用品（PPE）零容忍政策、酒精和违禁品政策、停工政策、禁烟政策、环境政策、交通政策。

（2）建立了 12 项作业准则。

① 作业准则涉及的内容包括在作业前应进行危害辨识和风险评估，在安全和受控条件下作业。

② 确保所有作业人员的能力、资质符合要求、未经授权，严禁进行技术、工艺、设备和关键岗位人员的变更。

③ 未办理作业许可严禁从事危险作业。

④ 作业过程中，如果作业许可的条件发生变化，应重新办理作业许可。

⑤ 选择与工作任务、环境相适应的工具，利用得当的操作方法进行作业，确保作业姿势符合人体工效学。

⑥ 在交叉作业不可避免的情况下，必须加强监护，明确协调人员，对相关方进行风险告知及交底。

⑦ 在有可能发生能量意外释放的环境下作业，必须进行能量隔离，并挂牌上锁。

⑧ 未办理作业许可严禁从事危险作业。作业过程中，如果作业许可的条件发生变化，应重新办理作业许可。

⑨ 在吊装作业过程中，禁止在吊物或吊臂下行走、逗留。

⑩ 在未进行隔离和气体检测前，禁止进入受限空间。

⑪ 在未获得作业许可和未评估地下风险前，禁止进行挖掘作业。

⑫ 高处作业必须系挂安全带。

（3）形成了 27 项 HSE 程序文件。

程序文件采取流程化、程序化的编写方式，简单易懂（图 8.7）。同时通过对业务流程的梳理，HSE 管理系统要素有效分配到各业务流程中，实现了风险的全流程管理，建立了风险控制的优先原则，对所有风险实施分级管理，有效地加强了公司对生产现场风险的管控能力。

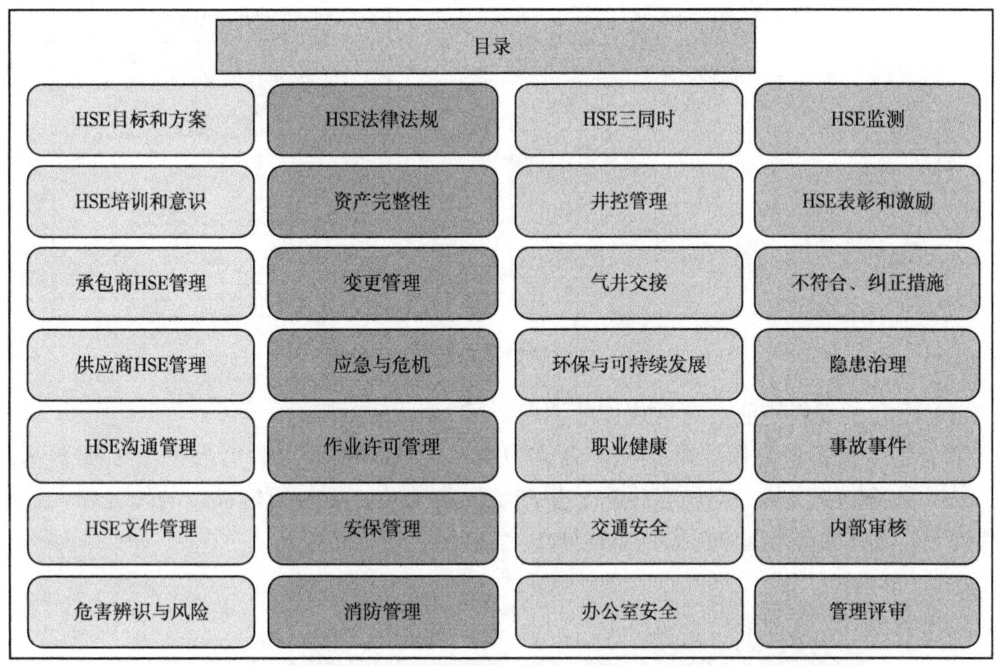

图 8.7　苏南作业分公司 HSE27 项程序文件

（4）建立了 37 项 HSE 管理规定。

HSE 管理规定是苏南公司为规范具体 HSE 管理和作业行为制定的管理办法和作业规范，是管理程序的支持文件。每一项规定都对特定活动或者作业过程进行了详细的说明和职责界定，并用流程图的形式进行表述，使各项特定活动及作业过程简单明了，易于操作执行。

（5）完成了 68 项岗位标准作业程序。

岗位标准作业程序经过不断的开发完善，目前有集气站岗位标准作业操作卡 41 项，综合维护岗位标准作业操作卡 27 项。涵盖采气生产现场各类设备启停作业、气井开关井、应急设备使用等标准操作。

（6）形成了生产现场安全目视化指导手册。

苏南公司通过近年来的安全目视化管理的成功经验及良好的实施效果，制订了《生产现场安全目视化指导手册》。通过生产现场的图片、图形、色标、文字等视觉信号，迅速而准确地传递，将复杂的信息如安全规章、生产要求等具体化和形象化，实现安全管理规章、生产要求等与现场、岗位的有机结合，从而实现各岗位人员的规范操作，有效的提高了在作业现场的安全管理工作效果。

（7）完善了风险辨识清单。

每年在所有设备和设施、相关作业、生产、施工等有关活动中开展一次风险辨识活动（图 8.8）。对岗位管理单元进行划分，把操作项目进行分解，进一步细化、完善了生产作业活动风险辨识清单。同时按照风险等级划分标准，确定生产安全风险红、橙、黄、蓝四个等级。通过分级便于现场人员清晰、明了判断风险，并采取相应的控制措施。

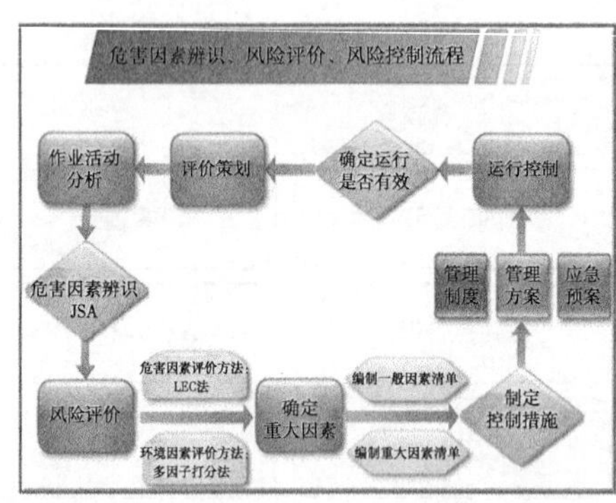

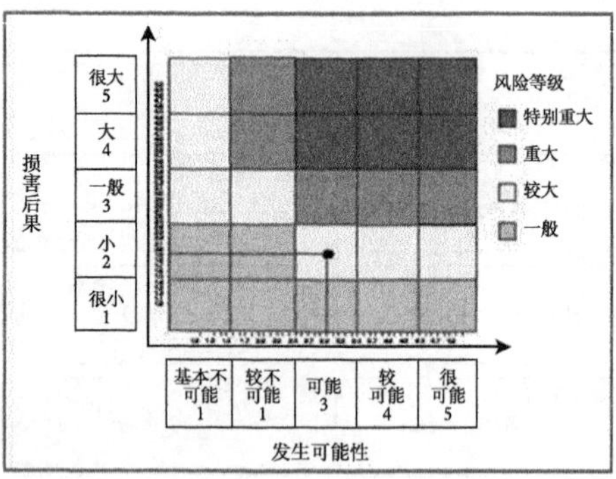

图 8.8　风险辨识流程及风险矩阵图

（8）建立了常规作业与非常规作业清单。

建立常规和非常规作业是推动作业许可管理、强化作业风险管控的一项重要基础工作。根据现场作业现状，对所有生产、生产辅助和非生产区域可能涉及的作业项目进行了认真梳理，其中常规作业 64 项，非常规作业 30 项（图 8.9）。

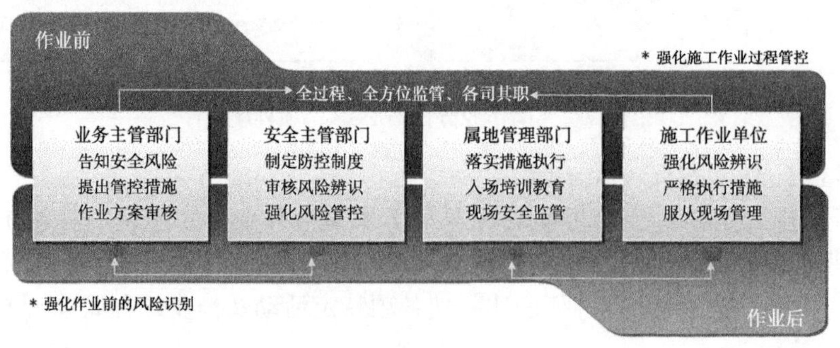

图 8.9　作业清单监管流程

（9）运用安全环保检查表。

编制了安全环保检查表，分为天然气生产作业类安全检查表、天然气生产设备设施类安全检查表、天然气生产安全管理类安全检查表、天然气生产厂（站）安全检查表 4 个检查模块，共计各类检查表 58 份。同时每个检查表里的每项检查内容都注有相应的检查依据，任何人员持有检查表不需要具备相应的专业知识就可以对照检查表开展检查工作。

（10）编制更新事件、事故案例汇编。

事故案例作为安全教育的一部分，对提高员工的安全意识和反事故的能力有很大帮助，从中可以受到思想上和技术上的双重提高。苏南公司将 2012 年到 2016 年作业区发生的 50 起事件逐一进行原因分析，提出防范整改措施，供全体员工深入学习自己身边生活、工作中发生的事件，以起到警示，教育员工的目的，从而提高全体员工安全知识的认识理解能力及预防和处理事故能力。

8.4.3　有效实施应用 HSE 管理体系

（1）HSE 管理责任的落实。

公司与各科室、作业区逐级签订《安全环保责任书》，明确了全年安全环保工作的考核指标。结合公司实际，将关键生产装置和要害单（部）位与领导干部联系点予以明确，副科级以上人员全部制定个人安全行动计划。

为贯彻中国石油集团有限公司开展履职能力评估工作的要求，掌握当前管理人员履职能力现状，聘请第三方对 91 名管理人员进行了履职能力，细化完善了苏南公司岗位安全环保职责。

（2）积极开展 HSE 管理体系审核工作。

HSE 管理体系审核是改善企业健康、安全与环境管理的有效工具，通过审核可以不断发现问题，改进 HSE 管理体系运行状况，提升企业健康、安全与环境管理水平。

按审核方和受审核方的关系，可分为第一、第二、第三方审核。第一方审核是指一个企业对自身的审核，也称为内审；第二方审核是指由相关方企业的审核人员对受审核方进行审核；第三方审核是指由胜任的认证机构对受审核方所进行的审核，这种审核按照规定的程序进行，其结果是对受审核方的 HSE 管理体系是否符合规定要求来作出结论并给予书面证明。

苏南项目 HSE 管理体系内部审核的目的有以下几点：

一是确定企业所建立的 1SE 管理体系是否符合国家和企业集团标准；

二是作为一种管理手段，及时发现健康、安全与环境管理中的问题，通过企业自身努力加以纠正或预防，确保体系的正确实施与保持；

三是确定体系的充分性、适用性和有效性；

四是在外部审核前，发现问题及时纠正，为顺利通过外部审核做准备；

五是作为一种自我完善机制，使体系保持有效性，并能不断改进，不断完善。

表 8.2　2018 年苏南项目 HSE 审核计划

序号	检查时间	工作内容	检查问题（项）	整改问题（项）	整改率（%）
1	4 月 8—17 日	迎接集团公司体系审核	18	18	100
2	4 月 19—27 日	迎接油田公司上半年体系审核	243	243	100
3	5 月 9—16 日	审核第四采油厂	286		
4	8 月 1—30 日	开展公司下半年内审			
5	9 月 9—10 日	迎接油田公司下半年体系审核	18	18	100
6	12 月 11—15 日	开展公司年度管理评审	9	正在整改	

HSE 管理体系是一项复杂的系统工程，HSE 管理体系审核是有效检验体系运行水平的工具。苏南项目的管理人员通过积极学习先进的审核方法，不断总结自身的经验做法，努力做到学习不照搬、落实不走样、执行不动摇，从而有效地开展审核，达到 HSE 管理体系运行的持续改进。

（3）及时总结部署安全生产工作。

每季度召开 HSE（防火）委员会暨安全环保动态分析会，研判安全管理形势，对安全环保重大事项进行决策，分析通报安全环保工作中存在的问题，实施闭环管理，促进 HSE 工作有序开展。

（4）全面推进基层站队 HSE 标准化建设工作。

按照长庆油田公司《基层队站 HSE 标准化建设实施方案》，从管理模块和硬件模块两大方面开展了工作，在 C1 和 C2 集气站完成了对标自查。

（5）建立苏南公司 HSE 信息系统。

结合苏南公司实际，建立 HSE 信息管理系统（图 8.10），通过 HSE 信息系统对日常 HSE 工作、HSE 数据管理、问题整改、隐患治理、HSE 培训等工作系统化、流程化，对各项 HSE 管理工作进行管理和提示，不断提升 HSE 管理效率和实效。

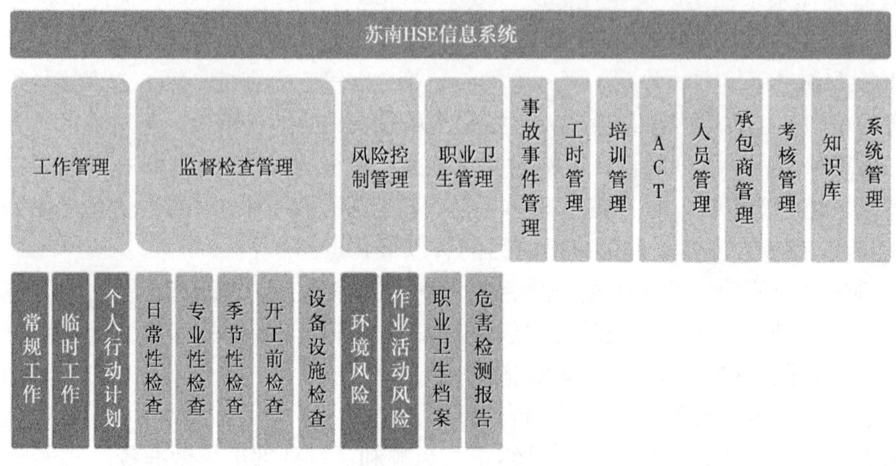

图 8.10　苏南项目信息系统图

HSE 信息系统覆盖各项业务的关键节点，并应用工作流，实现过程控制、流程驱动。它提供了 HSE 过程管理工具，将管理活动与关键风险融合，实现了整个管理过程的风险识别和预警；提供了风险管理工具，将风险识别与评价的工具以系统化的方式呈现，实现了风险的评价、跟踪与控制，保证每一项活动和过程始终处于受控状态，促进了风险预防。

（6）加强日常安全环保管理，夯实安全环保基础。

在切实有效的安全环保措施保证下，苏南项目全部实现了安全生产。以 2017 年为例，100% 实现安全作业，如图 8.11 所示。

一是强化检修工作监管，定期进行停产、抢修和技改工作。在检修期间，公司各部门及作业区狠抓作业安全管理，落实好各项安全防护措施，安全、高效完成年度检修工作。

二是强化危险作业许可管理。严格执行油田公司特殊时段高危作业升级审批规定，对各类高危作业现场制定作业方案、逐级严格审批、全程旁站监督。

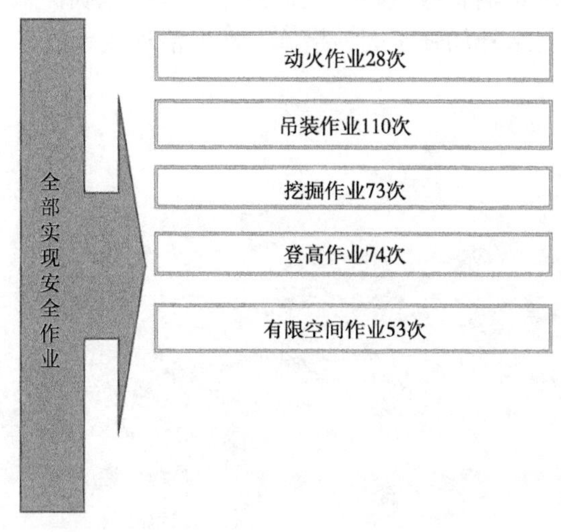

图 8.11　苏南项目安全作业统计（2017 年）

三是强化交通安全管理。严格执行外雇载人车辆租用制度，从源头抓起，严格驾驶员准驾、车辆准入程序。定期开展车辆技术状况检查，生产启动前对公司外雇车辆进行车辆技术状况检查，日常车辆运行过程中要求单车做到每月两次上架检查。加强车辆日常管理，严格落实油田公司 GPS 管理制度，严格控制出车频次，严格车辆调派，严格执行路单调派管理制度，通过 GPS 车载监控系统，严厉查纠超速行驶、强超强会等违章行为。

对所有台承包商车辆全部加装行车记录仪，加强对车辆行驶过程中的安全监管。截至 2017 年 11 月 31 日，未发生一起恶性交通事故。

四是加强消防安全管理。定期进行生产设施设备年度春季防雷检测工作，确保生产设施设备接地装置安全可靠。建立消防重点部位《消防档案》，对 C1 和 C2 集气站消防重点部位《消防档案》进行了修订、上报。采取观看消防教育片、消防法宣贯学习和邀请长庆油田公司保卫部消防科专家到基层生产一线进行消防安全知识培训。

五是开展天然气管道检测工作，对集气站站内管线进行了壁厚监测、焊缝无损检测、硬度检测、低频超声导波以及应力分析，对集气干线管线进行了内腐蚀敏感性分析，对已投产干管和采气支管的管线进行内腐蚀敏感性分析。

六是积极开展应急演练工作。以管线刺漏、防暴恐袭击、库房着火、防洪防汛等演练科目为重点，开展全方位、多层次的开展应急演练工作。

七是全面开展安全生产月活动和劳动竞赛，激发员工参与安全的积极性。在机关、作业区、前指分别组织观看警示教育片，开展安全主题书法作品征集活动。

八是多层级开展 HSE 培训工作，不断提升全员安全环保素养 。邀请油田公司安全环保处开展集团公司 HSE 管理理念及常用 HSE 管理工具应用培训。开展了以“依法防治职业病、切实关爱劳动者”为主题的职业健康培训。开展了应急救护专题培训。公司机关、前指及基层作业区共 100 余人参加。开展低压电工、压力容器、压力管道取复证送外培训，提高员工安全技能和意识。

九是扎实推进环境保护工作，创建和谐气区环境。开展环境影响评估工作，经第三方技术机构现场评价，确定苏南公司综合环境风险等级为一般环境风险。加强管输系统监控管理，检修期间对采出水集输管线进行了全面打压、验漏，确保采出水管线运行正常。加强固废管理工作。在集气站外加强了固沙措施，沙漠治理效果明显，如图 8.12 所示。

图 8.12　苏南项目集气站外固沙措施

8.4.4　苏里格南国际合作区 HSE 管理成就

（1）HSE 管理绩效优秀。

实行 HSE 管理能够以技术手段和管理手段的更新，不断提升企业在环境等各方面的管理水平。通过 HSE 管理工作，企业的管理水准得到了大大的提升，并且是从各个方面所具备的综合提升。迄今，苏南公司总工时达到：24500062h（包括承包商）；交通安全里程：742.63×10^4km；自 2011 年开发建设以来，均未发生统计上报范围内的工业生产安全事故、火灾事故、道路交通、环境保护事故，取得了连续 7 年天然气建设生产安全平稳的良好业绩（图 8.13）。

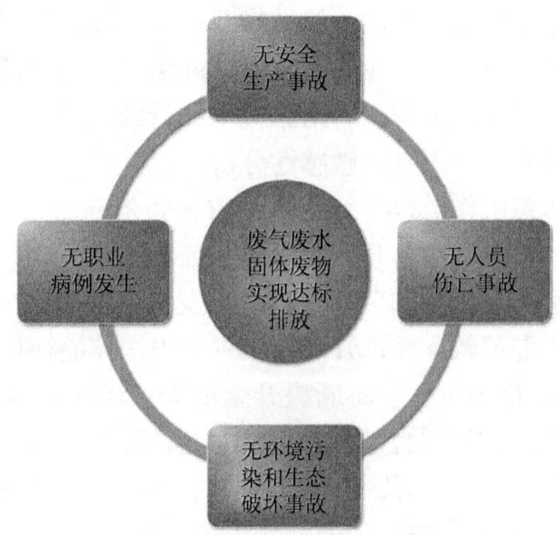

图 8.13　苏南项目安全质量事故管理成就

（2）HSE管控现场管理系统更加健全。

几年来公司不断完善现场风险管控文件，通过对业务流程的梳理，HSE管理系统要素有效分配到各业务流程中，实现了风险的全流程管理。随着各类安全管控作业文件及HSE信息系统的应用实施，进一步细化完善了安全管控现场管理系统。作业文件以图表、流程图、检查表的方式使作业人员在各项特定活动及作业过程中对风险的识别更加快速、准确。

（3）生产作业现场风险管控能力不断增强。

通过不同形式，作业人员在日常工作活动中更加主动、有效地识别存在的不安全因素，切实落实各级、各类人员的安全责任制，强化制度执行力，真正实现了安全防范关口前移，有效保障了生产现场作业安全。

（4）安全环保意识持续提升、落实于细节。

通过HSE管理工作的持续推进，苏南作业分公司的全员安全环保意识得到明显加强，让员工增强了安全管理的主动性，逐步树立“属地是我家、我的家我管理我负责”的理念，“全员负责”的安全环保氛围正在逐步形成。

在苏南项目，安全环保健康的细节无一遗漏。集气站采用了太阳能电池板及小型风力发电机，从细微之处体现生态环保意识（图8.14）。

图8.14　苏南项目集气站的清洁能源设施

（5）形成了良好的HSE管理格局、增强了企业凝聚力。

通过公司各职能部门间、机关与作业区间、作业区与班站间上下互动、协同配合、沟通交流抓安全管理、促安全生产，职工参与管理的方法和手段明显增多，与管理层的沟通渠道有了拓宽。同时将道达尔公司和其他兄弟单位的经验与苏南的管理实际有机结合，创新机制，促进了公司HSE方针、承诺的贯彻执行和各项规章制度的有效落实，切实保障了企业及员工安全与健康，有效遏制作业现场的三违现象。

通过HSE管理的落实和持续改进，苏南项目的企业的凝聚力也得到迅速的增强。时代在发展，社会在进步，企业的发展战略也逐步转变为“以人为本”和可持续发展之上。当企业将关注焦点置于员工的生命健康和生活质量时，员工会从中感受到企业文化的温暖和自身价值的体现。与此同时，员工通过解决了安全和环保问题，间接参与了企业的管理，直接增强整个企业的凝聚力，并且是非常快速的提升凝聚力。

员工的素质在 HSE 管理的培训、落实、改进中也在不断提高。企业实施 HSE 管理体系需要高素质人才的技术支撑，而在实施的过程中，同样需要考虑到职工的工作能力能否符合 HSE 管理的要求。为了满足有序运行的需求，苏里格南作业分公司一直高度重视 HSE 相关培训，通过培训提升了员工的管理意识和相关技能，以培训来实现员工素质的整体提升，并推动 HSE 管理绩效的持续改进。

8.5 苏里格南国际合作区 HSE 管理体系的经验和启示

8.5.1 抓好 HSE 体系文件与实际工作的运行衔接

想让建立好的 HSE 管理体系的文件系统可以全面、彻底地落实到实际的生产施工和管理工作去，必须将 HSE 管理体系相关的条例制订成为可以强制施行的规范和操作手册，在苏南公司内部建立统一的 HSE 管理体系的管理标准。这样在实际工作中，员工才会自觉主动地按照 HSE 管理体系的标准进行操作完成 HSE 管理体系的既定目标。

此外，苏南公司内部还必须在 HSE 管理体系的运行中，苏南公司还要在文件体系中按照 HSE 管理体系制定相应具有操作性和合理性的监管和评价审核标准。

苏南公司在制订 HSE 管理体系的文件体系时，充分意识到文件制度制订工作的重要性，在国际先进生产施工安全和环境健康保护管理思路的引领下，参考和吸纳国内外同行业 HSE 管理体系文件系统的成功经验和先进思路，根据苏南公司自身的实际情况，探索、归纳和完善出了苏南公司自身的 HSE 管理文件体系，这样的文件体系非常适合推广到苏南公司实际的生产施工和管理工作中。

此外，苏南公司在制订 HSE 管理体系文件系统时，将管理体系自身和 HSE 生产工艺流程、技术和管理方法进行整合，其中包括 HSE 管理体系的评价和审核体系、生产安全和环境保护技术、对生产中涉及的安全隐患的监控程序、突发事件处置和防范方案。

HSE 管理体系的文件体系要想全面落实到实际工作中，最为重要的就是制订 HSE 管理体系的文件体系时，必须含有具体的工作指导方案和运行细节。在修改、完善管理体系图文件系统的时候，必须将文件编写和生产施工的实际情况进行衔接，在苏南公司自身的实际情况为基础上制订出结构更加合理、思路更加明确、要求更加贴近实际、操作更加明细和包括全部 HSE 管理体系的因素的生产管理手册。保证 HSE 管理体系的文件和实际工作准确对接。

在 HSE 管理体系中，将文件系统落实到实际工作的过程，需要人员、资金和设备上的大力支持，没有苏南公司领导的重视，对 HSE 管理体系各方面提供资源保证，落实工作的进展将会极其艰难和缓慢的。

为了促进 HSE 管理体系的体系文件和企业生产的实际进行对接，必须将各层管理人员和基层工作人员对 HSE 管理体系的责任落实到位。HSE 管理体系在苏南公司内部运行时，确保每名工作人员都参与到 HSE 管理体系工作中，每名工作人员也要明确自身的责任，并且负担起已经明确的 HSE 管理体系的职责。每名苏南公司员工都明确和主动承

担自身的责任，是 HSE 管理体系文件体系在苏南项目顺利、平稳与企业生产对接的坚实基础。

此外，将制订的 HSE 管理体系文件系统与企业实际生产衔接的过程中，首要是将每位员工的参与设定为重心，人的良好意识、广阔思维和有效工作是 HSE 管理体系成功与否、效益大小的保证，苏南公司将 HSE 管理体系逐渐扩展到自身所在的市场，每个员工的家庭，自身所处的社会环境，逐渐增加苏南公司的社会、经济和人文效益，确保 HSE 管理体系文件系统与企业实际生产有效衔接。为了使 HSE 管理体系文件系统与苏南公司实际生产有效衔接，必须将生产、销售活动和 HSE 管理体系有机整合，统一管理，才有可能让文件体系与生产实际结合。

有机整合和统一管理使 HSE 管理体系产生直线管理效应，苏南公司 HSE 管理体系的文件体系在实际生产、销售活动中不断完善，通过检验文件体系结构和工作划分设计是否合理、高效，去验证 HSE 管理体系的文件是否已经完善、优化。苏南公司不断对企业管理队伍进行完善、改变职能，将管理部门的工作职能变成具有指导性、询问性的部门，时刻准备解答和处理文件体系在运行过程中，基层工作人员所遇到的问题。

在处理文件体系的问题时，可以参考国内外优秀同行业的经验和做法，逐步改进文件体系，变被动等待问题出现再去解决的模式为主动查找、修改文件体系的问题的管理模式。

8.5.2 HSE 管理体系需要人力保障

（1）领导层支持保障。

HSE 管理体系的实施和不断优化改进工作是一项系统的工程，耗时长、见效慢、参与部门多、过程复杂，只有在公司领导层的支持下才能顺利地开展下去，可以说领导层对 HSE 管理的支持力度决定着管理体系改进效果的好坏。

首先各级领导都应该从思想上重视健康、安全和环保工作，在生产活动中员工的安全健康才是最重要的，各级领导应该做好对日常生产的监察督促，对班组、车间加强巡查走访，针对巡视过程中发现的潜在危险，各级领导不但应该及时的纠正，还应该采取批评与教育相结合的手段，杜绝同样的问题二次发生；其次各级领导还应该多多走入群众当中，聆听大家的心声，对于员工提出的建设性意见应积极予以采纳，当领导层确实做到了对 HSE 工作的重视，各级领导纷纷执行好各自的责任，那么对 HSE 体系改进的工作才能取得良好的效果。领导层对 HSE 管理改进工作的重视，还应当通过建立相关的组织和管理制度予以保障，如对持续改进团队组建的支持，为内部审核工作确立相应的工作指南等，都是改进工作有效进行的关键。

（2）发挥专业管理的指导作用。

充分发挥 HSE 专业管理的职能，是苏南公司 HSE 管理体系改进工作落地执行的重要保障。HSE 专业管理要求做到工作要求严、过程细、方法实，全员管、全过程、全覆盖。发挥 HSE 体系专业管理的指导作用，使专业部门的管理触角向前延伸、帮助基层分析问题、彻底解决管控问题；不仅检查问题，更对规程和标准上出现的问题进行深入研究，体现专业管理的价值。发挥专业管理的指导作用，会使管理更加贴近基层需要、符合基层实际，切实指导基层解决问题。专业管理的指导作用，主要是指 HSE 管理体系办公室和监督中心职能的充分发挥，需要将视角触及公司生产经营的各个领域，成为转变观念、降低风险、深化管理的重要保障。HSE管理体系管理和监督机构应继续发挥专业优势和职能作用，进一步在创新HSE管理思路、转变工作方式方法、应用先进手段等方面大胆探索，做到工作范围横向到边、纵向到底、关注细节、把握大局，使其成为公司安全环保可靠的“防护墙”。

8.5.3 HSE管理体系需要制度保障

（1）强化激励与约束机制。

立足于HSE工作的激励与约束机制，可以增强职工对HSE相关工作的重视程度，促使职工更加认真地进行HSE工作，激发大家工作的积极性和创造力，保障各项工作的顺利完成。激励与约束机制的建立，绝非仅仅体现对员工的处罚和约束，相反，应该关注对员工的体贴和鼓励，使员工对公司更具有归属感对工作更具有主观能动性。激励约束机制发挥的是正、反两方面的作用，鼓励或奖励正面作用的发挥，应该不只是依靠钱与物作为鼓励，更多地应考虑对员工心理和思想，诸如岗位的变动和升职的可能及带薪的假期等，更能增强员工的满足感从而促进工作能力的发挥；相应地，对于约束的方法也不仅限于钱物的惩罚，对于情节严重者涉及降职与解聘，有助于HSE改进各项工作的顺利进行。将HSE的激励与约束机制纳入公司的规章制度之中，有助于公司构建深入人心的HSE管理理念，促进公司营建安全至上的企业文化，是培养员工重视HSE工作、认真落实每项职责的重要途径。

（2）建立良好的沟通机制。

沟通无处不在，良好的沟通能在工作任务分配、各部门协调配合、各环节不断改进的过程中发挥巨大的良性作用。建立良好的沟通机制和沟通平台，为部门与部门之间以及部门内部的沟通提供有力的支持；设定沟通或交流会议的间隔期，使沟通成为良好的习惯。对于上下级的沟通，应避免上级管理者对下级员工的单向传达，改为上下级之间的双向沟通和交往，双向能够增进彼此的了解，既让上级对员工落实工作的情况有了更深入的掌握，又能激发出职工的民主意识和创新精神；对于同级别部门之间的横向交流，增加沟通的频率，能够增进部门之间的友谊，部门与部门之间的合作更加协调也有助于培养团队间的默契。对于具体的HSE工作和事件，如果在沟通前明确沟通的目的和内容，那么良好的沟通可以提高工作的效率。顺畅的沟通还包括企业外部的沟通，目前我国石油炼化企业众多，HSE管理工作的开展效果各不相同，中国石油内部系统的企业间加强互动，可以达到互相学习的目的，更加有助于相对落后的企业学习到先进的HSE管理理念，向优秀的企业多多学习他们的管理经验，进而提升自身的HSE管理的水平。

另外，企业与外部的其他相关方，如承包方、供应方和顾客等建立良好的沟通渠道，可以通过从相关方处获取的信息来完善现行的HSE管理。

（3）加强数据的管理与应用。

对数据进行分析，对分析结果进行运用，最终可以实现管理的提升。数据能够直接反映出运行的状态和变化，无论生产受控管理，还是开展装置达标对标，都需要对数据进行系统分析、研判和处置，然后形成方案，提升生产运行和应急管理水平。善于用数据验证工作成效，用异常数据剖析问题根源、发现问题症结、抓住事物本质，能够帮助公司不断

调整优化工作程序，实现高效管理，提升专业管理的精细度。

针对 HSE 管理中对数据不敏感、分析解剖不深入等问题，可以大力推行“班统计、日分析、周小结、月总结”的专业管理模式，倡导在专业管理方面建立系统思维的意识，在数据面前有敏感性，既要关注好数据，还要关注异常数据，尤其要通过异常数据和情况来发现、解决问题。将数据分析结果与业务改善结合起来，将数据反映的结果与历史数据、目标值、先进水平对比，通过对比看到差距、明确努力的方向和追赶的目标；通对分析找出规律性的东西，用于调整专业管理的方向；透过现象看本质，通过对数据的分析找到管控措施，实现 HSE 管理体系的不断改进。

8.5.4　HSE 管理体系需要思想保障

（1）树立典型示范。

HSE 管理体系的改进工作是一项长期的工作，不能一蹴而就，必须久久为功。为了达到增强生产过程中操作员工的 HSE 责任意识、强化作业和操作要受控、提高辨识安全隐患的能力、调动操作岗位员工查隐患、消除隐患的积极性的目的，可以定期组织 HSE 明星的评选活动，以突出典型引领的作用。对评选出的 HSE 明星事迹在公司范围内进行广泛宣传，做好典型的示范建设，总结梳理、挖掘提炼 HSE 明星先进的工作经验，强化观摩和学习。

（2）创新宣传形式。

加强 HSE 管理的宣传已不局限于宣传标语、宣传条幅等传统形式，可以积极开拓新颖的宣传形式，达到更好的宣传效果，例如可以组织员工集体观看 HSE 教育系列宣传片，如安全生产主题宣传片、典型事故的警示教育片、公益广告等；还可以组织 HSE 知识竞赛活动，全体员工通过网络（如中国安全生产网）学习 HSE 相关知识，可号召大家参与网络答题、参与网络知识竞赛；通过微信等移动终端加强宣传，可以建立微信公众平台，号召广大员工关注，在公众平台上定期组织如微信助力 HSE 的活动等，通过微信公众号的宣传平台，加强 HSE 理念的传播。

（3）发挥培训的支撑作用。

通过加强管理人员、操作人员和专职安全监管人员 HSE 管理体系的培训，可以全面加强 HSE 素质能力的建设，为管理体系的改进提供有力的支撑。

首先是要增加对管理人员 HSE 知识技能掌握方面的培训，采用严格的考核来检验培训的效果，对各级领导干部的 HSE 胜任能力做到全面掌控，进而有针对性地为不同层次的领导干部设计提升个人安全素养的培训课程，保证公司管理人员的安全管理素质、安全技能能够全部合格。

其次是要加强基层操作人员的岗位技能培训，这类的培训主要凸显实用、可操作和系统全面，培训内容重点面向如何进行操作风险的识别、怎样提高操作人员在面对突发事件时的应急响应能力、熟练掌握安全规范和操作标准、本岗位应知应会技能等；对于专职进行安全监督管理的人员和特种作业的人员培训，应该将专项的培训和岗位的轮流替换学习结合进行，目的是全面增强专职人员和特种作业人员的专业素质，为公司高素质专家型队伍的建设做准备。

参考文献

[1] 薛海东，刘大永．井下节流气井泡沫排水采气工艺技术探索［J］．科技资讯，2008（23）：51.

[2] 赵彬彬，白晓弘，陈德见，等．速度管柱排水采气效果评价及应用新领域［J］．石油机械，2012，40（11）：62-65.

[3] 王心敏，贾浩民，宁梅，等．靖边气田同站高压井气举排水采气工艺流程改造效果分析［J］．天然气工业，2013，33（2）：37-42.

[4] 徐勇，穆谦益，杨亚聪，等．长庆气田开发模式及地面配套工艺技术［J］．天然气工业，2010，30（2）：102-105.

[5] 任彦兵，张耀刚，蒋海涛．柱塞气举排水采气工艺技术在长庆气田的应用［J］．石油化工应用，2006，25（5）：26-30.

[6] 王东，李岩，刘炳森，等．苏里格南排水采气工艺技术应用及展望［J］．石油工业技术监督，2017，33（9）：30-31.

[7] 朱铁，田冬梅．配套采气工艺技术研究［J］．中国化工贸易，2013，（12）：39.

[8] 谭国华，崔大庆，梁成蔚，等．配套采气工艺技术及其在中原油田的应用［J］．天然气工业，2001（3）：68.

[9] 丁良成，郑舰，于东海，等．胜利油气区浅层气藏配套采气工艺技术及存在问题［J］．钻采工艺，2004（3）：33.

[10]《油气田地面工程施工》编委会．油气田地面工程施工［M］．北京：石油工业出版社，2016.

[11] 杨川东．采气工程［M］．北京：石油工业出版社，2001.

[12] 王海国．数字化油田建设效果与应用前景分析［J］．信息系统工程，2018（8）：163-165.

[13] 文静，唐瑞志．长庆油田苏里格南作业分公司数字化气田设计与实现［J］．中国石油和化工标准与质量，2018，038（7）：85-86.

[14] 唐瑞志．苏里格南作业分公司数字化气田设计与实现［J］．石油工业技术监督，2018，34（1）：16-17，26.

[15] 陈志勇，王强，胡立波，等．苏里格南储层改造技术应用［J］．石油工业技术监督，2017，33（9）：12-15.

[16] 张乃禄，肖荣鸽．油气储运安全技术［M］．西安：西安电子科技大学出版社，2013：138.